"十四五"职业教育河南省规划教材

高等职业教育新形态系列教材

机 械 制 图

（含任务单）

主　编　楚雪平　董　延　王美姣

副主编　张　娜　王东辉　薛　召

参　编　王永超　武　同　任艳艳　王　慧

主　审　胡适军

北京理工大学出版社

BEIJING INSTITUTE OF TECHNOLOGY PRESS

内容简介

本书按照机械工程技术专业对制图基础与机械制图知识和能力的实际需要，以任务、项目驱动为理念，分项目编写而成。

本书以制图基本知识的认知、基本体投影的识读与绘制、组合体投影的识读与绘制、机件的表达、零件图的识读与绘制、装配图的识读与绘制等六个项目为载体，培养学生空间想象能力、空间思维能力、识读与绘制机械图样的能力，以及绘制常用零件和设备图纸的能力。

本书为高等院校机械类各专业的教材，注重知识与能力培养的结合，注重“以学生为中心，以立德树人为根本，强调知识、能力、思政目标并重”，符合工程技术人员适岗能力与应试能力的培养，具有高等职业教育教材的特点，既可作为高等职业教育机械设计与制造类专业教学和考证培训用书，也可作为其他工程机械类专业的教学与培训用书。

图书在版编目（CIP）数据

机械制图：含任务单／楚雪平，董延，王美姣主编. -- 北京：北京理工大学出版社，2021.9(2024.9重印)

ISBN 978-7-5763-0359-9

Ⅰ. ①机… Ⅱ. ①楚… ②董… ③王… Ⅲ. ①机械制图-高等职业教育-教材 Ⅳ. ①TH126

中国版本图书馆CIP数据核字(2021)第187354号

出版发行／北京理工大学出版社有限责任公司
社　　址／北京市海淀区中关村南大街5号
邮　　编／100081
电　　话／(010) 68914775（总编室）
(010) 82562903（教材售后服务热线）
(010) 68944723（其他图书服务热线）
网　　址／http：//www.bitpress.com.cn
经　　销／全国各地新华书店
印　　刷／三河市天利华印刷装订有限公司
开　　本／787毫米×1092毫米　1/16
印　　张／21.5
字　　数／505千字
版　　次／2021年9月第1版　2024年9月第5次印刷
定　　价／53.80元

责任编辑／孟雯雯
文案编辑／赵　岩
责任校对／周瑞红
责任印制／李志强

AR 内容资源获取说明

Step1 扫描下方二维码，下载安装“4D 书城”App；

Step2 打开“4D 书城”App，点击菜单栏中间的扫码图标，再次扫描二维码下载本书；

Step3 在“书架”上找到本书并打开，点击电子书页面的资源按钮或者点击电子书左下角的扫码图标扫描实体书的页面，即可获取本书 AR 内容资源。

前言

为贯彻落实党的二十大精神，加快建设国家战略人才力量，努力培养造就更多大师、战略科学家、一流科技领军人才和创新团队、青年科技人才、卓越工程师、大国工匠、高技能人才，深入落实人才强国战略，本教材及对应课程重点增强学生的综合素质，培养学生的高水平技术技能，服务国家社会主义现代化建设工作。

随着全国职业教育改革工作的推进，多数职业院校在“教师－教材－教法”层面也进行了深入的探索与实践，“以学生为中心”成为大家对职业教育教学改革的共识。围绕如何“面向就业，提升技能水平”，如何使专业更好地对接产业与行业发展，我们进行了大量的调研与分析工作，结合教育部颁发的《高等职业学校专业教学标准》，对开设机械类专业的院校进行实地考察，并充分了解用人单位对人才职业技能的需求，综合分析机电行业和产业的发展报告及人才成长规律，我们精心编写了本套高等职业教育机械类工学结合系列教材。

本教材针对机械制图课程在机械类专业课程体系中的基础定位与作用，在研究分析高职学生看图、识图基础能力及综合认知规律的前提下，结合工程实践中的常见案例，确立了项目化的编写思路，每个项目以任务为载体，以“学习目标—任务引入—任务分析—知识链接—任务实施—拓展任务—任务评价”为专线编排内容。

教材内容贯彻了《技术制图》和《机械制图》最新国家标准及有关规定，对接国家职业标准，使教材内容分别涵盖数控车工、数控铣工、加工中心操作工、车工、工具钳工、制图员等国家职业标准的相关要求，以促进学校“双证书”制度的贯彻和落实。

针对“机械制图”课程对图样的识读能力、空间想象能力等要求比较高这一现实情况，本教材通过配备大量的二维、三维动画，以及 AR 交互、VR 交互等资源，帮助学生将二维图形与三维图形实现快速的交互，可以激发学生学习该课程的兴趣。

本教材在保留前一版教材主体内容框架的基础上，根据生产技术的发展趋势，尽可能多地充实机械设计与制造、数控加工技术、模具设计与制造等方面的新知识、新技术、新设备、和新工艺，体现教材的先进性，并对各个任务的完整性、适用性做了进一步升级。

本教材在编写过程中，充分研究当前活页式教材的开发理论与案例，结合课程自身特点，将以往的《机械制图习题集》内容进行大幅度的更新与整合，以任务单形式与教材的【拓展任务】相结合，充分体现“做中学”和“学中做”的教学理念。

本教材的编者团队一线教学及工程实践经验丰富，由河南职业技术学院的楚雪平、董延、王美姣担任主编，河南职业技术学院的张娜、王东辉与浙江交通职业技术学院的薛召担任副主编，郑州九冶三维化工机械有限公司的王永超、河南职业技术学院的武同、任艳艳、王慧参与编写。楚雪平编写项目 5 的任务 5.1、任务 5.2 和任务 5.3；董延编写项目 1 的任务 1.1、任务 1.2 和任务 1.3 以及项目 2 的任务 2.1 和任务 2.2；张娜编写项目 3 的任务 3.4 和任务 3.5，以及项目 6；王慧编写项目 2 的任务 2.3 和任务 2.4 以及项目 3 的任务 3.1、任务 3.2 和任务 3.3；武同编写项目 4 的任务 4.2 和任务 4.3 以及附录部分；任艳艳编写项目 4 的任务 4.1、任务 4.4 和任务 4.5 以及项目 5 的任务 5.4；河南职业技术学院的王东辉和郑州九冶三维化工机械有限公司的王永超共同编写习题集；全书由河南职业技术学院的王美姣和浙江交通职业技术学院薛召负责统稿和定稿工作；全书由浙江交通职业技术学院的胡适军进行审稿并提供诸多宝贵的意见。

因时间仓促，书中难免有不当之处，敬请广大读者批评指正。

编　者

目　　录

项目1　制图基本知识的认知

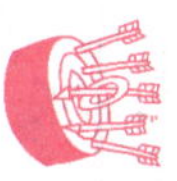

项目导读

通过本项目的训练，学生能了解图幅、比例、线型、字体等基本概念；掌握线型的分类及其应用范围；了解基本图线、图形的绘制方法，掌握尺寸标注的相关要求和技巧；能正确辨识图幅类型和尺寸，能正确选用绘图工具进行简单图形的绘制，具备对简单图形进行正确标注的能力。

任务1.1　制图相关国家标准规定的认知

学习目标

【知识目标】

(1) 熟悉国家标准《技术制图》和《机械制图》的一些基本规定和要求。

(2) 了解常用绘图工具、仪器和用品的种类及使用、保养方法。

(3) 学会常用几何图形的画法，掌握平面图形的分析方法及绘制平面图形的方法和步骤。

(4) 掌握画草图的方法和步骤。

【能力目标】

能按国家标准的规定，正确使用绘图工具绘制平面图形并标注其尺寸。

【素养目标】

(1) 培养美学基础，具备一定的图形审美能力。

(2) 养成勤学苦练的学习态度。

任务引入

如图1-0所示，在生产车间，工人师傅们加工零件的依据是机械图样，他们可以通过机械图样确定所加工零件的最终形状、尺寸大小和表面质量等，可以说，图样成了工程领域的“语言”。通过本任务的学习，请完成下述问题的回答。

（1）什么是机械图样？是不是由设计者随意绘制而成？

（2）你在绘制一幅机械图样时，会注意哪些重要事项？请列出不少于5项内容。

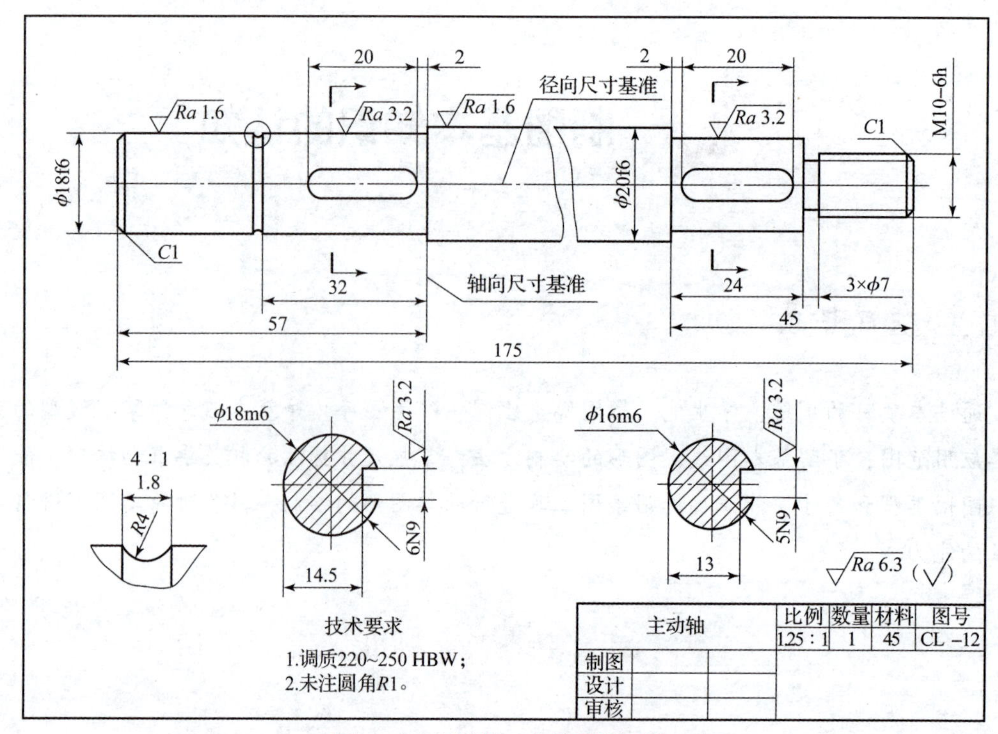

图1－0　机械加工中的零件图样

任务分析

在工业企业，为了科学地进行生产和管理，对图样的各个方面都需要有统一的规定，这些规定称为制图标准。国家标准《机械制图》和《技术制图》是机械行业重要的技术基础标准，是绘制和阅读机械图样的准则和依据。为了正确绘制和阅读机械图样，以便进行技术交流，必须首先熟悉有关标准和规定。

知识链接

知识点1　基本制图标准

一、图纸幅面和格式（GB/T 14689—2008）

1. 图纸幅面

绘制图样时，应优先采用表1－1所规定的基本幅面，必要时，也允许选用国家标准所规定的加长幅面，其尺寸由基本幅面的短边成整数倍增加后得出，如图1－1所示。

表 1－1 图纸幅面尺寸

幅面代号	A0	A1	A2	A3	A4
$B \times L$	841 ×1189	594 ×841	420 ×594	297 ×420	210 ×297
a	25				
c	10			5	
e	20		10		

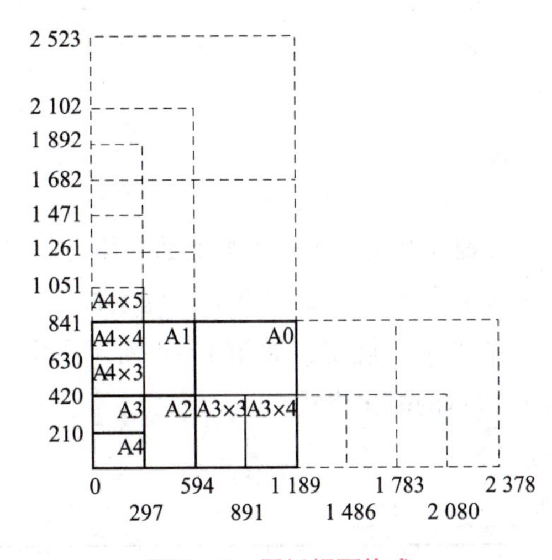

图 1－1 图纸幅面格式

2. 图框格式

在图纸上必须用粗实线画出图框，其格式分为不留装订边和留装订边两种，但同一产品的图样只能采用一种格式。

留装订边的图纸，其图框格式如图 1－2 所示。不留装订边的图纸，其图框格式如图1－3 所示。加长幅面的图框尺寸，按比其基本幅面大一号的图框尺寸确定。如 A2 ×3 的图框尺寸，应按 A1 的图框尺寸确定，即 e 为 20。

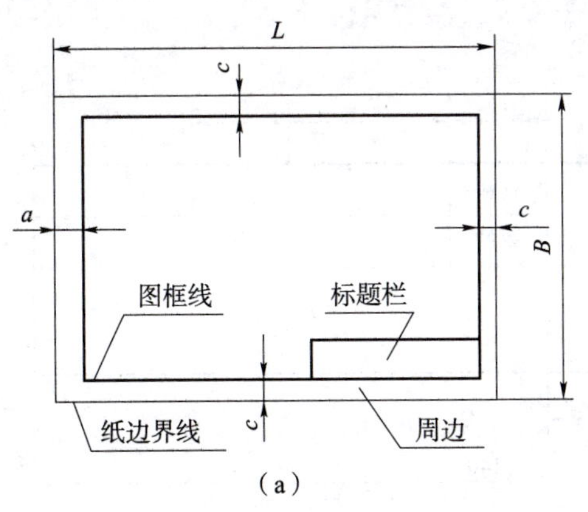

图 1－2 留装订边的图框格式

（a）X 型图纸；（b）Y 型图纸

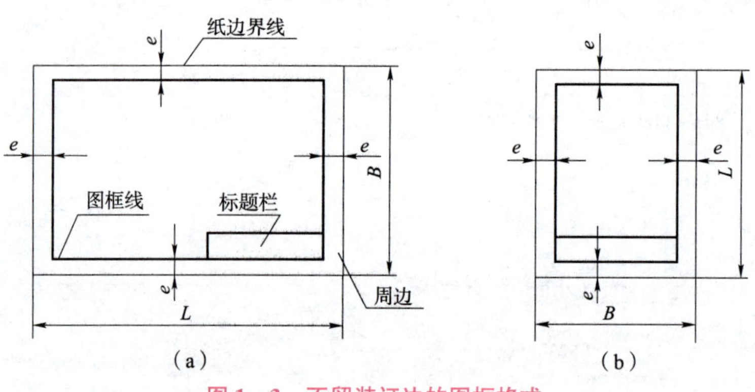

图 1-3　不留装订边的图框格式

（a）X 型图纸；（b）Y 型图纸

3. 标题栏（GB/T 10609.1—2008）

为了使绘制的图样便于管理及查阅，每张图纸上都必须有标题栏。标题栏的位置一般位于图框的右下角，标题栏中的文字方向为看图方向。国家标准（GB/T 10609.1—2008）对标题栏的内容、格式及尺寸做了统一规定，如图 1-4 所示。学校的制图作业中建议采用图 1-5（a）、图 1-5（b）所示的简化格式。

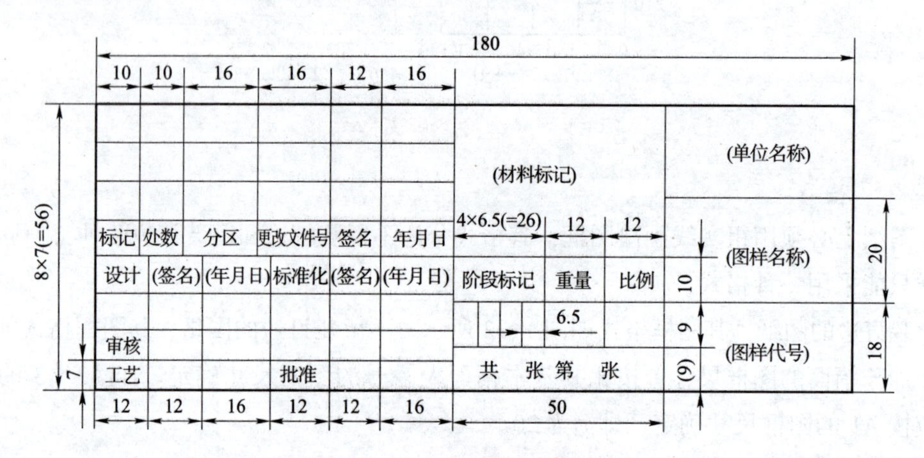

图 1-4　标准规定的标题栏格式

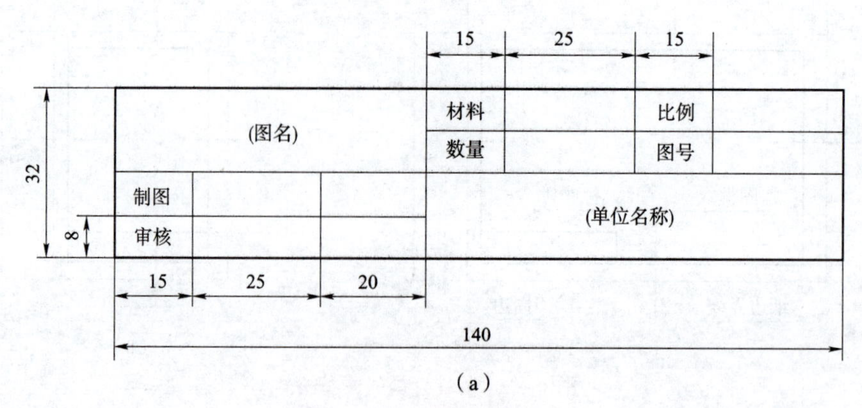

图 1-5　标题栏简化格式

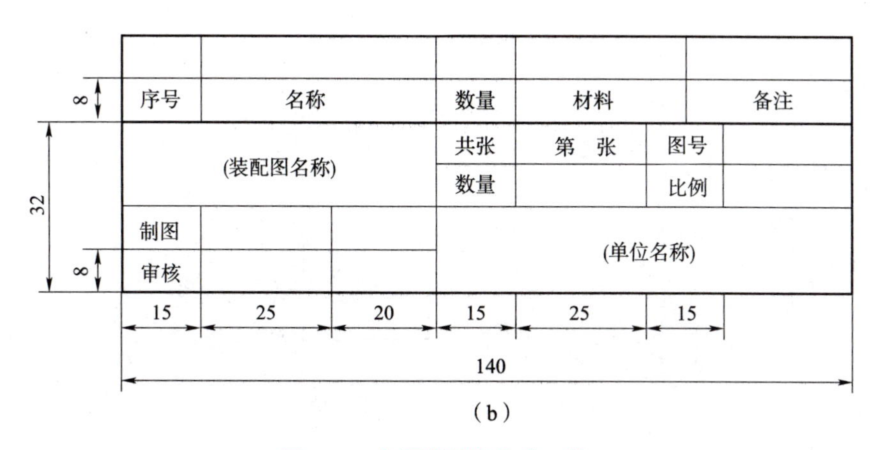

（b）

图 1-5 标题栏简化格式（续）

（a）零件图用标题栏；（b）装配图用标题栏

二、比例（GB/T 14690—1993）

比例是指图样中图形与其实物相应要素的线性尺寸之比。比例分为原值、缩小和放大三种，如表 1-2 所示。

表 1-2 比 例

种 类	比 例	
	第一系列	第二系列
原值比例	1 : 1	
缩小比例	1 : 2　1 : 5　1 : 10 $1:2\times10^n$　$1:5\times10^n$　$1:1\times10^n$	1 : 1.5　1 : 2.5　1 : 3　1 : 4　1 : 6 $1:1.5\times10^n$　$1:2.5\times10^n$　$1:3\times10^n$ $1:4\times10^n$　$1:6\times10^n$
放大比例	2 : 1　5 : 1　10 : 1 $2\times10^n:1$　$5\times10^n:1$　$1\times10^n:1$	2.5 : 1　4 : 1 $2.5\times10^n:1$　$4\times10^n:1$
注：n 为正整数。		

为了从图样上直接反映实物的大小，绘图时应优先采用原值比例。若机件太大或太小，可采用缩小或放大比例绘制。绘图时优先选用第一系列的比例，必要时可选用第二系列的比例。选用比例的原则是有利于图形的清晰表达和图纸幅面的有效利用。

不论放大还是缩小，图样上标注的尺寸均为机件的实际大小，而与采用的比例无关。绘制同一机件的各个视图应采用相同的比例，并在标题栏的比例栏中填写。当某个视图需要采用不同比例时，必须另行标注。图 1-6 所示为采用不同比例所画的图形。

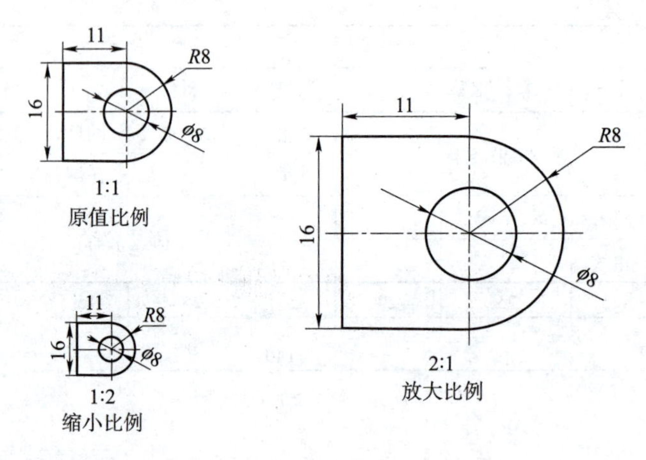

图 1－6　采用不同比例所画的图形

三、字体（GB/T 14691—1993）

图样中除了用图形表达机件的结构形状外，还需要用文字、数字和字母说明机件的名称、大小和技术要求等内容。图样中书写的汉字、数字和字母必须做到：字体工整、笔画清楚、间隔均匀、排列整齐。

字体的号数即字体高度 h（单位为 mm），分为：1. 8 mm、2. 5 mm、3. 5 mm、5 mm、7 mm、10 mm、14 mm、20 mm 八种。如需书写更大的字，其字体高度应按$\sqrt{2}$的比率递增。用来表示指数、分数、极限偏差、注脚等的数字及字母，一般应采用小一号的字体。

1. 汉字

图样上的汉字应写成长仿宋体，并采用国家正式公布推行的简化字。汉字的高度不应小于3. 5 mm，其宽度一般为 $h/\sqrt{2}$。

长仿宋体汉字书写要点是：横平竖直、注意起落、结构均匀、填满方格。

2. 数字和字母

数字和字母分为 A 型和 B 型。A 型字体的笔画宽度 d 为字高 h 的 1/14；B 型字体的笔画宽度为字高的 1/10。数字和字母可写成斜体或直体，但在同一图样中只能采用一种书写形式。常用的是斜体，斜体字字头向右倾斜，与水平基准线成 75°。

字体示例：

汉字　10 号字

字体工整笔画清楚间隔均匀排列整齐

7 号字

横平竖直　注意起落　结构均匀　填满方格

5 号字

技术制图机械电子汽车船舶土木建筑矿山井坑港口纺织服装

3.5 号字

螺纹齿轮端子接线飞行指导驾驶舱位挖填施工引水通风闸阀坝棉麻化纤

阿拉伯数字

0123456789

大写拉丁字母

ABCDEFGHIJKLMNO

PQRSTUVWXYZ

小写拉丁字母

abcdefghijklmnopq

rstuvwxyz

罗马数字

I II III IV V VI VII VIII IX X

四、图线（GB/T 4457.4—2002）

1. 图线的型式及应用

国家标准《技术制图》中规定了绘制各种技术图样的十五种基本线型。根据基本线型及其变形，机械图样中规定了 9 种图线，其名称、型式、宽度及其应用示例见表 1－3 和图 1－7 所示。

表 1－3　线型及应用

代码 No.	图线名称	图线型式	图线宽度	一般应用示例
01.1	细实线	——————	$d/2$	1. 过渡线；2. 尺寸线；3. 尺寸界线；4. 指引线和基准线；5. 剖面线；6. 重合断面的轮廓线；7. 短中心线；8. 螺纹牙底线；9. 尺寸线的起止线；10. 表示平面的对角线；11. 零件形成前的弯折线；12. 范围线及分界线；13. 重复要素表示线齿轮齿根线；14. 锥形结构基面位置线；15. 叠片结构位置线；16. 辅助线；17. 不连续同一表面线；18. 成规律分布相同要素连线；19. 网格线
01.1	波浪线	～～～～～～	$d/2$	20. 断裂处的边界线，视图与剖视图的分界线
	双折线	——\/——\/——	$d/2$	21. 断裂处的边界线，视图与剖视图的分界线

续表

代码 No.	图线名称	图线型式	图线宽度	一般应用示例
01.2	粗实线	————	d	1. 可见轮廓线；2. 相贯线；3. 螺纹牙顶线；4. 螺纹长度终止线；5. 齿顶圆；6. 表格图、流程图中的主要表示线；7. 模样分型线；8. 剖切符号用线
02.1	细虚线	3~5 1	$d/2$	不可见轮廓线
02.2	粗虚线	- - - - - -	d	允许表面处理的表示线
04.1	细点画线	15~25 3	$d/2$	1. 轴线；2. 对称中心线；3. 分度圆；4. 孔系分布的中心线；5. 剖切线
04.2	粗点画线	—·—·—	d	限定范围表示线
05.1	细双点画线	—··—	$d/2$	1. 相邻辅助零件的轮廓线；2. 可动零件的极限位置轮廓线；3. 成形前的轮廓线；4. 剖面剖切前的结构轮廓线；5. 轨迹线；6. 毛坯图中制成品的轮廓线；7. 特定区域线；8. 工艺结构的轮廓线；9. 中断线

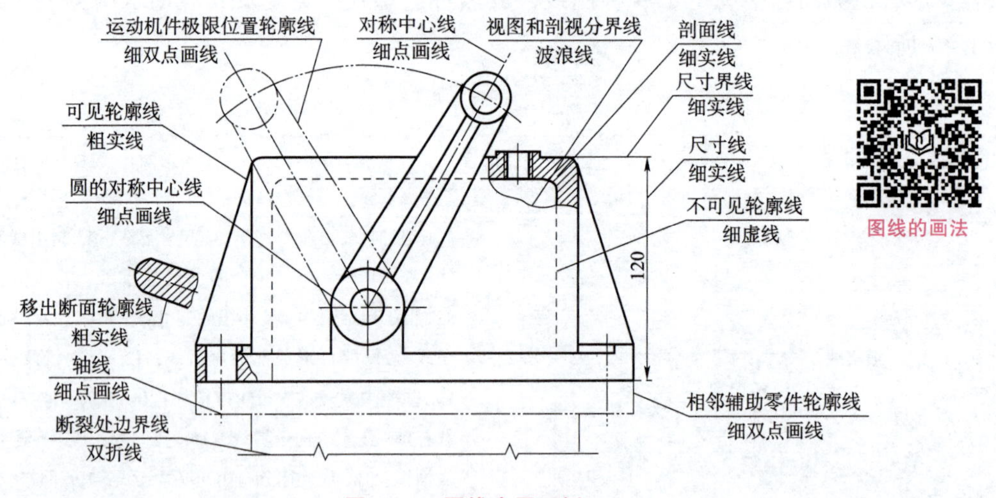

图 1-7 图线应用示例

2. 图线宽度

机械图样中采用粗细两种宽度的图线，粗线的宽度 d 应按照图的大小及复杂程度在 0.5~2 mm 之间选择，细线的宽度约为 $d/2$。图线宽度的推荐系列为 0.18 mm、0.25 mm、0.35 mm、0.5 mm、0.7 mm、1 mm、1.4 mm、2 mm。制图作业中一般选用 d = 0.7 mm。为

了保证图样清晰，便于复制，图样上尽量避免出现线宽小于0.18mm的图线。

3. 图线画法

（1）同一图样中，同类图线的宽度应一致。虚线、点画线及细双点画线的线段长度和间隔应各自大致相等；点画线、细双点画线的首末两端应是画，而不是点。

（2）两条平行线（包括剖面线）之间的距离应不小于粗实线的两倍宽度，其最小距离不得小于0.7 mm。

（3）绘制圆的对称中心线时，圆心应为画线的交点。当所绘圆的直径较小，画点画线有困难时，细点画线可用细实线代替。

（4）细点画线、细虚线以及其他图线相交时，都应以画线相交。当细虚线处于粗实线的延长线时，在细虚线与粗实线的连接处应留出空隙。

（5）作为图形的对称中心线、回转体轴线等的细点画线，一般应超出该图形外2～5mm，如图1－8所示。

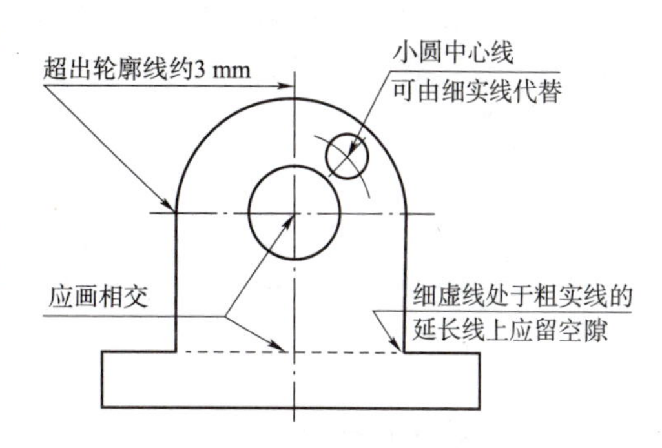

图1－8 图线画法的注意事项

任务实施

回答下列问题。

（1）什么是机械图样？是不是由设计者随意绘制而成？

____

____

（2）你在绘制一幅机械图样时，会注意哪些重要事项？请列出不少于5项内容。

____

____

拓展任务

请完成任务单——任务1.1中字体的练习及图线的练习。

任务评价

请完成表1－4的学习评价。

表 1－4　任务 1.1 学习评价表

序号	检查项目	分值	结果评估	自评分
1	是否能清晰地表达机械图样？	20		
2	是否清楚机械图样涉及哪些国家标准？	20		
3	是否清楚机械图样各项国家标准的规定？	20		
4	是否能熟练运用机械图样的各项国家标准？	20		
5	能否辨别机械图样的美观性？	20		

任务 1.2　绘图工具和绘图方法的认知

学习目标

【知识目标】

熟悉常用绘图工具、仪器及使用方法。

【能力目标】

（1）具备正确使用常用绘图工具的能力。

（2）具备正确绘制基本曲线和图形的能力。

【素养目标】

（1）养成多思、勤练的学习作风。

（2）养成仔细、谨慎的工作态度。

任务引入

在生产车间，工人师傅操纵机床常常通过手柄来完成，请你绘制如图 1－9 所示的手柄图形，并回答相关问题。

AR资源

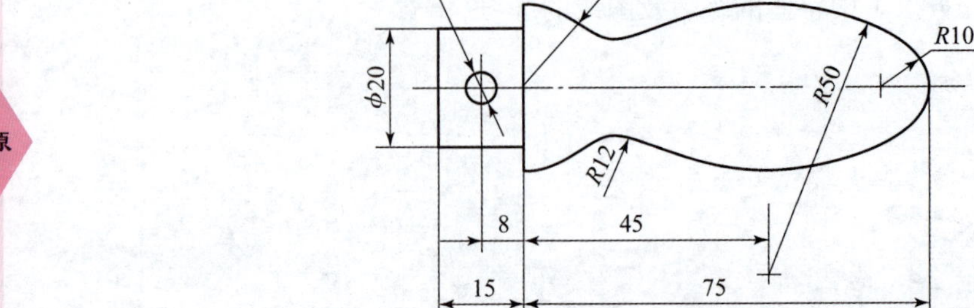

图 1－9　手柄图形

任务分析

平面图形总是由若干直线和曲线封闭连接组合而成，这些线段之间的相对位置和连接关系是根据给定的尺寸来确定的。在平面图形中，有些线段的尺寸已完全给定，可以直接画出，而有些线段要按相切的连接关系画出。因此，绘图前应对所绘图形进行分析，从而确定正确的作图方法和步骤。

知识链接

知识点1　绘图工具

一、图板、丁字尺

图板是铺贴图纸用的，要求板面平坦光洁，左右两侧导边必须平直光滑。绘图时图纸用胶带固定在图板的适当位置上，如图1－10所示。

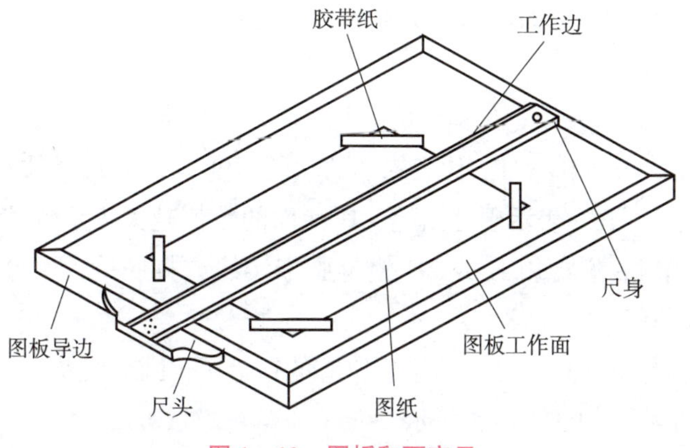

图1－10　图板和丁字尺

丁字尺由尺头和尺身组成。使用时尺头的内侧边必须紧贴图板左侧导边，用左手推动丁字尺头沿图板上下移动，可画出不同位置的水平线。

二、三角板

一副三角板由45°和30°（60°）两块直角三角板组成。三角板与丁字尺配合可画垂直线（图1－11），还可画出与水平线成30°、45°、60°及75°、15°的倾斜线（图1－12）。两块三角板配合使用，可画出任意已知直线的平行线或垂直线，如图1－13所示。

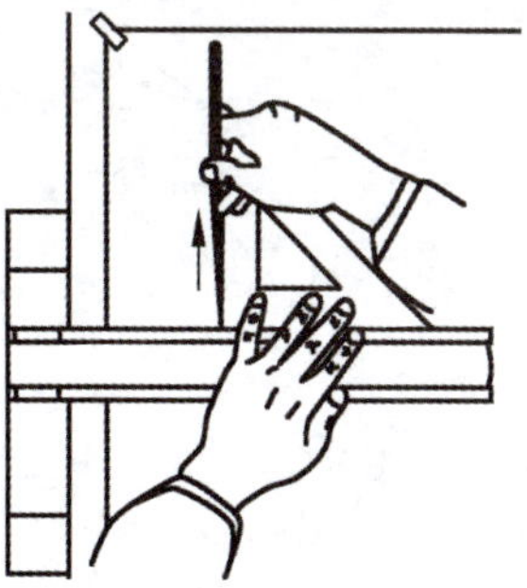

图1－11　用三角板和丁字尺画垂直线

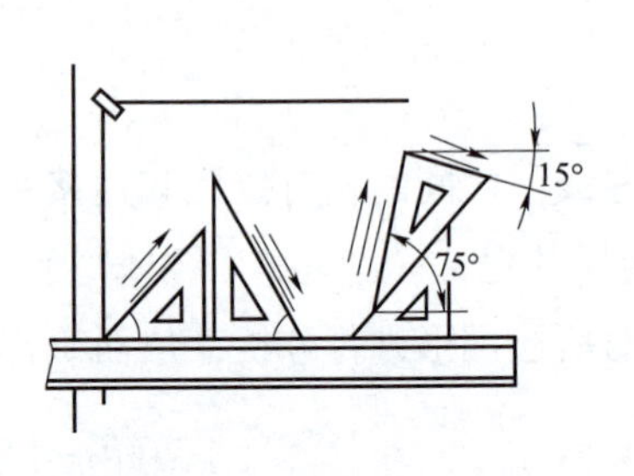

图 1－12 用三角板画常用角度斜线

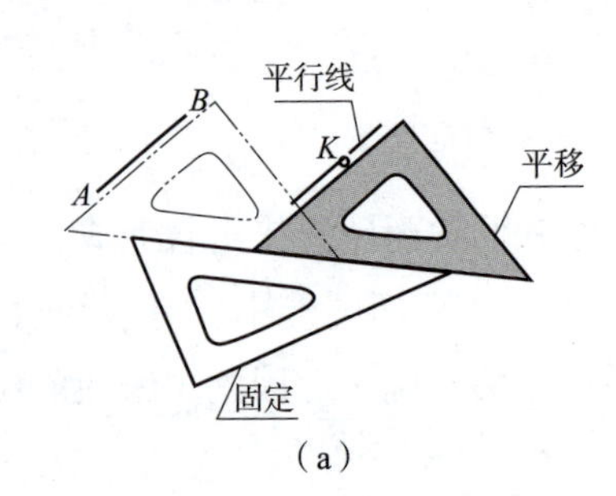

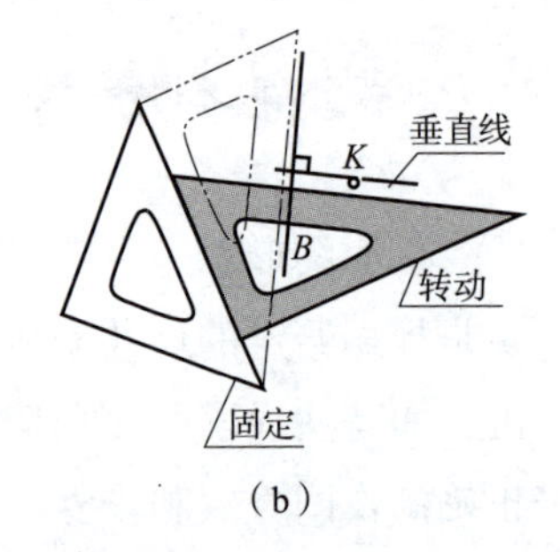

图 1－13 两块三角板配合使用

(a) 作平行线；(b) 作垂直线

三、曲线板

曲线板是用来画非圆曲线的专用工具。用曲线板画曲线时，首先定出曲线上足够数量的点，再徒手用铅笔轻轻地将各点光滑地连接起来，然后选择曲线板上曲率与之相吻合的部分分段画出各段曲线。注意，应留出各段曲线末端的一小段不画，用于连接下一段曲线，这样曲线才显得圆滑，如图 1－14 所示。

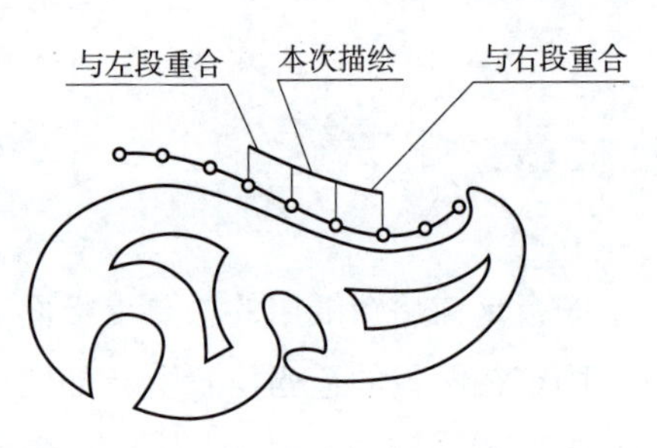

图 1－14 曲线板的使用

四、铅笔

绘图铅笔用字母“B”和“H”代表铅芯的软硬程度。“B”表示软性铅笔，B 前面的数值越大表示铅芯越软；“H”表示硬性铅笔，H 前面的数值越大表示铅芯越硬。“HB”表示铅芯软硬适中。画图时，通常用 H 或 2H 铅笔画细实线或打底稿，用 B 或 HB 铅笔画粗实线，写字时用 HB 铅笔。

铅笔可修磨成圆锥形或扁铲形。圆锥形铅芯的铅笔用于画细线及书写文字，扁铲形铅芯的铅笔用于描深粗实线，如图 1－15 所示。

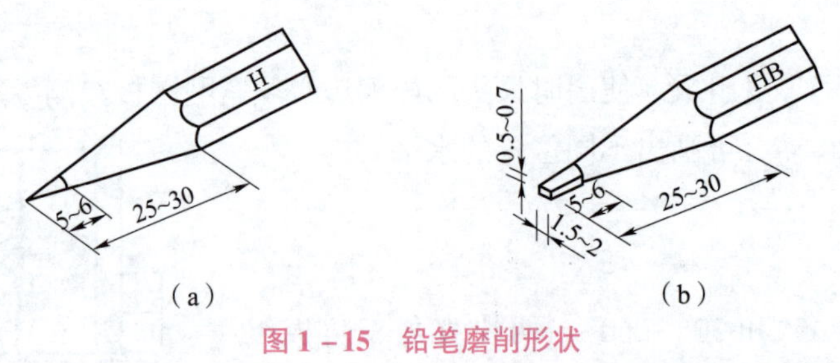

图 1－15 铅笔磨削形状

(a) 锥形铅芯；(b) 矩形铅芯

五、圆规和分规

1. 圆规

圆规用于画圆和圆弧。圆规上装有带台阶小钢针的脚称为针脚，用来确定圆心；装铅芯的脚称为笔脚，用于作图线。使用时，圆规的钢针应使用有台阶的一端，以避免图纸上的针孔不断扩大，并调整针脚使针尖略长于铅芯，笔尖与纸面垂直，然后使圆规向前进方向稍微倾斜画出圆形。在画较大的圆时，应使圆规两脚都与纸面垂直，如图 1－16 所示。

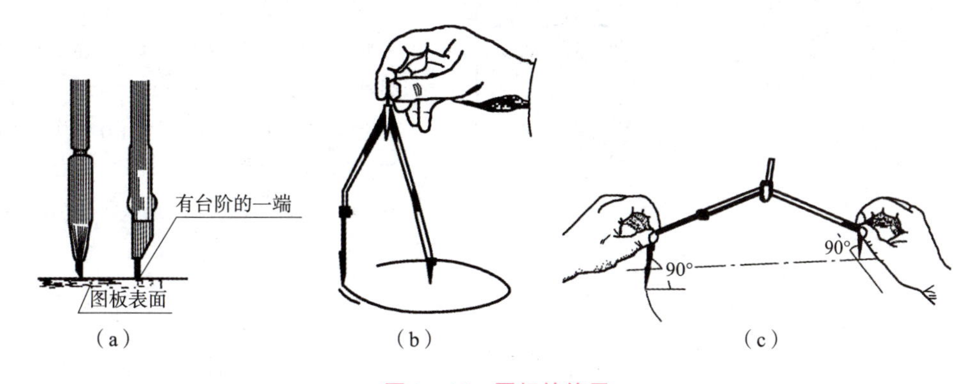

图 1－16　圆规的使用

（a）针尖台阶和铅芯平齐；（b）画圆；（c）画大圆

2. 分规

分规是用来截取线段、等分直线或圆周，以及从尺上量取尺寸的工具。分规的两个针尖合拢时应对齐，如图 1－17 所示。

除了上述工具外，工程中常用的绘图工具还有：比例尺、小刀、橡皮、量角器、擦线板、毛刷及模板等。

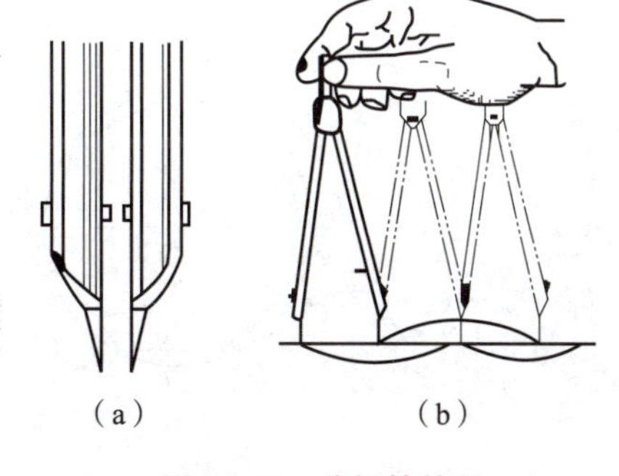

图 1－17　分规的使用

（a）针尖调整；（b）用分规分线段

知识点 2　几种几何作图方法

一、基本作图方法

常见几何图形的基本作图方法见表 1－5。

表 1－5　常见几何图形的作图方法

种类	作 图 步 骤	说 明
等分已知线段	A B 1 2 3 4 5 6 C A 1′ 2′ 3′ 4′ 5′ B 1 2 3 4 5 6	过已知线段的一个端点，画任意角度的直线，并用分规自直线的起点量取 n 个线段。将等分的最末点与已知线段的另一端点相连，再过各等分点作该线的平行线与已知线段相交即得到等分点

续表

种类	作图步骤	说明
圆的内接正六边形	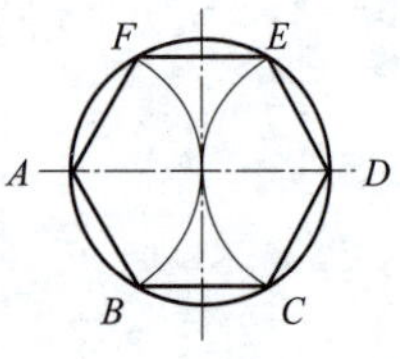 （a）（b） 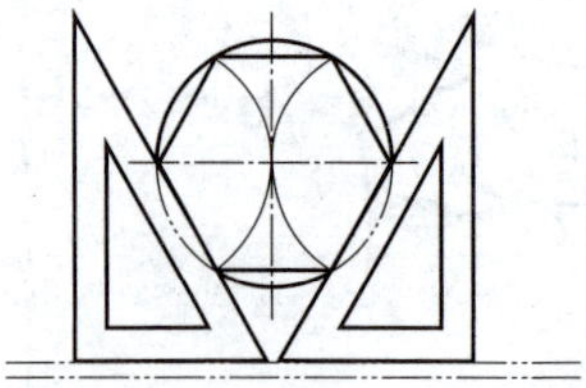	作法一：以 A（或 D）为圆心，以外接圆半径为半径，截圆于 B、F、C、E 点，依次连接即得圆内接正六边形，见图（a）。 作法二：以60°三角板配合丁字尺作出四条斜边，再以丁字尺作上、下水平边，即得圆内接正六边形，见图（b）
圆的内接正五边形	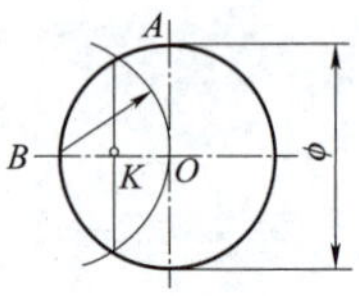 （1）（2）（3） 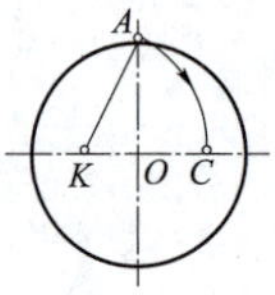 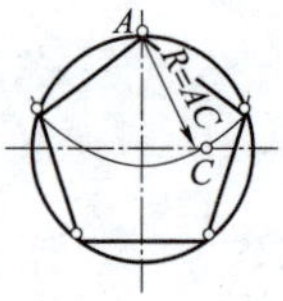	（1）作半径 OB 的中点 K； （2）以 K 点为圆心，KA 为半径画圆弧，交水平直径于 C 点，AC 即为五边形的边长； （3）以 AC 为边长，将圆周五等分，依次连接即得圆内接正五边形
圆的内接正 n 边形	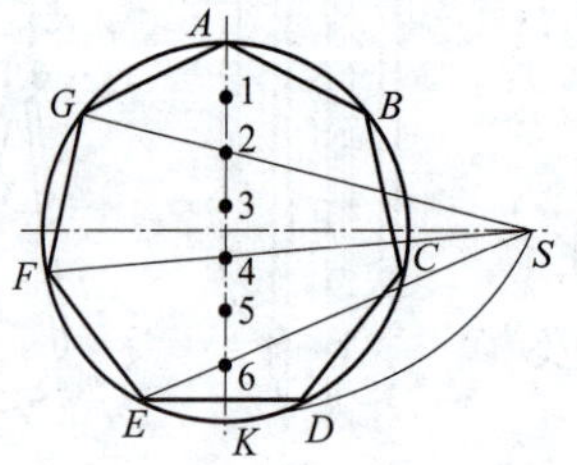	将铅垂直径 AK 进行 n 等分（图中 $n=7$），以 A 点为圆心，AK 为半径作圆弧，交水平中心线于点 S，连接 S 和偶数点，延长与圆周相交得点 G、F、E，再作出它们的对称点，依次连接即得圆内接正 n 边形
椭圆	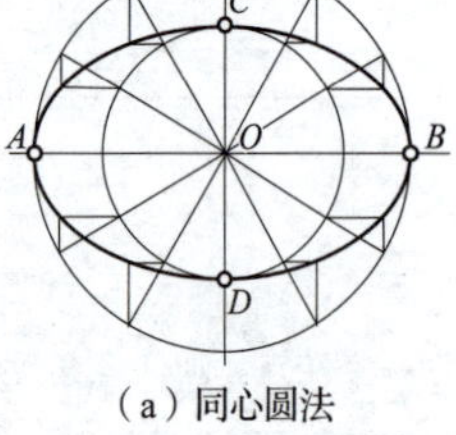 （a）同心圆法 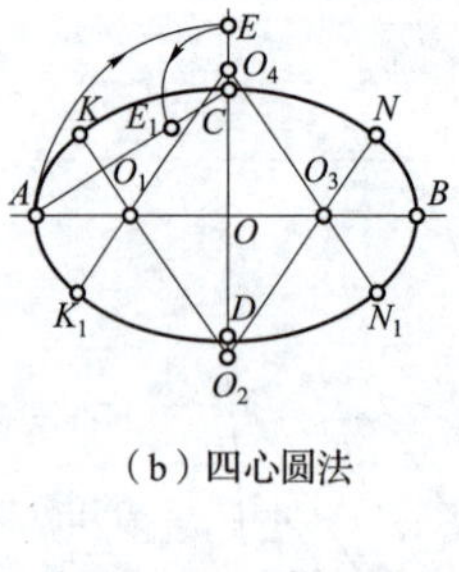　（b）四心圆法	1. 同心圆法 如图（a）所示，以 AB 和 CD 为直径画同心圆，然后过圆心作一系列直径与两圆相交。由各交点分别作与长轴、短轴平行的直线，即可相应找到椭圆上各点。最后，光滑连接各点即可。 2. 四心圆法 如图（b）所示，已知椭圆的长轴 AB 与短轴 CD，则： （1）连 AC，以 O 为圆心，OA 为半径画圆弧，交 CD 延长线于 E； （2）以 C 为圆心，CE 为半径画圆弧，截 AC 于 E_1； （3）作 AE_1 的中垂线，与两轴交于 O_1、O_2 点，并作出其对称点 O_3、O_4。把 O_1 与 O_2、O_2 与 O_3、O_3 与 O_4、O_4 与 O_1 分别连成直线； （4）以 O_1、O_3 为圆心，O_1A 为半径；O_2、O_4 为圆心，O_2C 为半径，分别画圆弧到连接线交于 K、K_1、N_1、N 点即可得近似椭圆

续表

种类	作图步骤	说明
斜度	(a) (b) (c)	斜度：是指一直线（或平面）对另一直线（或平面）的倾斜程度，其大小用该两条直线（或平面）间夹角的正切值来表示，即斜度 = tanα = H/L。 在图样上常用1: n 的形式标注斜度，并在1: n 前加注斜度符号∠，符号斜线的方向应与斜度方向一致。斜度的符号及斜度的画法如图（a）~图（c）所示
锥度	(a) (b) (c)	锥度：是指正圆锥底圆直径与圆锥高度之比，或圆锥台的上、下两底圆直径之差与圆锥台高度之比，即锥度 = D/L = $(D-d)/l$ = 2tan(α/2)。 在图样上常用1: n 的形式标注锥度，并在1: n 前加注锥度符号"◁"，符号斜线方向与锥度方向一致。锥度的符号和锥度的画法如图（a）~图（c）所示

二、圆弧连接

用已知半径的圆弧光滑地连接两已知线段（直线或圆弧）的作图方法，称为圆弧连接，其实质是用圆弧分别与两已知线段相切。

为保证圆弧连接光滑，作图时必须先准确地作出连接圆弧的圆心以及连接圆弧与已知线段的切点，以保证连接圆弧与已知线段在连接处相切。圆弧连接的作图方法见表1－6。

表1－6 圆弧连接作图举例

	已知条件	作图方法和步骤		
		1. 求连接弧圆心 O	2. 求连接点（切点）A、B	3. 画连接弧并描粗
圆弧连接两已知直线				

续表

	已知条件	作图方法和步骤		
		1. 求连接弧圆心 O	2. 求连接点（切点）A、B	3. 画连接弧并描粗
圆弧连接已知直线和圆弧				
圆弧外切连接两已知圆弧				
圆弧内切连接两已知圆弧				
圆弧分别内外切连接两已知圆弧				

一、绘制图形

分析图 1 -9 手柄图形，绘制圆弧连接。

其具体作图步骤如图 1－18 所示。

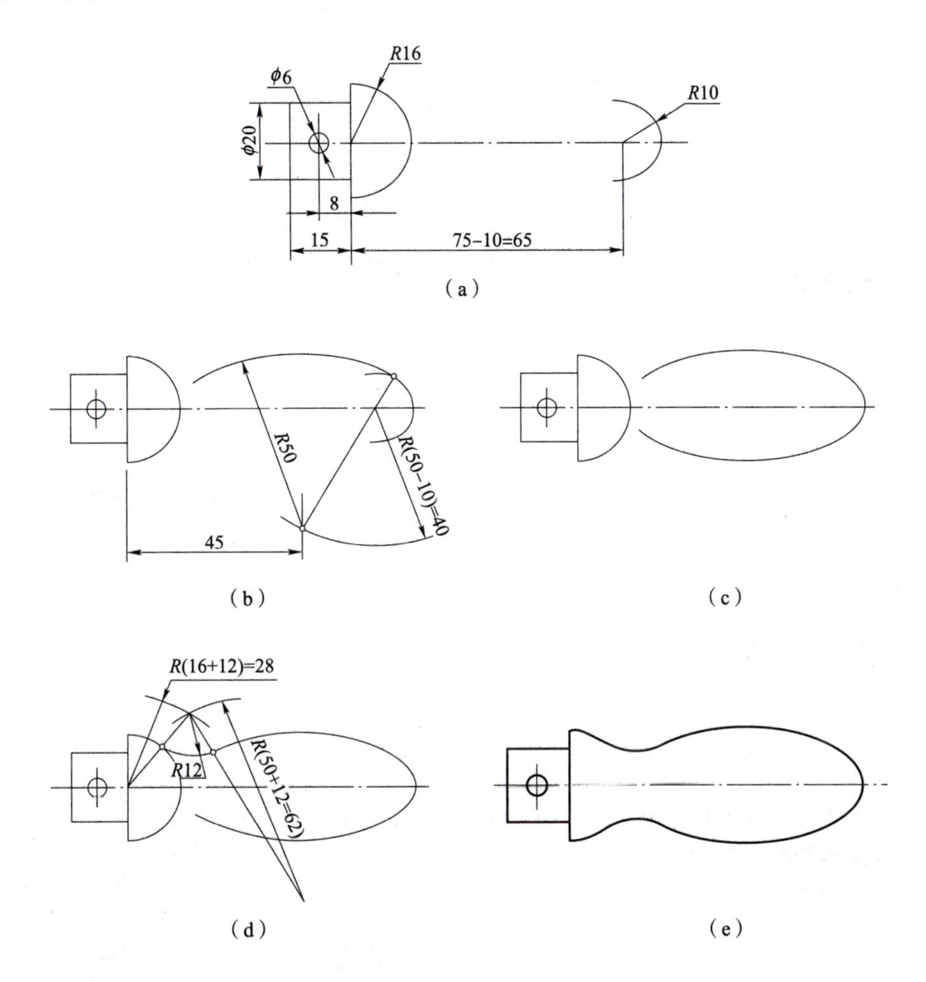

图 1－18　平面图形的作图步骤

（a）准备绘制圆弧连接；（b）定位 *R*50 圆弧的圆心；（c）绘制 *R*50 圆弧；（d）绘制 *R*12 圆弧；（e）完成圆弧连接

二、回答下列问题

（1）绘图过程中用到了哪些绘图工具？

____

____

（2）绘图过程中用到了哪些绘图方法？

____

____

拓展任务

完成任务单—任务 1.2 中图形的绘制。

任务评价

请完成表 1 -7 的学习评价。

表 1 -7　任务 1.2 学习评价

序号	检查项目	评分标准	结果评估	自评分
1	能否正确选取绘图工具?	15		
2	能否正确使用绘图工具?	15		
3	绘图步骤是否正确?	25		
4	能否选用恰当的作图方法?	15		
5	所绘制图形是否符合制图标准?	15		
6	在完成绘图后，是否进行了认真检查，并对检查出的问题进行思考或与师生交流?	15		

任务 1.3　尺寸标注

学习目标

【知识目标】

(1) 掌握国家标准规定的正确的尺寸标注方法。

(2) 掌握尺寸标注的具体含义。

【能力目标】

(1) 培养正确标注尺寸的能力。

(2) 培养独立完成尺寸标注的能力。

【素养目标】

(1) 培养认真仔细、一丝不苟的工作精神。

(2) 培养艺术审美的意识。

任务引入

一些工程车辆在工作时，通常会借助吊钩牵引或者提升重物，图 1－19 所示为吊钩机械图形，请完成该图形的绘制及尺寸标注，并回答相关问题。

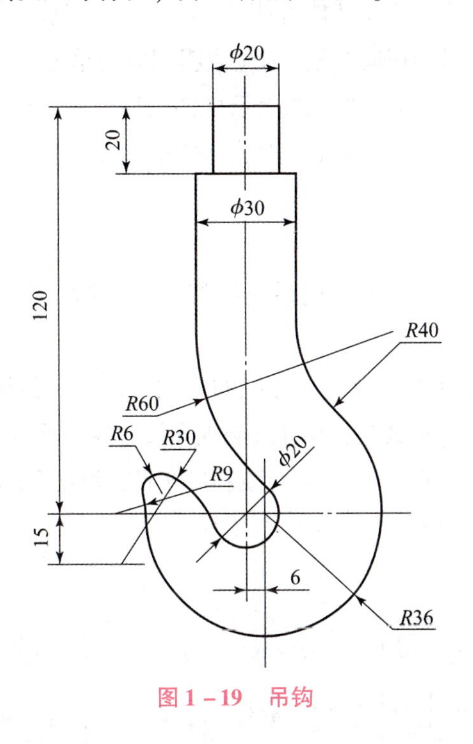

图 1－19 吊钩

任务分析

图形只能反映物体的形状特征，而不能反映图形所代表的实物的大小，只有图形和图形中所标注的尺寸才能反映物体的真实情况（形状和大小）。

图形尺寸主要可分为定形尺寸和定位尺寸两大类，零件图或装配图中还有总体尺寸、装配尺寸等。

知识链接

知识点 1 尺寸注法（GB/T 4458. 4—2003、GB/T 16675. 2—2012）

图形只能表达机件的形状，而其大小是由标注的尺寸确定的。尺寸是图样中的重要内容之一，是制造机件的直接依据。因此，标注尺寸时，必须严格遵守国家标准有关规定，做到“正确、完整、清晰、合理”。下面主要介绍标注尺寸怎样达到正确的要求。

一、基本规则

（1）机件的真实大小应以图样上所注的尺寸数值为依据，与图形的大小及绘图的准确度无关。

（2）图样中（包括技术要求和其他说明）的尺寸，一般以 mm 为单位，无须标注计量单位的符号或名称，但如采用其他单位，则应注明相应的单位的符号。

（3）图样中所标注的尺寸为该图样所表示机件的最后完工尺寸，否则应另加说明。

（4）机件的每一尺寸，一般只标注一次，并应标注在反映该结构最清晰的图形上。

二、标注尺寸的要素

标注尺寸由尺寸界线、尺寸线（包括其终端）、尺寸数字三个要素组成，如图 1－20 所示。

尺寸界线和尺寸线用细实线绘制，尺寸线的终端有箭头和斜线两种形式，如图 1－21 所示。当尺寸线的终端采用斜线形式时，尺寸线必须和尺寸界线垂直。一般机械图样的尺寸线终端用箭头形式，建筑图样用斜线形式。当尺寸线和尺寸界线相互垂直时，同一张图样上只能采用一种尺寸线终端的形式。尺寸注法示例如表 1－8 所示。

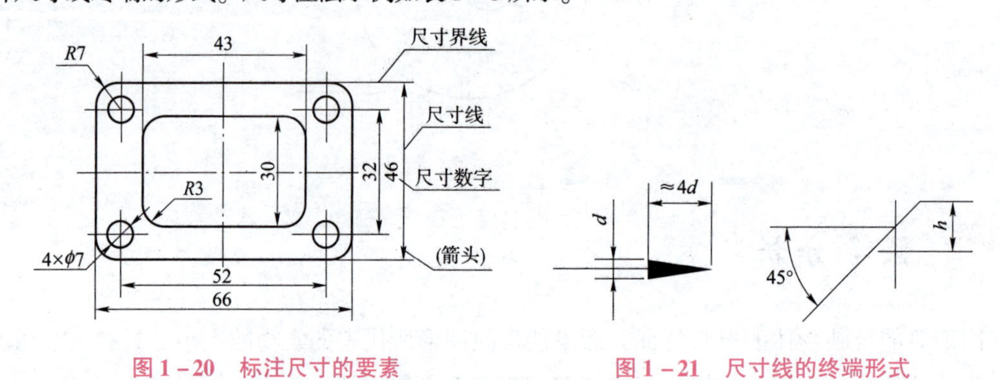

图 1－20　标注尺寸的要素　　图 1－21　尺寸线的终端形式

表 1－8　尺寸注法示例

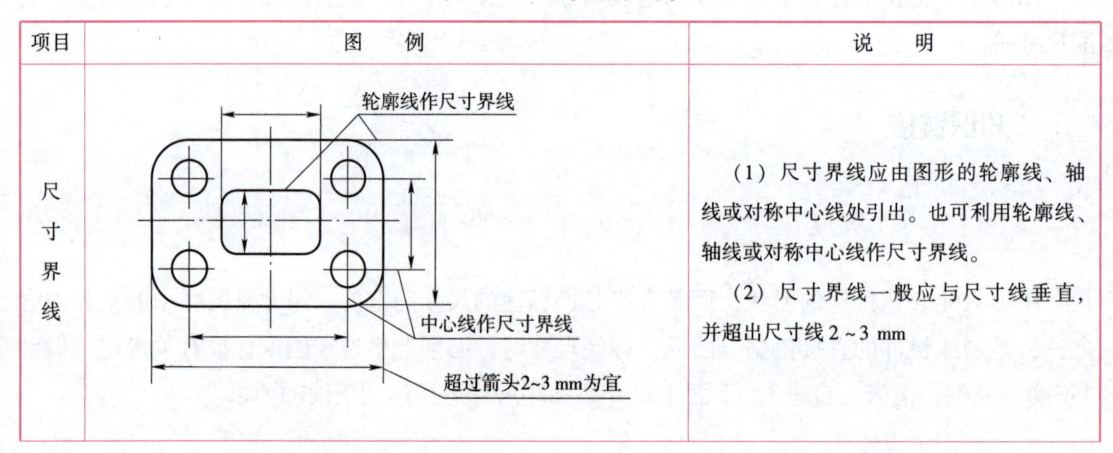

项目	图　例	说　明
尺寸界线		（1）尺寸界线应由图形的轮廓线、轴线或对称中心线处引出。也可利用轮廓线、轴线或对称中心线作尺寸界线。 （2）尺寸界线一般应与尺寸线垂直，并超出尺寸线 2～3 mm

续表

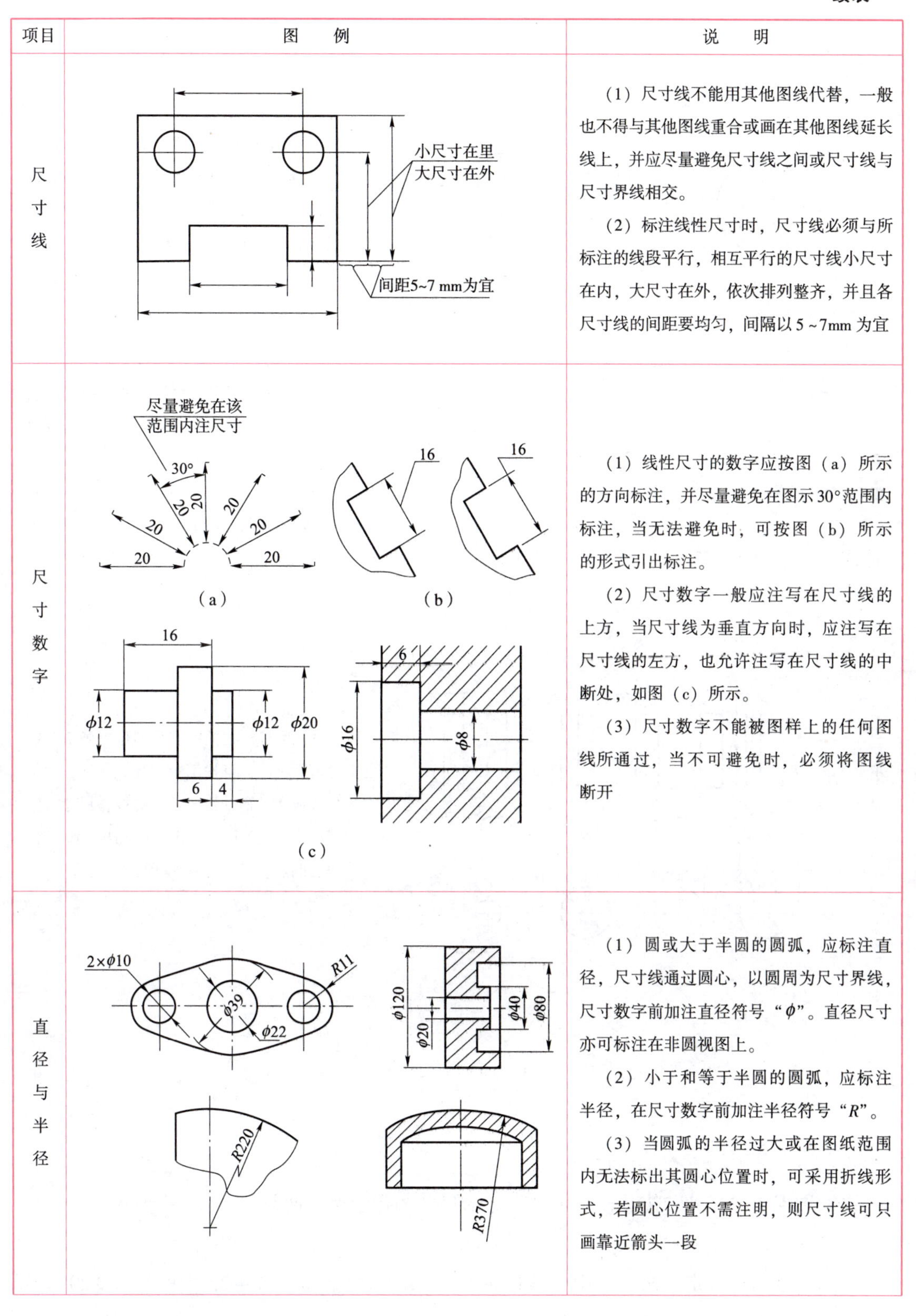

项目	图　例	说　明
尺寸线	小尺寸在里 大尺寸在外 间距5~7 mm为宜	（1）尺寸线不能用其他图线代替，一般也不得与其他图线重合或画在其他图线延长线上，并应尽量避免尺寸线之间或尺寸线与尺寸界线相交。 （2）标注线性尺寸时，尺寸线必须与所标注的线段平行，相互平行的尺寸线小尺寸在内，大尺寸在外，依次排列整齐，并且各尺寸线的间距要均匀，间隔以 5 ~ 7mm 为宜
尺寸数字	尽量避免在该范围内注尺寸 30° 20 20 20 20 20 20 20 20 （a） 16 16 （b） 16 φ12 φ12 φ20 6 4 6 φ16 φ8 （c）	（1）线性尺寸的数字应按图（a）所示的方向标注，并尽量避免在图示30°范围内标注，当无法避免时，可按图（b）所示的形式引出标注。 （2）尺寸数字一般应注写在尺寸线的上方，当尺寸线为垂直方向时，应注写在尺寸线的左方，也允许注写在尺寸线的中断处，如图（c）所示。 （3）尺寸数字不能被图样上的任何图线所通过，当不可避免时，必须将图线断开
直径与半径	2×φ10 R11 φ39 φ22 φ120 φ20 φ40 φ80 R220 R370	（1）圆或大于半圆的圆弧，应标注直径，尺寸线通过圆心，以圆周为尺寸界线，尺寸数字前加注直径符号“φ”。直径尺寸亦可标注在非圆视图上。 （2）小于和等于半圆的圆弧，应标注半径，在尺寸数字前加注半径符号“R”。 （3）当圆弧的半径过大或在图纸范围内无法标出其圆心位置时，可采用折线形式，若圆心位置不需注明，则尺寸线可只画靠近箭头一段

续表

项目	图例	说明
球面直径与半径	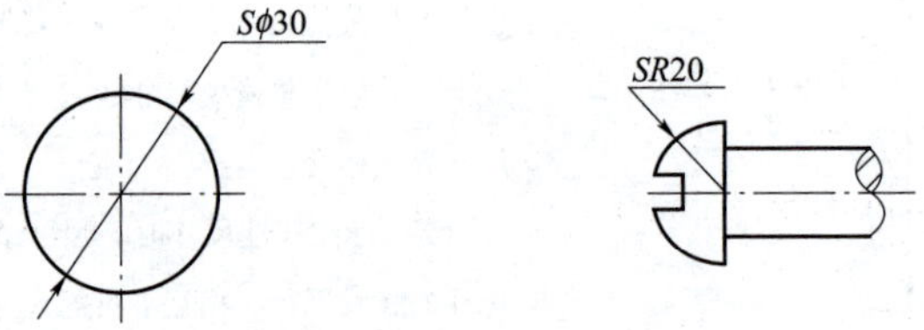 Sϕ30 SR20	标注球面的直径或半径时，应在符号“ϕ”或“R”前加注符号“S”。对螺钉的头部、手柄的端部等，在不致引起误解的情况下，可省略符号“S”
角度	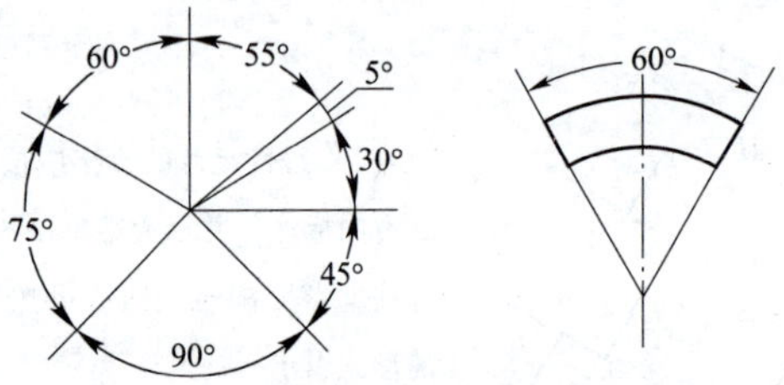 60° 55° 5° 30° 75° 45° 90° 60°	（1）标注角度尺寸的尺寸界线应沿径向引出，尺寸线是以角的顶点为圆心画出的圆弧线。 （2）角度尺寸的数字一律水平书写，一般注写在尺寸线的中断处，必要时也可注写在尺寸线的上方、外侧或引出标注
小尺寸	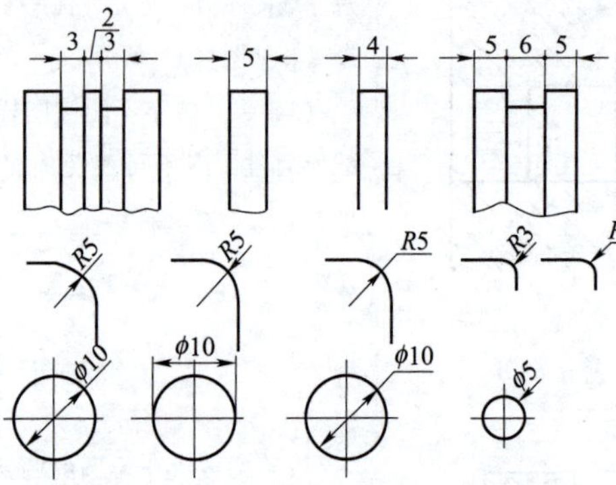 3 2 3 5 4 5 6 5 R5 R5 R5 R3 R2 ϕ10 ϕ10 ϕ10 ϕ5	在尺寸界线之间没有足够位置画箭头或注写数字时，可按图示的形式标注，即把箭头放在外面，指向尺寸界线，尺寸数字可引出写在外面。连续尺寸无法画箭头时，可用圆点或斜线代替中间省去的箭头

知识点2　平面图形尺寸标注分析

一、平面图形的尺寸分析

平面图形上的尺寸，按其作用可分为定形尺寸和定位尺寸两类。

1. 定形尺寸

定形尺寸是指确定平面图形中各线段形状大小的尺寸，如图1－22中的尺寸ϕ20、ϕ6、*R*16、*R*12、*R*50、*R*10和15。一般情况下确定几何图形所需定形尺寸的个数是一定的，如直线的定形尺寸是长度；圆和圆弧的定形尺寸是直径或半径；矩形的定形尺寸是长和宽等。

2. 定位尺寸

定位尺寸是指确定平面图形中各线段间相对位置的尺寸，如图 1－22 中的尺寸 8、45 和 75。

标注尺寸的起点称为尺寸基准。一般以图形的对称线、较大圆的中心线或图形中的主要轮廓线作为尺寸基准。标注定位尺寸时应考虑尺寸基准。一般情况下，一个简单平面图形需要两个方向的定位尺寸，即水平方向和垂直方向的定位尺寸。如图 1－22 所示的手柄是以较长的铅垂线作为长度（水平）方向的基准线，以回转轴线作为宽度（铅垂）方向的基准线。

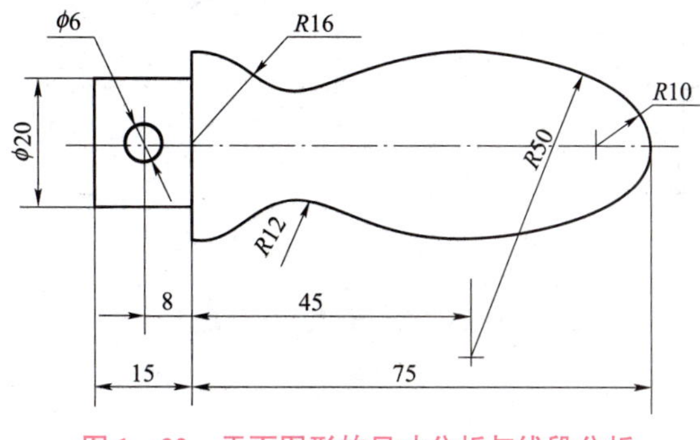

图 1－22　平面图形的尺寸分析与线段分析

二、平面图形的线段分析

平面图形是根据给定的尺寸绘制的。根据给定的尺寸是否齐全，可将平面图形中的线段分为以下三类：

1. 已知线段

定形和定位尺寸全部给出，可直接画出的线段，称为已知线段。如图 1－19 中ϕ6的圆，*R*16、*R*10 圆弧等。

2. 中间线段

给出了定形尺寸，但定位尺寸不全，必须依靠相邻线段间的连接关系才能画出的线段，称为中间线段。如图 1－19 中的 *R*50 圆弧。

3. 连接线段

只给出定形尺寸，没有定位尺寸，需要根据该线段与相邻两线段间的连接关系才能画出的线段，称为连接线段。如图 1－19 中 *R*12。

任务实施

一、图形的绘制

绘制如图 1－19 所示的图形，并完成尺寸标注，如图 1－23 所示。

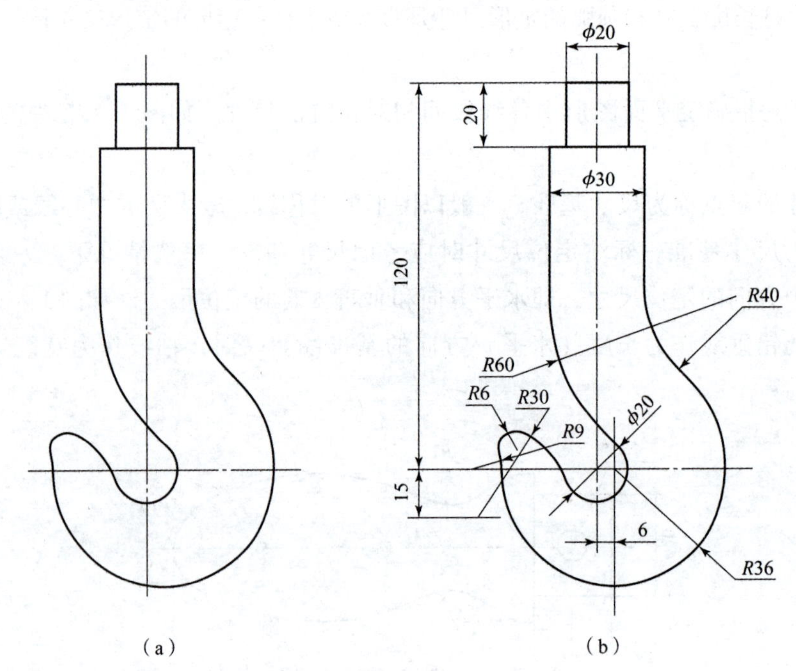

图 1－23 图形绘制及尺寸标准过程

二、回答下列问题

（1）在标注尺寸时，是否有重复标注或遗漏尺寸的现象？出现这种问题的原因是什么？

______

______

______

（2）在标注尺寸时，你做了哪些相关的分析工作？

______

______

______

拓展任务

请完成任务单—任务 1.3 中图形的标注。

请完成表 1－9 的学习评价。

表1-9 任务1.3学习评价

序号	检查项目	评分标准	结果评估	自评分
1	是否有尺寸标注不全的现象?	15		
2	是否有重复标注的现象?	15		
3	尺寸线和尺寸界线画法是否有误?尺寸注写是否标准?	20		
4	是否能熟练进行尺寸标注分析?	25		
5	是否提升了自己看图、分析图形的能力?	25		

项目2 基本体投影的识读与绘制

项目导读

通过本项目的训练，学生能了解投影法分类、特点及应用；了解三视图的形成，掌握三视图的基本规律和相互位置关系；掌握点、直线和平面的投影；了解点、直线、平面之间的相互位置关系，掌握基本体的投影。

任务2.1 投影体系的认知

学习目标

【知识目标】

(1) 了解投影的基本概念。

(2) 了解投影法的分类、斜投影的特点及应用，掌握正投影的基本特性。

(3) 了解三投影面体系和三视图的形成。

(4) 掌握三视图的配置关系、尺寸关系、方位关系和投影关系。

【能力目标】

具备正确绘制简单立体三视图的能力。

【素养目标】

(1) 养成实物图与视图一一对应的学习习惯。

(2) 养成严谨务实的学习作风。

任务引入

请绘制如图2-0所示图形的三视图，并回答相关问题。

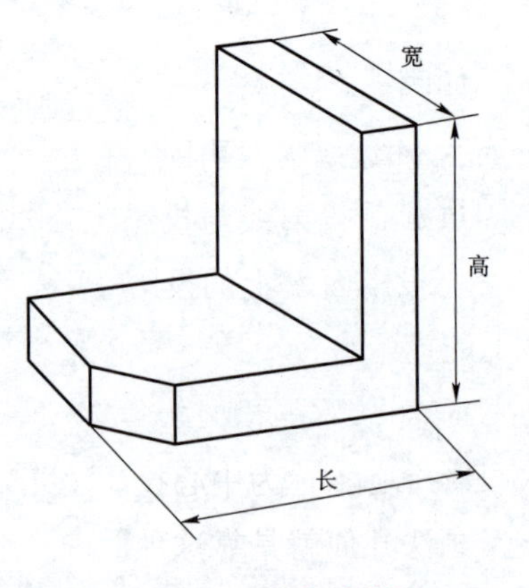

图2-0 直角弯板

AR

任务分析

在实际生产中，我们遇到的图样因行业的不同而不同。如机械行业、建筑行业等，这些图样都是按照不同的投影方法绘制出来的，机械图样就是用正投影法绘制的。完成该任务，首先需要理解正投影法的特性、三投影面体系及三视图的形成过程，然后再利用项目1任务1.1中所学到的制图基本知识，按三视图规律画图。

知识链接

知识点1　投影法

一、投影法和投影的概念

有太阳光和灯光照射时，物体就会在地面或墙上有影子，如图2－1所示。这种用投影线通过物体，在给定投影平面上作出物体投影的方法称为投影法。

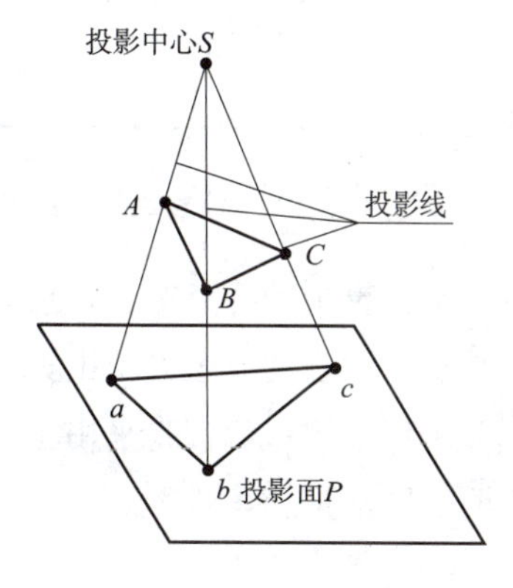

图2－1　投影概念

在投影理论中，把承受影子的面（一般为平面）叫投影面。把经过形体与投影面相交的光线叫投射线。把按照投影法通过形体的投射线与投影面相交得到的图形，称该形体在投影面上的投影。我们称这种将投射线通过形体，向选定的投影面投射，并在该面上得到图形的方法叫投影法。投影法通常分为中心投影法和平行投影法两类。

二、投影法的种类

1. 中心投影法

如图2－2所示，S为投影中心，A为空间一点，P为投影面，SA连线为投射线。投射线均由投影中心S射出，射过空间点A的投射线与投影面P相交于一点a，点a称作空间点A在投影面P上的投影。同样，点b是空间点B在投影面P上的投影。在投影面和投射中心确定的条件下，空间点在投影面上的投影是唯一确定的。上述的投影法，投射线均通过投影中心，称为中心投影法。

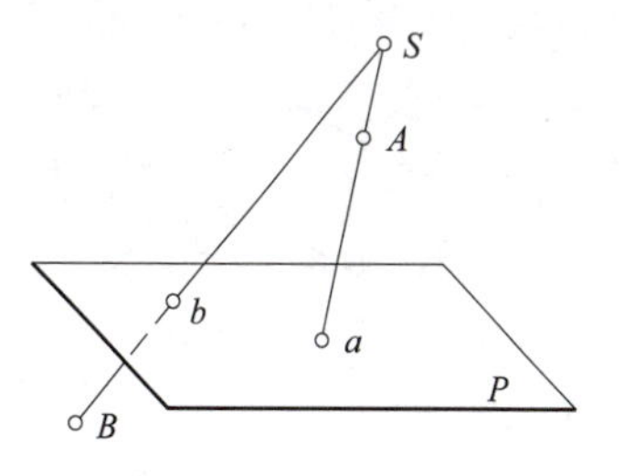

图2－2　投影法

画法几何就是靠这种假设的投影法，确定空间的几何原形在平面上（图纸上）的图像。图2－3所示为三角板投影的例子。中心投影法得到的投影一般不反映形体的真实大小，没有度量性。

2. 平行投影法

如果投射线互相平行，此时，空间几何原形在投影面上也同样得到一个投影，这种投影法称为平行投影法。当平行的投射线对投影面倾斜时，称为斜投影法，如图 2－4 所示。当平行的投射线与投影面垂直时，称为正投影法，如图 2－5 所示。

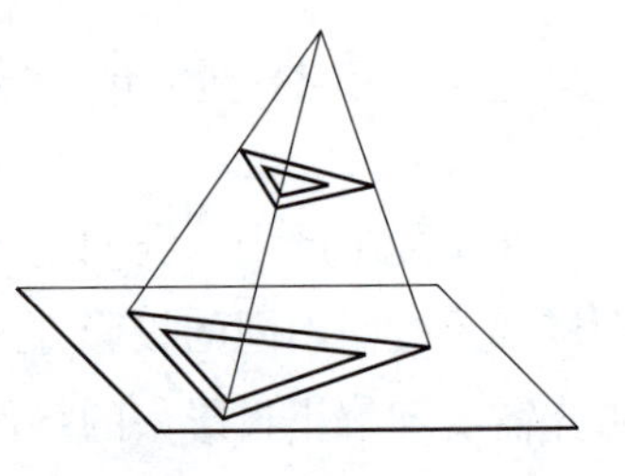

图 2－3　中心投影法

图 2－4　平行投影法——斜投影法

图 2－5　平行投影法——正投影法

平行投影的特点之一是空间的平面图形（如图 2－4 和图 2－5 中的三角板）若和投影面平行，则它的投影反映出真实的形状和大小。

工程图样一般都是采用正投影法绘制的，正投影法是本课程的研究重点。今后若不特殊说明，则都是指正投影。

三、正投影法的基本性质

1. 真实性

当物体上的线段或平面平行于投影面时，其投影反映线段实长或平面实形，这种投影特性称为真实性，如图 2－6（a）所示。

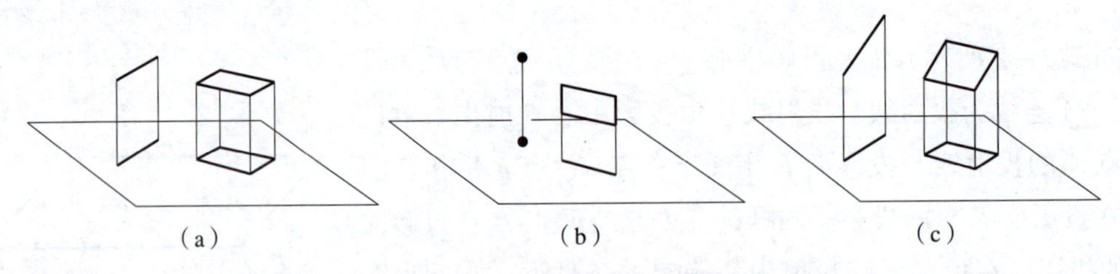

图 2－6　正投影法的基本特性

(a) 真实性；(b) 积聚性；(c) 类似性

2. 积聚性

当物体上的线段或平面垂直于投影面时，线段的投影积聚成点，平面的投影积聚成线段，这种投影特性称为积聚性，如图 2－6（b）所示。

3. 类似性

当物体上的线段或平面倾斜于投影面时，线段的投影长度缩短，平面的投影面积变小，形状与原形相似，这种投影特性称为类似性，如图 2－6（c）所示。

知识点 2 三视图

一、三视图的形成

1. 三投影面体系的建立

如图 2－7 所示，三个相互垂直相交的投影平面组成三投影面体系。其中，正立投影面简称正立面，用 V 表示；水平投影面简称水平面，用 H 表示；侧立投影面简称侧立面，用 W 表示。

三个投影面两两相交的交线 OX、OY、OZ 称为投影轴，三个投影轴相互垂直且交于一点 O，称为原点。

2. 三面投影的形成

如图 2－8 所示，将物体置于三投影面体系中，按正投影法分别向 V、H、W 三个投影面进行投影，即可得到物体的相应投影，该投影也称为三视图。

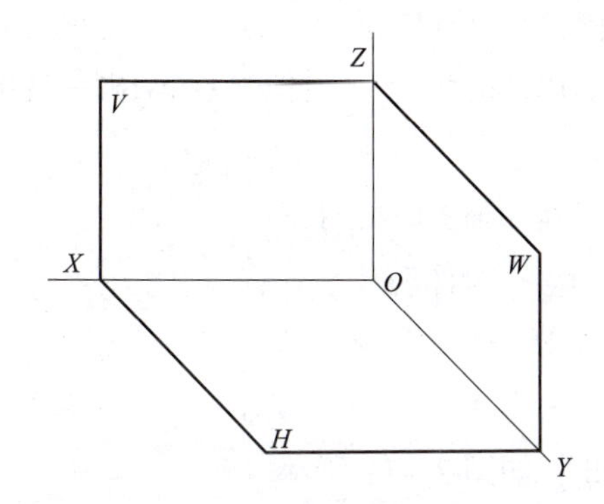

图 2－7 三投影面体系

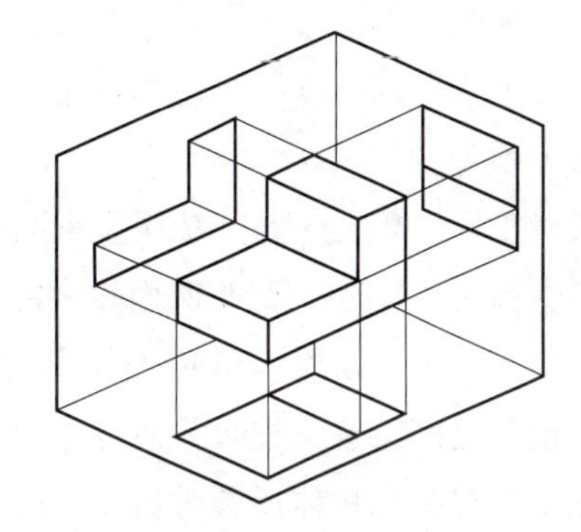
图 2－8 三视图

将物体从前向后投射，在 V 面上所得的投影称为正面投影（也称主视图）；将物体从上向下投射，在 H 面上所得的投影称为水平投影（也称俯视图）；将物体从左向右投射，在 W 面上所得的投影称为侧面投影（也称左视图）。

为了便于画图，需将三个互相垂直的投影面展开。展开规定如图 2－9 所示：V 面保持不动，H 面绕 OX 轴向下旋转 90°，W 面绕 OZ 轴向右旋转 90°，使 H、W 面与 V 面重合为一个平面。展开后，主视图、俯视图和左视图的相对位置如图 2－10 所示。

这里要注意，当投影面展开时，Oy 轴被分为两处，随 H 面旋转的用 Y_H 表示，随 W 面旋转的用 Y_W 表示。

为简化作图，在画三视图时，不必画出投影面的边框线和投影轴。

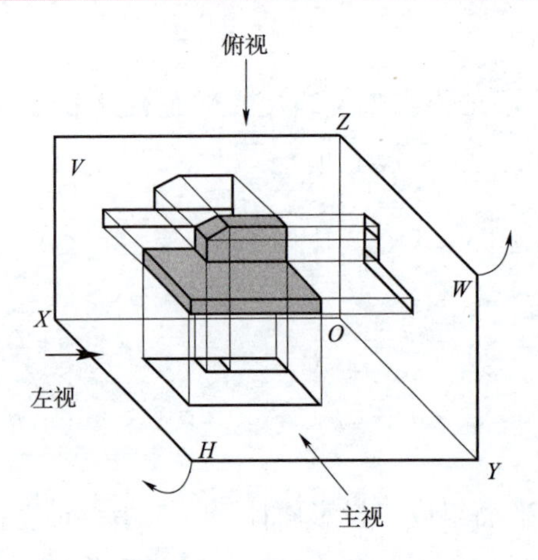

图 2-9　三视图的形成及其展开

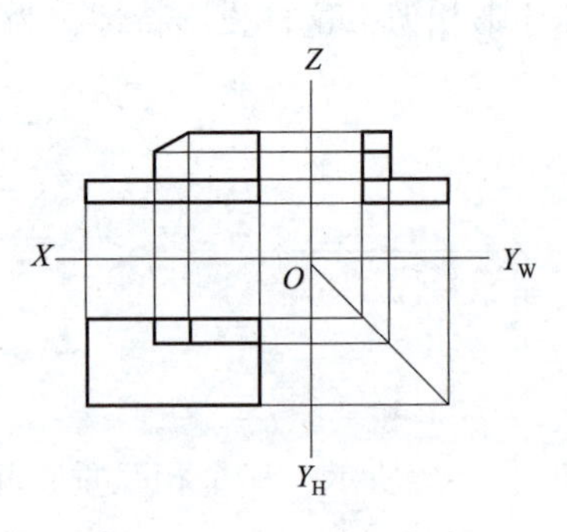

图 2-10　展开后的三视图

二、三视图之间的对应关系

1. 位置关系

由投影面的展开过程可以看出，三视图之间的位置关系为：以主视图为准，俯视图在主视图的正下方，左视图在主视图的正右方。

2. 投影关系

从三视图的形成过程中可以看出，主视图和俯视图都反映了物体的长度，主视图和左视图都反映了物体的高度，俯视图和左视图都反映了物体的宽度。由此可以归纳出三视图之间的投影关系为：

长对正——*V* 面投影和 *H* 面投影的对应长度相等，画图时要对正；

高平齐——*V* 面投影和 *W* 面投影的对应高度相等，画图时要平齐；

宽相等——*H* 面投影和 *W* 面投影的对应宽度相等，即“三等关系”。

三视图之间的这种投影关系也称为视图之间的三等关系（三等规律）。应当注意，这种关系无论是对整个物体还是对物体的局部均是如此，如图 2-11 所示。

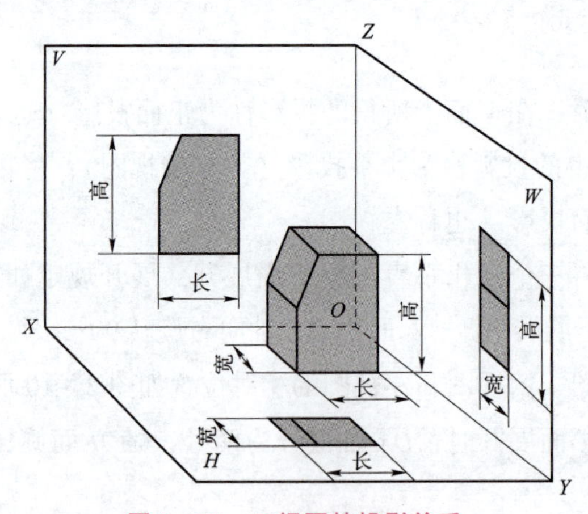

图 2-11　三视图的投影关系

3. 方位关系

如图 2－12 所示：主视图反映了物体的上、下和左、右位置关系；俯视图反映了物体的前、后和左、右位置关系；左视图反映了物体的上、下和前、后位置关系。

“三等关系”不仅适用于物体总的轮廓，也适用于物体的局部细节，如图 2－13 所示。我们不仅可以从物体的三面投影中得到它的大小，还可以知道其各部分的相互位置关系。

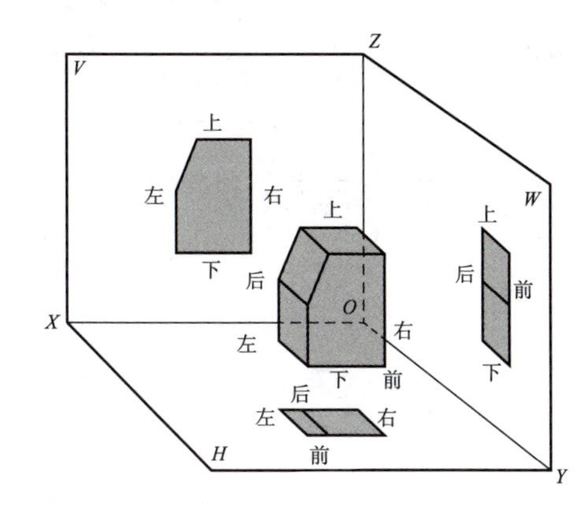

图 2－12　三视图的方位关系

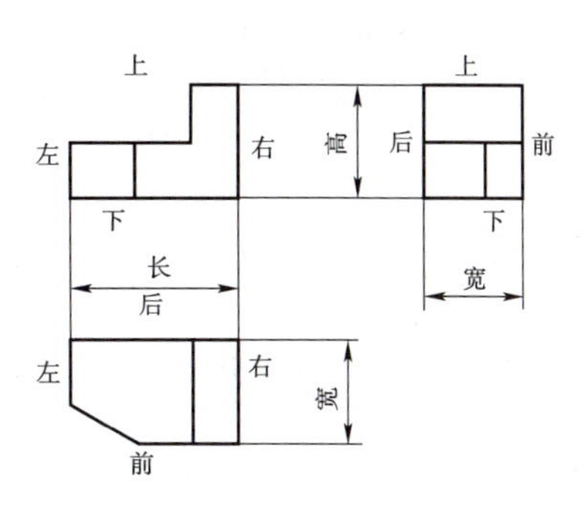

图 2－13　长、宽、高的确定及三等关系

任务实施

一、绘制如图 2－0 所示图形的三视图

步骤如下：

(1) 量取弯板的长和高画出反映特征轮廓的主视图，按主、俯视图长对正的投影关系并量取弯板的宽度画出俯视图，如图 2－14 (a) 所示。

(2) 在俯视图上画出底板左前方切去的一角，再按长对正的投影关系在主视图上画出切角的图线，如图 2－14 (b) 所示。

(3) 按主、俯视图高齐平，俯、左视图宽相等的投影关系，画出左视图，如图 2－14 (c) 所示。

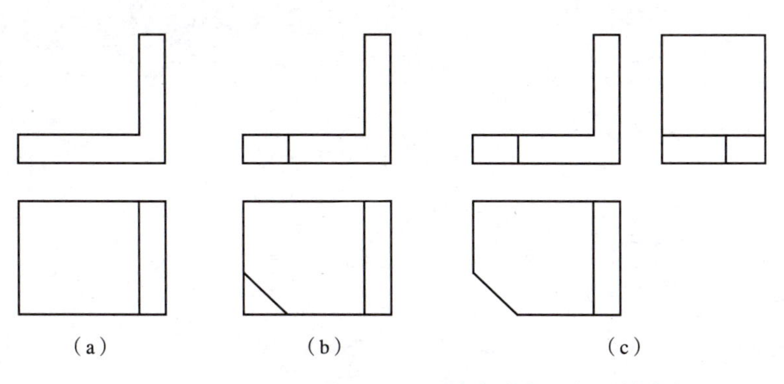

图 2－14　画直角弯板三视图的步骤

画物体三视图的方法和步骤

二、回答下列问题

（1）你是如何确定物体摆放位置并进行投影的？

____

____

（2）你在绘制三视图过程中，遵循了哪些原则？

____

____

拓展任务

请完成任务单——任务 2.1 中视图的选择。

请完成表 2－1 的学习评价。

表 2－1　任务 2.1 学习评价

序号	检查项目	评分标准	结果评估	自评分
1	是否了解投影的原则？	20		
2	是否清楚投影法的分类及特点？	20		
3	是否掌握三视图的配置关系、尺寸关系、方位关系、投影关系？	20		
4	能否正确绘制三视图？	20		
5	是否养成一定的吃苦耐劳、专心致志精神？	20		

任务 2.2　点线面的投影认知

学习目标

【知识目标】

（1）了解点、线、面的三面投影。

(2) 掌握各种位置线、面的投影。

(3) 掌握点、线、面之间的关系，了解线与线的关系。

【能力目标】

(1) 具备各种位置线、面的识读能力。

(2) 具备各种位置线、面的绘制能力。

【素养目标】

(1) 养成多思勤练的学习作风。

(2) 培养良好的沟通合作、团队协作能力。

任务引入

请绘制如图2-15所示的三棱锥的三视图（三棱锥的底面为等边三角形），并回答相关问题。

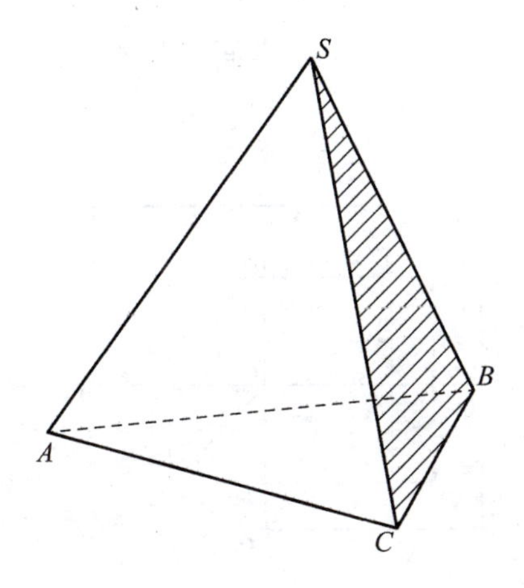

图2-15 三棱锥

任务分析

物体是由各个面组成的，而各个面是若干线围成的，线是由点构成的。点、直线和平面是构成物体的最基本几何元素，它们的投影和作图方法是基本体三视图的基础。各种位置直线和平面的投影特性是读、画图的关键。

三棱锥由4个面、6根线和4个点组成，如图2-15所示。任务完成首先要了解点、线和面的投影形成，理解各种位置线、面的投影特性，总结出画图技巧和看图要领；然后分析三棱锥组成面与线之间的相互关系；确定摆放位置，分析投影特点，最后按投影规律完成三视图并根据三视图分析线段的空间位置。

知识链接

知识点1　点的投影

任何物体都是由点、线、面等几何元素构成的，只有学习和掌握了几何元素的投影规律和特征，才能正确地绘制和阅读形体的投影，才能透彻理解机械图样所表示物体的具体结构形状。在此先学习点的投影。

一、点的三面投影

如图2－16（a）所示，假设在三面投影体系当中有一空间点A，过点A分别向H面、V面和W面作垂线，得到三个垂足a、a'、a''，即为空间点A在三个投影面上的投影。

为了区别空间点以及该点在三个投影面上的投影，规定用大写字母（如A、B、C等）表示空间点，它的水平投影、正面投影和侧面投影，分别用相应的小写字母（如a、a'和a''）表示。

按照规定的投影面展开方法，将三个投影面展开摊平并去掉边框，得到点A的三面投影，如图2－16（b）所示。

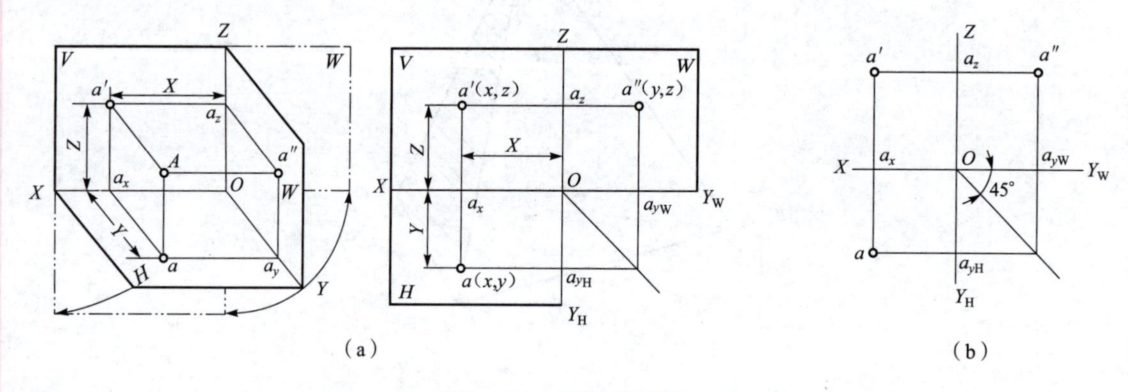

图2－16　点的三面投影

（a）空间点A在三个投影面上的投影；（b）点A的三面投影

二、点的三面投影规律

点A在H面上的投影a，叫作点A的水平投影，它是由点A到V、W两个投影面的距离所决定的；

点A在V面上的投影a'，叫作点A的正面投影，它是由点A到H、W两个投影面的距离所决定的；

点A在W面上的投影a''，叫作点A的侧面投影，它是由点A到V、H两个投影面的距离所决定的。

由此可知：空间点A在三投影面体系中有唯一确定的一组投影（a、a'、a''），若已知点的投影，就知道点到三个投影面的距离，即可完全确定点在空间的位置。反之，若已知点的

空间位置，也可以画出点的投影。

由图 2－16 还可以得到点的三面投影规律：

点的三面投影

（1）点的正面投影和水平投影的连线垂直于 X 轴，即 $a'a \perp OX$；

（2）点的正面投影和侧面投影的连线垂直于 Z 轴，即 $a'a'' \perp OZ$；

（3）点的水平投影 a 到 X 轴的距离等于侧面投影 a''到 Z 轴的距离，即 $aa_x = a''a_z$（可以用 45°辅助线或以原点为圆心作弧线来反映这一投影关系）。

根据上述投影规律，若已知点的任何两个投影，即可求出它的第三个投影。

三、两点的相对位置

1. 两点的相对位置

两点的相对位置由两点的坐标差决定。

设已知空间点 A 由原来的位置向上（或向下）移动，则 z 坐标随着改变，也就是 A 点对 H 面的距离改变；

如果点 A 由原来的位置向前（或向后）移动，则 y 坐标随着改变，也就是 A 点对 V 面的距离改变；

如果点 A 由原来的位置向左（或向右）移动，则 x 坐标随着改变，也就是 A 点对 W 面的距离改变。

综上所述，对于空间两点 A、B 的相对位置：

（1）距 W 面远者在左（x 坐标大）、近者在右（x 坐标小）；

（2）距 V 面远者在前（y 坐标大）、近者在后（y 坐标小）；

（3）距 H 面远者在上（z 坐标大）、近者在下（z 坐标小）。

2. 重影点

若空间两点在某一投影面上的投影重合，则这两点是该投影面的重影点。这时，空间两点的某两坐标相同，并在同一投射线上。

当两点的投影重合时，就需要判别其可见性，即判断两个点哪个为可见、哪个为不可见。应注意：对 H 面的重影点，从上向下观察，z 坐标值大者可见；对 W 面的重影点，从左向右观察，x 坐标值大者可见；对 V 面的重影点，从前向后观察，y 坐标值大者可见。在投影图上不可见的投影加括号表示，如（a'）。

知识点2　直线的投影

空间一直线的投影可由直线上两点（通常取线段两个端点）的同面投影来确定。如图 2－17所示的直线 AB，求作它的三面投影图时，可分别作出 A、B 两端点的投影（a、a'、a''）、（b、b'、b''），然后将其同面投影连接起来即得直线 AB 的三面投影图（ab、$a'b'$、$a''b''$）。

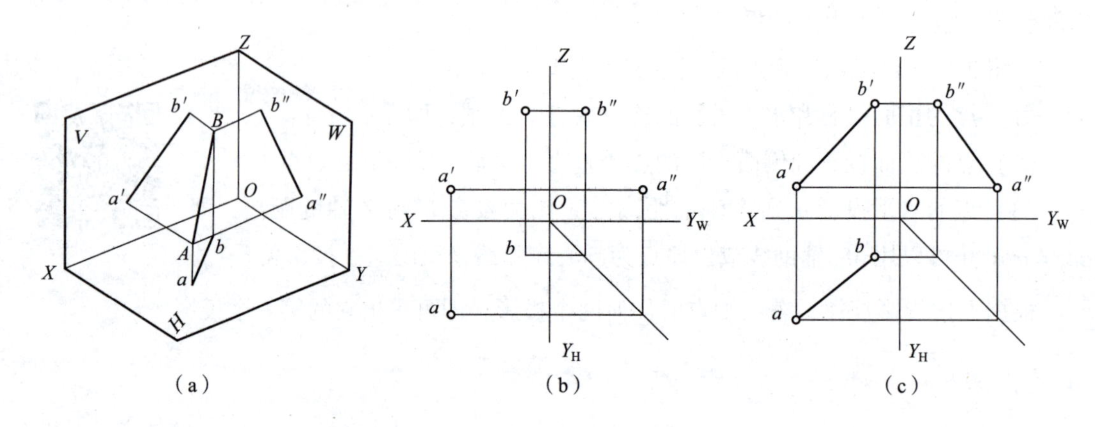

图 2-17　直线的投影

一、各种位置直线的投影特性

根据直线在三投影面体系中的位置，投影特性可分为投影面平行线、投影面垂直线和一般位置直线三类。前两类直线称为特殊位置直线，后一类直线称为一般位置直线。

1. 投影面平行线

平行于一个投影面，且同时倾斜于另外两个投影面的直线，称为投影面平行线。平行于 *V* 面的称为正平线；平行于 *H* 面的称为水平线；平行于 *W* 面的称为侧平线。

直线与投影面所夹的角称为直线对投影面的倾角。我们规定，用 α、β、γ 分别表示直线对 *H* 面、*V* 面、*W* 面的倾角。

举例说明：正平线的投影特性，如图 2-18（a）所示，物体的一条边 *AB*，即为图 2-18（b）所示的正平线，它平行于 *V* 面，而与 *H* 面和 *W* 面成倾斜位置，它的投影如图 2-18（c）所示。

AR资源

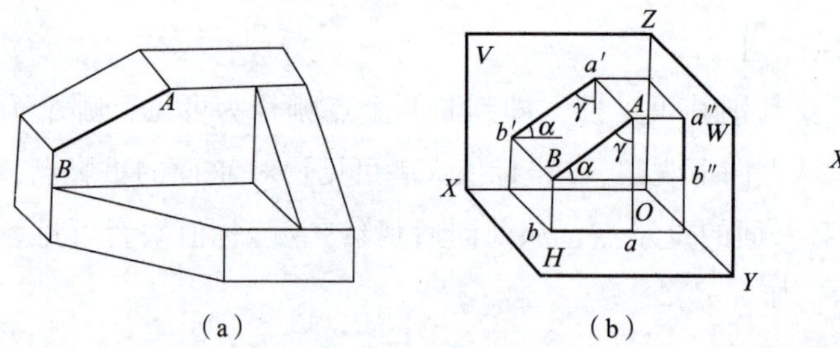

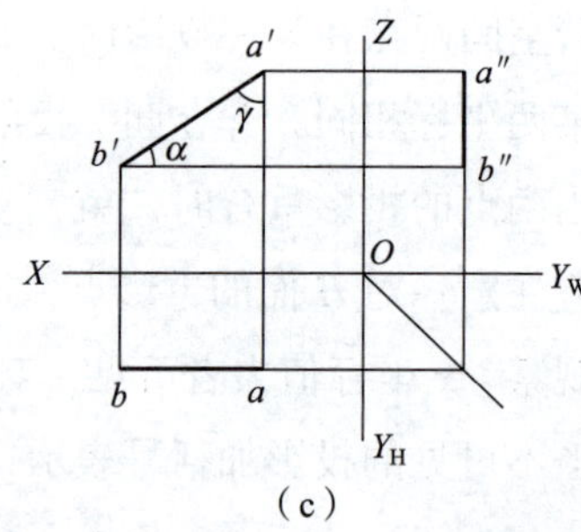

图 2-18　正平线的投影

（a）物体的一条边 *AB*；（b）正平线 *AB*；（c）*AB* 的投影

直线相对于一个投影面的投影特性

由图 2-18 分析可知，正平线的投影特性有以下两点。

（1）投影 $a'b'$ 反映直线 *AB* 的实长，即 $a'b' = AB$，$a'b'$ 与 *OX* 的夹角反映空间直线 *AB* 对 *H* 面的真实倾角 α；$a'b'$ 与 *OZ* 的夹角反映空间直线对 *W*

面的真实倾角 γ。

（2）水平投影 $ab /\!/ OX$；侧面投影 $a''b'' /\!/ OZ$，它们的投影长度均小于 AB 的实长，即 $ab = AB\cos\alpha$；$a''b'' = AB\cos\gamma$。

水平线和侧平线的投影特性见表 2－2。

在表 2－2 中，分别列出了正平线、水平线和侧平线的投影及其特性。

表 2－2　投影面平行线的投影特性

名称	正平线（$/\!/V$）	水平线（$/\!/H$）	侧平线（$/\!/W$）
实例	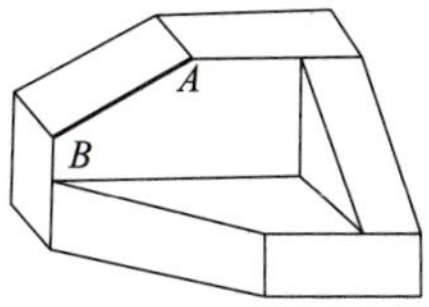	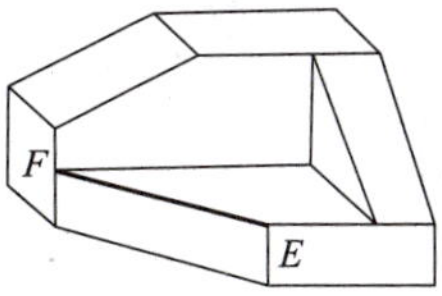	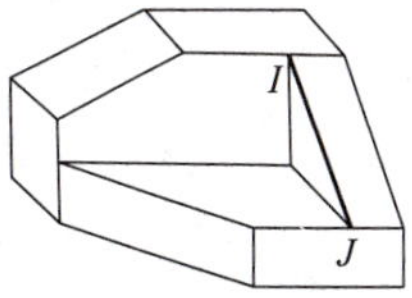
立体图	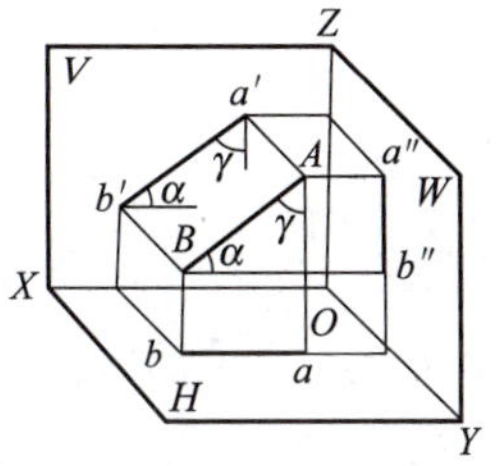	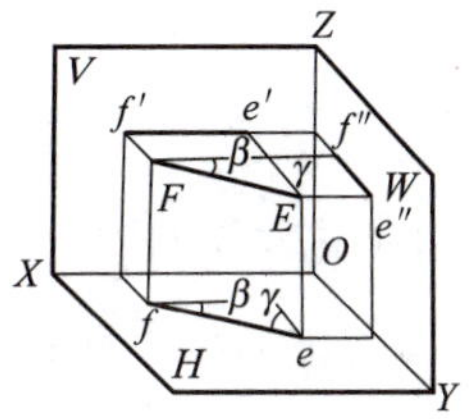	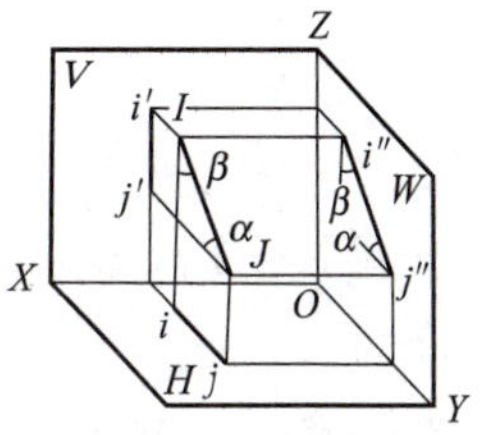
投影图	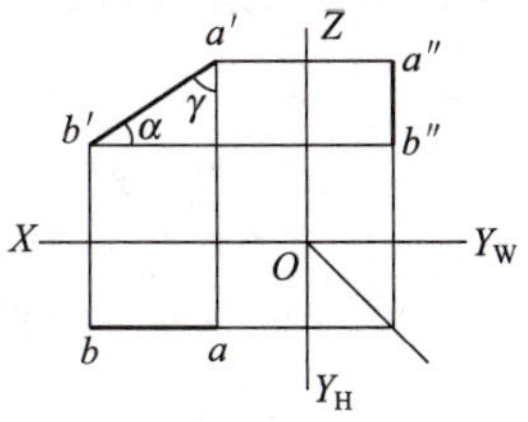	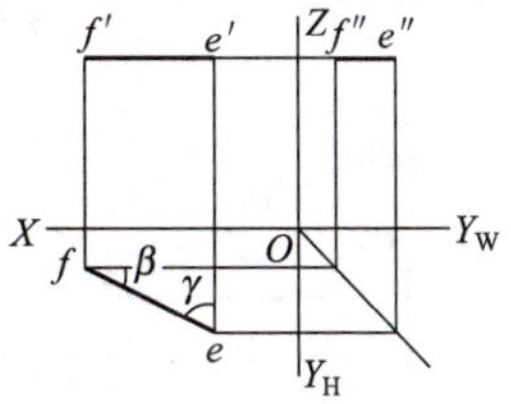	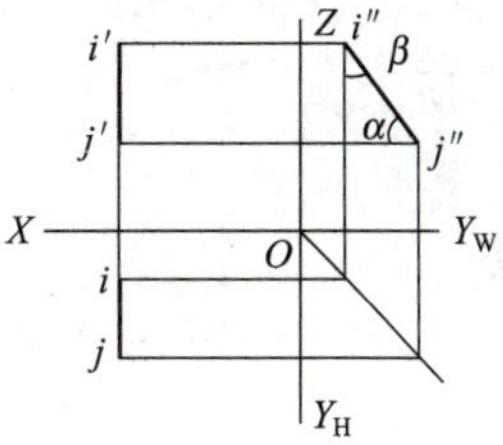
投影特性	（1）正面投影 $a'b'$ 反映实长； （2）正面投影 $a'b'$ 与 OX 和 OZ 的夹角 α、γ 分别为 AB 对 H 面和 W 面的倾角； （3）水平投影 $ab /\!/ OX$，侧面投影 $a''b'' /\!/ OZ$，且都小于实长	（1）水平投影 ef 反映实长； （2）水平投影 ef 与 OX 和 OY_H 的夹角 β、γ 分别为 EF 对 V 面和 W 面的倾角； （3）正面投影 $e'f' /\!/ OX$，侧面投影 $e''f'' /\!/ OY_W$，且都小于实长	（1）侧面投影 $i''j''$ 反映实长； （2）侧面投影 $i''j''$ 与 OZ 和 OY 的夹角 β 和 α 分别为 EF 对 V 面和 H 面的倾角； （3）正面投影 $i'j' /\!/ OZ$，水平投影 $ij /\!/ OY_H$，且都小于实长

根据上述分析可知投影面平行线的投影特性：直线在它们所平行的投影面上的投影反映直线的实长，它与两投影轴之间的夹角反映该空间直线对另外两个投影面的真实倾角；直线的另外两个投影分别平行于相应的投影轴且都小于实长。

根据此投影特性可判断直线是否为投影面平行线，当直线的投影有两个平行于投影轴，第三个投影与投影轴倾斜时，则该直线一定是投影面平行线，且一定平行于其投影为倾斜线的那个投影面。

【例 2-1】 如图 2-19（a）所示，已知空间点 A，试作线段 AB，长度为 15，并使其平行于 V 面，与 H 面倾角 $\alpha=30°$（只需一解）。

解： 作图，如图 2-19（b）所示。

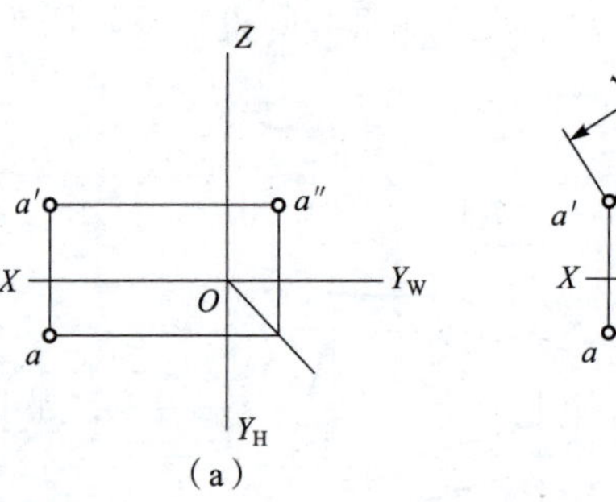

（a）

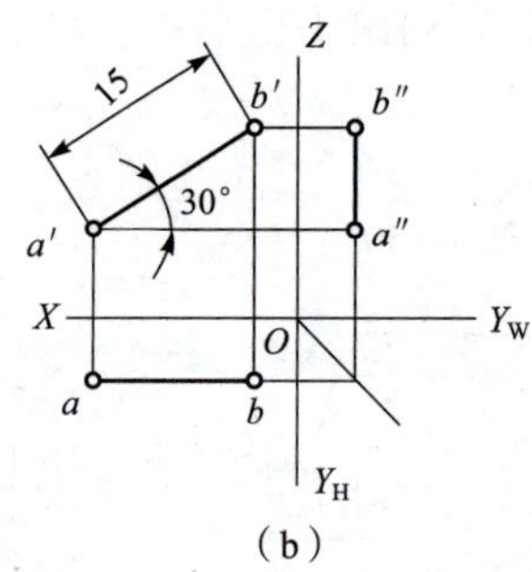

（b）

根据点的两面投影求第三面投影

图 2-19　作正平线 AB

（a）题目；（b）解答

2. 投影面垂直线

垂直于一个投影面，而且同时平行于另外两个投影面的直线，称为投影面垂直线。垂直于 V 面的称为正垂线；垂直于 H 面的称为铅垂线；垂直于 W 面的称为侧垂线。

举例说明：侧垂线的投影特性，如图 2-20（a）所示，物体的一条边 EK，即为图 2-20（b）所示的侧垂线，它垂直于 W 面，而与 H 面和 V 面平行，其投影如图 2-20（c）所示。

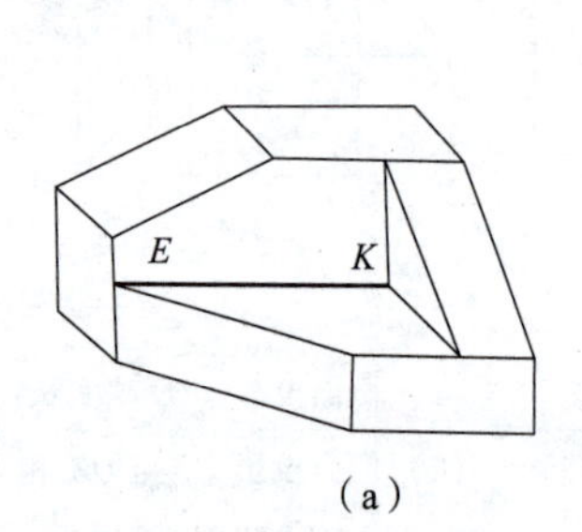

（a）

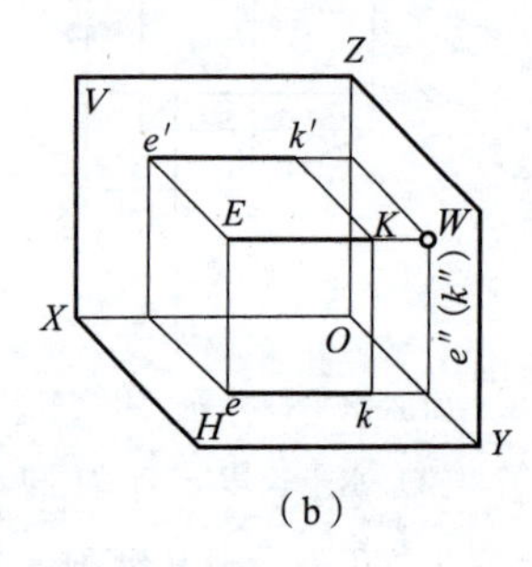

（b）

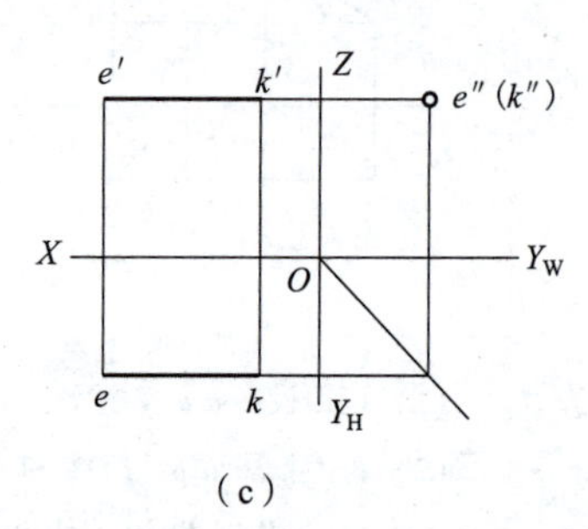

（c）

图 2-20　侧垂线的投影

（a）物体的一条边 EK；（b）侧垂线 EK；（c）EK 的投影

侧垂线的投影特性为：

（1）投影 $e'k' \perp OY$，水平投影 $ek \perp OY_H$，且 $e'k'$ 和 ek 均反映实长。

（2）在其垂直的投影面上的投影积聚为一点，即 e''（k''）为一点。

正垂线和铅垂线的投影特性见表 2-3。

根据上述分析可知投影面垂直线的投影特性如下。

直线在它们所垂直的投影面上的投影积聚成一点，另外两投影反映直线的实长，并且分别垂直于相应的投影轴。

根据此投影特性可判断直线是否为投影面垂直线，若在投影图的三个投影中有一投影积聚成一点，则它一定是该投影面的垂直线。

表 2－3 中分别列出了正垂线、铅垂线和侧垂线的投影及其特性。

表 2－3　投影面垂直线的投影特性

名称	正垂线（$\perp V$）	铅垂线（$\perp H$）	侧垂线（$\perp W$）
实例	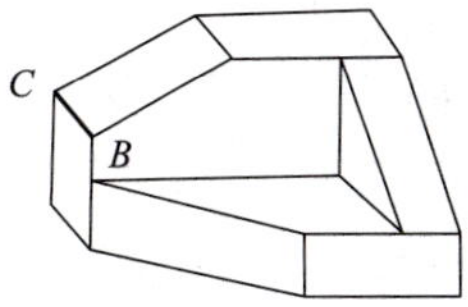	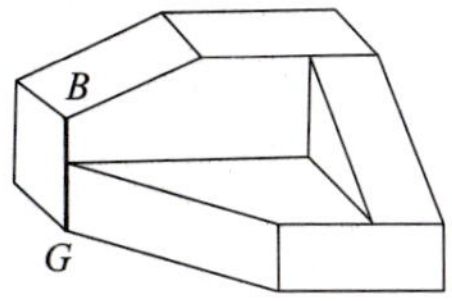	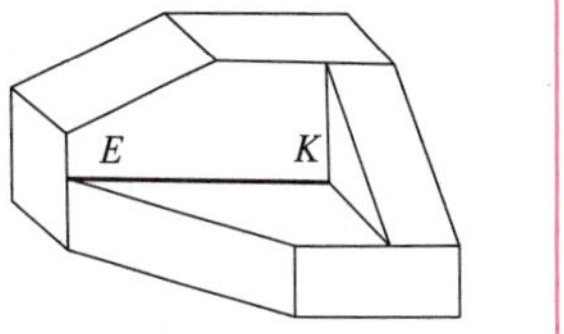
立体图	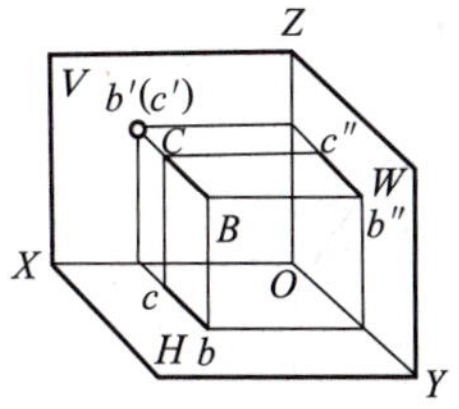	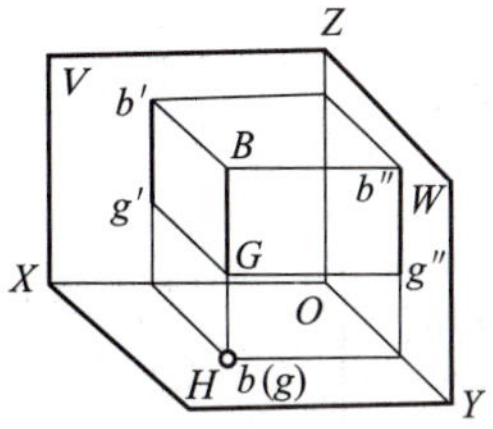	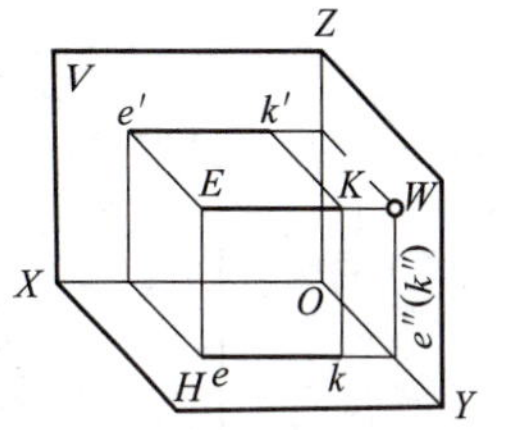
投影图	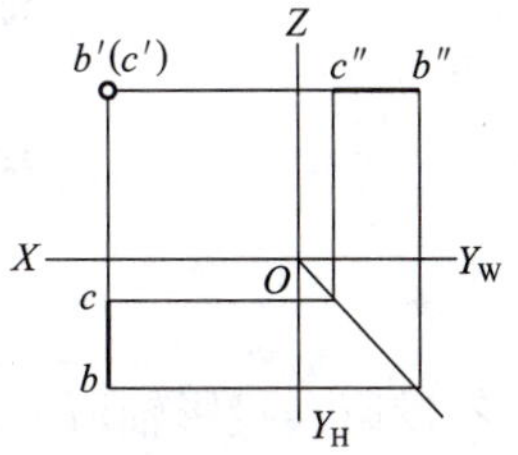	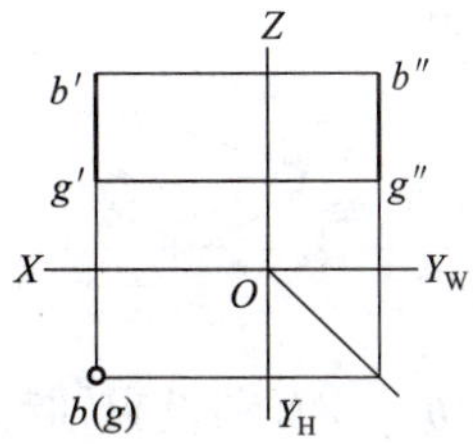	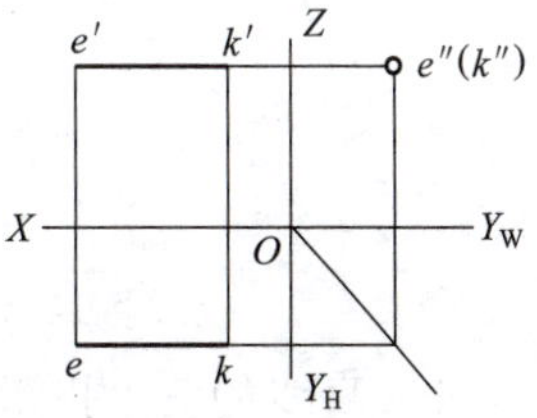
投影特性	（1）正面投影 b'（c'）积聚成一点； （2）水平投影 bc，侧面投影 $b''c''$ 都反映实长，且 $bc \perp OX$，$b''c'' \perp OZ$	（1）水平投影 e（g）积聚成一点； （2）正面投影 $b'g'$、侧面投影 $b''g''$ 都反映实长，且 $b'g' \perp OX$，$b''g'' \perp OY_W$	（1）侧面投影 e''（k''）积聚成一点； （2）正面投影 $e'k'$、水平投影 ek 都反映实长，且 $e'k' \perp OZ$，$ek \perp OY_H$

【例 2－2】 如图 2－21（a）所示，已知正垂线 AB 的点 A 的投影，直线 AB 的长度为 10 mm，试作直线 AB 的三面投影（只需一解）。

解： 直线 AB 的三面投影如图 2－21（b）所示。

3. 一般位置直线

与三个投影面都处于倾斜位置的直线称为一般位置直线。

如图 2－22 所示，直线 AB 与 H、V、W 面都处于倾斜位置，倾角分别为 α、β、γ。其投影如图 2－22（b）所示。

一般位置直线的投影特征可归纳为以下几点。

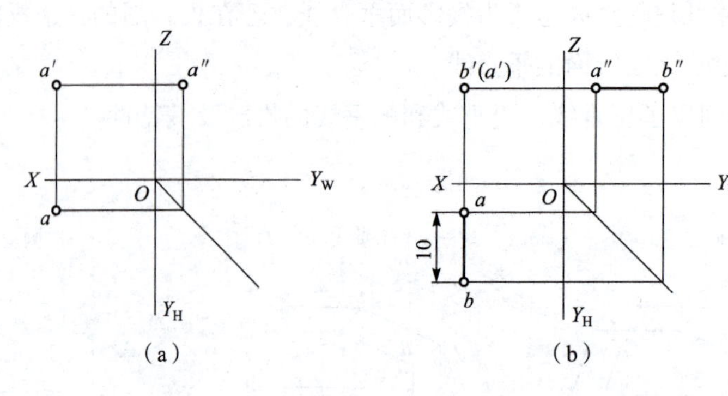

图 2－21 作正垂线 *AB* 的三面投影

(a) 题目；(b) 解答

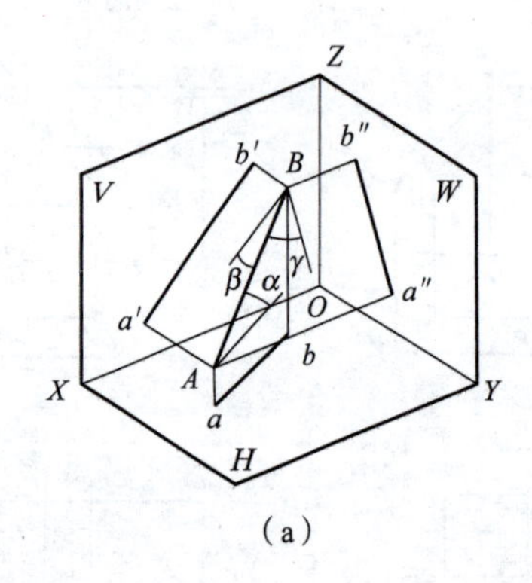

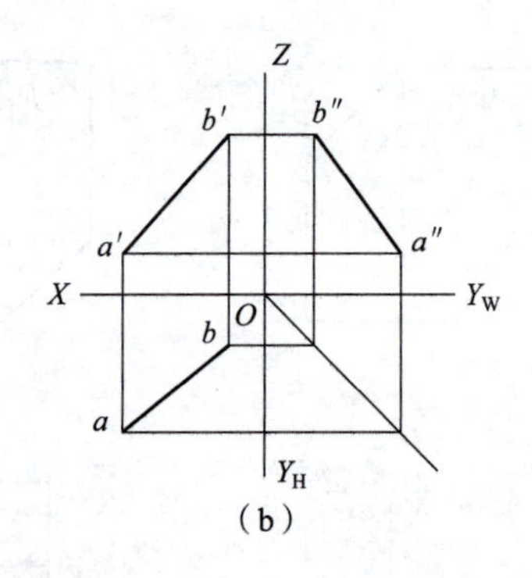

交叉两直线的投影

图 2－22 一般位置直线

（1）直线的三个投影 ab、$a'b'$、$a''b''$和投影轴都倾斜，各投影和投影轴所夹的角度不反映空间直线对相应投影面的真实倾角；

（2）任何投影都小于空间直线的实长，也不能积聚为一点。

利用上述投影特征，如果直线的投影与三个投影轴都倾斜，则可判定该直线为一般位置直线。

二、两直线的相对位置

空间两直线的相对位置有三种情况，即相交、平行和交叉。平行、相交的两直线属于共面直线，交叉的两条直线为异面直线。

（1）平行。

如图 2－23 所示，空间两直线互相平行，则三组同面投影一定互相平行。

（2）相交。

如图 2－24 所示，空间两直线相交，则三组同面投影一定相交且交点的投影符合点的投影规律。

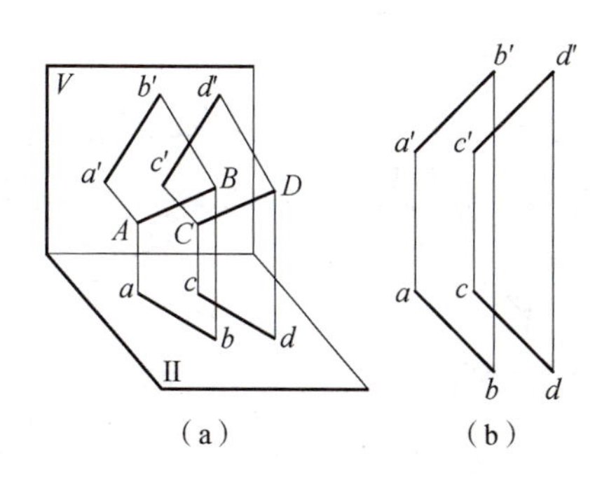

图 2－23 平行两直线的投影

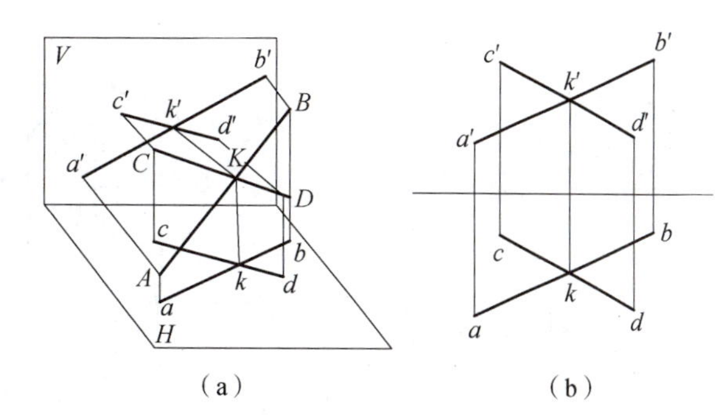

图 2－24 相交两直线的投影

(3) 交叉。

如图 2－25 所示，当空间两直线既不平行也不相交时，称为交叉。如果两直线的投影既不符合平行的投影规律，又不符号相交的投影规律，则可判断两直线为空间交叉。

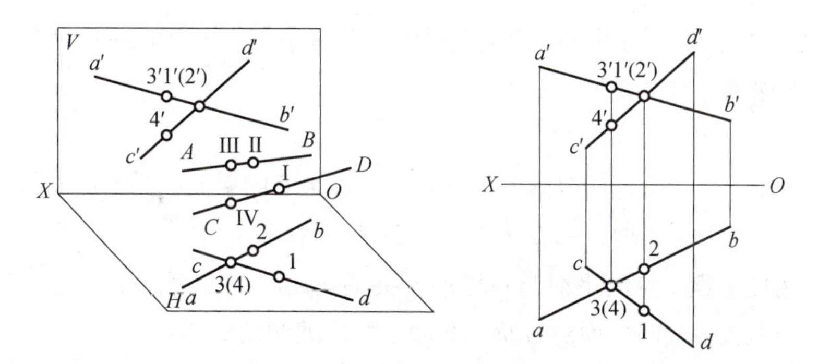

图 2－25 交叉两直线的投影

知识点3 平面的投影

平面这个名称，一般都是指无限的平面，平面的有限部分，称为平面图形，简称平面形。

一、平面的表示法

下面任一种形式的几何元素都能够确定一个平面，因此它们的投影就是表示一个平面的投影：

(1) 不在同一直线上的三点，如图 2－26 (a) 所示。

(2) 一直线和直线外一点，如图 2－26 (b) 所示。

(3) 相交两直线，如图 2－26 (c) 所示。

(4) 平行两直线如图 2－26 (d) 所示。

(5) 任意平面图形，如三角形、四边形、圆形等如图 2－26 (e) 所示。

注意：为了解题的方便，常常用一个平面图形（如三角形）表示平面。

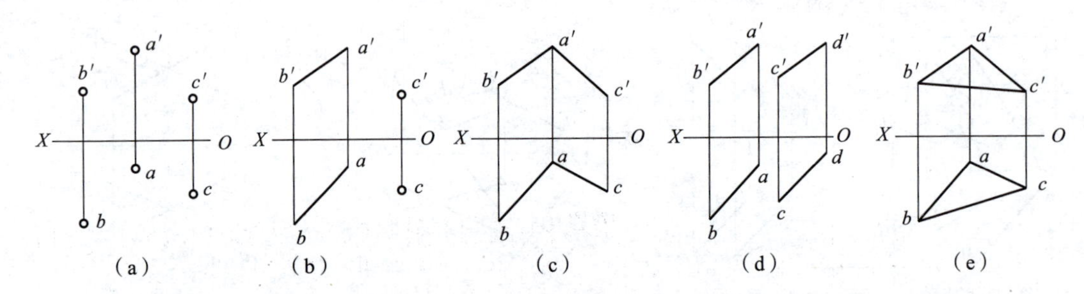

图 2-26　用几何元素表示平面

二、各种位置平面的投影特性

空间平面相对于一个投影面的位置有平行、垂直和倾斜三种，三种位置有不同的投影特性。

根据平面在三投影面体系中的位置可分为投影面垂直面、投影面平行面和一般位置面三类。前两类平面称为特殊位置平面。

1. 投影面垂直面

垂直于一个投影面，而且同时倾斜于另外两个投影面的平面称为投影面垂直面。

投影面垂直面又分为三种：垂直于 V 面的称为正垂面；垂直于 H 面的称为铅垂面；垂直于 W 面的称为侧垂面。空间平面与投影面所夹的角度称为平面对投影面的倾角。我们规定用 α、β、γ 分别表示空间平面对 H 面、V 面、W 面的倾角。

举例说明：正垂面的投影特性，图 2-27 所示为一正垂面 $ABCD$ 的投影，它垂直于 V 面，同时对 H 面和 W 面处于倾斜位置。

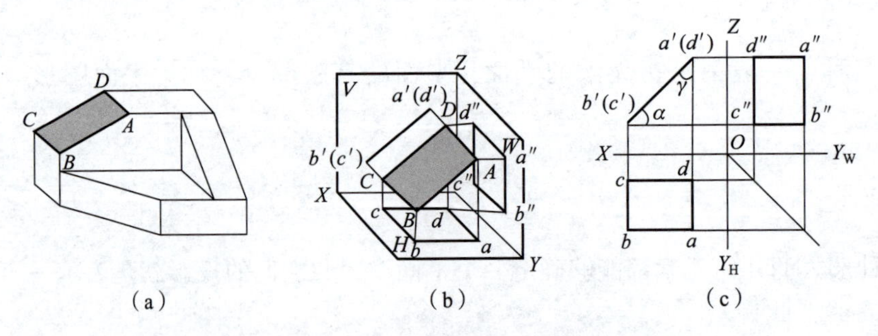

图 2-27　正垂面的投影特性

平面相对于一个投影面的投影特性

正垂面的投影特性有以下两点。

（1）面 $ABCD$ 的正面投影积聚成为倾斜直线 $a'b'$（c'）（d'），它与 OX 的夹角反映该空间平面与 H 面的真实倾角 α，它与 OZ 的夹角反映该空间平面与 W 面的真实倾角 γ。

（2）投影 $abcd$ 和侧面投影 $a''b''c''d''$ 都是类似实形而又小于实形的四边形线框。

正垂面、铅垂面和侧垂面的投影特性见表 2-4。

表 2-4 投影面垂直面的投影特性

名称	正垂面（⊥V）	铅垂面（⊥H）	侧垂面（⊥W）
实例	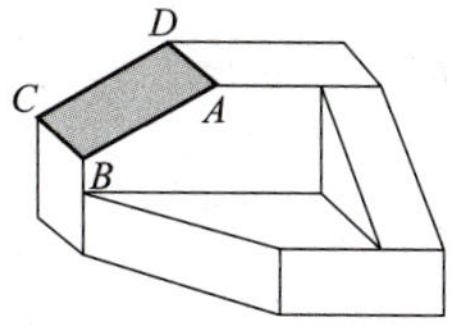 D C A B	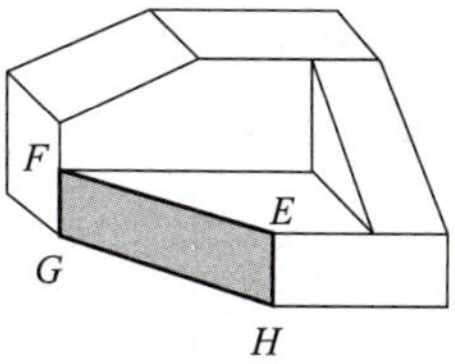 F E G H	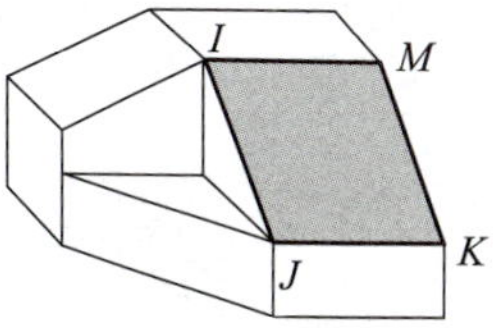 I M J K
立体图	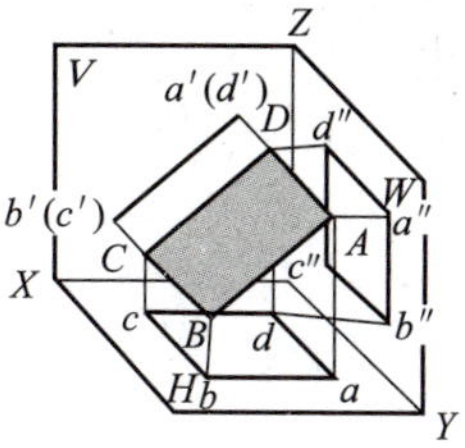 Z V $a'(d')$ D d'' $b'(c')$ W a'' A X C c'' c B d b'' H b a Y	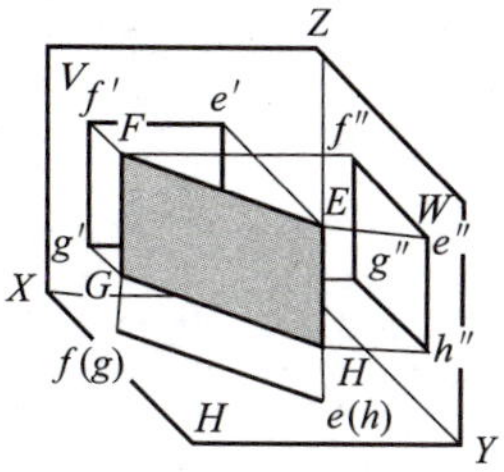 Z V f' e' F f'' E W g' e'' g'' X G h'' $f(g)$ H H $e(h)$ Y	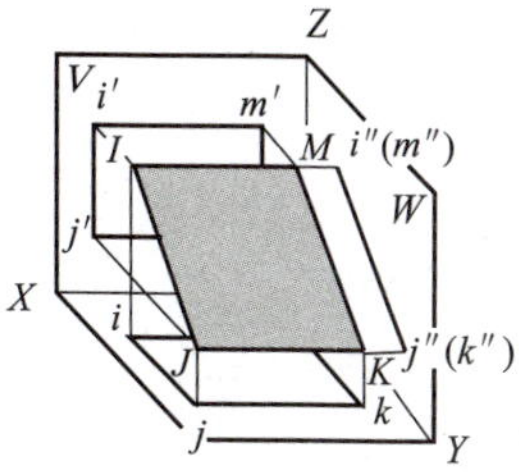 Z V i' m' I M $i''(m'')$ W j' X i J K $j''(k'')$ k j Y
投影图	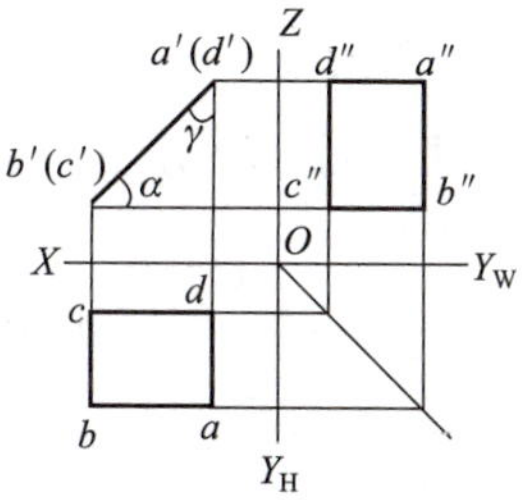 Z $a'(d')$ d'' a'' γ $b'(c')$ α c'' b'' X O Y_W c d b a Y_H	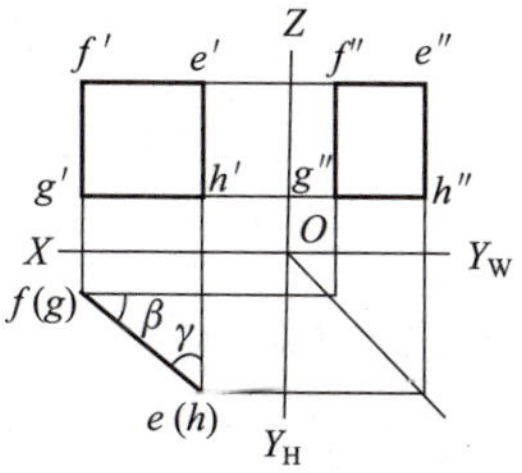 Z f' e' f'' e'' g' h' g'' h'' X O Y_W $f(g)$ β γ $e(h)$ Y_H	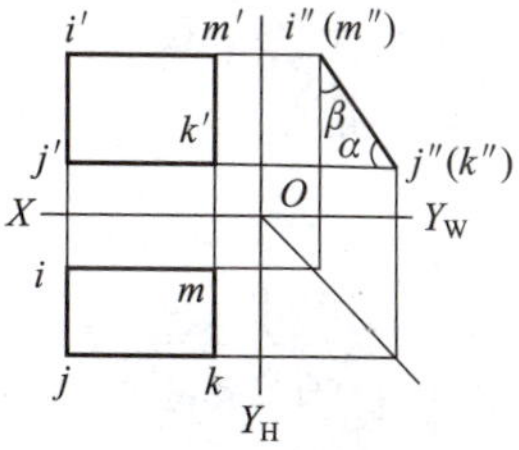 i' m' $i''(m'')$ k' β j' α $j''(k'')$ X O Y_W i m j k Y_H
投影特性	（1）正面投影积聚成一直线，它与 OX 和 OZ 的夹角分别为平面与 H 面和 W 面的真实倾角 α 及 γ； （2）水平投影和侧面投影都是类似形	（1）水平投影积聚成一直线，它与 OX 和 OY_{H} 的夹角分别为平面与 V 面和 W 面的真实倾角 β 及 γ； （2）正面投影和侧面投影都是类似形	（1）侧面投影积聚成一直线，它与 OZ 和 OY_{H} 的夹角分别为平面与 V 面和 H 面的真实倾角 β 及 α； （2）正面投影和水平投影都是类似形

由上述分析可知投影面垂直面的投影特性：平面在所垂直的投影面上的投影，是一条有积聚性的倾斜直线；此直线与两投影轴的夹角反映空间平面与另外两个投影面的真实倾角，另外两个投影是与空间平面图形相类似的平面图形。

根据投影面垂直面的投影特性可判断平面是否为投影面垂直面，如果空间平面在某一投影面上的投影积聚为一条与投影轴倾斜的直线，则此空间平面垂直于该投影面。

【例 2-3】 如图 2-28（a）所示，四边形 $ABCD$ 垂直于 V 面，已知 H 面的投影 $abcd$ 及 B 点的 V 面投影 b'，且于 H 面的倾角 $\alpha=45°$，求作该平面的 V 面和 W 面投影。

解： 该平面的 V 面和 W 面投影如图 2-28（b）所示。

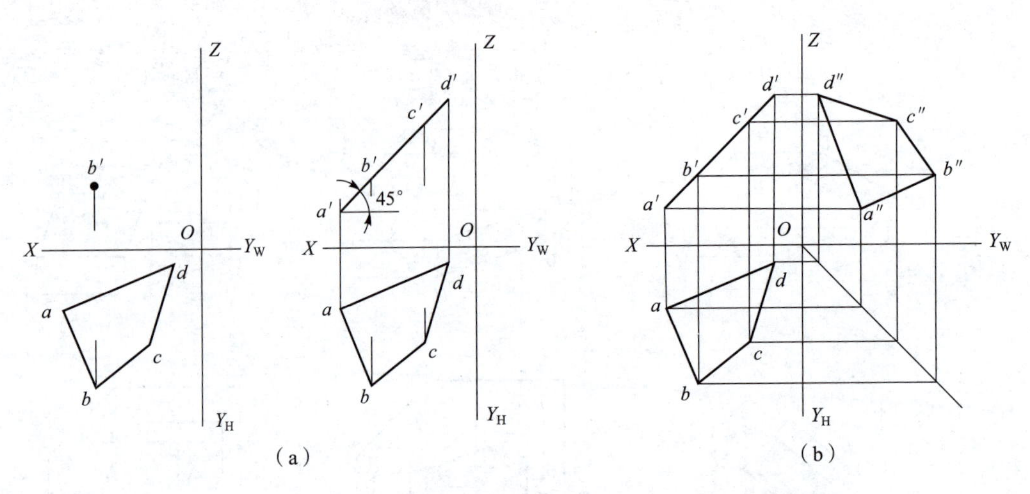

图 2－28　四边形平面 *ABCD* 的 *V* 面和 *W* 面投影

（a）题目；（b）解答

2. 投影面平行面

平行于一个投影面，且同时垂直于另外两个投影面的平面称为投影面平行面。

投影面的平行面也有三种：平行于 *V* 面的称为正平面；平行于 *H* 面的称为水平面；平行于 *W* 面的称为侧平面。

举例说明：正平面的投影特性，图 2－29 所示为正平面 *EKNH* 的投影，由图可以看出其投影特性有以下两点。

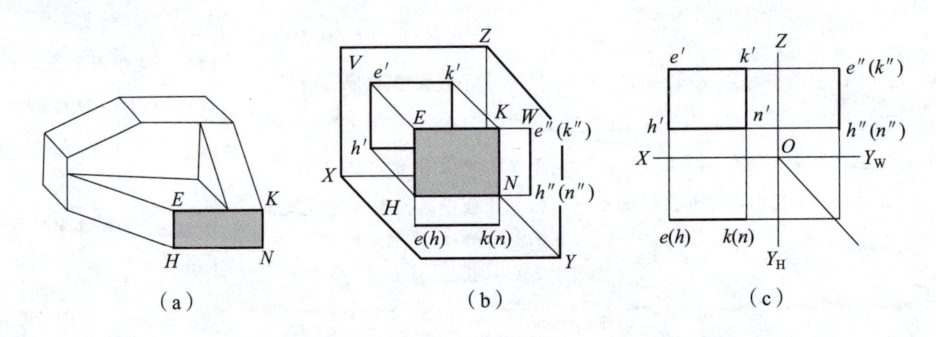

图 2－29　正平面的投影特性

（1）*EKNH* 面的正面投影 *e′k′n′h′* 反映实形；

（2）投影和侧面投影积聚成为一直线，且它们分别平行于 *OX* 和 *OZ*。

投影面平行面的投影特性见表 2－5。

由上述分析可知投影面平行面的投影特性：平面在它所平行的投影面上的投影反映空间平面图形的实形，另外两个投影都是有积聚性的线段，并且均与相应的投影轴平行。

根据投影面平行面的投影特性可判断平面是否为投影面平行面，若平面的三投影中有两个投影积聚成一条直线且平行于相应的投影轴，另一个投影反映空间平面的实形，则它一定是该投影面的平行面。

表 2－5 中列举了投影面平行面的投影特性。

表 2－5　投影面平行面的投影特性

名称	正平面（∥V）	水平面（∥H）	侧平面（∥W）
实例			
立体图			
投影图			
投影特性	（1）正面投影反映实形； （2）水平投影积聚成直线且平行于 OX； （3）侧面投影积聚成直线且平行于 OZ	（1）水平投影反映实形； （2）正面投影积聚成直线且平行于 OX； （3）侧面投影积聚成直线且平行于 OY_W	（1）侧面投影反映实形； （2）正面投影积聚成直线且平行于 OZ； （3）水平投影积聚成直线且平行于 OY_H

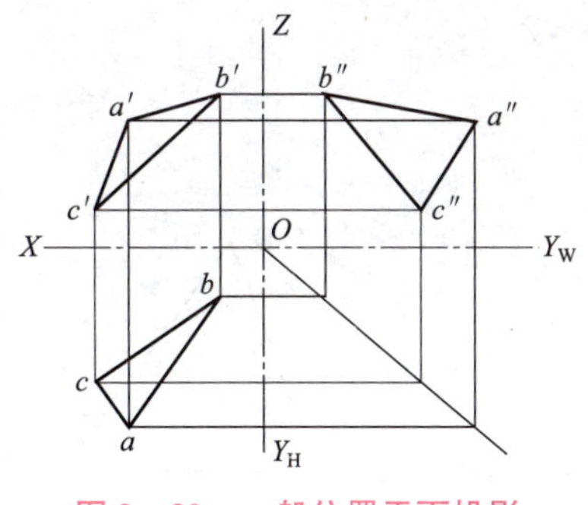

图 2－30　一般位置平面投影

3. 一般位置平面

与三个投影面都处于倾斜位置的平面称为一般位置平面。

例如：平面△ABC 与 H、V、W 面都处于倾斜位置，倾角分别为 α、β、γ。其投影如图 2－30 所示。

一般位置平面的投影特征可归纳为以下两点。

（1）一般位置平面的三面投影，既不反映实形，也无积聚性，都为类似形。

（2）一般位置平面的投影也不反映该平面对投影面的倾角 α、β、γ。

对于一般位置平面的辨认：如果平面的三面投影都是类似的几何图形的投影，则可判定该平面一定是一般位置平面。

4. 平面上的点和直线

（1）点在平面内

若点在平面的一条直线上，则点在该平面上。一般利用作辅助线的方法来判断。

（2）直线在平面内

若直线通过平面上两个已知点，则直线在该平面上；若直线通过平面上一个已知点，且平行于平面上的任一直线，则直线在该平面上。

任务实施

一、绘制三视图

绘制过程如下。

（1）绘制基准线，合理布置图纸，如图2－31（a）所示。

（2）绘制面 *ABC* 的俯视图，再按平行面的投影特性画出主、左视图，如图2－31（b）所示。

（3）确定顶点的三面投影，连接 *SA*、*SB* 和 *SC* 的三面投影，则完成三棱锥四个面的三视图底图，如图2－31（c）所示。

（4）检查，描深。根据 *SA* 与 *SB* 三个视图均为斜线，可知为一般位置直线；*SC* 主、俯视图为竖线，左视图为斜线，故其为侧平线。如图2－31（d）所示。

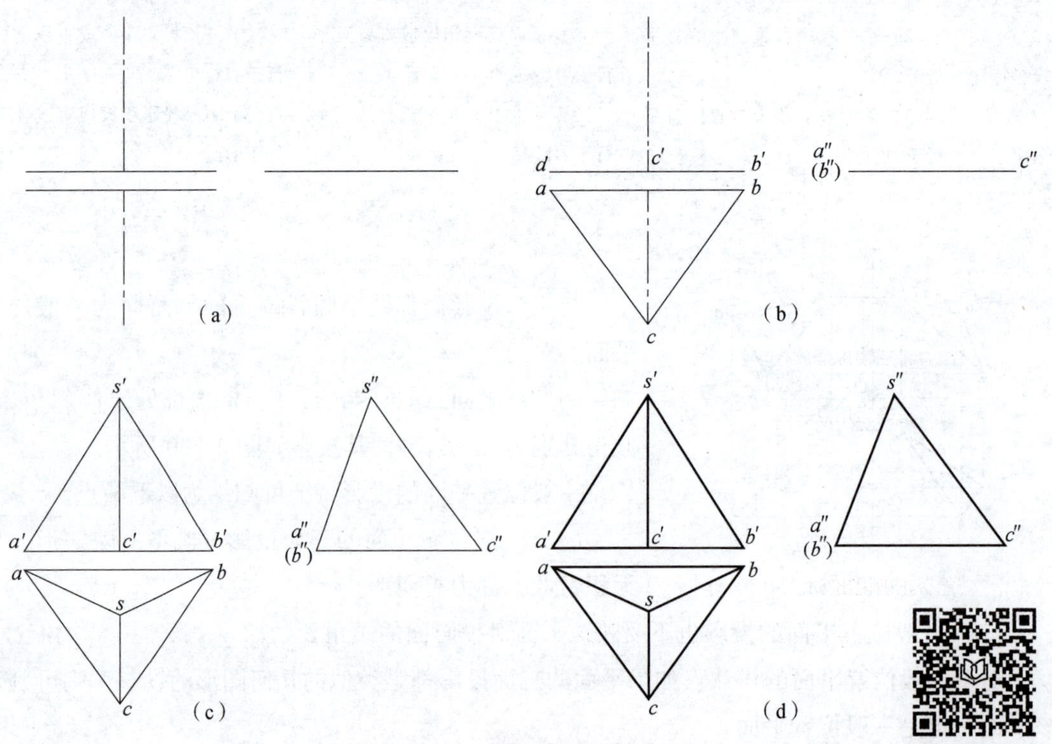

图2－31　三棱锥三视图的绘制过程

二、回答下列问题

（1）你是如何放置图2－15中三棱锥的四个面的？

____

____

____

（2）请根据三视图分析三棱锥中线段 *SA*、*SB*、*SC* 的空间位置。

____

____

____

拓展任务

请完成任务单——任务2.2中的三面投影图、立体图等。

任务评价

请完成表2－6中的学习评价。

表2－6 任务2.2学习评价

序号	检查项目	评分标准	结果评估	自评分
1	能否将三棱锥摆放在方便作图的位置？	15		
2	能否正确运用点、线的投影规律？	15		
3	三棱锥三视图位置布置是否得当？	15		
4	三视图绘制是否正确？线型是否标准？	25		
5	能否正确说出 *SA*、*SB*、*SC* 的空间位置？	15		
6	对自己的空间想象能力及图形绘制能力是否满意？	15		

任务 2.3　平面立体投影的识读与绘制

学习目标

【知识目标】

（1）了解基本体的分类。

（2）掌握平面立体的投影特点。

（3）掌握平面立体表面取点的方法。

【能力目标】

（1）培养绘制平面基本体投影的能力。

（2）培养识读平面基本体投影的能力。

（3）培养空间想象能力。

【素养目标】

（1）养成多思勤练的学习作风。

（2）养成相互沟通的团队协作精神。

任务引入

工程中常用的六角螺母在攻丝之前的形状如图 2－32 所示，请根据其形状画出正六棱柱的三视图，并回答问题。

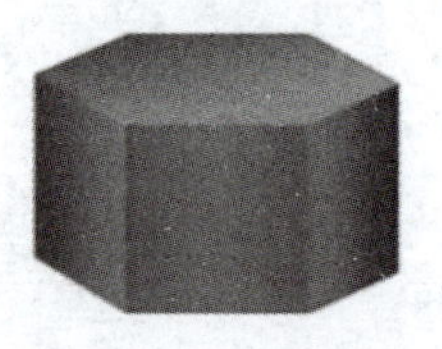

图 2－32　正六棱柱

任务分析

工程上所采用的立体，根据其功能的不同，在形体和结构上千差万别，但按照立体各组成部分几何性质的不同，可分为平面立体与曲面立体两大类。

由平面围成的立体称为平面立体，如棱柱、棱锥等。部分或全部表面为曲面的立体则称为曲面立体，如圆锥、圆柱等。这些棱柱、棱锥、圆柱体、圆锥体、圆球体、圆环体等单一立体，常称为基本立体，简称基本体。它们是构成工程形体的基本要素，也是绘图、读图时进行形体分析的基本单元。

平面体的投影，实质上是构成该平面体所有表面的投影总和。绘制平面基本体三视图主要是画出底面和棱线的三视图。先分析平面基本体空间的形体特征即组成基本体的各面关系、底面与棱线之间的关系；然后确定摆放位置，分析与投影面的位置关系；再根据投影规律画三视图。

读图是画图的逆过程，通过画图，分析平面基本体的投影特点，从中归纳出读图技巧，来想象平面基本体的空间形状。

知识点1 平面体的投影及表面取点

常见的平面体主要有棱柱和棱锥，它们的表面都是平面，平面与平面的交线称为棱线，棱线与棱线的交线称为顶点。所以，绘制平面体的投影就是把组成立体的平面和棱线表示出来，并判别可见性，可见的棱线画粗实线，不可见的棱线画虚线。

一、棱柱

1. 棱柱的投影分析

棱柱是由两个多边形底面和相应的棱面包围形成的，下面以正六棱柱为例说明其投影特性及表面上取点的方法。

R资源

图2－33（a）所示为正六棱柱的投影。正六棱柱由上、下两个底面（正六边形）和六个棱面（长方形）组成，将其放置成上、下底面与水平投影面平行，并有两个棱面平行于正投影面。

正六棱柱上、下两底面均为水平面，它们的水平投影重合并反映实形，正面及侧面投影积聚为两条相互平行的直线。六个棱面中的前、后两个面为正平面，它们的正面投影反映实形，水平投影及侧面投影积聚为一直线。其他四个棱面均为铅垂面，其水平投影均积聚为直线，正面投影和侧面投影均为类似形。

正六棱柱投影图的画法

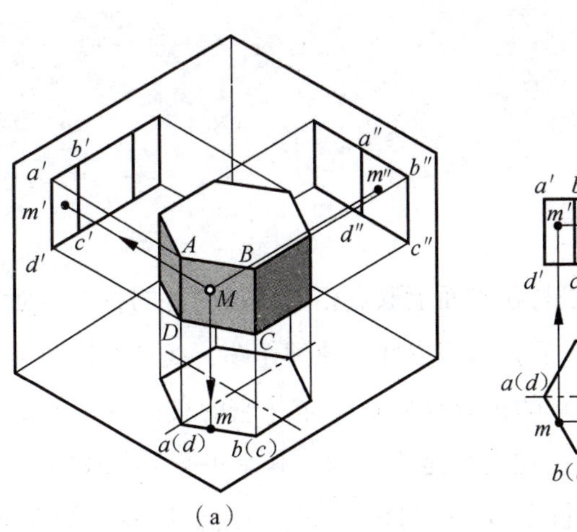

（a）　　　　（b）

图2－33　正六棱柱的投影及表面取点

2. 棱柱三视图的画法

画图时，应先画反映底面实形的视图，再按投影关系画出另外两视图。由于图形对称，故需用点画线画出对称中心线。具体画图方法和步骤如图 2－34 所示。

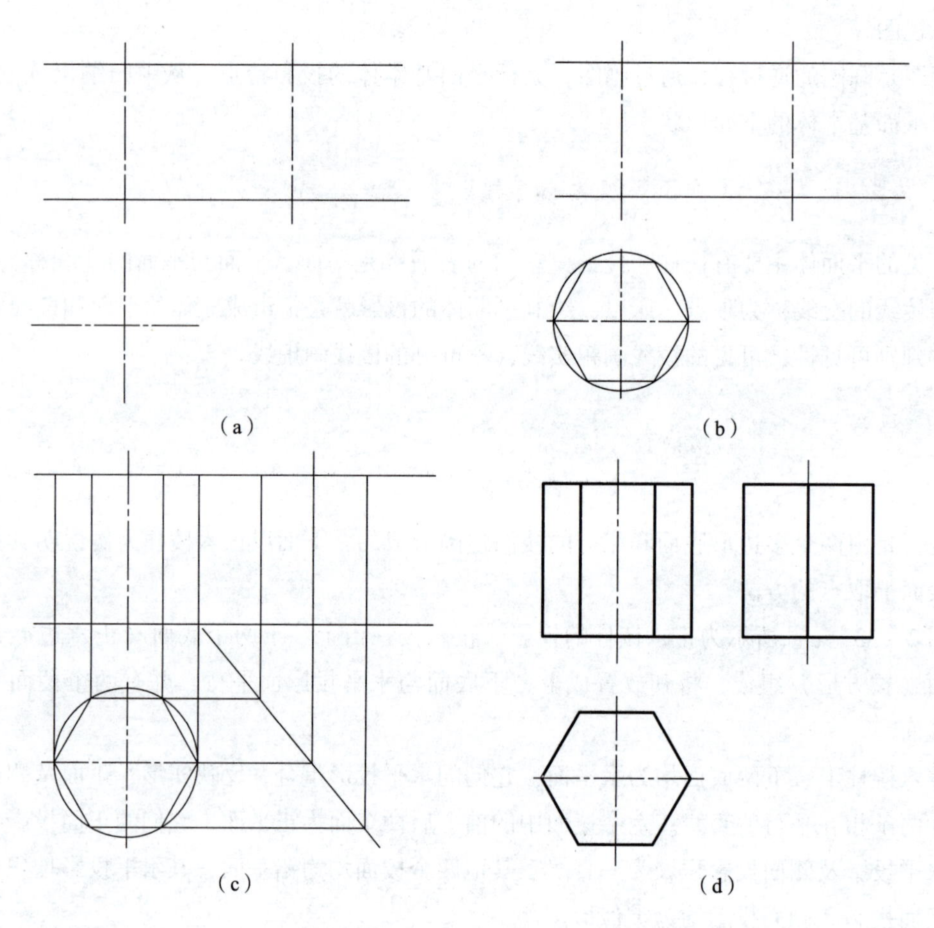

图 2－34　正六棱柱的画图方法和步骤

（a）画出对称中心线并确定棱柱的高度；（b）画出正六边形的外接圆，完成正六边形；

（c）根据“长对正、宽相等”确定正六棱柱各棱线的正面和侧面投影；

（d）擦除多余线段，加粗各线段，完成全图

3. 棱柱表面取点

在棱柱表面上取点，其原理和方法与在平面上取点相同。正棱柱的各个表面都处于特殊位置，因此在其表面上取点均可利用平面投影积聚性的原理作图，找点并标明可见性。如图 2－33（b）所示，已知棱柱表面上点 M 的正面投影 m'，求作它的其他两面投影 m、m''。因为 m'可见，所以点 M 必在面 $ABCD$ 上。此棱面是铅垂面，其水平投影积聚成一条直线，故点 M 的水平投影 m 必在此直线上，再根据 m、m'可求出 m''。由于 $ABCD$ 的侧面投影为可见，故 m''也为可见。

特别强调：点与积聚成直线的平面重影时，不加括号。

二、棱锥

1. 棱锥的投影分析

图2－35（a）所示为正三棱锥投影，它的表面由一个底面（正三边形）和三个侧棱面（等腰三角形）围成，将其放置成底面与水平投影面平行，并有一个棱面垂直于侧立投影面。

由于锥底面△ABC为水平面，所以它的水平投影反映实形，正面投影和侧面投影分别积聚为直线段$a'b'c'$和a''（c''）b''。棱面△SAC为侧垂面，它的侧面投影积聚为一段斜线$s''a''$（c''），正面投影和水平投影为类似形△$s'a'c'$和△sac，前者为不可见，后者可见。棱面△SAB和△SBC均为一般位置平面，它们的三面投影均为类似形。

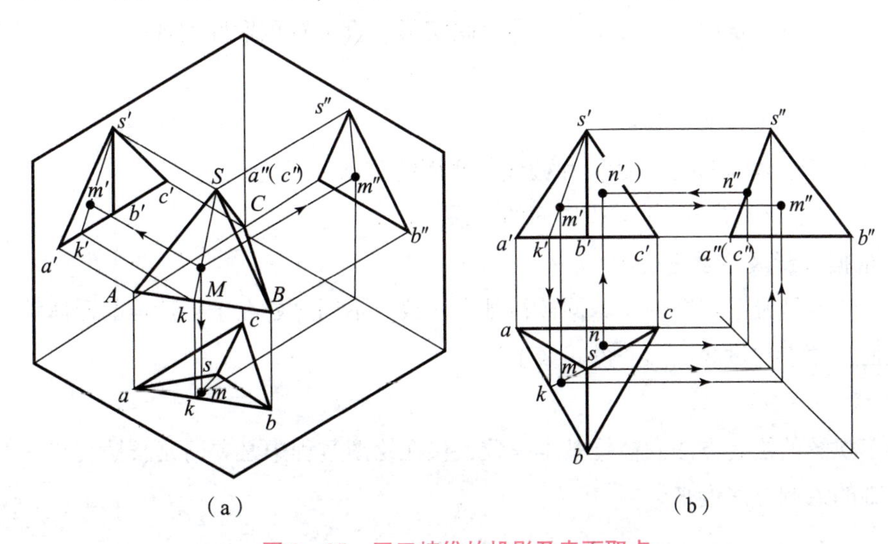

图2－35 正三棱锥的投影及表面取点

2. 棱锥三视图的画法

作图时，先画出底面△ABC的各面投影，再作出锥顶点S的各面投影，然后连接各条棱线，即得正三棱锥的三面投影，如图2－35（b）所示。

3. 棱锥表面取点

首先确定点位于棱锥的哪个平面上，再分析该平面的投影特性。若该平面为特殊位置平面，则可利用投影的积聚性直接求得点的投影；若该平面为一般位置平面，则可通过辅助线法求得。

如图2－35所示，已知正三棱锥表面上点M的正面投影m'和点N的水平面投影n，求作M、N两点的其余投影。

因为m'可见，因此点M必定在△SAB上。△SAB是一般位置平面，采用辅助线法，过点M及锥顶点S作一条直线SK，与底边AB交于点K。图2－35（b）中即过m'作$s'k'$，再作出其水平投影sk。由于点M属于直线SK，根据点在直线上的从属性质可知m必在sk上，求出水平投影m，再根据m、m'可求出m''。

因为点 N 不可见，故点 N 必定在棱面△SAC 上。棱面△SAC 为侧垂面，它的侧面投影积聚为直线段 $s''a''$（c''），因此 n''必在 $s''a''$（c''）上，由 n、n''即可求出 n'。

知识点2 平面体三视图的绘制

1. 棱柱三视图的绘制

绘制棱柱三视图的一般步骤：

（1）分析形体特征。底面为特征面，直棱柱和正棱柱的棱面均为矩形，垂直于特征面。棱线也垂直于特征面。

（2）确定摆放位置，分析与投影面的关系。

（3）根据投影规律，绘制三视图。绘图时，先画特征视图。特征视图从空间上讲是与特征面平行的视图，从投影特性上讲是能反映实形、投影有积聚性的视图。

2. 棱锥三视图的绘制

绘制棱锥三视图一般步骤：

（1）分析形体特征即分析棱面和棱线与底面的关系。

（2）确定摆放位置，分析与投影面的关系。

（3）根据投影规律画三视图。

可见，绘制棱锥三视图的步骤同棱柱基本一致。不同之处在于正棱锥的形体特征是棱线倾斜于底面，顶点在过底面形心的垂线上。

3. 棱台三视图的绘制

棱台三视图的绘制方法同棱锥基本一致，仅在绘图过程中必要时延长棱交与一点，即可转换至棱锥的绘制方法上来。

任务实施

一、绘制三视图

步骤如下。

（1）分析空间形体特征：特征面为底面，棱线和棱面均垂直于底面。

（2）确定摆放位置，分析与投影面关系：水平放置，顶、底面为水平面，前后棱面为正平面，左右棱面为铅垂面，棱线为铅垂线。

（3）根据投影规律，画三视图。顶、底面在俯视图上为反映实形的正六边形，在正面和侧面上的投影积聚为平行于 H 面公共轴的横线。前、后棱面在主视图上反映实形，在水平面和侧面上的投影分别积聚为平行于 V 面公共轴的横线与竖线。其余侧棱面在俯视图上积聚为斜线，在侧面和正面上的投影为类似缩小的矩形。各棱线在俯视图上积聚为点，其他视图上垂直于 H 面公共轴的竖线。

绘图时，先画有积聚性反映实形的俯视图（特征视图），再画其他两视图上的顶、底面的投影，然后对应特征视图画 AA_1、BB_1 等六根棱线（通俗地称为“有一个点拉一根线”），即得棱柱的三视图。如图 2－36 所示。

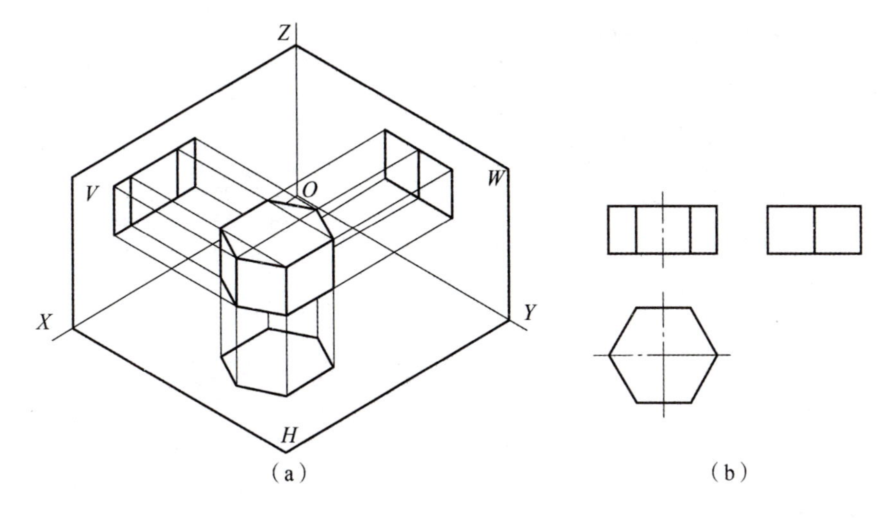

图 2－36　正六棱柱三视图的绘制

二、回答下列问题

（1）你是如何在坐标系中摆放六棱柱并进行投影的？

____

____

____

（2）你在绘制六棱柱三视图过程中，遵循了哪些原则？

____

____

____

拓展任务

请完成任务单——任务 2.3 中三视图的绘制。

任务评价

请完成表 2－7 的学习评价。

表 2-7　任务 2.3 学习评价

序号	检查项目	评分标准	结果评估	自评分
1	能否将六棱柱摆放在方便作图的位置？	20		
2	能否正确运用点、线的投影规律？	20		
3	六棱柱三视图位置布置是否得当？	20		
4	三视图绘制是否正确？线型是否标准？	20		
5	对自己的空间想象能力及图形绘制能力是否满意？	20		

任务 2.4　回转体投影的识读与绘制

学习目标

【知识目标】

(1) 了解基本回转体的形成。

(2) 掌握基本回转体的投影特点。

(3) 掌握基本回转体表面的取点方法。

【能力目标】

(1) 具备绘制基本回转体的能力。

(2) 具备识读基本回转体的能力。

(3) 具备一定的空间想象能力。

【素养目标】

(1) 养成多思勤练的学习作风；

(2) 养成相互沟通的团队协作精神。

任务引入

工程上使用的 O 形密封圈通常为圆环形状，如图 2-37 所示，请画出该圆环的三视图，以及该环上点 M 的三面投影。

图 2-37　O 形密封圈

任务分析

部分或全部表面为曲面的立体称为曲面立体，根据其构成不同又可分为由回转曲面构成的回转体和含有非回转曲面的非回转体。圆柱、圆锥、圆台、球体、圆环等单一立体也被称为基本回转体。

回转曲面是由一线段（该线段称为回转曲面的母线）绕空间另一直线做定轴回转运动而形成的光滑曲面，母线在回转面上任意位置均被称为素线。

回转体的投影，实质上是构成该回转体回转面和底面的投影总和。

知识链接

工程中常见的曲面立体是回转体。常见的回转体有圆柱、圆锥、球、圆环等。在投影图上表示曲面立体就是把围成立体的回转面或平面与回转面表示出来，并判别其可见性。

知识点1 圆柱

一、圆柱形成及三视图

圆柱面可以看成是由直线 AA' 绕与它平行的轴线 OO' 旋转而成，如图 2－38（a）所示。圆柱体表面是由圆柱面和上、下两底面所组成的。

当圆柱的轴线垂直于 H 面时，圆柱面上所有素线都垂直于水平面，圆柱面的俯视图积聚在圆周上，圆柱面在主视图中的轮廓线是圆柱面上最左、最右两条素线的投影，在左视图中的轮廓线是圆柱圆柱面上最前、最后两条素线的投影；圆柱体的上下地面与水平面平行，俯视图为圆（实形），主、左视图为直线。由此可见，圆柱的主、左视图是由上下底面的投影积聚线和圆柱面的转向轮廓线组成的两个全等矩形，俯视图为圆，如图 2－38（b）所示。

圆柱的投影

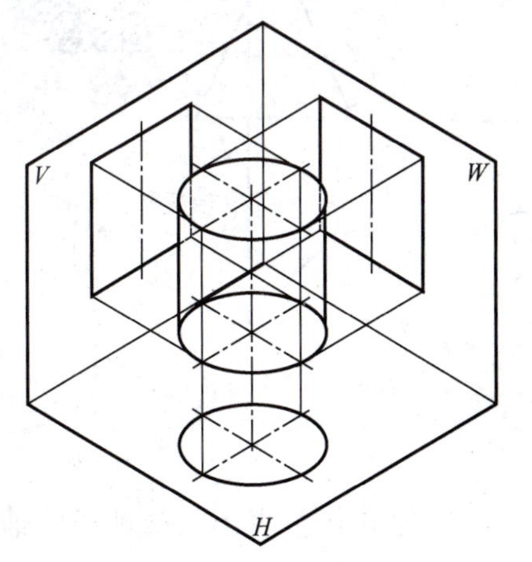

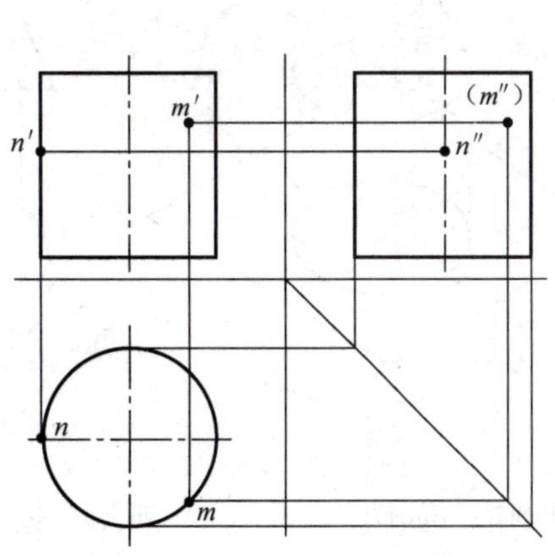

图 2－38 圆柱的投影及表面取点

资源

二、圆柱表面上取点

如图2－38（c）所示，已知圆柱面上一点M的正面投影m'，求作它的水平投影m和侧面投影m''。由于圆柱面的水平投影积聚为一个圆，因此m应在圆柱面水平投影积聚圆的圆周上，再根据m'、m即可求得m''。

知识点2　圆锥

一、圆锥的形成

圆锥表面由圆锥面和底面组成，圆锥面是一直线SA绕与它相交的轴线OO_1旋转而成，如图2－39所示，SA即为母线，母线处于圆锥面任意位置时，即为素线。

二、圆锥表面取点

在圆锥表面上取点，除圆锥面上特殊位置的点或底圆平面上的点可直接求出之外，处于一般位置的点，由于圆锥面的投影没有积聚性，因此不能利用积聚性作图。可以利用圆锥面的形成特性，利用素线法或纬圆法来作图。

如图2－39、图2－40所示，已知圆锥表面上M的正面投影m'，求作点M的其余两个投影。因为m'可见，所以M必在前半个圆锥面的左边，故可判定点M的另两面投影均为可见。作图方法有两种：

方法一：素线法　如图2－39（a）所示，过锥顶S和M作直线SA，与底面交于点A。点M的各个投影必在此SA的相应投影上。在投影作图中，如图2－39（b）所示，过m'作$s'a'$，然后求出其水平投影sa。由于点M属于直线SA，根据点在直线上的从属性质可知m必在sa上，求出水平投影m，再根据m、m'可求出m''。

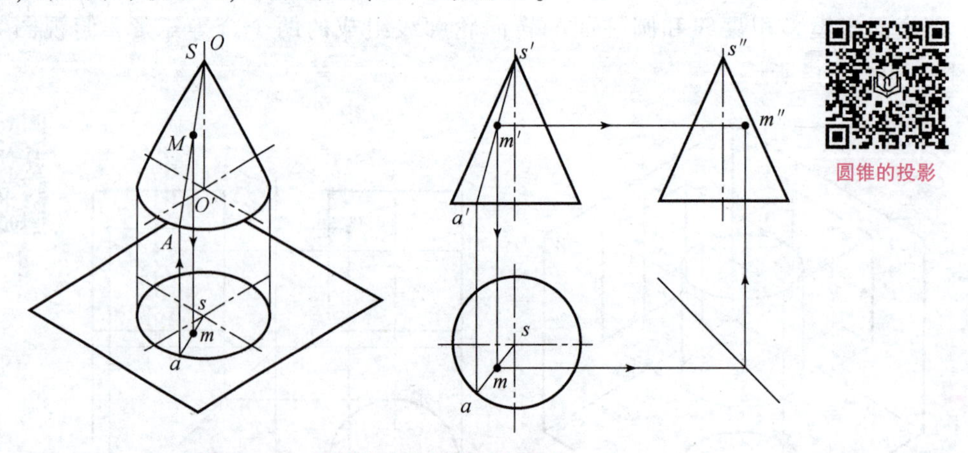

图2－39　用素线法在圆锥面上取点

方法二：纬圆法　如图2－40（a）所示，过圆锥面上点M作垂直于圆锥轴线的辅助圆，点M的各个投影必在此辅助圆的相应投影上。在投影作图中，如图2－40（b）所示，

过 m' 作水平线 $a'b'$，此为辅助圆的正面投影积聚线。辅助圆的水平投影为一直径等于 $a'b'$ 的圆，圆心为 s，由 m' 向下引垂线与此圆相交，且根据点 M 的可见性，即可求出 m。然后再由 m' 和 m 可求出 m''。

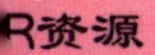

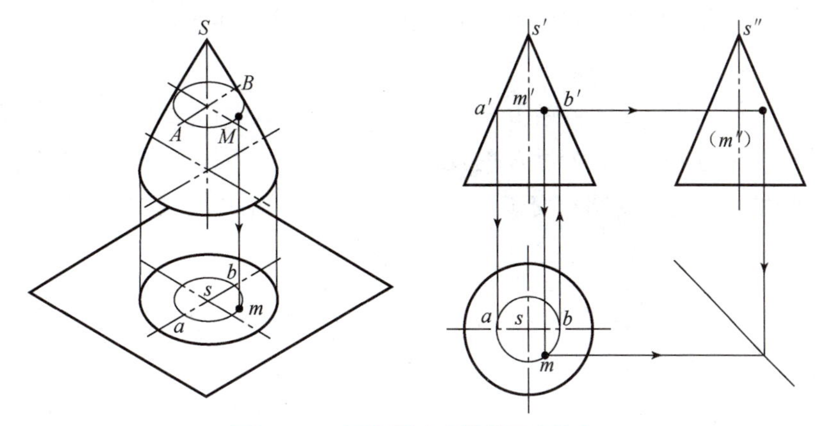

图 2-40 用纬圆法在圆锥面上取点

知识点 3 圆球

一、圆球的形成及三视图

圆球是球面围成的实体。圆球面可看作是一条圆母线绕通过其圆心的轴线旋转而成。

图 2-41 所示为圆球的三视图。圆球的三视图都是直径相等的圆，但这三个圆分别表示三个不同方向的圆球面轮廓素线的投影。正面投影上的圆是球面上平行于 V 面的最大圆的投影，它是前面可见半球与后面不可见半球的分界线。与此类似，侧面投影的圆是平行于 W 面的最大圆的投影，是左面可见半球与右面不可见半球的分界线。水平投影的圆是平行于 H 面最大圆的投影，是上半球面可见部分与下半球面不可见部分的分界线。这三条圆素线的其他两面投影都与相应圆的中心线重合。

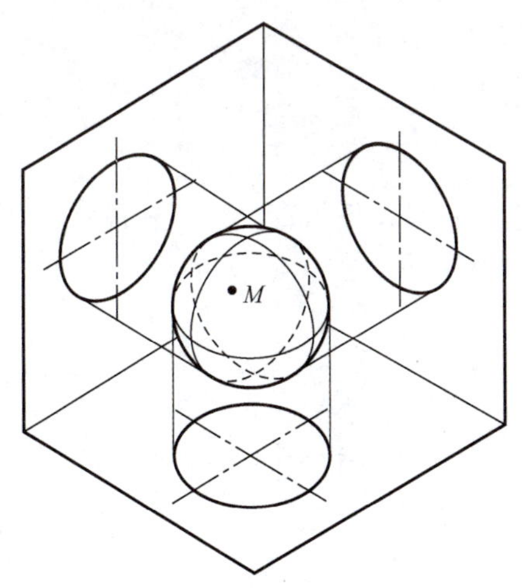

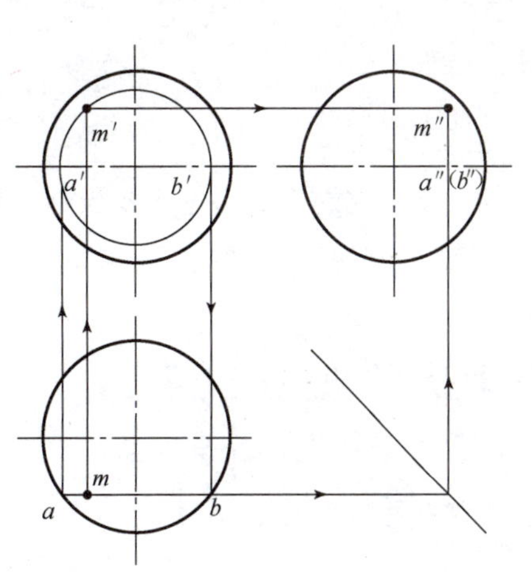

图 2-41 圆球的三视图

作图时，可先确定球心三个投影，再画出三个与球等直径的圆。

二、圆球表面取点

圆球面的投影没有积聚性，求作其表面上点的投影需采用辅助圆法，即过该点在球面上作一个平行于任一投影面的辅助圆。

如图2－41所示，已知球面上点 M 的水平投影，求作其余两个投影。过点 M 作一平行于正面的辅助圆，它的水平投影为过 m 的直线 ab，正面投影为直径等于 ab 的圆。自 m 向上引垂线，在正面投影上与辅助圆相交于两点。又由于 m 可见，故点 M 必在上半个圆周上，据此可确定位置偏上的点即为 m'，再由 m、m'可求出 m''。

知识点4　圆环

一、圆环的投影

圆环的表面是一圆 A 绕圆外一轴线 OO_1 旋转而成，如图2－42所示。圆 A 即为母线，母线处于球面上任意位置时，即为素线。靠近回转轴的半个母线圆形成环面的内环面，远离回转轴的半个母线圆形成的环面为外环面。

圆环在水平面投影为两同心圆，同心圆的圆心是回转轴在水平面的投影。正面投影中左、右两个圆是环面上平行于 V 面的两个圆的投影，是前半个环面和后半个环面的分界线。

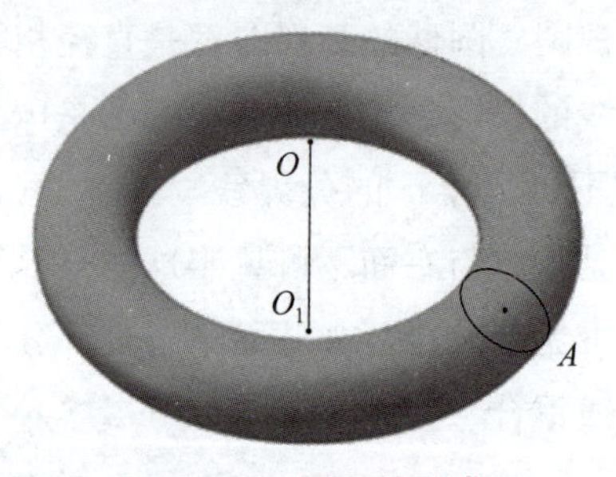

图2－42　圆环的形成

二、圆环的表面取点

圆环的投影只在局部投影呈现积聚性，环面上也不存在任何直线，所以必须采用辅助圆法求作其表面上点的投影。

任务实施

一、绘制三面投影并取点

（1）绘制圆环的三面投影，如图2－43所示。

（2）环表面取点。环面上取点仍采用辅助圆法。如图 2－43 所示，已知环面上点 M 的正面投影 m'，求作点 M 的其他两投影 m、m''。通过分析点在环面上的位置可知，由于点 m' 可见，所以点 M 位于前半个圆环的外环面上。过点 M 作平行于水平面的辅助圆，求出 m 和 m''。

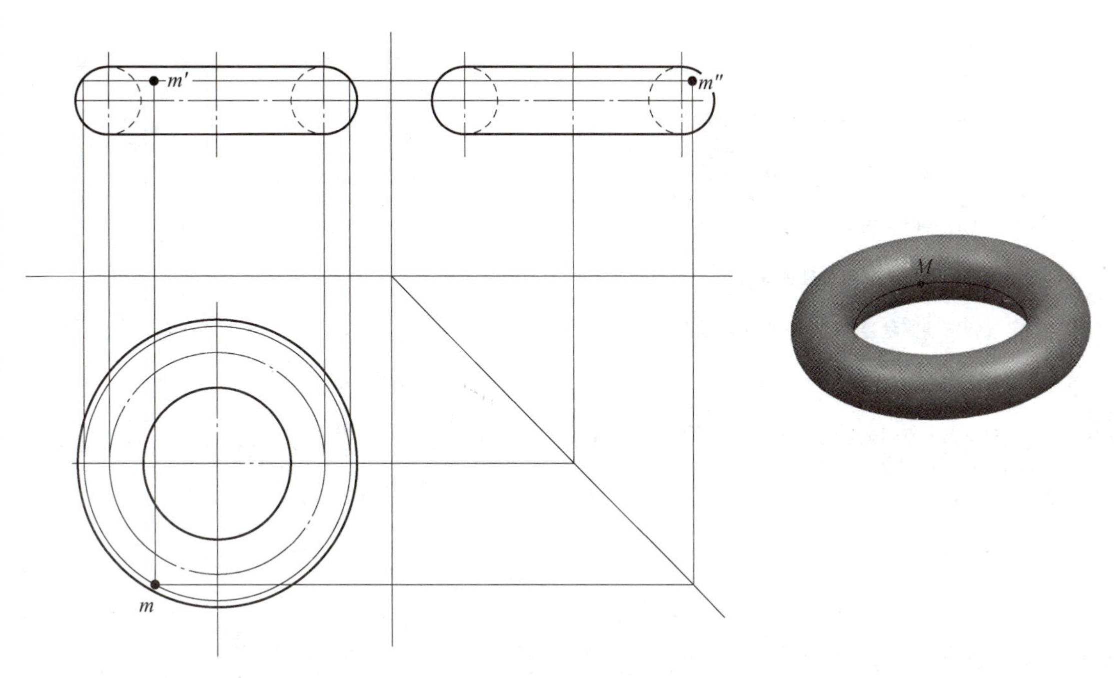

图 2－43 圆环的投影及表面取点

二、回答下列问题

（1）你是如何摆放圆环位置的？

____

____

（2）在找点的三面投影时，遵循了哪些原则？

____

____

拓展任务

请完成任务单——任务 2.4 中三视图的绘制。

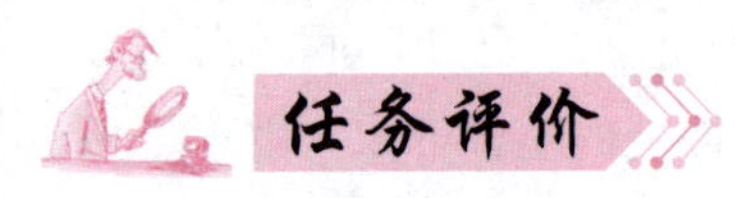

请完成表 2－8 的学习评价。

表 2－8　任务 2.4 学习评价

序号	检查项目	评分标准	结果评估	自评分
1	能否将圆环摆放在方便作图的位置?	10		
2	能否正确运用点、线的投影规律?	15		
3	绘制圆环时运用了什么方法?	15		
4	圆环三视图位置布置是否得当?	15		
5	三视图绘制是否正确？线型是否标准?	15		
6	圆环表面取点是否正确?	15		
7	对自己的空间想象能力及图形绘制能力是否满意?	15		

项目3　组合体投影的识读与绘制

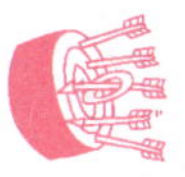

项目导读

通过本项目的训练，学生应能掌握截切、相贯的概念；能了解截交线和相贯线的性质且正确绘制截交线和相贯线；能利用正确的方法分析组合体、绘制组合体的三视图；能正确进行尺寸标注。

任务3.1　截交线的认知与绘制

学习目标

【知识目标】

(1) 了解截交线的概念。

(2) 掌握截交线的画法。

【能力目标】

能正确绘制平面体和回转体的截交线。

【素养目标】

(1) 养成认真负责的态度和严谨细致的作风。

(2) 培养学生手脑并用的良好学习习惯。

任务引入

工程中常用的球头螺钉，其头部形状如图3－0所示，请根据立体图形绘制其三视图，并回答相关问题。

资源

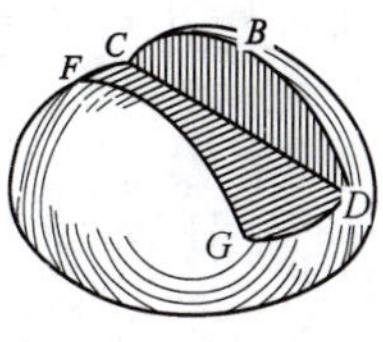

图3－0　球头螺钉头部

任务分析

在日常生活中，往往还会遇到这样一些形体，比如说雕塑，它们是经过各种切割而形成的。切割后出现平面和立体相交的情况，由此产生表面交线即截交线，由于截交线是平面和立体的交线，所以截交线是平面和立体的共有线，而共有线是由一系列共有点组成的，因此求截交线的问题就是求共有点的问题。

知识链接

切割体及截交线的概念

知识点1　截交线

平面与立体相交形成的表面交线，称截交线。截切立体的平面，称为截平面。截交线具有以下性质：

（1）共有性：截交线是截平面与基本体表面的共有线，截交线上的点是截平面与立体表面的共有点。

（2）封闭性：截交线是封闭的平面图形。

根据截交线的性质，求截交线的投影，就是求出截平面与立体表面的全部共有点的投影，然后依次光滑连线，即为截交线的投影。

一、平面立体的截交线

平面立体的截交线是一个封闭的平面多边形，如图 3－1（a）所示。此多边形的顶点就是截平面与平面立体棱线的交点，多边形的每一条边是截平面与平面立体各棱面的交线。所以求平面立体截交线的投影，实质上就是求截平面与平面立体棱线交点的投影。

例 3－1　求作如图 3－1（a）所示正四棱锥被正垂面截切后的投影。

在图 3－1（a）中，截平面 P 为正垂面，截交线属于 P 平面，所以它的正面投影有积聚性。因此，只需要作出截交线的水平投影和侧面投影，其投影为边数相等且不反映实形的多边形。

作图步骤：

（1）画出正四棱锥的投影图，如图 3－1（b）所示。

（2）利用截平面的积聚性投影，找出截平面与各棱线交点的正面投影 $1'$、$2'$、$3'$、（$4'$），如图 3－1（c）所示。

（3）根据属于直线的点的投影特性，求出各交点的水平投影 1、2、3、4 以及侧面投影 $1''$、$2''$、$3''$、$4''$，如图 3－2（c）所示。

（4）依次连接各交点的同面投影，即为截交线的投影。判断可见性，整理、描深，如图 3－1（d）所示。

例 3－2　完成如图 3－2（a）所示四棱台被截切后的三面投影。

AR资源

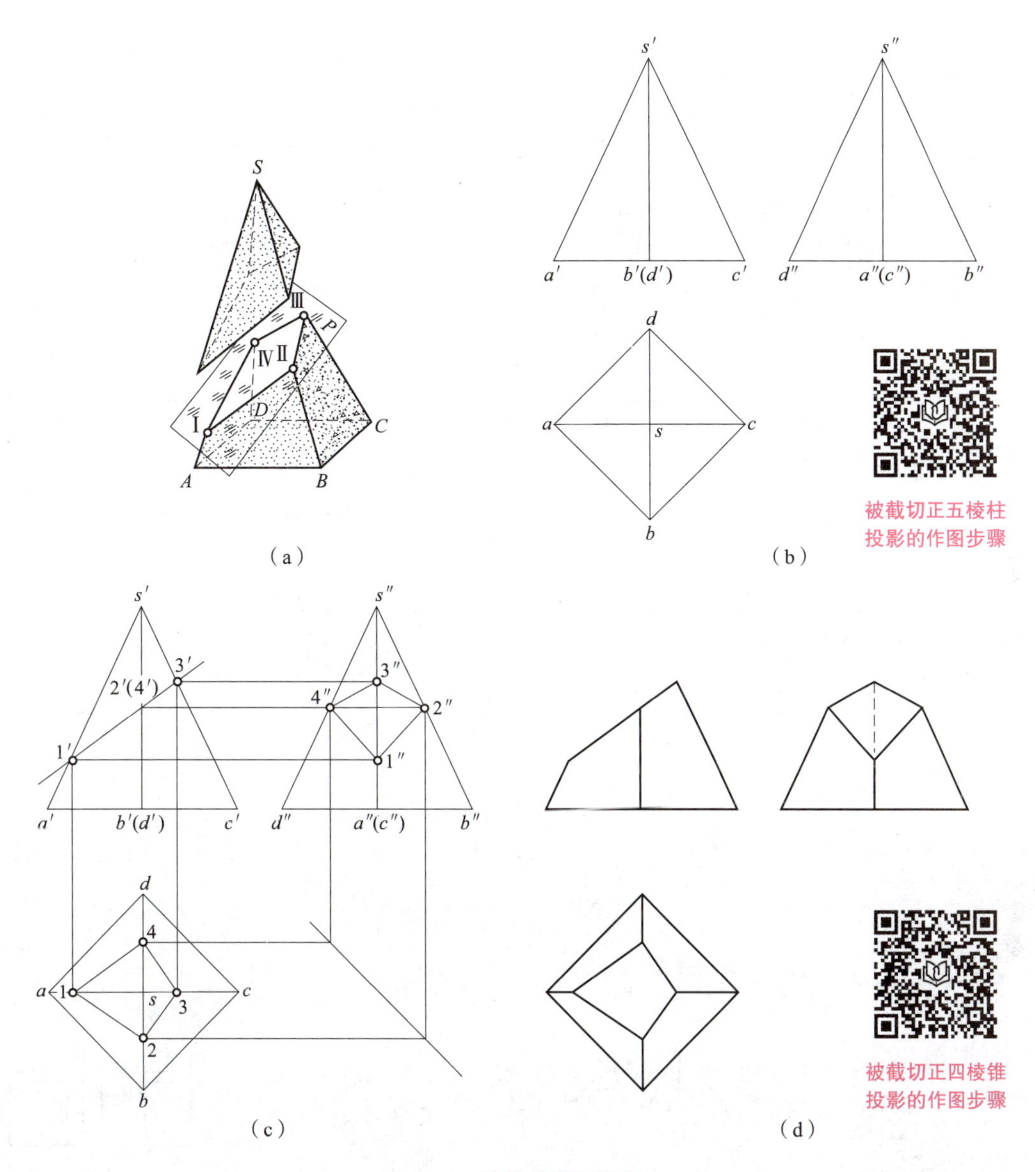

图 3-1 棱锥被平面切割

由图 3-2（a）可知，该立体为四棱台被 *P*、*Q* 两个平面截切（左右对称）。*P* 面平行于底面（*P* 面和底面均平行于 *H* 面），所以，*P* 面截切立体后形成的截交线的水平投影反映实形，并与底面的水平投影平行。*Q* 面平行于 *W* 面，故 *Q* 面截切立体后形成的截交线的侧面投影反映实形。

作图步骤：如图 3-2（b）~图 3-2（d）所示。

常见的切口几何体及其三视图见表 3-1。

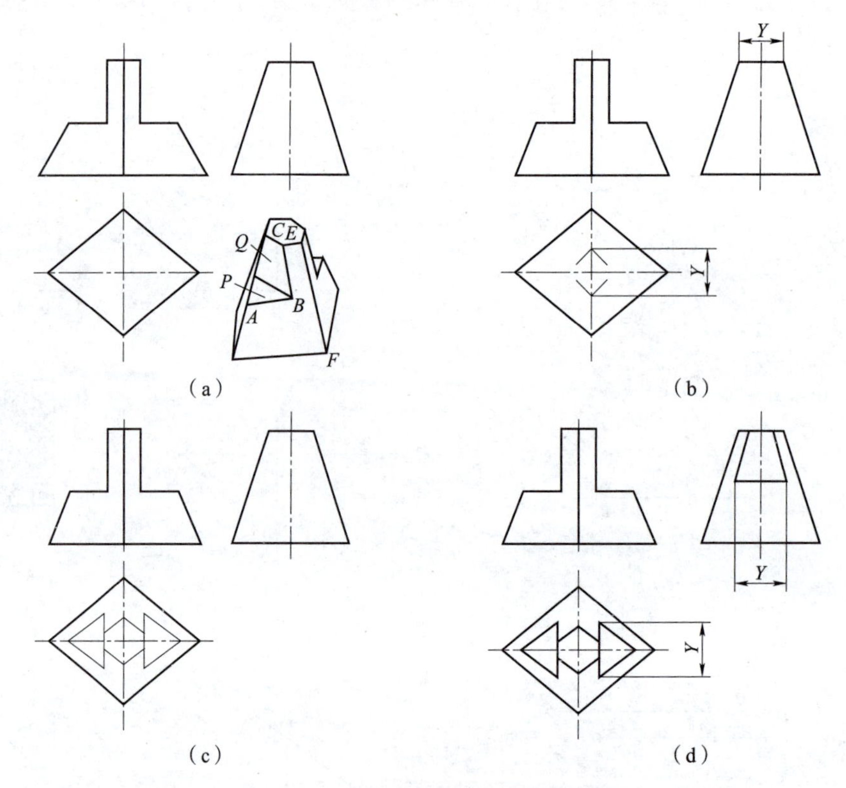

图 3－2　棱锥的切割体画图步骤

（a）已知条件；（b）宽相等求顶面的俯视图；（c）三等求左右台面的俯视图；

（d）三等求左视图，检查并描深三视图

表 3－1　棱柱的截交线

直观图	三视图	直观图	三视图

续表

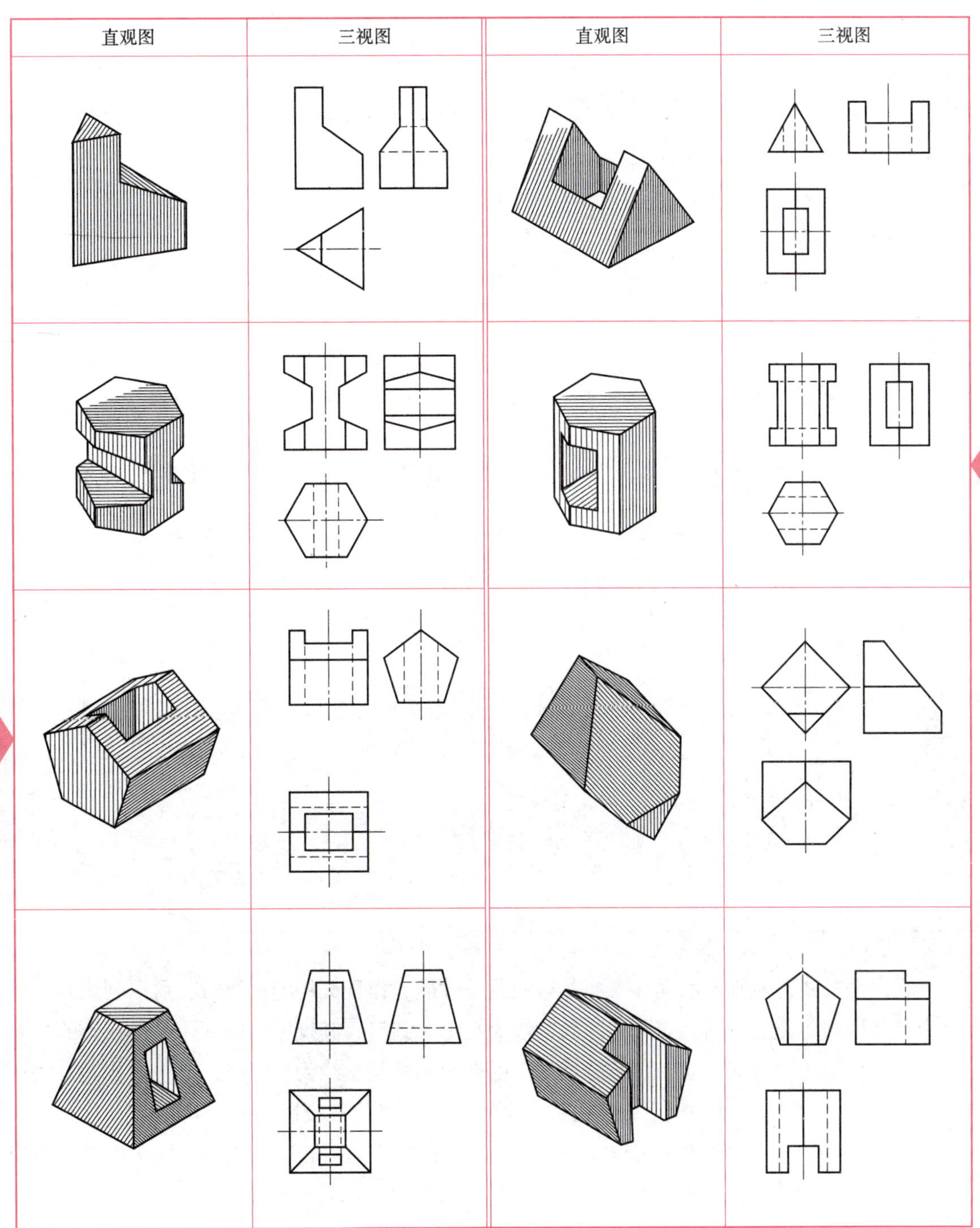

AR资源

二、回转体的截交线

回转体的截交线形状取决于回转面的形状和截平面与回转体轴线的相对位置，一般为一条封闭的平面曲线，也可能是由曲线和直线组成的平面图形，特殊情况下为多边形。

作图时，先分析截平面与回转体轴线的相对位置，以及它们在投影面体系中的位置，从而明确截交线的形状及其每个投影的特点，然后采用适当的方法作图。当截交线的投影为直线时，则找出两个端点连成线段；当截交线的投影为圆或圆弧时，则找出圆心和半径画出；当截交线投影为非圆曲线时，则求出一系列共有点，通常先作出特殊位置点，如最高、最低、最前、最后、最左、最右的点，然后按需要再作出一些一般点，最后用光滑曲线把各点的同面投影依次连接起来。

1. 圆柱的截交线

截平面与圆柱轴线位置不同，其截交线有三种形状，分别是矩形、圆、椭圆，见表3-2。

表3-2　圆柱截交线的三种情况

截平面的位置	与轴线平行	与轴线垂直	与轴线倾斜
轴测图		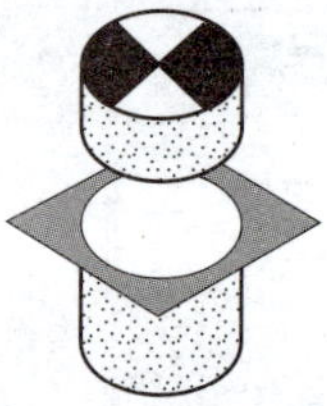	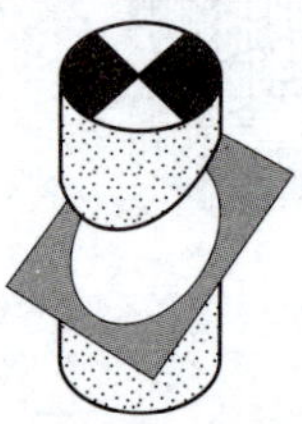
投影图	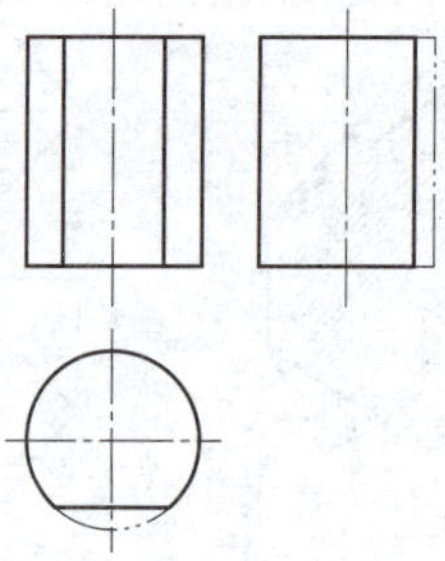	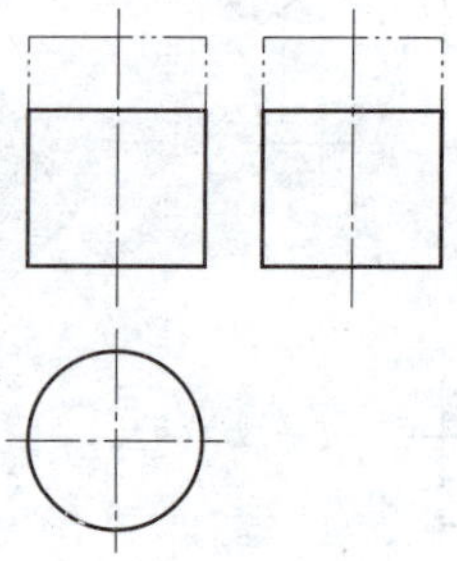	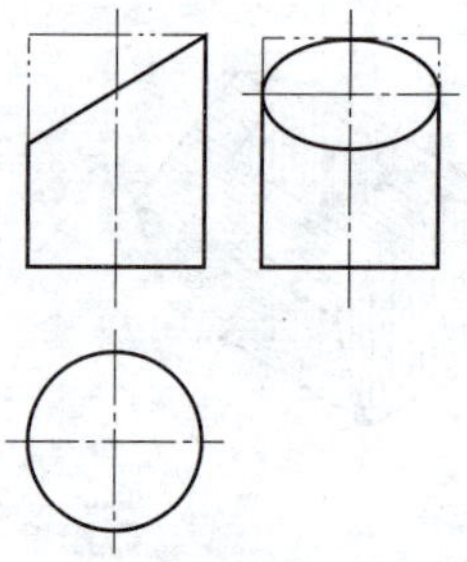
截交线的形状	矩形	圆	椭圆

根据截交线是截平面和圆柱表面共有线这一性质，作截交线的投影时，可以利用圆柱面上取点和取线的方法作图。当圆柱的截交线为矩形和圆时，其投影可以利用平面投影的积聚性求得，作图十分简便，读者自行分析。下面介绍圆柱截交线为椭圆时，其投影作图方法。

例3-3　如图3-3所示，求圆柱被正垂面截切后的三面投影。

由图3-3（a）可知截平面与圆柱轴线倾斜，截交线为一椭圆，该椭圆的正面投影积聚为与X轴倾斜的直线，水平投影积聚为圆，所以仅需要求出其侧面投影。

作图步骤：

（1）求作截交线上特殊点的投影。首先画出圆柱的原始投影，如图3-3（b）所示。截交线的特殊点，是立体上的最高、最低点，最前、最后点，也是椭圆长、短轴上的四个端点。这四点的正面投影为$1'$、$2'$、$3'$、$(4)'$，水平投影为1、2、3、4，根据投影对应关系求得其侧面投影$1''$、$2''$、$3''$、$4''$。

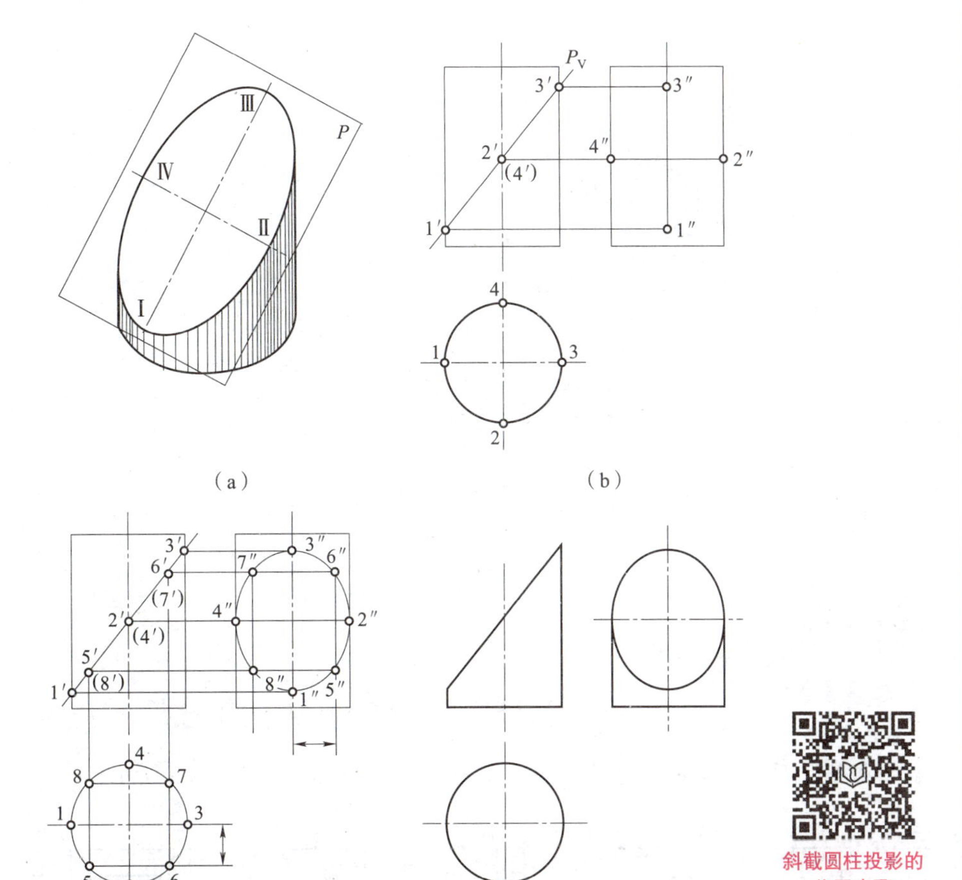

AR资源

斜截圆柱投影的作图步骤

图 3－3　圆柱截交线的作图步骤

（2）求作截交线上一般点的投影。为了较准确地作出椭圆，还必须适当作出一些一般点的投影。在水平投影的圆上取对称点 5、6、7、8，按投影对应关系求出其正面和侧面投影，如图 3－3（c）所示。一般点应该选择多少个，要根据作图需要来确定。

（3）连线。依次光滑地连接各点，即得所求截交线的投影。擦去多余的图线，完成截断体的投影，如图 3－3（d）所示。

例 3－4　画出如图 3－4（a）所示的被截切圆柱的三面投影。

该圆柱的左端切口是用前后两个平行于轴线、对称的正平面及一个垂直于轴线的侧平面截切而成。右端切口是由上下两个对称的平行于轴线的水平面和两个垂直于轴线的侧平面截切而成。由于截切面均为投影面平行面，其截交线分别垂直于相应的投影面，因此，圆柱左右切口的投影均可用积聚性法求出。

作图步骤：

（1）画出圆柱完整的三视图，求圆柱的左端正面投影，如图 3－4（b）所示。

（2）按平面的投影特征画出右端切口水平投影，如图 3－4（c）所示。

（3）擦去截掉的多余线，整理、描深，完成全图，如图 3－4（d）所示。

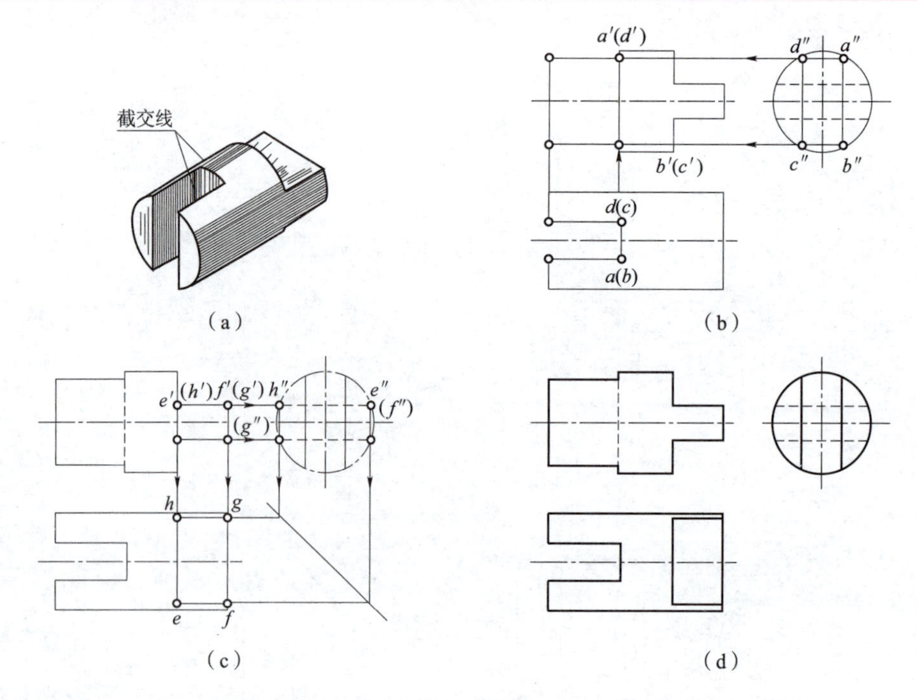

（a）　（b）　（c）　（d）

图 3-4　多个平面截切圆柱的三面投影的画法

常见带切口、开槽、穿孔、空心圆柱的三面投影，如图 3-5 所示。

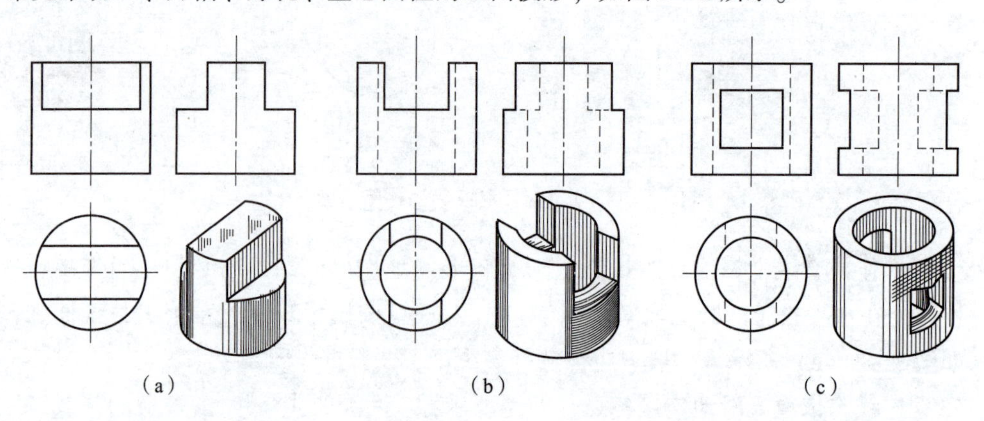

（a）　（b）　（c）

图 3-5　常见带切口、开槽、穿孔、空心圆柱的三面投影

2. 圆锥的截交线

截平面与圆锥轴线位置不同，其截交线有五种不同的形状，即圆、过锥顶的三角形、椭圆、抛物线和双曲线，见表 3-3。求截交线时，首先利用截平面的积聚性，求得截交线的一面投影，再根据圆锥面上取点的方法，求出截交线的其他投影。

当圆锥的截交线为直线和圆时，求截交线的作图方法十分简单。当截交线为椭圆、抛物线、双曲线时，由于圆锥面的三个投影都没有积聚性，故当求出属于截交线的多个点的投影时，则需要用辅助素线法或者辅助平面法，如图 3-6 所示。

（1）辅助素线法。属于截交线的任意点 *M*，如图 3-6（b）所示，可以看成是圆锥表面某一素线 *SA* 与截平面 *P* 的交点，故点 *M* 的三面投影分别在该素线的同面投影上。

表 3-3 圆锥表面截交线

截平面的位置	与轴线垂直	过圆锥顶点	平行于任一素线	与轴线倾斜（不平行于任一素线）	与轴线平行
轴测图					
投影图					
截交线的形状	圆	过顶点的三角形	抛物线	椭圆	双曲线

（2）辅助平面法。作垂直于圆锥轴线的辅助平面 R，如图 3-6（c）所示，辅助平面 R 与圆锥面的交线是圆，此圆与截平面交得的两点 C、D 就是截交线上的点，这两个点具有三面共点的特征，所以辅助平面法也叫三面共点法。

例 3-5 求图 3-7（a）所示圆锥截交线的投影。

由图 3-7（a）可知，圆锥被与轴线倾斜的平面截切，截交线为椭圆。由于截平面为正垂面，截交线在截平面上，故其正面投影积聚成直线，水平投影和侧面投影为椭圆。

作图步骤：

（1）求截交线上特殊点的投影。先画出圆锥的原始投影，确定截平面正投影的位置后，找出截交线的最左点 E、最右点 A、最前素线上点 B 和最后素线上点 H 的正面投影 e'、a'、b'、$(h)'$，利用圆锥表面点的求法，求出它们的水平投影 e、a、b、h，以及侧面投影 e''、a''、b''、h''，如图 3-7（b）所示。

（2）求截交线上一般点的投影。在正面投影中作水平线与截平面的正面投影交于 d'、(f')，用辅助圆法求出水平投影 d、f 和侧面投影 d''、f''。同理求出 c'、(g')、c、g 和 c''、g''。为使曲线连接光滑，可利用同样的方法，再继续求出一些一般点的投影。

（3）连线。将水平面投影 a、b、c、d、e、f、g、h、a，侧面投影 a''、b''、c''、d''、e''、f''、g''、h''、a''依次光滑连接成曲线，即为所求截交线的水面投影和侧面投影，描深整理后

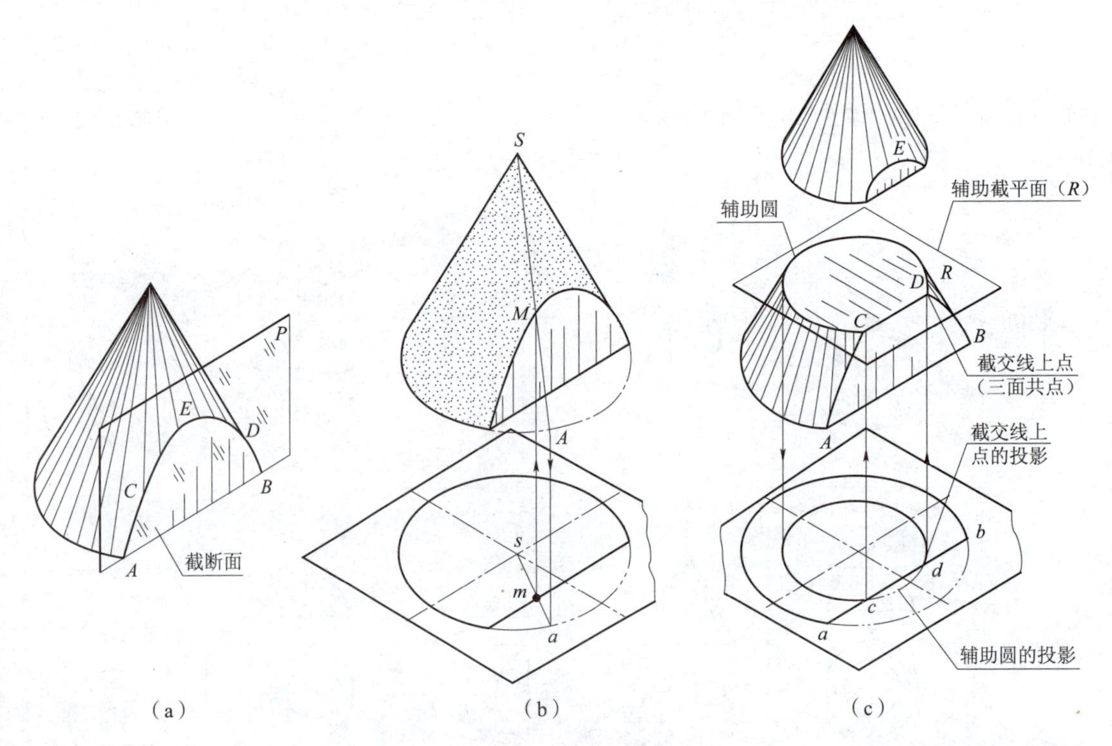

（a）（b）（c）

图 3-6 求圆锥表面截交线方法

如图 3-7（d）所示。

3. 圆球的截交线

平面截切圆球时，在任何情况下其截交线都是一个圆。在三投影面体系中，当截平面平行于一个投影面时，其截交线圆在该投影面的投影反映实形，其余的两面投影都有积聚性。图 3-8 所示为用水平面和侧平面截切圆球时的投影。画图时，先画出截交线积聚成直线的投影，然后画出反映圆的投影。当截平面垂直于一个投影面而倾斜于其他两个投影面时，则截交线的该面投影积聚成直线，其他两面投影为椭圆，这里不再讲述。

任务实施

一、绘制三视图

由图 3-9（a）可知，半球被两个对称的侧平面和一个水平面截切，所以两个侧平面与球面的截交线各为一段平行于侧平面的圆弧，而水平面与圆球的截交线为两段水平的圆弧。

作图步骤如下。

（1）画出半球的三视图，如图 3-9（a）所示。

（2）按各截平面的投影特征，求出截平面的侧面投影和水平投影，如图 3-9（b）及图 3-9（c）所示。

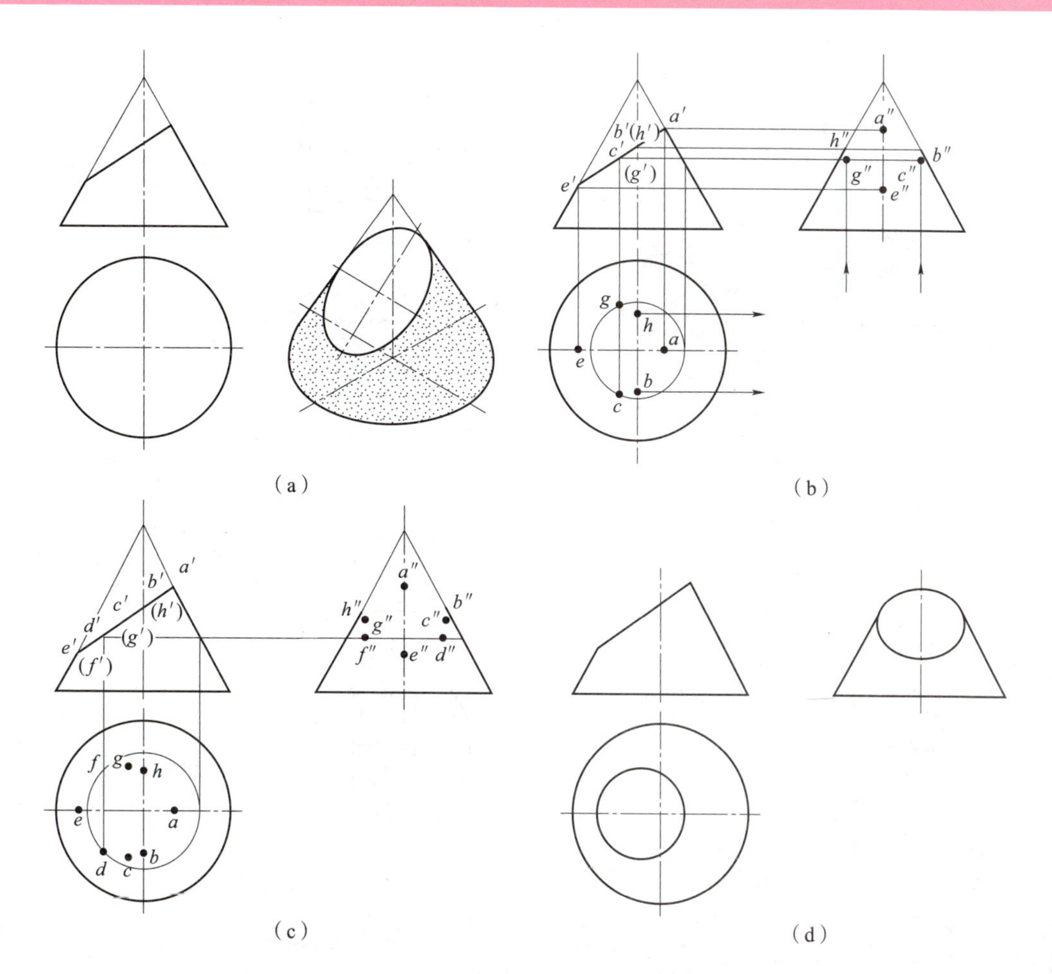

图 3－7 圆锥截交线作图过程

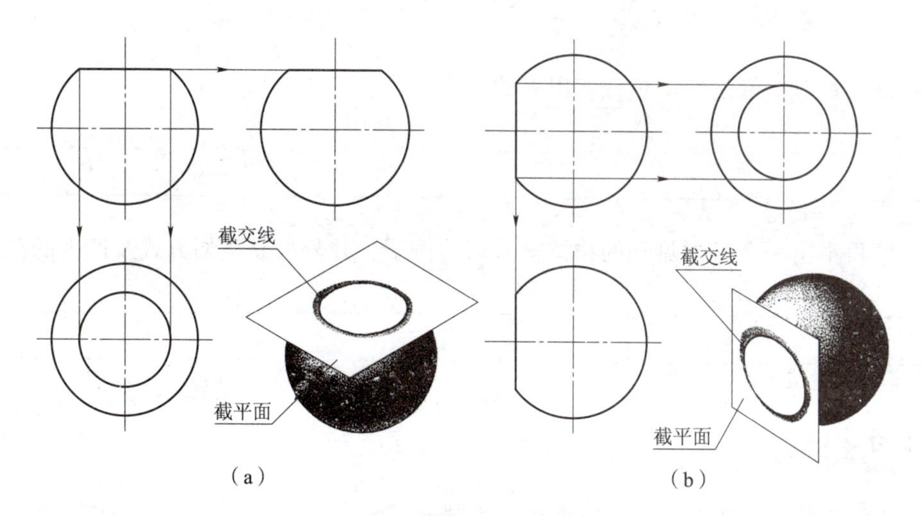

图 3－8 圆球表面截交线

(3) 擦去多余的图线，整理描深完成，如图 3－9 (d) 所示。

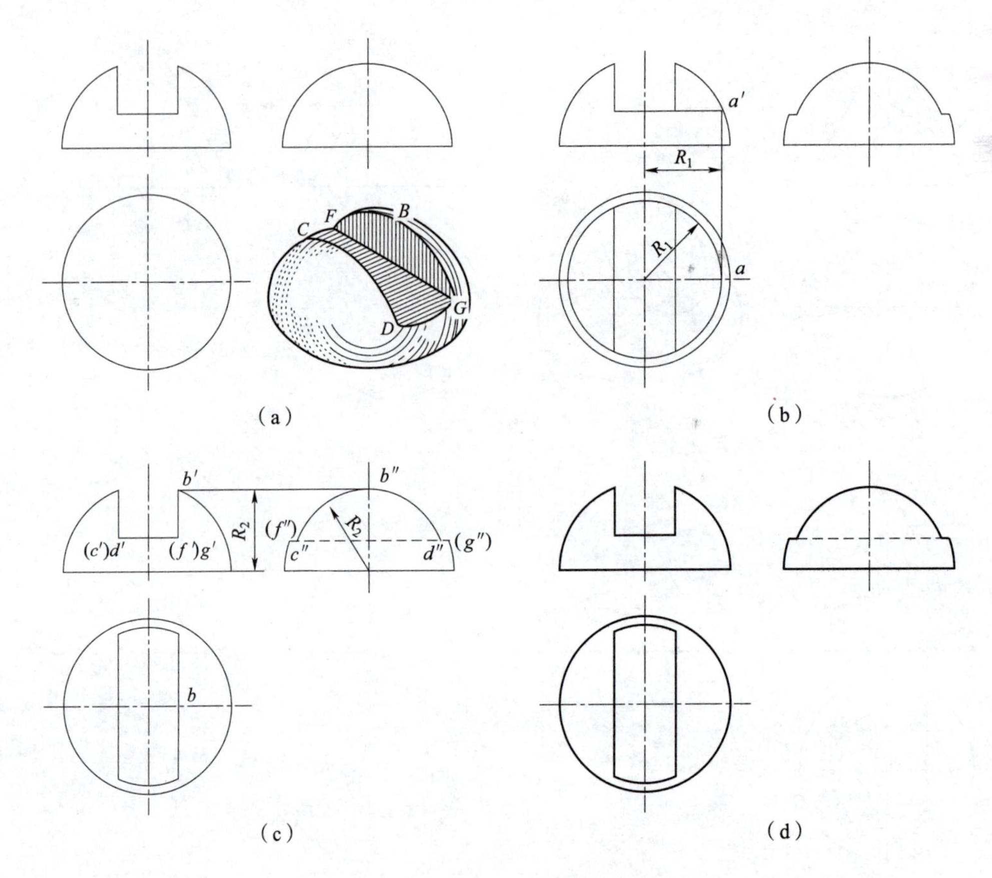

图 3－9　圆球表面截交线画法

二、回答下列问题

（1）球头螺钉头部是如何被截切出来的？截切之后的截交线是什么？

____

____

（2）请再举出一个日常见到的物体被截切的例子，并分析其截切方式及产生的截交线。

____

____

拓展任务

请完成任务单——任务 3.1 中三视图的绘制。

任务评价

请完成表3－4的学习评价。

表3－4 任务3.1学习评价

序号	检查项目	评分标准	结果评估	自评分
1	能否正确地想象出球头螺钉头部是如何被截切出来的？	20		
2	能否清晰地表达出球头螺钉头部被截切后的全部截交线？	20		
3	能否正确地画出球头螺钉头部的三视图？	20		
4	能否再联想出日常中常见物体被截切的例子，并正确分析其截交线？	20		
5	在绘制图形过程中，是否遇到了问题？在解决问题过程中是否提升了自己查阅资料、沟通交流的能力？	20		

任务3.2 相贯线的认知与绘制

学习目标

【知识目标】

(1) 理解相贯体、相贯线的概念。

(2) 掌握相贯线的分析方法和求法。

【能力目标】

能正确绘制圆柱与圆柱的相贯线。

【素养目标】

(1) 养成认真负责的态度和严谨细致的作风。

(2) 培养学生手脑并用的良好学习习惯。

任务引入

如图3－10所示，左侧为一水平放置的圆柱，右侧为一竖直放置的圆锥，已知圆柱与圆锥相交，请作出相交后图形的三面投影。

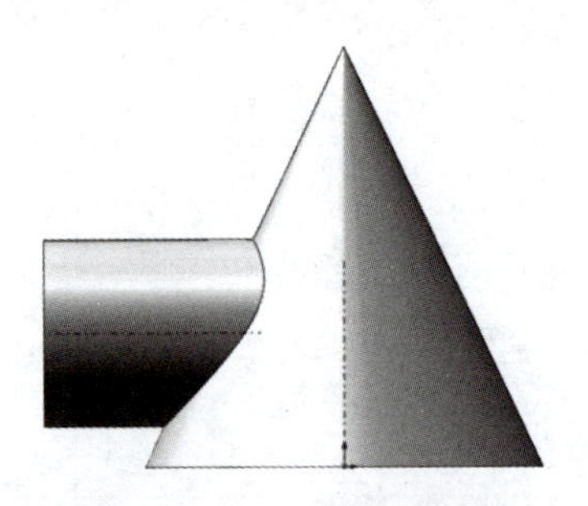

图 3-10　圆柱与圆锥相交

任务分析

在画该类零件的投影图时，必然涉及绘制相贯线的投影问题。相贯线是零件中最常见的表面交线，它是相交两立体的表面共有线，也是相交两表面的分界线。因此求相贯线实质就是求两立体表面的一系列共有点，然后将其依次光滑连接。

知识链接

知识点 1　相贯线

一、相贯线的形成

很多零件都是由两个或两个以上的基本体相交而成，称为相贯。在它们表面相交处会产生交线，称为相贯线。相贯有三种情况：平面立体与平面立体相贯，如图 3-11（a）所示；平面立体与曲面立体相贯，如图 3-11（b）所示；曲面立体与曲面立体相贯，如图 3-11（c）和图 3-11（d）所示。平面立体与平面立体或曲面立体相贯，表面交线是平面图形的截交线围成，可以用求截交线的方法求出，这里不再讲述。本部分只介绍曲面立体与曲面立体相贯求相贯线的方法。

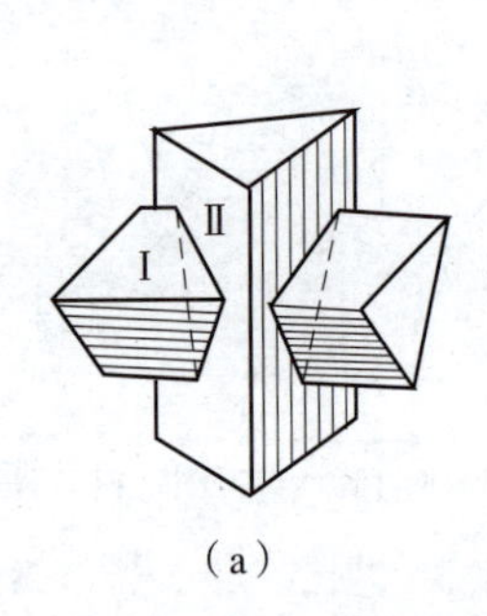

（a）

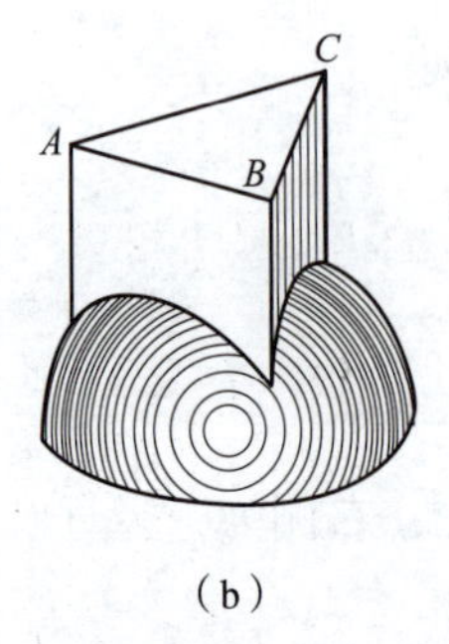

（b）

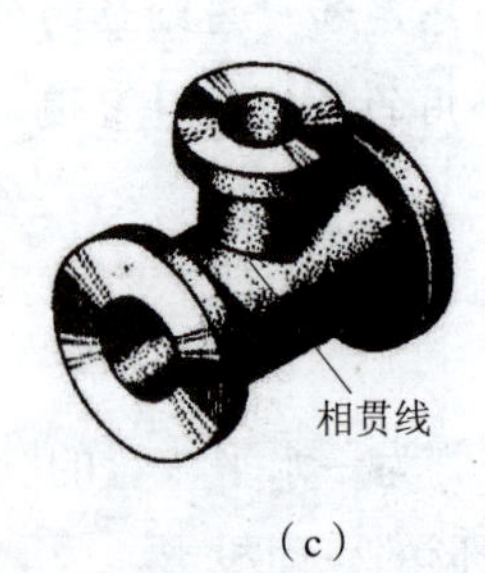

（c）

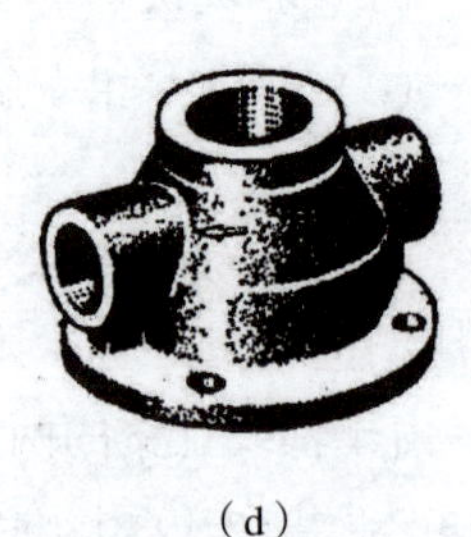

（d）

图 3-11　两立体相贯

二、相贯线的性质

（1）封闭性：相贯线一般为闭合的空间曲线，特殊情况下是封闭的平面曲线或直线。

（2）共有性：相贯线是相交两基本体表面的共有线，也是两立体表面的分界线。

三、求相贯线的方法和步骤

由于两相交物体的形状、大小和相对位置的不同，相贯线的形状也不同，求其投影的作图方法也不相同。在一般情况下，当相贯线为封闭的空间曲线时，求相贯线常用的方法是利用积聚性法和辅助平面法；在特殊情况下，当相贯线为封闭的平面曲线时，相贯线可由投影作图直接得出。

1. 利用积聚性求相贯线的投影

相贯线是相交两基本体表面的共有线，它既属于一个基本体的表面，又属于另一个基本体的表面。如果基本体的投影有积聚性，则相贯线的投影一定积聚于该基本体有积聚性的投影上。

例 3－6 如图 3－12 所示，已知相交两圆柱直径不等，且轴线垂直相交，求作其相贯线的投影。

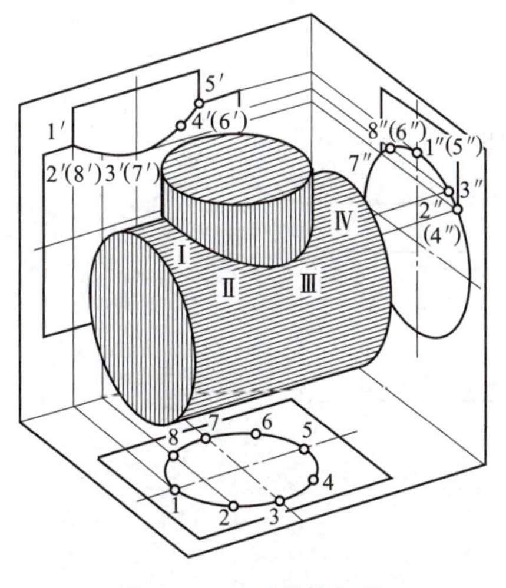

图 3－12 两圆柱相贯

如图 3－13 所示，两圆柱的轴线垂直相交，相贯线的水平投影与小圆柱的水平投影重合，侧面投影与大圆柱的侧面投影重合。两圆柱面的正面投影都没有积聚性，故只需求出相贯线的正面投影。

作图步骤：

（1）求特殊点的正面投影，1′、3′、5′、7′，由于点Ⅰ、Ⅲ、Ⅴ、Ⅶ均在特殊素线上，故可直接求出它们的水平投影 1、3、5、7 和侧面投影 1″、3″、5″、7″，如图 3－13（b）所示。

（2）求一般点的投影。在小圆柱面的水平投影中取 2、4、6、8 四点，作出其侧面投影 2″、(4″)、(6″)、8″，再求出正面投影 2′、4′、(6′)、(8′)，如图 3－13（c）所示。

（3）将所求各点按分析出的对称性、可见性依次光滑连线，即得相贯线的正面投影，如图 3－13（d）所示。

由于轴线正交的两圆柱直径相同或不同，在两圆柱轴线共同平行的投影面上，其相贯线的投影形状和弯曲趋向有所不同，见表 3－5。

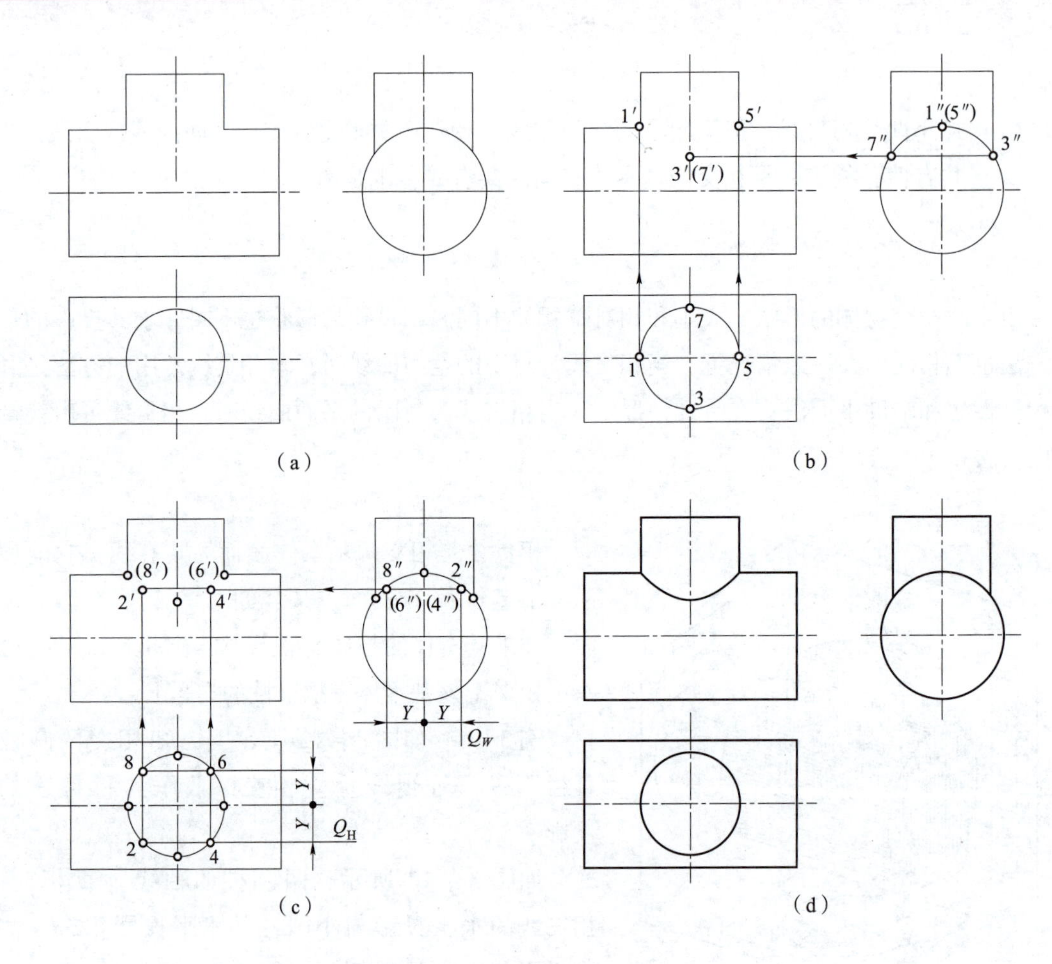

图 3－13　求两圆柱相贯线的作图过程

表 3－5　轴线相交两圆柱表面交线的投影特点

两圆柱直径的关系	水平圆柱较大	两圆柱直径相等	水平圆柱较小
相贯线的特点	上、下两条空间曲线	两个互相垂直的椭圆	左、右两条空间曲线
投影图	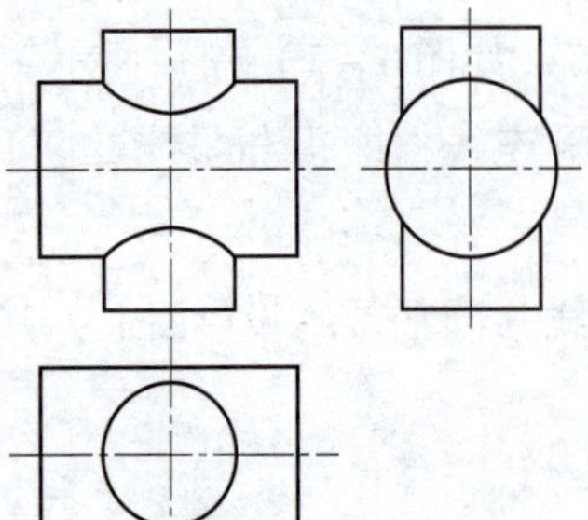	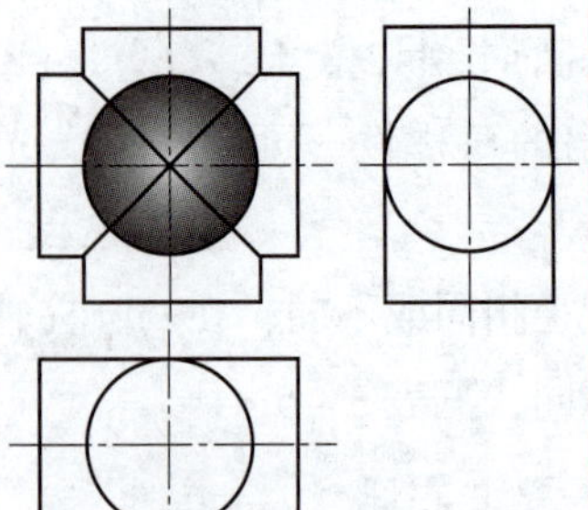	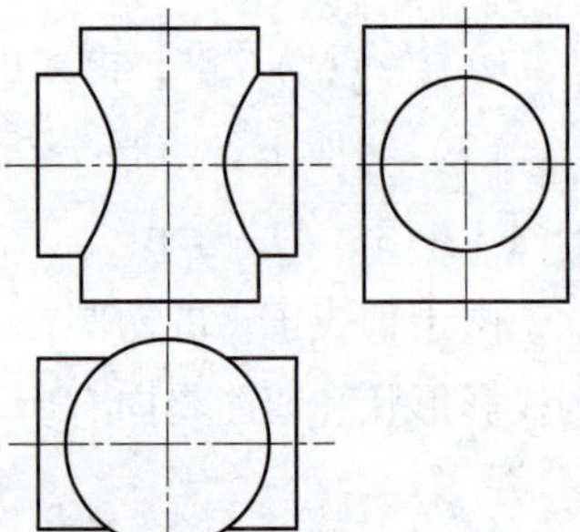

直径相等的两圆柱相贯，相贯线是平面椭圆，当椭圆是投影面的垂直面时，投影如图 3－14所示。两曲面立体同轴时，相贯线为垂直于轴线的平面圆，如图 3－15 所示。

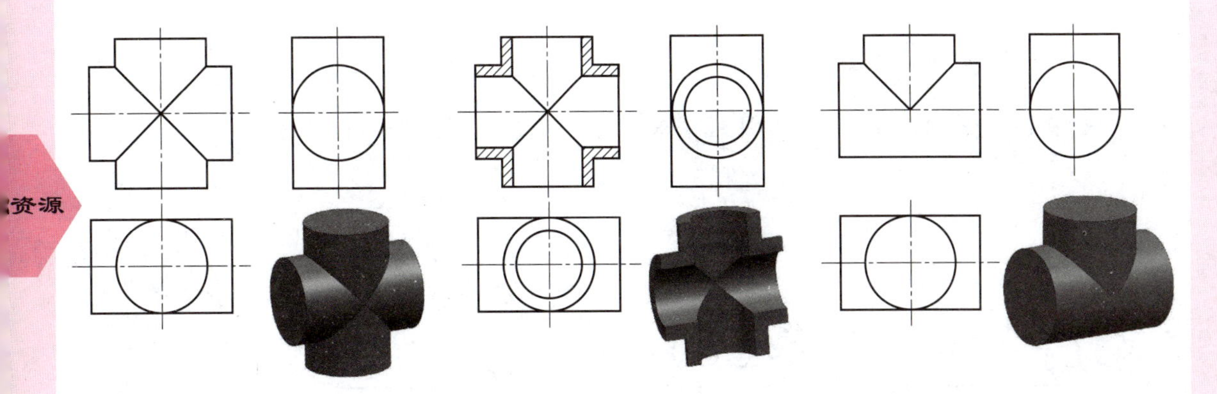

图 3－14　直径相等圆柱的相贯线

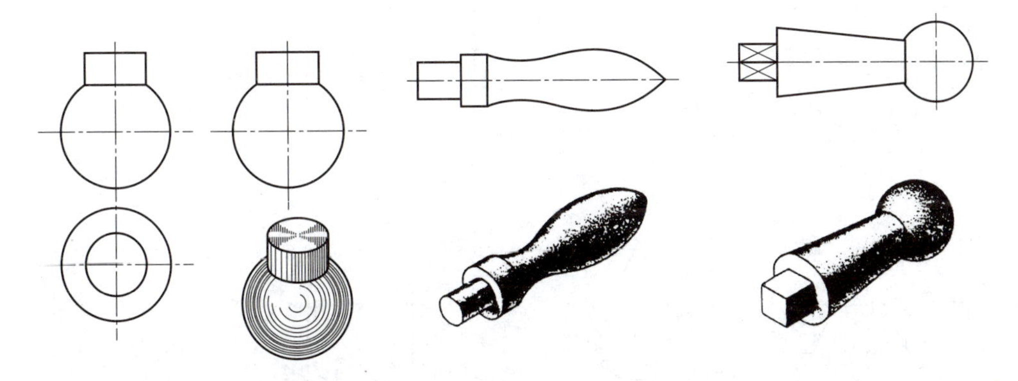

图 3－15　两曲面立体同轴相贯

2. 利用辅助平面法求相贯线的投影

用一个辅助平面同时切割两相交的立体，则可得到两组截交线，两组截交线的交点即为相贯线上的点，如图 3－16 中矩形与圆的四个交点。这种求相贯线投影的方法，称为辅助平面法。

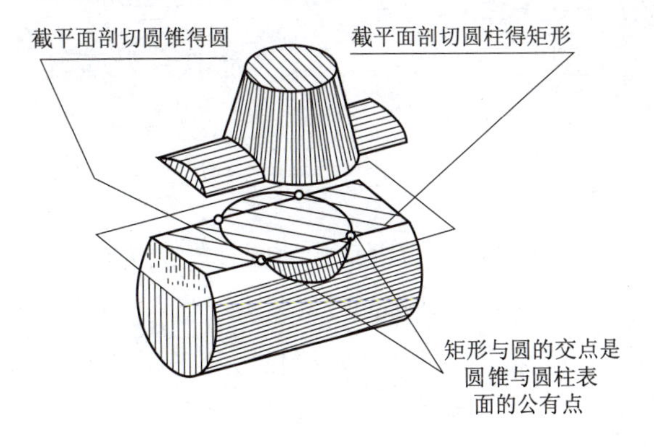

图 3－16　辅助平面法作图原理

任务实施

一、作图分析

已知圆柱与圆锥相交，用辅助平面法求相贯线的投影，如图 3－17 所示。

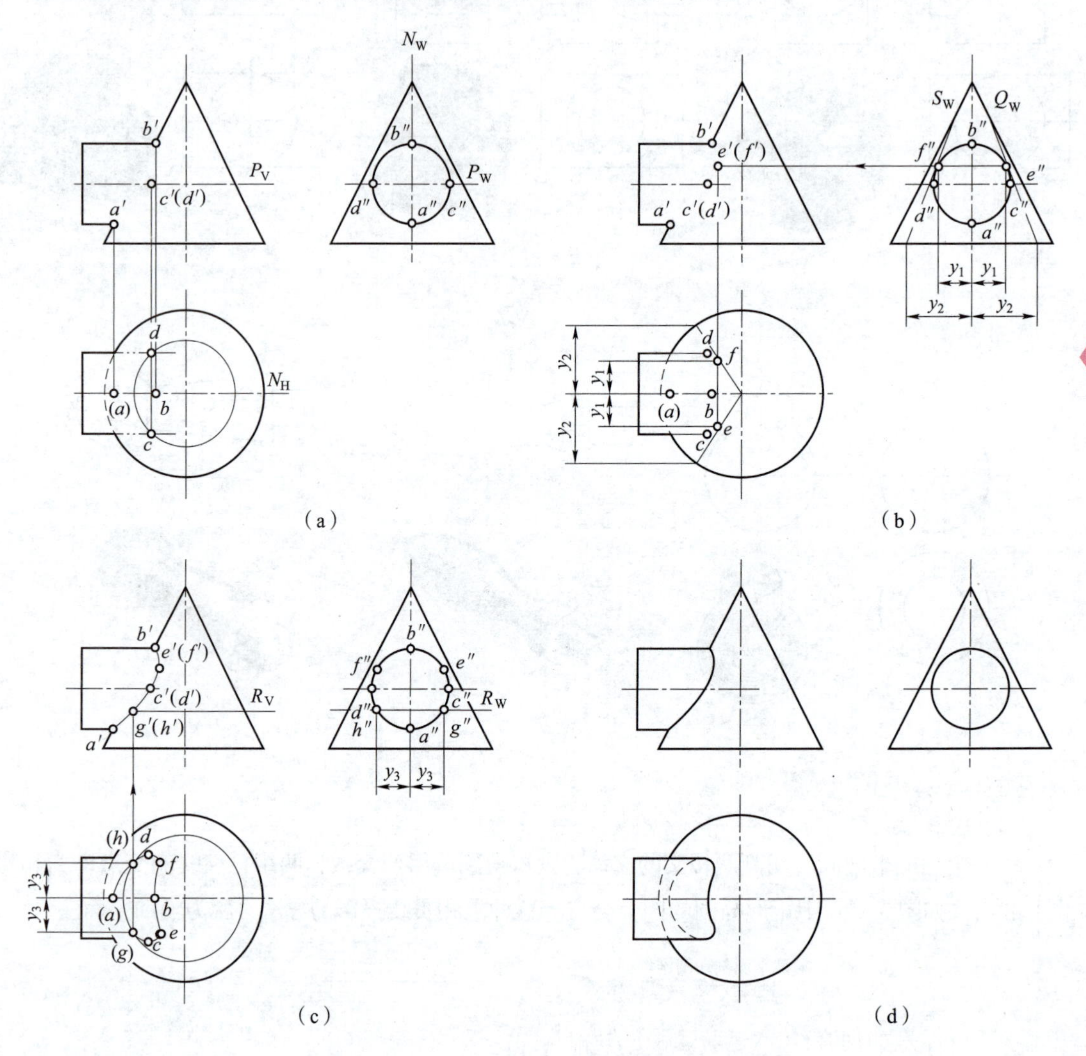

图 3－17　求圆柱与圆锥相贯线的作图过程

由图 3－17（a）可知，圆锥轴线为铅垂线，圆柱轴线为侧垂线，两轴线正交且同时平行于正立投影面，相贯线前后对称，其正面投影重合。圆柱的侧面投影为圆，相贯线的侧面投影积聚在该圆上，所以只需求出相贯线的水平投影和正面投影。

二、作图步骤

（1）求相贯线上特殊点 A、B、C、D 的投影。如图 3－17（a）所示，由侧面投影可知，

b''、a''是相贯线上最上、最下点的投影，它们是圆柱和圆锥正面投影外形轮廓线的交点，可直接得到正面投影 b'、a'并由此投影确定水平投影 b、(a)。c''、d''是最前、最后点 C、D 的侧面投影，它们在圆锥最前、最后素线上。过圆柱轴线作水平面 P 为辅助平面，求出平面 P 与圆锥面截交线（水平面圆）的水平投影，此圆与圆柱最前、最后素线的水平投影交于 c、d，再求出正面投影 c'、d'。如图 3－17（b）所示，过圆锥顶点作辅助平面 Q、S，首先画出 Q_W、S_W，分别与圆柱侧面投影相切，切点 e''、f''即为相贯线上最右点的侧面投影。过 E、F 再作一水平面与圆柱、圆锥相交，求得 e、f 和 e'、f'。

（2）求一般点 G、H 的投影。如图 3－17（c）所示，作辅助水平面 R，先画出 R_W、R_V，求得 g''、h''，按辅助平面法求出 (g)、(h) 和 g'、(h')。

（3）根据相贯线的可见性、对称性，将所求出的点依次光滑连接，整理、描深，如图 3－17（d）所示。

（4）相贯线的简化画法。用上述方法求作相贯线的投影虽然麻烦，但却是求相贯线投影的较精确作图方法。当两圆柱直径相差悬殊时，可以利用如图 3－18 所示的简化画法画出两圆柱直径不等、轴线正交时相贯线的投影。

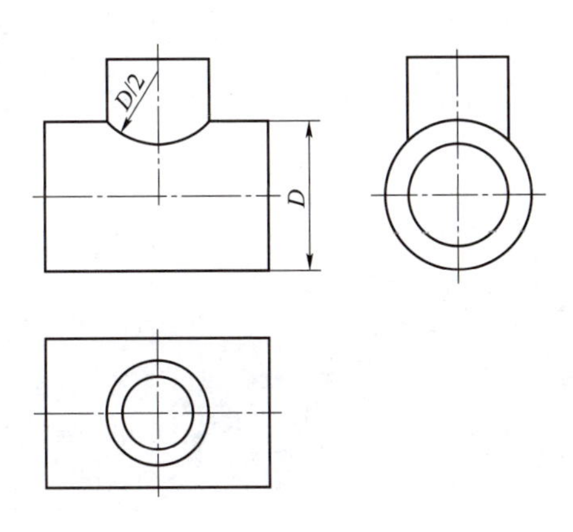

图 3－18　相贯线的简化画法

三、回答下列问题

（1）你是如何在绘图前进行相关分析的？

____

____

（2）你在绘制相贯线时，用到了哪些方法？

____

____

拓展任务

请完成任务单——任务 3.2 中相贯线的绘制。

任务评价

请完成表 3-6 的学习评价。

表 3-6 任务 3.2 学习评价

序号	检查项目	评分标准	结果评估	自评分
1	能否正确地想象出圆柱和圆锥相交后的表面交线形状？	25		
2	能否正确地想象出圆柱和圆锥表相贯线的三视图？	25		
3	能否再联想出日常中常见的相贯线例子？	25		
4	在绘制图形过程中是否遇到了问题？在解决问题过程中是否提升了自己查阅资料、沟通交流的能力？	25		

任务 3.3 组合体视图的绘制

学习目标

【知识目标】

(1) 了解组合体的概念、组合体的组合形式。

(2) 掌握组合体视图的画法。

【能力目标】

能正确绘制组合体的三视图。

【素养目标】

(1) 养成认真负责的态度和严谨细致的作风。

(2) 培养学生手脑并用的良好学习习惯。

任务引入

工程中常用到的轴承座立体图形如图 3-19 所示，请运用空间想象能力，想象该轴承座由哪些常见的三维立体图形组成，画出其三视图，并回答相关问题。

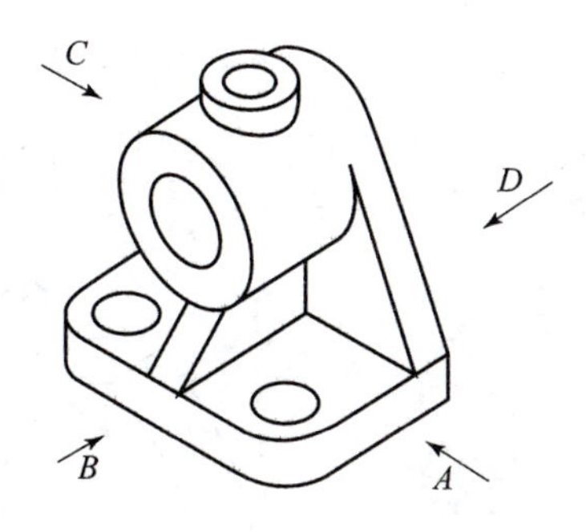

图 3－19 轴承座立体图

AR资源

AR资源

任务分析

从几何学观点看，任何机械零件都可以抽象并简化为由若干个基本体，经过叠加或切割等方式组成的复杂形体。要绘制复杂形体的三视图，必须掌握组合体的相关知识。

知识链接

知识点1 组合体的基本概念及绘制方法

一、组合体的概念

任何复杂的形体都可以看成是由一些基本的形体按照一定的连接方式组合而成的。这些基本形体包括棱柱、棱锥、圆柱、圆锥和球等。由基本体按一定方式组合而成的复杂形体称为组合体。

二、组合体的组成方式

常见的组成方式有叠加及切割两种，常见的组合体是这两种方式的综合。

（1）叠加。所谓叠加是指用若干个基本体，按一定的相对位置拼接组合成为组合形体，如图 3－20（a）所示。

（2）切割。所谓切割是从基本体上切除部分形状的材料，从而形成一个组合的形体，如图 3－20（b）所示。

（3）综合。形体的组合形式既有叠加又有切割，如图 3－20（c）所示。

无论以何种方式构成组合体，其基本形体的相邻表面都存在一定的相互关系，其形式一般可分为平行、相切和相交等情况。

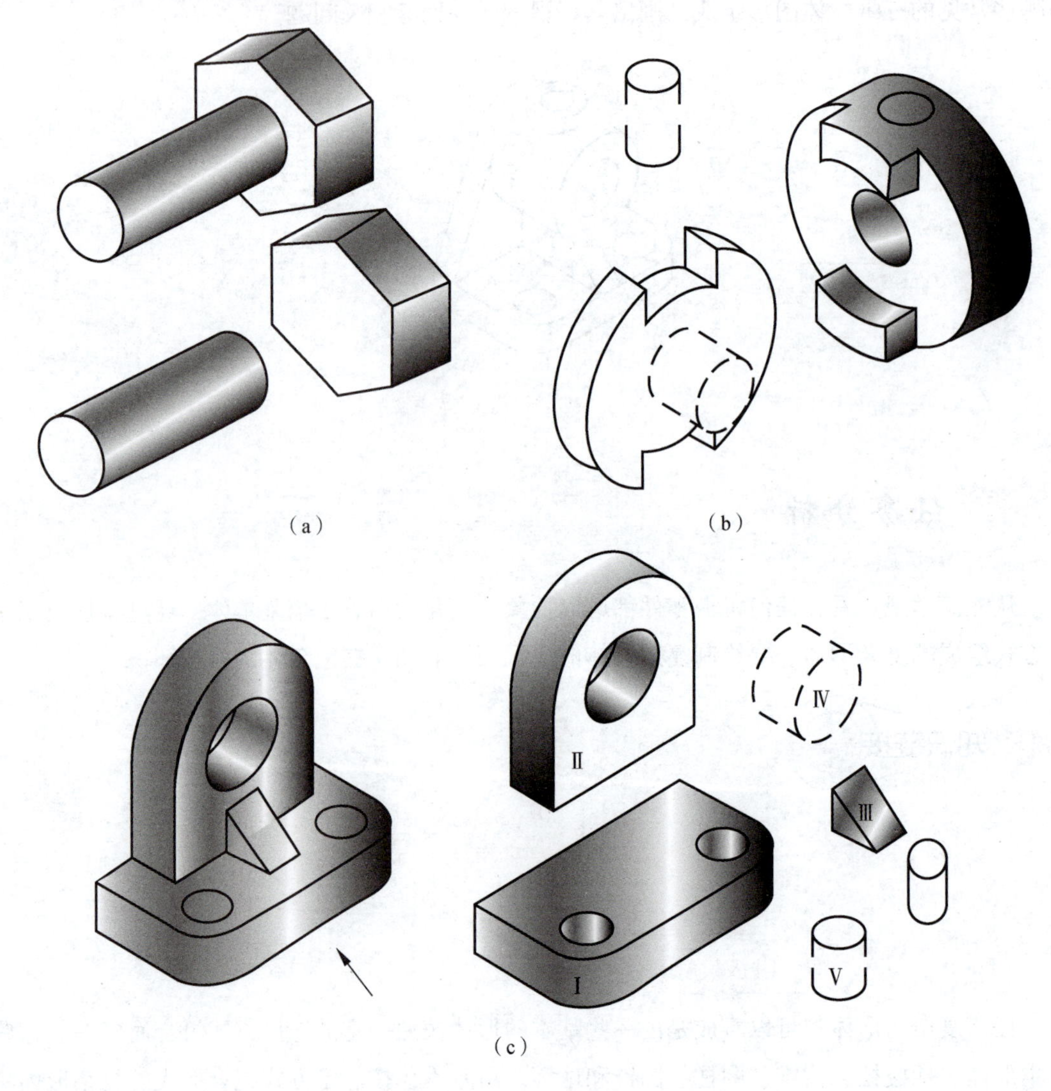

图 3-20　组合体的组合形式

(a) 组合体叠加；(b) 组合体的切割；(c) 叠加和切割的综合

1. 平行

所谓平行是指两基本形体表面间同方向的相互关系。它又可以分为两种情况：当两基本体的表面平齐时，两表面共面，因而视图上两基本体之间无分界线，如图 3-21（a）所示；如果两基本体的表面不平齐，必须画出它们的分界线，如图 3-21（b）所示。

2. 相切

当两基本形体的表面相切时，两表面在相切处光滑过渡，不应画出切线，如图 3-22 所示。

当两曲面相切时，则要看两曲面的公切面是否垂直于投影面。如果公切面垂直于投影面，则在该投影面上相切处要画线，否则不画线，如图 3-23 所示。

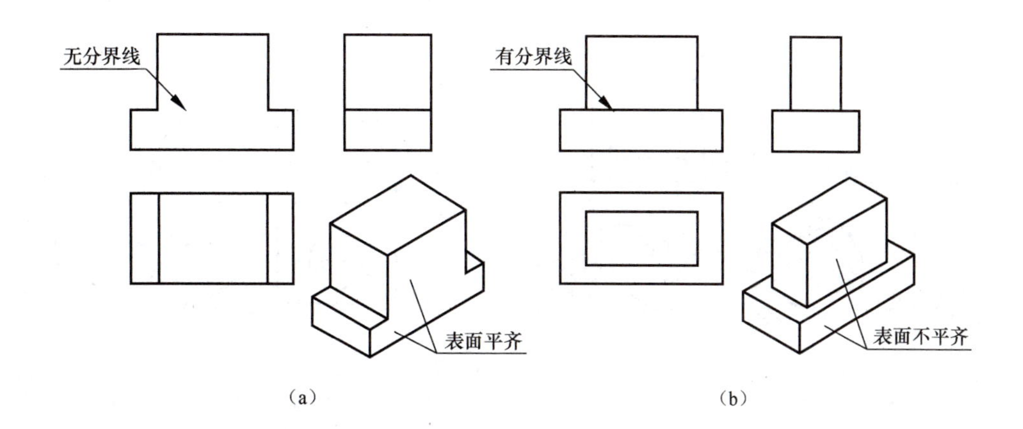

图 3-21 表面平齐和不平齐的画法

(a) 表面平齐；(b) 表面不平齐

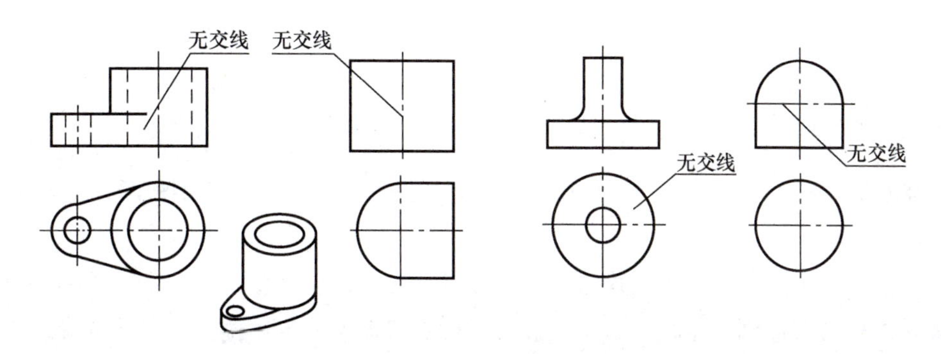

图 3-22 表面相切

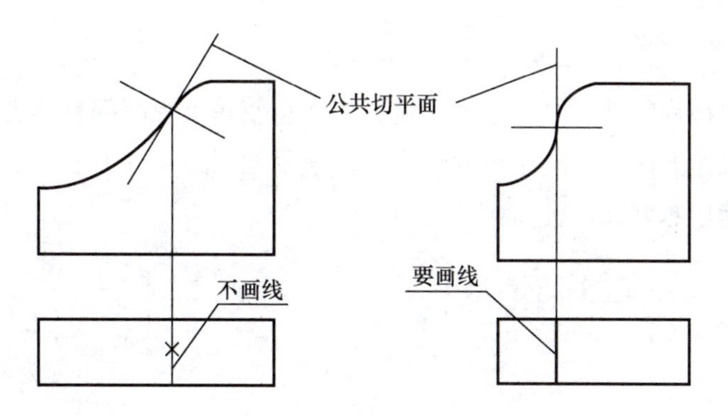

图 3-23 两曲面相切

3. 相交

当两基本形体的表面相交时，相交处会产生不同形式的交线，在视图中应画出这个交线的投影，如图 3-24 所示。

三、形体分析法

当我们进行组合体的画图和看图时，经常要用到的一种方法就是形体分析法。所谓形体

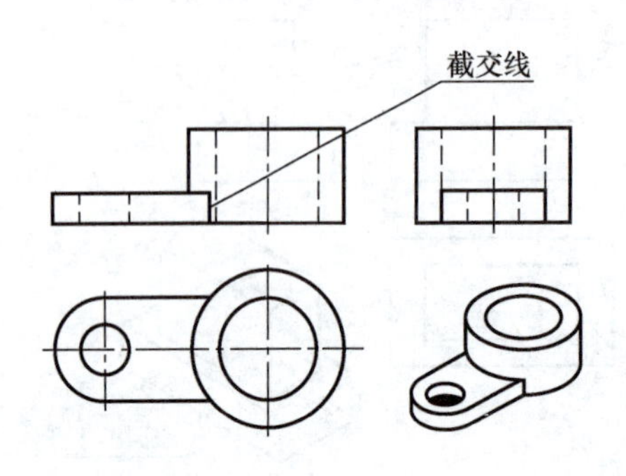

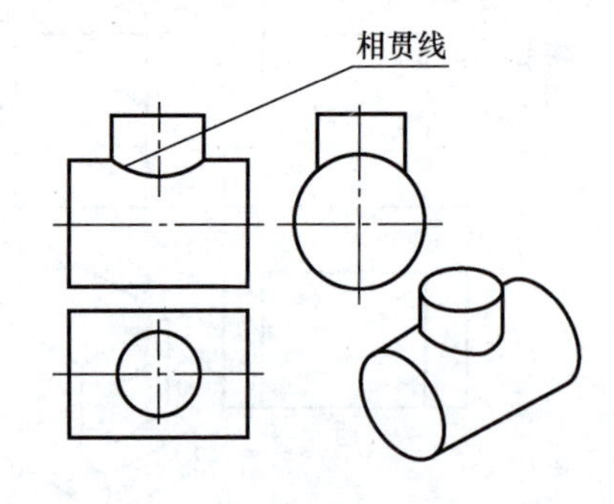

图 3－24　表面相交

分析就是假想把组合体分解为若干个简单的基本体，以弄清它们的形状，确定它们的组合方式和相对位置的方法。

知识点 2　组合体视图的选择方法

一、主视图的选择

主视图是三视图中最重要的一个视图，选择视图时，首先要选择主视图。选择主视图的原则是：

(1) 加工位置原则：主视图应尽量表示零件在加工时所处位置。

(2) 工作位置原则：主视图应尽量表示零件在机器上的工作位置或安装位置。

(3) 主视图的投影方向：主视图应能充分反映零件的结构形状。

二、其他视图的选择

其他视图的选择视零件的复杂程度而定，应注意使每个视图都有其表达的重点内容，并应灵活采用各种表达方法。在满足正确、完整、清晰地表达零件的前提下，视图数量越少越好，表达方法越简单越好。

知识点 3　组合体视图的绘制方法

一、分析形体

在绘制组合体三视图之前，首先对组合体进行形体分析，分析组合体由哪几部分组成、各部分之间的相对位置、两相连基本体的组合形式及是否产生交线等。

二、选择视图

在选择视图时，首先要确定主视图。一般是将组合体的主要表面或主要轴线放置在与投影面平行或垂直的位置，并以最能反映该组合体各部分形状和位置特征的一个视图作为主视图。同时还应考虑到：

(1) 使其他两个视图上的虚线尽量少一些。

(2) 尽量使画出的三视图长大于宽。

当后两点不能兼顾时，以前面所讲主视图的选择原则为准。

三、选择图纸幅面和比例

根据组合体的复杂程度和尺寸大小应选择国家标准规定的图幅和比例。在选择时，应充分考虑到视图、尺寸、技术要求及标题栏的大小和位置等。

四、合理布局视图，绘制基准线

根据组合体的总体尺寸，通过简单计算将各视图均匀地布置在图框内。各视图位置确定后，用细点画线或细实线画出作图基准线。作图基准线一般为底面、对称面、重要端面和重要轴线等。

五、绘制底稿

根据投影规律，画出每个简单形体的三视图。画底稿时应注意：

(1) 在画各基本体的视图时，应先画主要形体、后画次要形体，先画可见的部分、后画不可见的部分。

(2) 画每一个基本形体时，一般应该三个视图对应着一起画。先画反映实形或有特征的视图，再按投影关系画其他视图，尤其要注意必须按投影关系正确地画出平行、相切和相交处的投影。

六、检查、加深

检查底稿，改正错误，然后再把线条加宽、加深。

任务实施

一、绘制三视图

1. 形体分析

绘制组合体视图之前，应首先对组合体进行形体分析，分析该组合体由哪几部分组成、各部分之间的相对位置及组合形式等。如图 3－25 所示，轴承座由上部的凸台 1、轴承 2、支撑板 3、底板 4 及肋板 5 组成。凸台与轴承是两个垂直相交的空心圆柱体，在外表面和内表面上都有相贯线。支撑板、肋板和底板分别是不同形状的平板。支撑板的左、右侧面都与轴承的外圆柱面相切，肋板的左、右侧面与轴承的外圆柱面相交，底板的顶面与支撑板、肋板的底面相互重合。

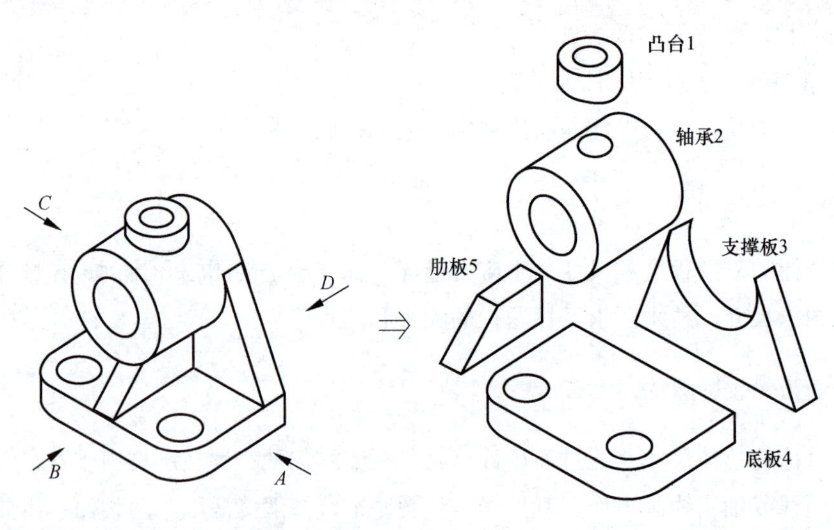

图 3-25　轴承座形体分析

2. 选择视图

选择视图首先要确定主视图。一般是将组合体的主要表面或主要轴线放置在与投影面平行或垂直位置，并以最能反映该组合体各部分形状和位置特征的一个视图作为主视图。同时还应尽量使其他视图上的虚线少些，且使所绘三视图的长大于宽。图 3-25 中沿 *B* 向观察，所得视图满足上述要求，可以作为主视图。主视图方向确定后，其他视图的方向则随之确定。

3. 选择图纸幅面和比例

根据组合体的复杂程度和尺寸大小，在国标规定的范围内选取合适的比例和图幅。选择时，应充分考虑到视图、尺寸、技术要求及标题栏位置、大小等方面，并应尽量选取能反映形体真实大小的 1∶1 比例绘图。

4. 布置视图，画作图基准线

根据组合体的总体尺寸通过简单计算将各视图均匀地布置在图框内。各视图位置确定后，用细点画线或细实线画出作图基准线。作图基准线一般是底面、对称面、重要端面、重要轴线等，如图 3-26（a）所示。

5. 画底稿

依次画出每个基本形体的三视图，如图 3-26（b）~图 3-26(e）所示。画底稿时要注意：

（1）在画各基本形体的视图时，应先画主要形体、后画次要形体，先画可见的部分、后画不可见的部分。如图 3-26 中先画底板和轴承，后画支撑板和肋板。

（2）画每一个基本形体时，一般应将三个视图对应着一起画。先画反映实形或有特征的视图，再按投影关系画其他视图（如图 3-26 中轴承先画主视图，凸台先画俯视图，支撑板先画主视图等）。尤其要注意必须按投影关系正确地画出平行、相切和相交处的投影。

6. 检查、描深

检查底稿，改正错误，然后再描深，如图 3-26（f）所示。

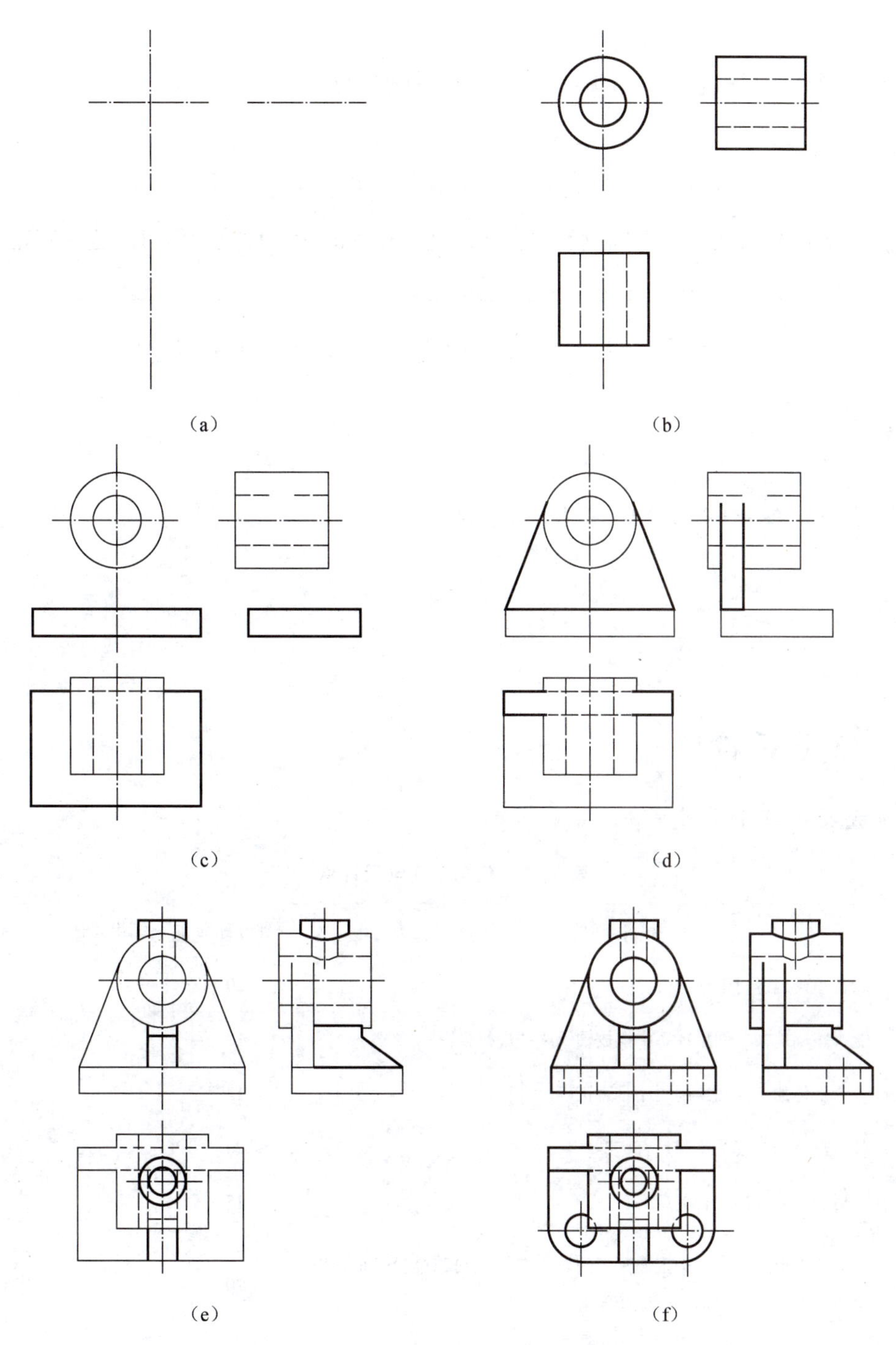

图 3-26 组合体三视图的作图步骤

(a) 画轴承的轴线及后端面的定位线；(b) 画圆筒的三视图；(c) 画底板的三视图；(d) 画支撑板的三视图；(e) 画凸台与肋板的三视图；(f) 画底板上的圆角和圆柱孔，校核、加深

二、回答下列问题

（1）在形体分析过程中，有哪些图形可以变换位置？

____

____

（2）在形体分析及图形绘制过程中，你遇到了哪些问题？你是如何解决这些问题的？

____

____

拓展任务

请完成任务单—任务 3.3 中三视图的绘制。

请完成表 3－7 的学习评价。

表 3－7　任务 3.3 学习评价

序号	检查项目	评分标准	结果评估	自评分
1	能否正确地进行形体分析？	20		
2	能否正确地在空间坐标系中摆放轴承座并进行投影？	10		
3	各个形体的三视图绘制顺序是否正确？	15		
4	各个形体的三视图绘制是否标准？	20		
5	图形布局及绘制是否美观？	15		
6	在绘制图形过程中，是否遇到了问题？在解决问题过程中是否提升了自己查阅资料、沟通交流的能力？	20		

任务3.4 组合体视图的识读

学习目标

【知识目标】

掌握组合体视图的识读方法。

【能力目标】

能正确识读组合体的视图。

【素养目标】

(1) 养成认真负责的态度和严谨细致的作风。

(2) 培养学生手脑并用的良好学习习惯。

任务引入

生产车间的零件图形常常使用三视图进行表达，三视图之间也存在相互对应关系，已知如图3－27所示的支架立体图形及其两个视图，请补画第三个视图，并回答相关问题。

资源

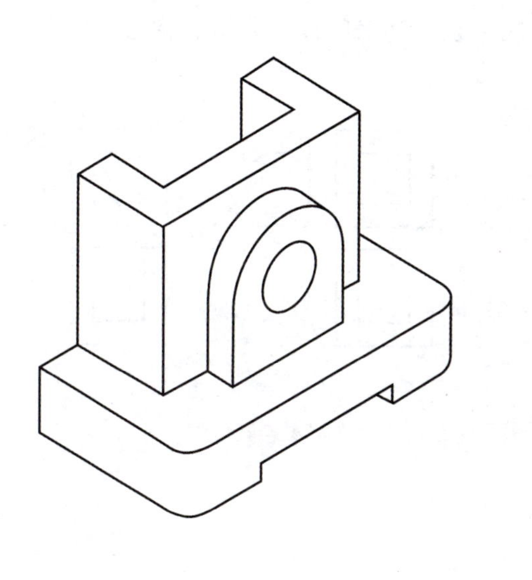

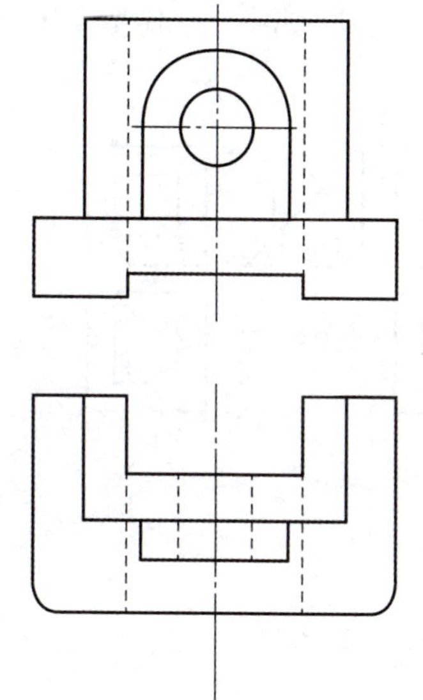

图3－27 支架立体图形及其两个视图

任务分析

组合体视图的识读需要运用正投影方法，根据视图想象出空间形体的结构形状。弄清视图之间的联系，确定特征视图，正确分析和理解视图中线框的含义，运用形体分析法和线面分析法确定物体的结构形状。

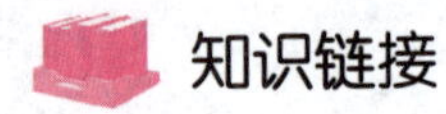

知识链接

知识点1　读图的基本知识

一、几个视图联系起来看

一般情况下，一个视图不能完全确定物体的形状。如图 3－28 所示的五组视图，它们的主视图都相同，但实际上是五种不同形状的物体。

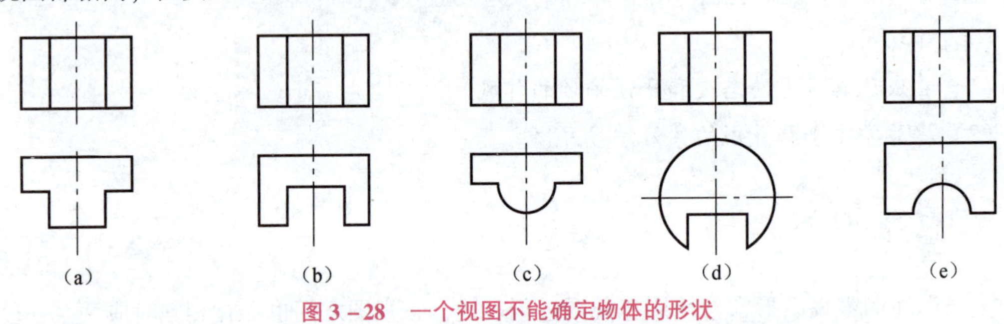

图 3－28　一个视图不能确定物体的形状

如图 3－29 所示的四组视图，它们的主、俯视图都相同，但也表示了 4 种不同形状的物体。由此可见，读图时，一般要将几个视图联系起来阅读、分析和构思，才能弄清物体的形状。

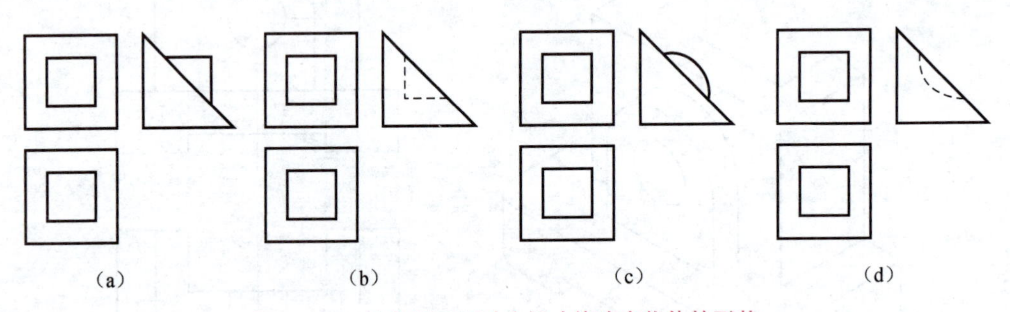

图 3－29　几个视图同时分析才能确定物体的形状

二、寻找特征视图

所谓特征视图，就是把物体的形状特征及相对位置反映得最充分的那个视图。例如图 3－28中的俯视图及图 3－29 中的左视图。找到这个视图，再配合其他视图，就能较快地认清物体的形状了。

但是，由于组合体的组合形式不同，物体的形状特征及相对位置并非总是集中在一个视图上，有时是分散于各个视图上。例如，图 3－30 中的支架就是由四个形体叠加构成的。主视图反映物体 A、B 的特征，俯视图反映物体 D 的特征。所以在读图时，要抓住反映特征较多的视图。

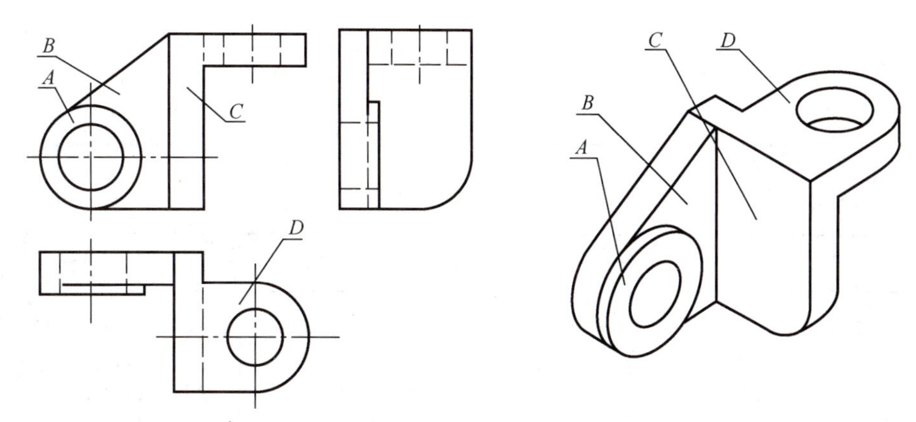

图 3－30 读图时应找出特征视图

三、了解视图中线框和图线的含义

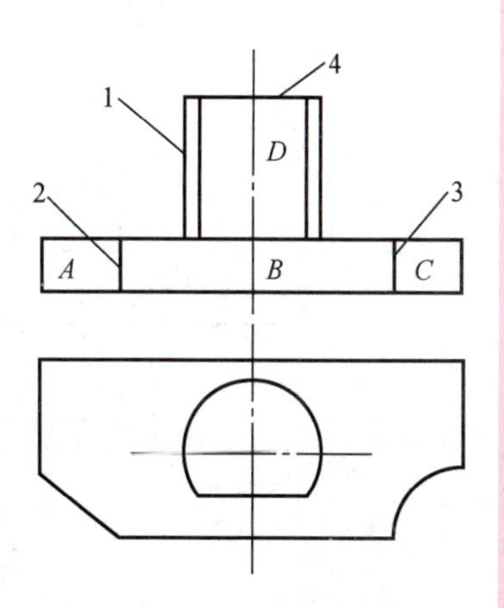

图 3－31 线框和图线的含义

弄清视图中线框和图线的含义是看图的基础，下面以图 3－31 为例说明。

视图中每个封闭线框，可以是形体上不同位置平面和曲面的投影，也可以是孔的投影。如图 3－31 中 *A*、*B* 和 *D* 线框为平面的投影，线框 *C* 为曲面的投影，而图 3－30 中俯视图的圆线框则为通孔的投影。

视图中的每一条图线则可以是曲面的转向轮廓线的投影，如图 3－31 中直线 1 是圆柱的转向轮廓线；也可以是两表面的交线的投影，如图 3－31 中直线 2（平面与平面的交线）、直线 3（平面与曲面的交线）；还可以是面的积聚性投影，如图 3－31 中直线 4。

任何相邻的两个封闭线框，应是物体上相交的两个面的投影，或是同向错位的两个面的投影。如图 3－31 中 *A* 和 *B*、*B* 和 *C* 都是相交两表面的投影，*B* 和 *D* 则是前后错位两表面的投影。

知识点 2 读图的基本方法

一、形体分析法

形体分析法是读图的基本方法。一般是从反映物体形状特征的主视图着手，对照其他视图，初步分析出该物体是由哪些基本形体以及通过什么连接关系形成的。然后按投影特性逐个找出各基本体在其他视图中的投影，以确定各基本体的形状和它们之间的相对位置，最后综合想象出物体的总体形状。

下面以轴承座为例，说明用形体分析法读图的方法。

（1）从视图中分离出表示各基本形体的线框。

将主视图分为四个线框，其中线框 2 为左右两个完全相同的三角形，因此可归纳为三个线框，每个线框各代表一个基本形体，如图 3－32（a）所示。

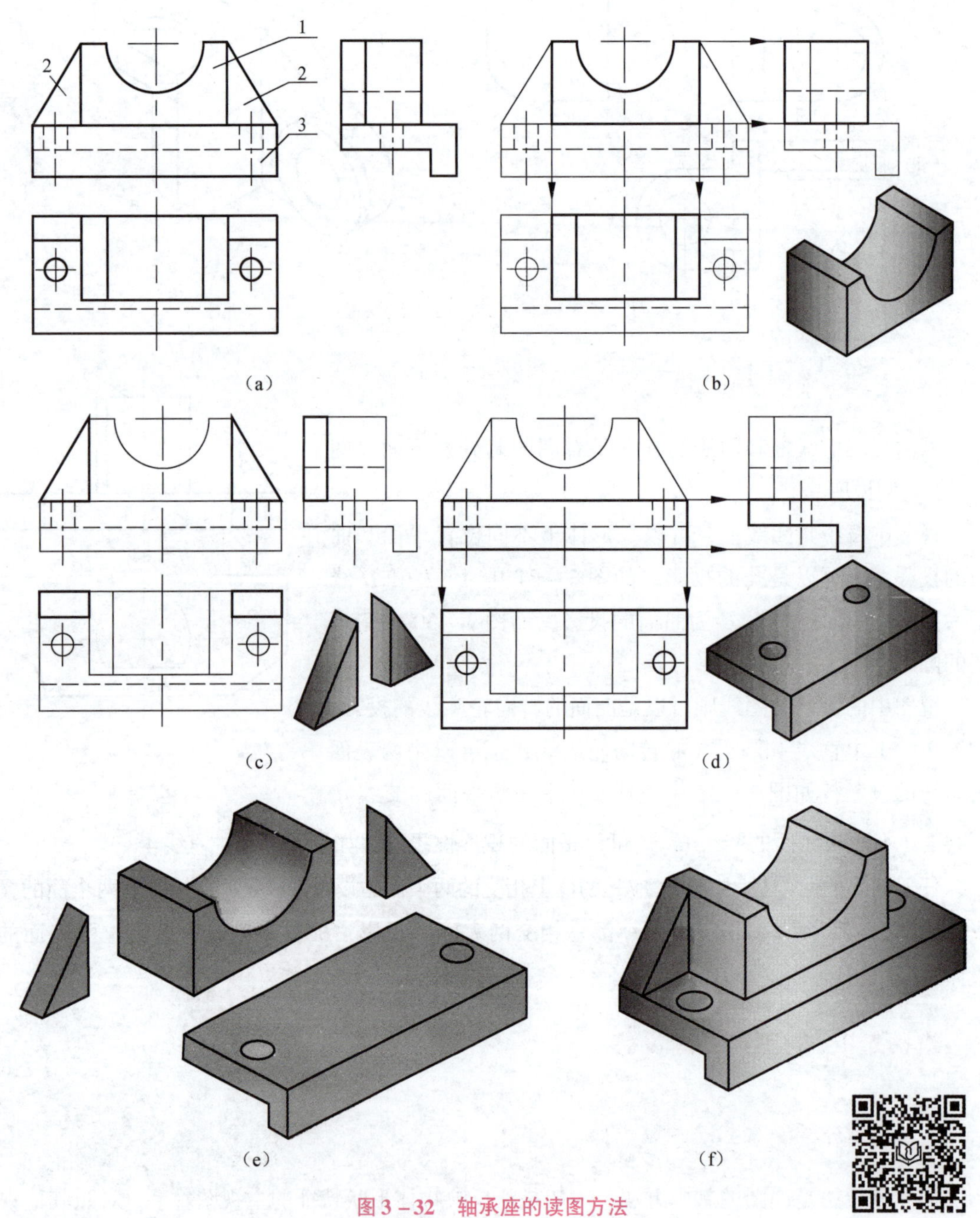

形体分析法

图 3－32　轴承座的读图方法

（a）分线框，对投影；（b）想形体 1；（c）想形体 2；（d）想形体 3；
（e）想各部分形状及其相对位置；（f）想象整体形状

（2）分别找出各线框对应的其他投影，并结合各自的特征视图逐一构思它们的形状。如图 3－32（b）所示，线框 1 的俯视图是一个中间带有两条直线的矩形，其左视图是一个矩形，

VR资源

AR资

矩形的中间有一条虚线，可以想象出它的形状是在一个长方体的中部挖了一个半圆槽。

如图 3－32（c）所示，线框 2 的俯、左两视图都是矩形，因此它们是两块三角形板对称地分布在轴承座的左右两侧。

如图 3－32（d）所示，线框 3 的主、俯两视图是矩形，左视图是 L 形，可以想象出该形体是一块直角弯板，板上钻了两个圆孔。

（3）根据各部分的形状和它们的相对位置综合想象出其整体形状，如图 3－32（e）和图 3－32（f）所示。

二、线面分析法

当形体被多个平面切割，形体的形状不规则或在某视图中形体结构的投影重叠时，应用形体分析法往往难以读懂，这时就需要应用线面分析法来读图。线面分析法读图，就是运用投影规律，通过对物体表面的线、面等几何要素进行分析，确定物体的表面形状、面与面之间的位置及表面交线，从而想象出物体的整体形状。

下面以图 3－33（a）所示形体为例，说明线面分析的读图方法。

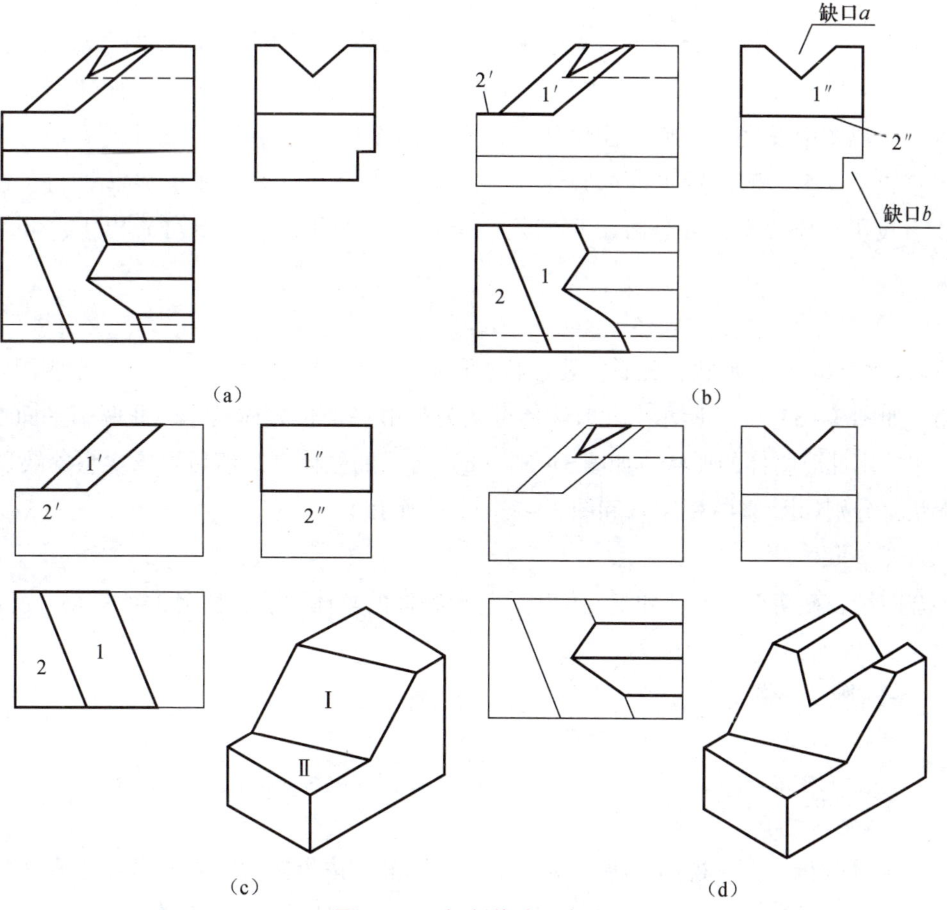

图 3－33　切割体读图方法

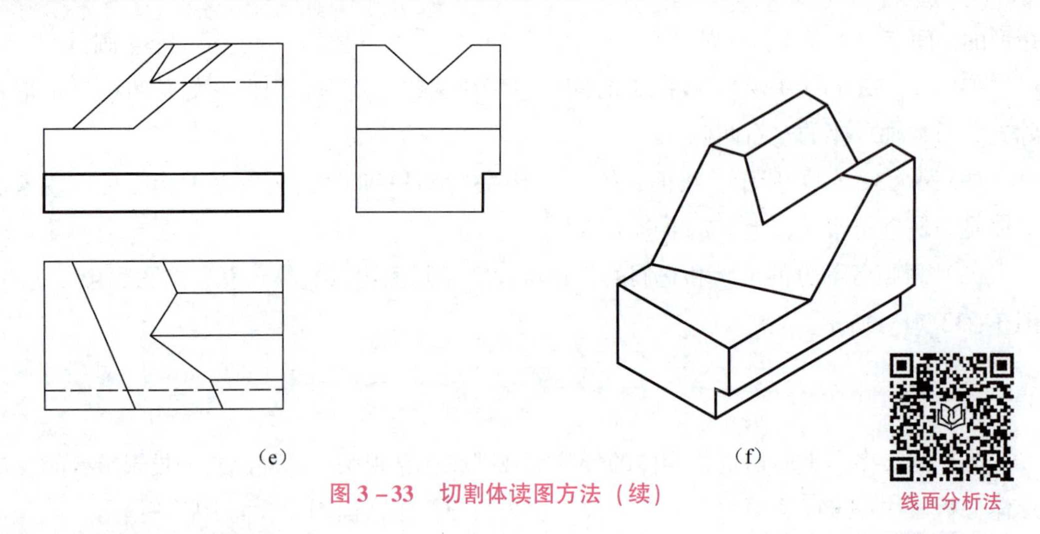

图3-33　切割体读图方法（续）

1. 确定物体整体形状

物体被多个平面切割，但从三个视图的最大线框来看，基本都是矩形，据此可判断该物体的主体应是长方体。

2. 确定切割面的形状和位置

图3-33（b）所示为分析图，从左视图中可明显看出该物体有 a、b 两个缺口，其中缺口 a 是由两个相交的侧垂面切割而成，缺口 b 是由一个正平面和一个水平面切割而成。还可以看出主视图中线框 1′、俯视图中线框 1 和左视图中线框 1″有投影对应关系，据此可分析出它们是一个一般位置平面的投影。主视图中线段 2′、俯视图中线框 2 和左视图中线段 2″有投影对应关系，可分析出它们是一个水平面的投影，并且可看出 Ⅰ、Ⅱ 两个平面相交。

3. 逐个想象各切割处的形状

可以暂时忽略次要形状，先看主要形状。比如看图时可先将两个缺口在三个视图中的投影忽略，如图3-33（c）所示。此时物体可认为是由一个长方体被 Ⅰ、Ⅱ 两个平面切割而成，可想象出此时物体的形状，如图3-33（c）所示的立体图。然后再依次想象缺口 a、b 处的形状，分别如图3-33（d）和图3-33（e）所示。

4. 想象整体形状

综合归纳各截切面的形状和空间位置，想象物体的整体形状，如图3-33（f）所示。

任务实施

一、绘制左视图

（1）形体分析：在主视图上将支座分成三个线框，按投影关系找出各线框在俯视图上的对应投影：线框 1 是支座的底板，为长方形，其上有两处圆角，后部有矩形缺口，底部有一通槽；线框 2 是个长方形竖板，其后部自上而下开一通槽，通槽大小与底板后部缺口大小一致，中部有一圆孔；线框3是一个带半圆头四棱柱，其上有通孔。然后按其相对位置，想象出其形状，如图3－34（f）所示。

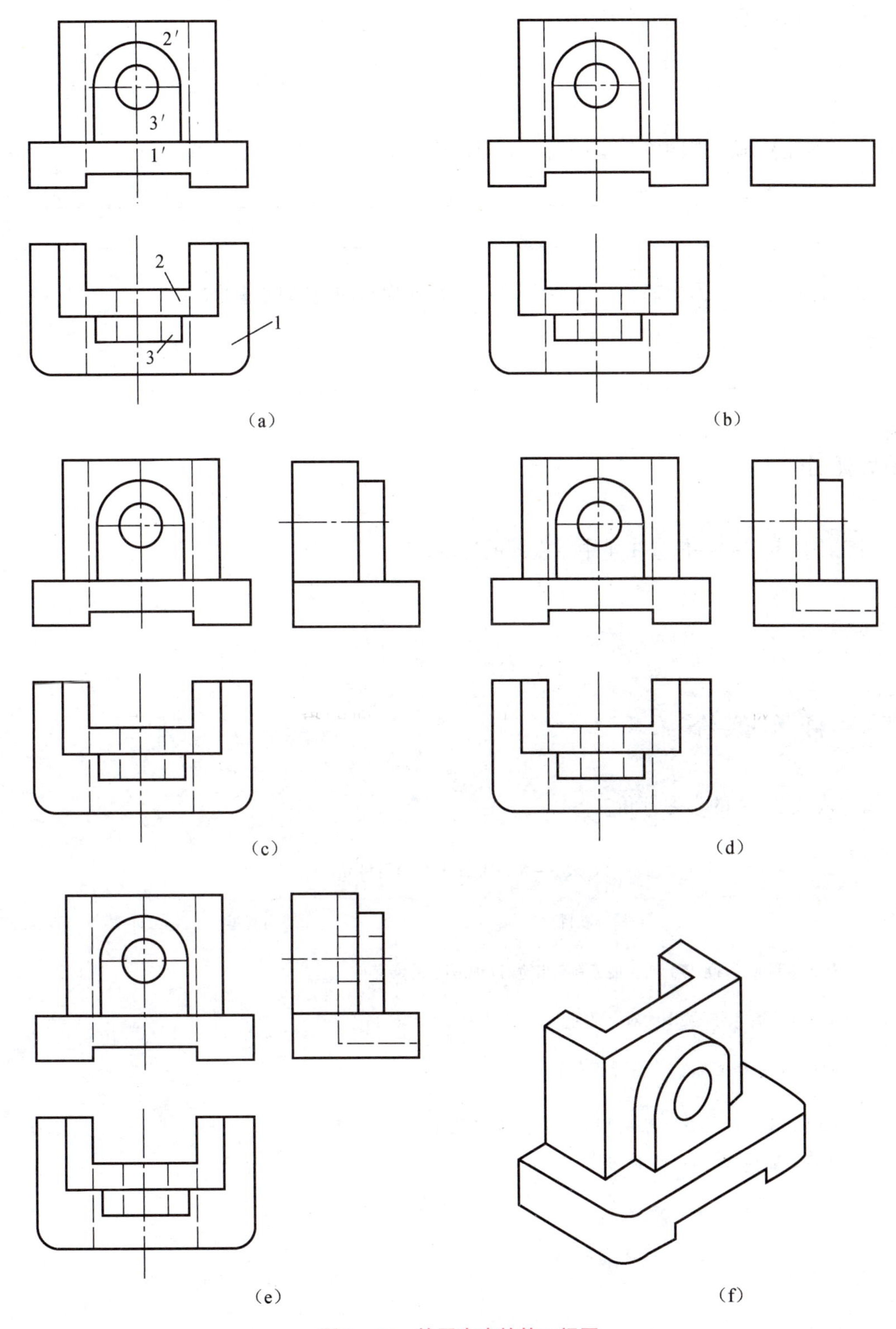

图3－34 补画支座的第三视图

（2）补画支座左视图。根据给出的两视图，可看出该形体是由底板、前半圆板和长方形竖板叠加后，切去一通槽，钻一个通孔而形成的。具体作图步骤如图 3 – 34（b）~ 图 3 – 34（e）所示。最后加深，完成全图。

二、回答下列问题

（1）你在补画左视图之前是如何进行形体分析的？

____

____

（2）你在作图过程中遇到了哪些问题？你是如何解决这些问题的？

____

____

拓展任务

请完成任务单——任务 3.4 中三视图的绘制。

请完成表 3 – 8 的学习评价。

表 3 – 8　任务 3.4 学习评价

序号	检查项目	评分标准	结果评估	自评分
1	能否正确地进行形体分析？能否判断出所需补画图形的位置？	25		
2	能否正确地运用三视图的对应原则？	20		
3	所补画图形是否规范？线型是否有误？	25		
4	在绘制图形过程中，是否遇到了问题？在解决问题过程中是否提升了自己查阅资料、沟通交流的能力？	30		

任务3.5 组合体的尺寸标注

学习目标

【知识目标】

(1) 了解尺寸标注的基本要求。

(2) 掌握基本体、组合体的尺寸标注。

【能力目标】

能正确完成基本体、组合体的尺寸标注。

【素养目标】

(1) 养成认真负责的态度和严谨细致的作风。

(2) 培养学生手脑并用的良好学习习惯。

任务引入

工程中常见到如图3-35所示的支架零件，请绘制其三视图，并进行尺寸标注，然后回答相关问题。

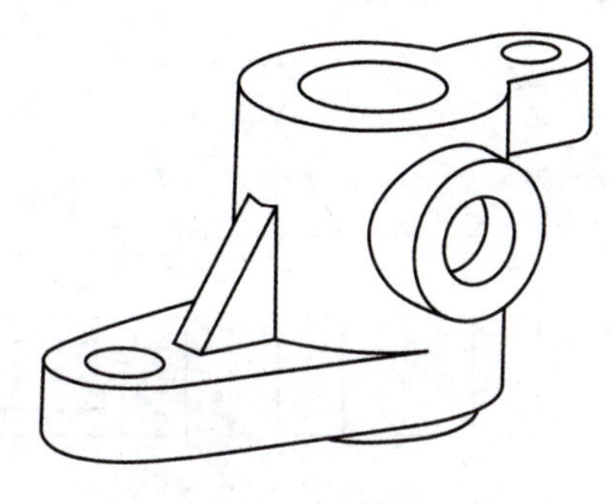

图3-35 支架

任务分析

三视图只能表达物体的形状，但无法表达物体的大小，要表达物体的大小，必须对物体进行尺寸标注。

要对组合体进行正确的尺寸标注，必须全面掌握尺寸标注的要求，掌握基本体和组合体尺寸标注的方法。

知识链接

知识点1 尺寸的标注

一、尺寸标注的基本要求

尺寸标注的一般要求包括以下几点：

1. 正确

尺寸标注符合国家标准的有关规定。

2. 完整

尺寸标注要完整，要能完全确定出物体的形状和大小，不遗漏，不重复。

3. 清晰

尺寸的安排应适当，以便于看图、寻找尺寸和使图面清晰。

二、基本体的尺寸标注

要掌握组合体的尺寸标注，必须先了解基本体的尺寸标注方法。常见基本体的尺寸注法如图 3－36 和图 3－37 所示。在标注基本体的尺寸时，要注意标定长、宽、高三个方向的大小。

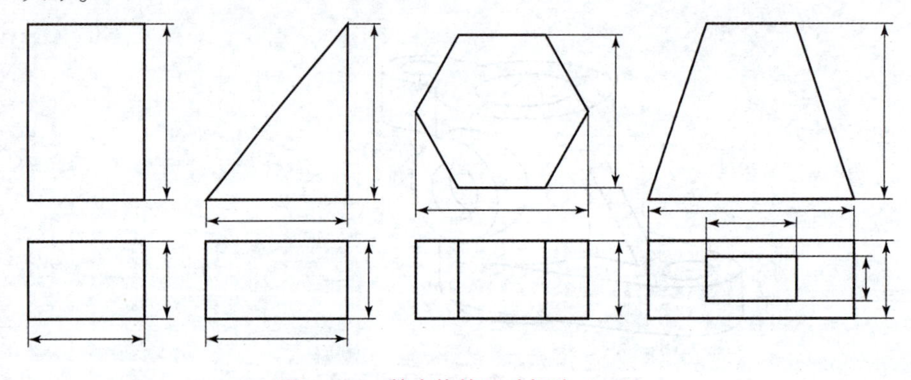

图 3－36　基本体的尺寸标注（一）

常见平面立体的尺寸标准

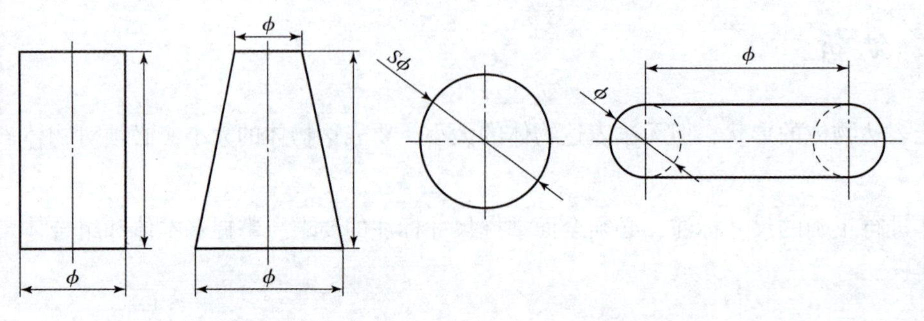

图 3－37　基本体的尺寸标注（二）

常见曲面立体的尺寸标准

三、切割体的尺寸标注方法

基本体上的切口、开槽或穿孔等，一般只标注截切平面的定位尺寸和开槽或穿孔的定形尺寸，而不标注截交线的尺寸，如图 3－38 所示。图中所标的“ ×”尺寸是错误的。

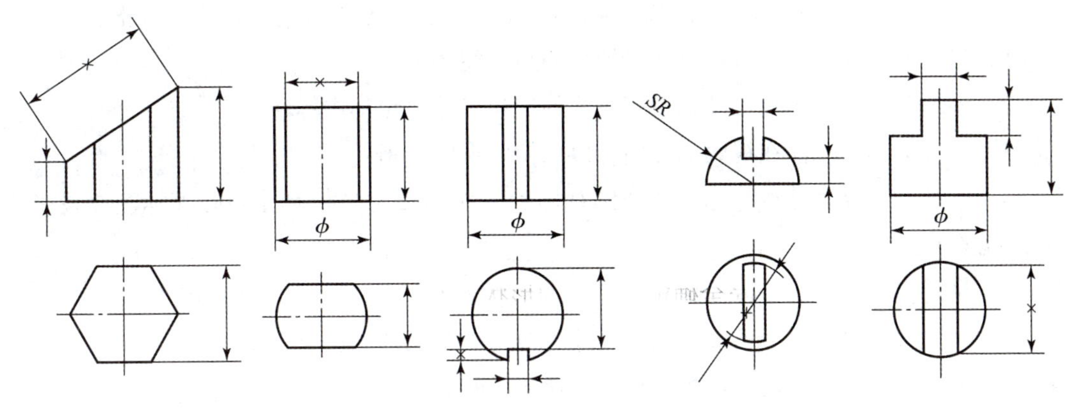

图 3－38 切割体的尺寸标注

四、相贯体的尺寸标注方法

两个基本体相贯时，应标注两立体的定形尺寸和表示相对位置的定位尺寸，而不应标注相贯线的尺寸，如图 3－39 所示。

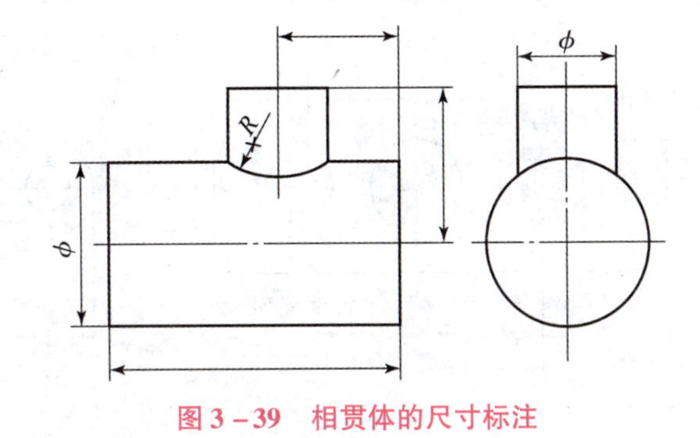

图 3－39 相贯体的尺寸标注

知识点 2 组合体的尺寸标注

组合体尺寸的标注是在基本体标注规则的基础上进行的。组合体的尺寸标注过程中主要应注意以下几点内容：

一、标注尺寸要完整

先按形体分析法将组合体分解为若干个基本体，再标出表示各个基本体大小的尺寸及确定这些基本体间相对位置的尺寸。前者称为定形尺寸，后者称为定位尺寸。按照这样的分析方法去标注尺寸，就比较容易做到既不漏标尺寸，也不会重复标注尺寸。

标注定位尺寸的起点称为尺寸基准，因此，长、宽、高三个方向至少各有一个尺寸的基准。组合体对称面、底面、重要的端面和重要的回转体的轴线一般被选作尺寸基准。

二、标注尺寸要清晰

在标注尺寸时，除了要求完整外，为了便于读图，还要求标注清晰。主要包括：

（1）尺寸应尽量标注在表示形体特征最明显的视图上；

（2）同一基本体的定形尺寸以及相关联的定位尺寸尽量集中标注；

（3）尺寸应尽量标注在视图的外面，以保持图形的清晰；

（4）圆柱的直径尺寸尽量标注在非圆视图上，而圆弧的半径尺寸则必须标注在投影为圆弧的视图上；

（5）尽量避免在虚线上标注尺寸；

（6）尺寸线与尺寸界线，尺寸线、尺寸界线与轮廓线都应避免相交；

（7）内形尺寸与外形尺寸最好分别注在视图的两侧。

三、常见结构的尺寸标注

一些常见结构的尺寸标注如图 3－40 所示，图中所表“×”尺寸是错误的。

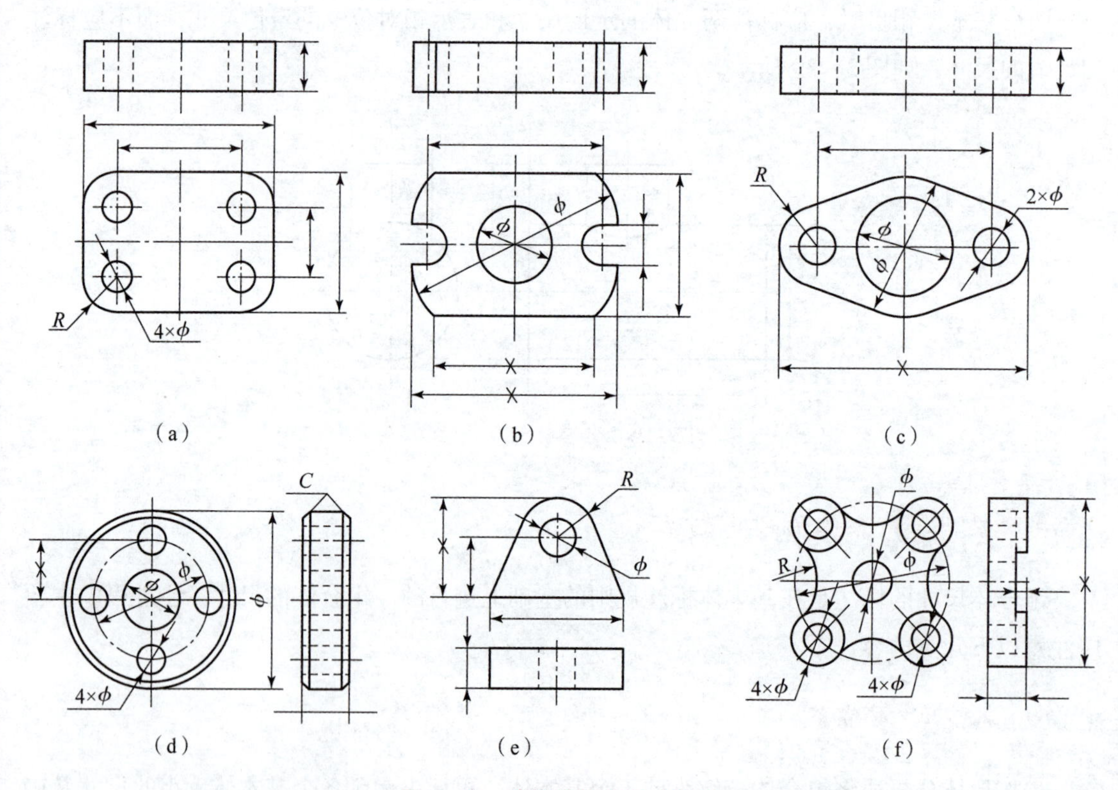

图 3－40 常见结构的尺寸标注

任务实施

一、尺寸标注

1. 定形尺寸分析

如图 3-41 所示，将支架分解成六个基本体后，分别注出其定形尺寸。如直立空心圆柱的定形尺寸 ϕ72、ϕ40、80，底板的定形尺寸 R22、ϕ22、20，肋板的定形尺寸 34、12 等。

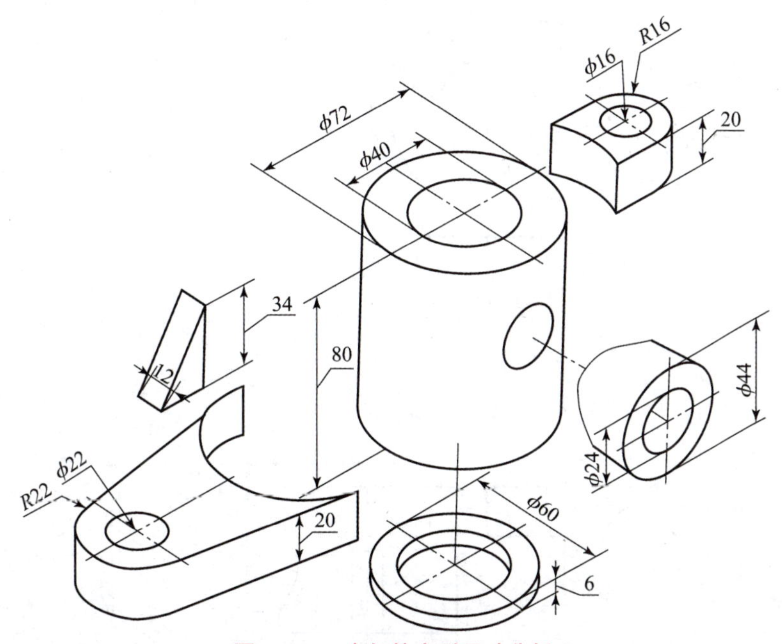

图 3-41 支架的定形尺寸分析

2. 定形尺寸的标注

上述分析的定形尺寸标注在哪一个视图上，则要根据具体情况而定，如直立空心圆柱的尺寸 ϕ40 和 80 可注在主视图上，但 ϕ72 在主视图上标注比较困难，故将它注在左视图上。搭子的尺寸 R16、ϕ16 注在俯视图比较合理，而厚度尺寸 20 只能注在主视图上。其余各形体的定形尺寸如图 3-42 所示。

3. 定位尺寸的标注

图 3-42 中支架长度方向的尺寸基准为直立空心圆柱的轴线；宽度方向的尺寸基准为底板及直立空心圆柱的前后对称面；高度方向的尺寸基准为直立空心圆柱的上表面。

组合体各组成部分之间的相对位置必须从长、宽、高三个方向来确定。在图 3-43 中表示了这些基本体之间的五个定位尺寸，如直立空心圆柱与底板孔、肋、搭子孔之间在左右方向的定位尺寸 80、56、52，水平空心圆柱与直立空心圆柱在上下方向的定位尺寸 28 以及前后方向的定位尺寸 48。将定形尺寸和定位尺寸合起来，则支架上所必需的尺寸就基本完整了。

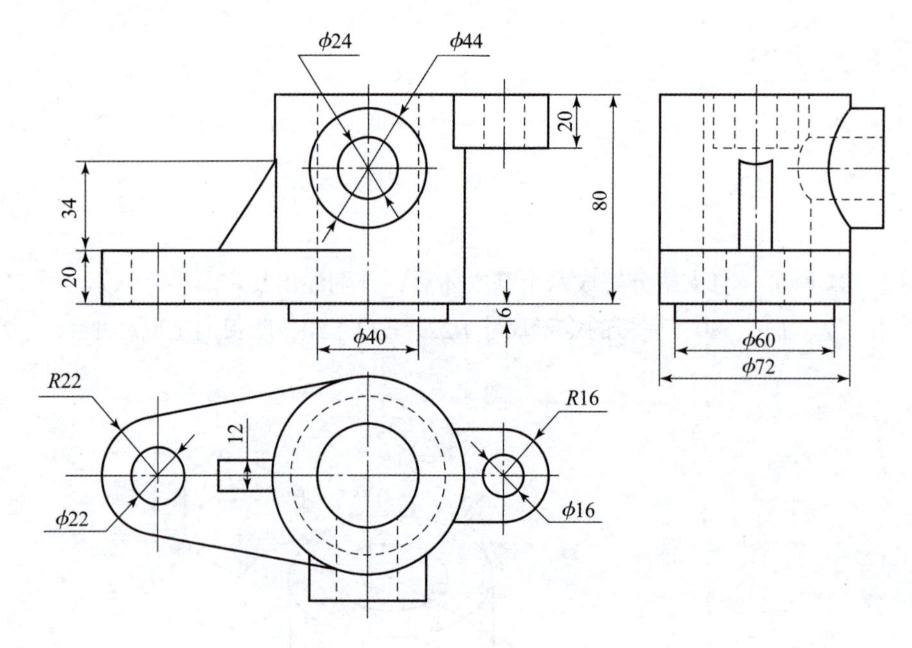

图 3-42　支架定形尺寸的标注

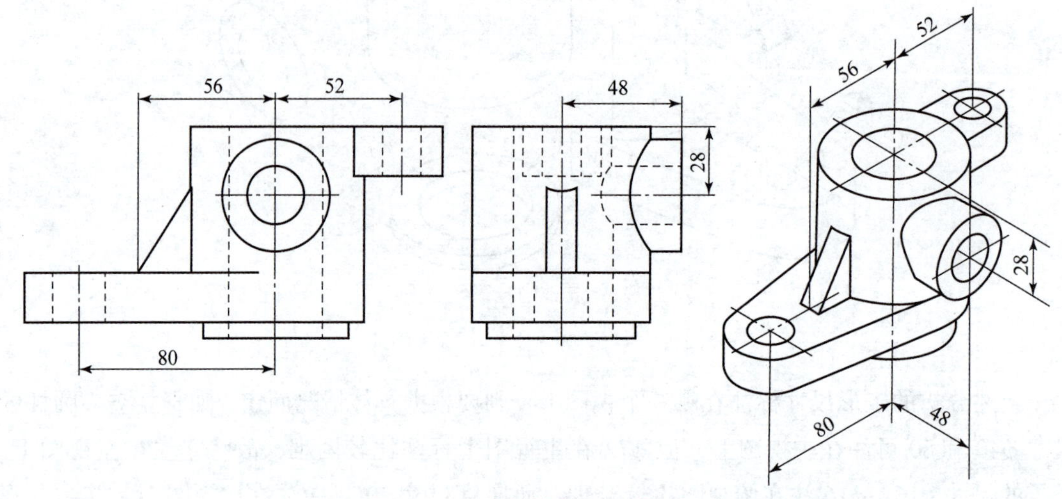

图 3-43　支架的定位尺寸标注

4. 总体尺寸的标注

表示组合体总长、总宽、总高的尺寸称为总体尺寸。总体尺寸的标注利于读图人员快速掌握组合体的长、宽、高的总体尺寸情况。考虑总体尺寸后，为了避免重复，其余尺寸还应做适当地调整。

如图 3-44 所示，尺寸 86 为总体尺寸。注上这个尺寸后会与直立空心圆柱的高度尺寸 80、扁空心圆柱的高度尺寸 6 重复，因此应将尺寸 6 省略。当物体的端部为同轴线的圆柱和圆孔（如图中底板的左端、直立空心圆柱的后端等）时，一般不再标注总体尺寸。如图 3-44 所示，标注了定位尺寸 48 及圆柱直径 $\phi72$ 后，就不再需要标注总宽尺寸。

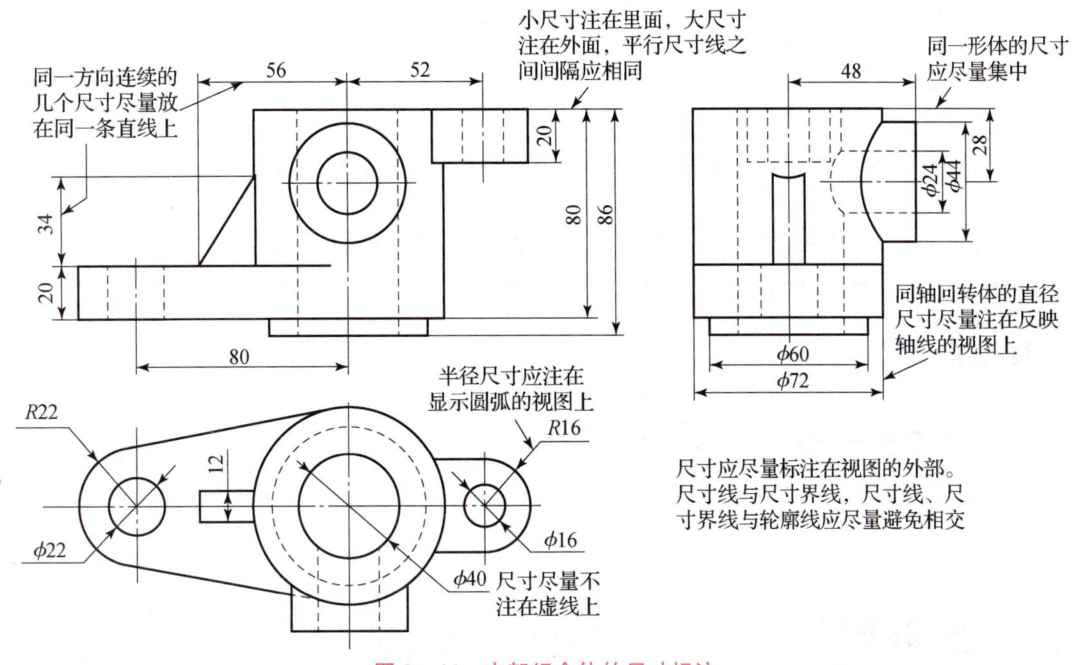

图3－44 支架组合体的尺寸标注

5. 其余需考虑的因素

除了要求完整外，还要求标注清晰。如图3－44所示，肋的高度尺寸34，注在主视图比注在左视图上为好；水平空心圆柱的定位尺寸28注在左视图比注在主视图上为好；而底板的定形尺寸 *R*22 和 φ22 则应注在表示该部分形状最明显的俯视图上。

如图3－44中将水平空心圆柱的定形尺寸 φ24、φ44 从原来的主视图上移到左视图上，这样与它的定位尺寸28、48全部集中在一起，因而比较清晰，也便于寻找尺寸。同一方向几个连续尺寸应尽量放在同一条直线上，如图中将肋板的定位尺寸56、搭子的定位尺寸52和水平空心圆柱的定位尺寸48排在一条线上，使尺寸标注显得较为清晰。

如图3－44所示，直立空心圆柱的直径 φ60、φ72 均注在左视图上，而底板及塔子上的圆弧半径 *R*22、*R*16 则必须注在俯视图上，比较清晰明了。

如图3－44所示，直立空心圆柱的孔径 φ40 若标注在主、左视图上，将从虚线引出尺寸线，因此将它注在俯视图上，避免了在虚线上标注尺寸的情况。

在标注尺寸时，有时会出现不能兼顾各种情况，这时必须在保证尺寸标注正确、完整的前提下，灵活掌握，力求清晰。

二、回答下列问题

（1）你在进行尺寸标注时，主要遵循了哪些原则？

（2）你在进行尺寸标注时，是否出现了遗漏或重复标注的情形？你是如何检查出来的？

____

____

（3）在图形绘制及尺寸标注过程中，你遇到了哪些困难？又是如何解决的？

____

____

拓展任务

请完成任务单——任务 3.5 中图形尺寸的标注。

任务评价

请完成表 3-9 的学习评价。

表 3-9　任务 3.5 学习评价

序号	检查项目	评分标准	结果评估	自评分
1	能否完成定形尺寸的分析与标注？	15		
2	能否完成定位尺寸的分析与标注？	15		
3	能否完成总体尺寸的分析与标注？	15		
4	尺寸标注位置是否合理？	15		
5	尺寸标注是否规范与美观？	15		
6	在尺寸标注过程中，是否遇到了问题？在解决问题过程中是否提升了自己查阅资料、沟通交流的能力？	25		

项目4 机件的表达

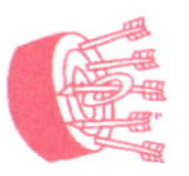

项目导读

通过本项目的训练，学生应了解国家标准《技术制图》和《机械制图》中“图样画法”规定的各种表达方法，能正确绘制典型机件的视图、剖视图、断面图、局部放大图等，能根据机件具体的结构形状特点，选择简洁、合理的表达方案把复杂的机件表达清楚，进一步培养和发展空间想象能力，增强识读和绘制机械图样的能力。

任务4.1 机件外部形状的表达

学习目标

【知识目标】

(1) 了解视图的种类及适用场合。

(2) 掌握基本视图、向视图、局部视图、斜视图的画法及配置与标注。

【能力目标】

(1) 能正确绘制机件的基本视图、向视图、局部视图和斜视图。

(2) 能根据具体的形状特点选择恰当的视图表达机件的外部形状。

【素养目标】

(1) 通过学生自己的实践，激发学习兴趣。

(2) 养成细致、严谨的工作态度。

任务引入

图4-0所示为工程中常见的阀体的立体图，请据此选用恰当的视图表达其外形，并回答相关问题。

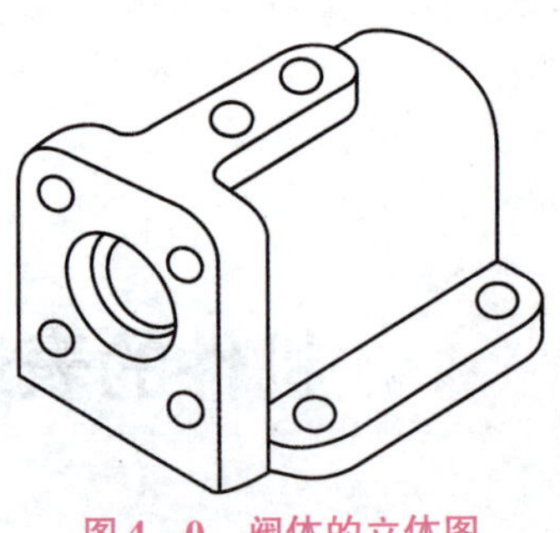

图 4－0　阀体的立体图

任务分析

在工程实际中，机件的结构形状千变万化。有些简单的机件，用一个或者两个视图并配合尺寸标注就可以清楚表达；而有些形状复杂的机件，用三个视图也难以表达清楚，此时可以选择恰当的视图来表达机件的外部形状。根据国家标准《技术制图》和《机械制图》的相关规定，视图的种类有基本视图、向视图、局部视图、斜视图 4 种，视图一般只画出机件的可见部分，必要时才用细虚线表达其不可见部分。

知识链接

知识点 1　基本视图

当机件的形状结构复杂时，用三个视图不能清晰地表达机件的右面、底面和后面形状。为了满足要求，根据国标规定，在原有三个投影面的基础上再增设三个投影面，组成一个六面体，该六面体的六个表面称为基本投影面，如图 4－1 所示。将机件放在六个基本投影面体系内，分别向基本投影面投影所得的视图称为基本视图。

由前向后投射所得到的视图——主视图；

由上向下投射所得到的视图——俯视图；

由左向右投射所得到的视图——左视图；

由右向左投射所得到的视图——右视图；

由下向上投射所得到的视图——仰视图；

由后向前投射所得到的视图——后视图。

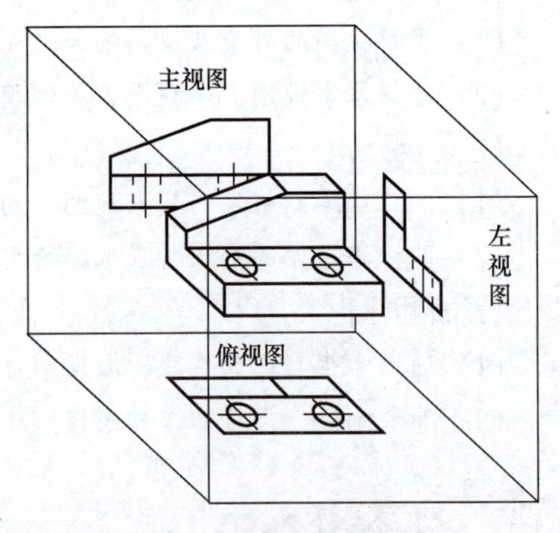

图 4－1　六个基本投影面立体图

这六个视图为基本视图，展开的方法如图 4－2 所示，投影面展开后，各视图之间仍然保持“长对正、高平齐、宽相等”的投影规律。配置关系如图 4－3 所示。

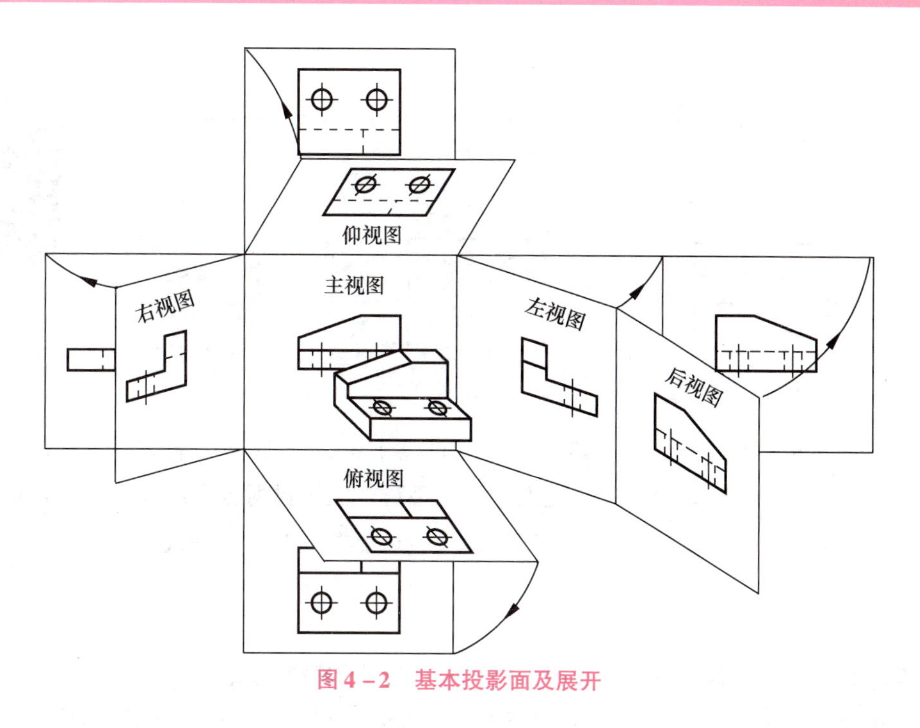

图 4－2 基本投影面及展开

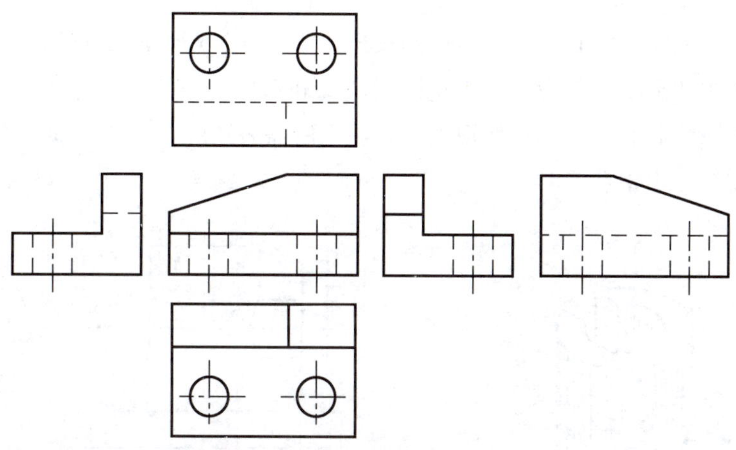
图 4－3 基本视图的配置关系

各基本视图按如图 4－3 所示配置时，不标注视图的名称。

虽然机件可以用六个基本视图表示，但是在实际应用时并不是所有的机件都需要画六个基本视图，应针对机件的结构形状、复杂程度具体分析，视情况选择视图的数量，在完整、清晰地表达机件结构和形状的同时，要力求简便，避免不必要的重复表达。

知识点 2 向视图

在实际绘图中，为了合理利用图纸，可以不按规定位置配置基本视图，六个基本视图若不能按图 4－3 所示的位置配置，国家标准还规定了可以自由配置的视图称为向视图，如图 4－4 所示“向视图 *A*”“向视图 *B*”和“向视图 *C*”。向视图必须加以标注，其标注方法如下：

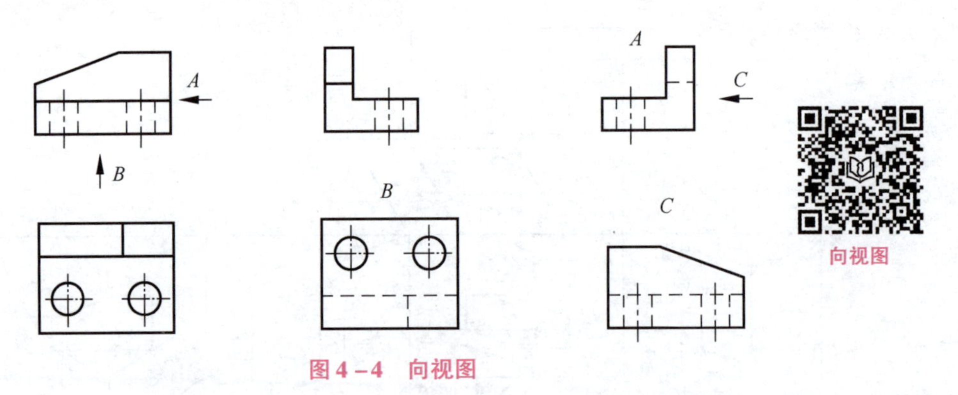

图4－4 向视图

在向视图上方，用大写字母（如“A”“B”等）标出向视图的名称“X”并在相应的视图附近用箭头指明投射方向，再标注上相同的字母。表示投射方向的箭头应尽可能配置在主视图上。表示后视图的投射方向时，应将箭头尽可能配置在左视图或右视图上。

知识点3 局部视图

将机件的一部分向基本投影面投射所得的视图称为局部视图。

当机件的主体已由一组基本视图表达清楚，但机件上仍有部分结构尚需表达，而又没有必要再画出完整的基本视图时，可采用局部视图。如图4－5所示机件，用主、俯两个视图已清楚地表达了主体形状，若为了表达左面的凸缘和右面的缺口，再增加左视图和右视图，就显得烦琐和重复，此时可采用局部视图，只画出所需表达的左面凸缘和右面缺口形状，则表达方案既简练又突出重点。

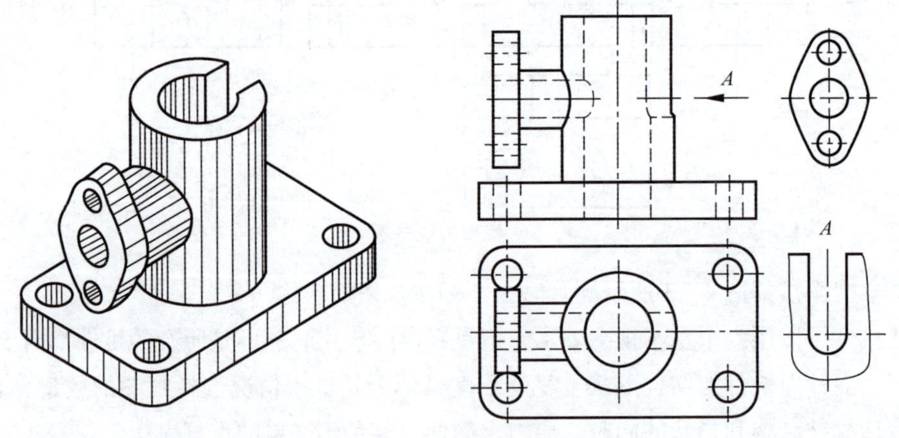

图4－5 局部视图

局部视图的配置、标注及画法：

（1）局部视图可按基本视图的配置形式配置，也可按向视图的配置形式配置并标注，如图4－5所示。当局部视图按投影关系配置，中间又没有其他视图隔开时，可省略标注。

（2）局部视图的断裂边界应以波浪线或双折线表示，如图4－5中的视图A。当所表示的局部结构是完整的，且外轮廓线成封闭图形时，断裂边界可省略不画，如图4－5中按投影关系配置的局部视图。

知识点4 斜视图

将机件向不平行于基本投影面的平面进行投影，所得到的视图称为斜视图，如图4－6所示。

斜视图

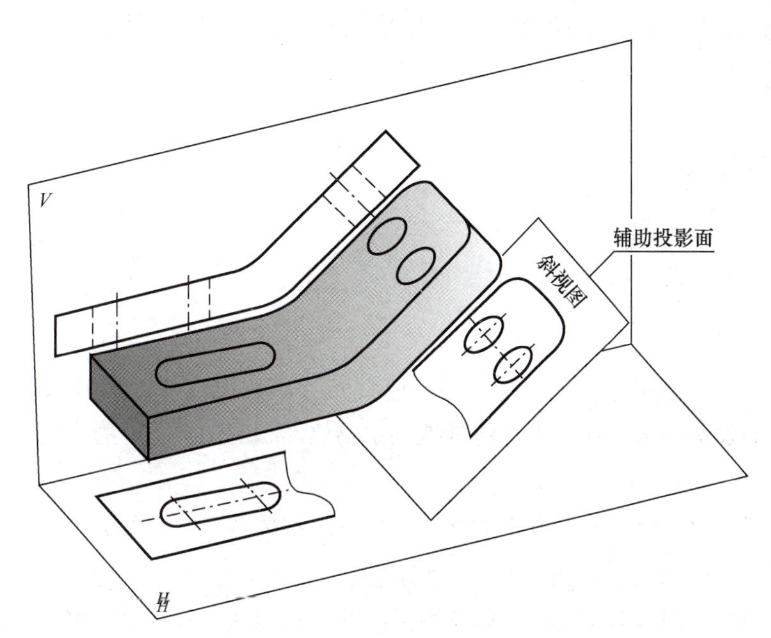

图4－6 斜视图的形成

当机件上某部分的倾斜结构不平行于基本投影面时，则在基本视图中不能反映该部分的实形，会给绘图和看图都带来困难。这时，可选择一个新的辅助投影面，使它与机件上倾斜的部分平行（且垂直于某个基本投影面）。然后，将机件上的倾斜部分向新的辅助投影面投射所得到的视图称为斜视图，如图4－7（a）所示。

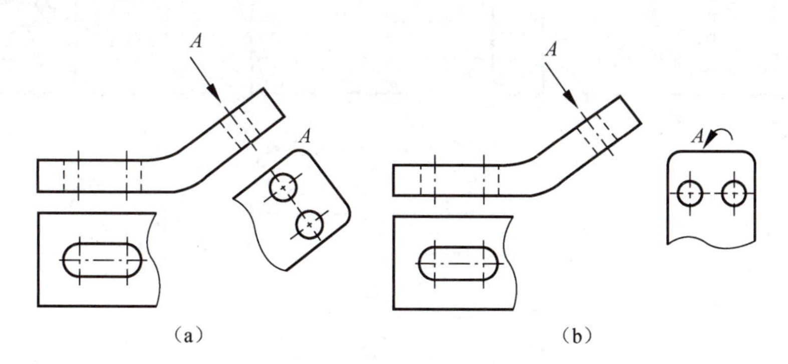

图4－7 斜视图

斜视图的配置、标注及画法：

（1）斜视图通常按向视图的配置形式配置并标注，如图4－7（a）中的A视图。标注时必须在视图的上方水平书写“×”（×为大写字母）标出视图的名称，并在相应视图附近用箭头指明投射方向，并注上相同字母。必要时允许将斜视图旋转配置，但需画出旋转符号，表示该视图名称的大写字母应靠近旋转符号的箭头端，如图 4－7（b）所示。当要注出图形的旋转角度时，应将其标注在字母之后。斜视图旋转配置时，既可顺时针旋转，也可逆时针旋转。但旋转符号的方向要与实际旋转方向相一致，便于看图者辨别。

（2）斜视图只反映机件上倾斜结构的实形，其余部分省略不画。斜视图的断裂边界可用波浪线或双折线表示，如图 4－7（a）中的 *A* 视图。

一、绘制图形

1. 作图分析

按国家标准规定，在绘制技术图样时，应首先考虑看图方便，还应根据机件的形体特点，选用适当的表示方法。在完整、清晰地表示物体形状的前提下，力求制图简便。

2. 作图准备

按自然位置安放这个阀体，选定能够较全面反映阀体各部分主要形体特点和相对位置的视图作为主视图。如果用主、俯、左三个视图表达这个阀体，由于阀体左右两侧的形体不同，则左视图中将出现很多细虚线，影响图形的清晰程度和尺寸标注。因此，在表达时再增加一个右视图，就能完整和清晰地表达这个阀体，如图 4－8 所示。表达时，基本视图的选择完全是根据需要来确定，而不是对于任何机件都需用六个基本视图来表达。

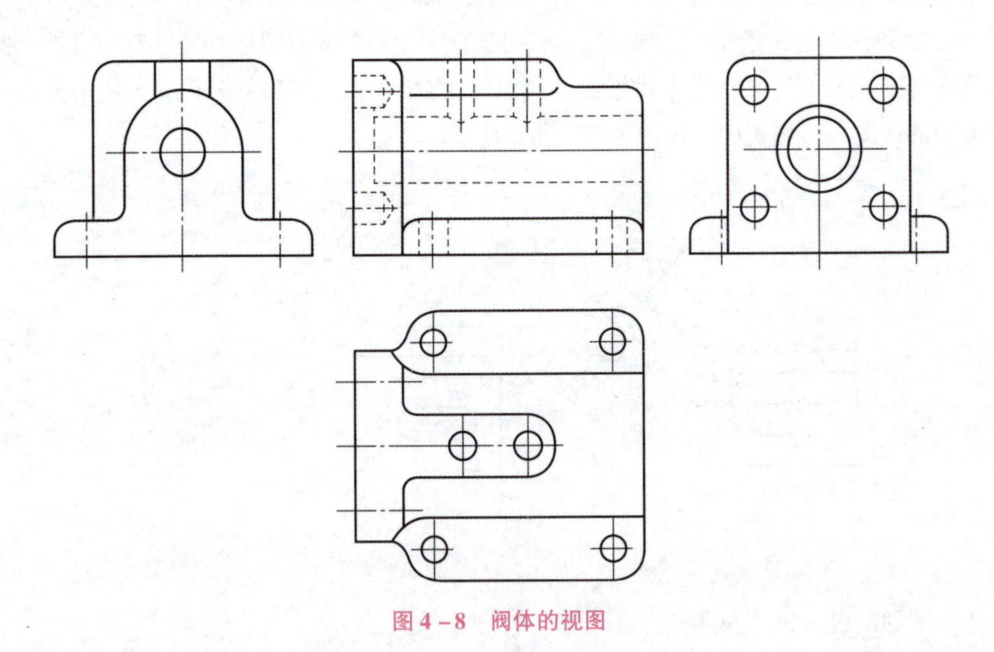

图 4－8　阀体的视图

3. 图形绘制

视图一般只画机件的可见部分，必要时才画出其不可见部分。因此，在图 4 - 8 中采用四个视图，并在主视图中用细虚线画出了显示阀体的内腔结构以及各个孔的不可见投影。由于将这四个视图对照起来阅读，已能清晰、完整地表达出阀体的结构和形状，所以在其他三个视图中的不可见投影应省略。

二、回答下列问题

（1）你在绘制图形前，是如何在空间坐标系中摆放阀体位置的？这样摆放有什么好处？

____

____

（2）你在绘制图形的过程中，是如何做到没有漏画图线的？

____

____

拓展任务

请完成任务单——任务 4.1 中基本视图的绘制。

任务评价

请完成表 4 - 1 的学习评价。

表 4 - 1　任务 4.1 学习评价

序号	检查项目	评分标准	结果评估	自评分
1	能否完整地说出机件外部形状的表达方案？	5		
2	能否说出机件外部形状各表达方案的适用场合？	20		
3	在开始绘制图形前，能否将阀体摆放在最恰当的位置？	5		
4	所绘制图形是否完整、正确地表达了阀体的形状？	30		
5	所绘制图形的线型和位置是否符合制图标准？	20		
6	在绘制图形过程中，是否遇到了问题？在解决问题过程中是否提升了自己查阅资料、沟通交流的能力？	20		

任务 4.2　机件内部结构的表达

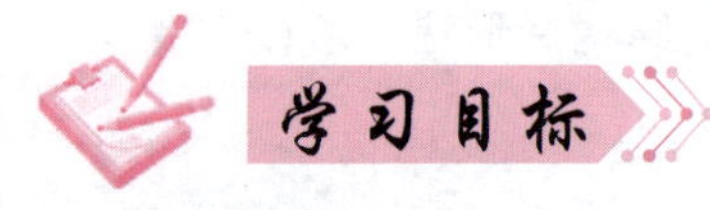

学习目标

【知识目标】

(1) 了解剖视图的种类、剖切面的种类以及它们的适用场合。

(2) 掌握剖视图的画法及标注。

【能力目标】

(1) 能正确绘制机件的剖视图。

(2) 能根据具体的结构特点选择恰当的剖视图表达机件的内部结构。

【素养目标】

(1) 通过学生自己的实践，激发学习兴趣。

(2) 养成细致、严谨的工作态度。

任务引入

图 4-9 所示为工程中的一个支架零件，请根据其部分剖切后的立体图形确定该支架的表达方案，并回答相关问题。

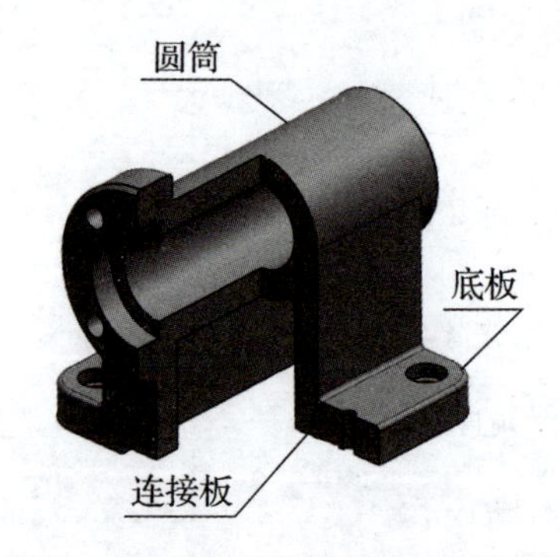

图 4-9　支架被部分剖切后的图形

任务分析

用视图表达机件的外部形状时，机件的内部结构不可见，用细虚线来表示。如果机件的内部结构比较复杂，视图中会出现较多的细虚线，不但影响图形清晰，也给读图和标注尺寸带来不便，此时可以选择恰当的剖视图来表达。国家标准规定，根据物体的结构特点，可以选择不同的剖切面剖开物体来绘制不同种类的剖视图。

知识链接

知识点1 剖视的概念

一、剖视图的形成

假想用剖切面剖开机件，将处在观察者和剖切面之间的部分移去，将其余部分向投影面投射，所得的图形即称为剖视图，简称为剖视，如图4-10所示。

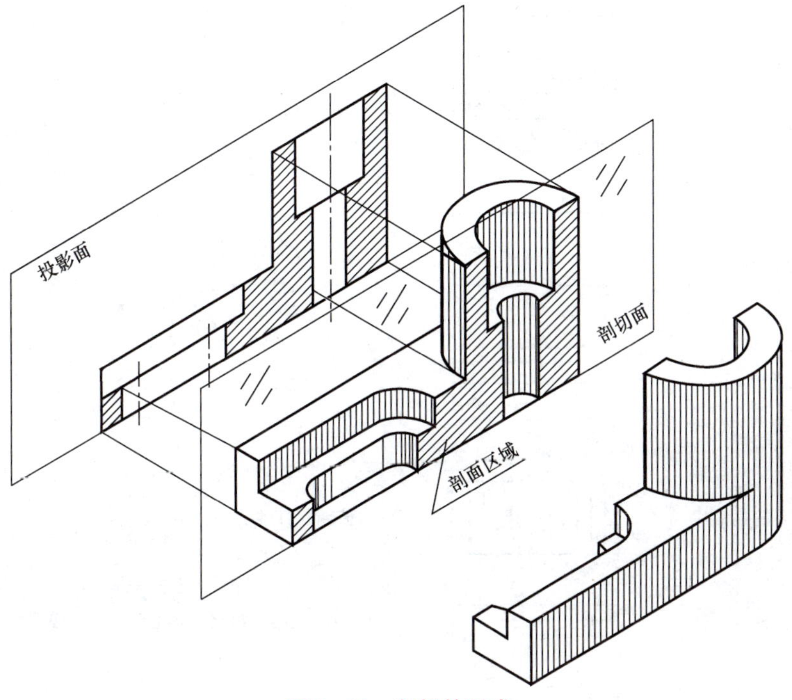

图4-10 剖视的形成

将图4-11中的剖视图与视图比较，不难发现，由于主视图采用了剖视，视图中不可见的部分变为可见，原有的虚线变成了实线，再加上剖面线的作用，图形变得清晰。

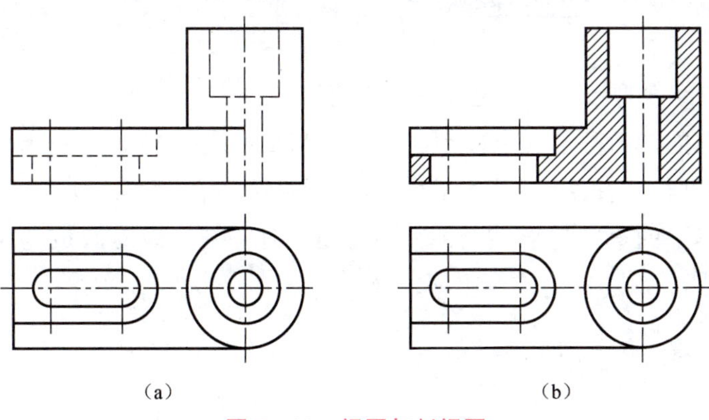

图4-11 视图与剖视图

二、剖面符号

机件被假象剖切后，在剖视图中，剖切平面与物体的接触部分称为剖面区域。在绘制剖视图时，通常应在剖面区域画出剖面符号。表 4－2 所示为各种材料的剖面符号。

表 4－2　各种材料的剖面符号（摘自 GB/T 4457. 5—1984）

材料名称		剖面符号	材料名称	剖面符号
金属材料（已有规定剖面符号者除外）			基础周围的泥土	
非金属材料（已有规定剖面符号者除外）			混凝土	
型砂、粉末冶金、陶瓷硬质合金等			钢筋混凝土	
线圈绕组元件			砖	
转子、变压器等的叠钢片			玻璃及其他透明材料	
木质胶合板			格网（筛网、过滤网等）	
木材	纵剖面		液体	
	横剖面			

画金属材料的剖面符号时，应遵守以下规定：

（1）金属材料的剖面符号（也称剖面线）为与水平线成 45°，且间隔相等的细实线。

（2）同一机件所有剖视图中剖面线方向应一致，且间隔相等。

（3）当剖视图中的重要轮廓线与水平线成 45°时，剖面线应画成与水平成 30°或 60°，如图 4－12 所示。

三、画剖视图的注意事项

（1）剖视图是用剖切面假想地剖开物体，所以，当物体的一个视图画成剖视图后，其

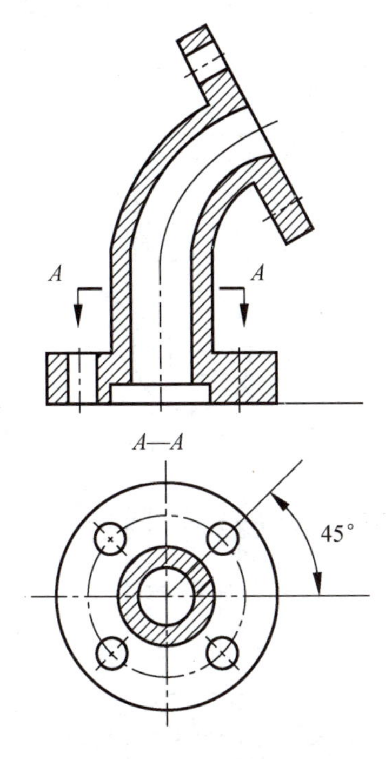

图 4－12　特殊角度的剖面线画法

他视图的完整性不受影响，仍按完整视图画出。

（2）剖视图中的不可见部分若在其他视图中已经表达清楚，则虚线可省略不画，如图 4－11（b）所示。但对尚未表达清楚的结构形状，若画少量虚线能减少视图数量，也可画出必要的虚线，如图 4－13（b）所示。

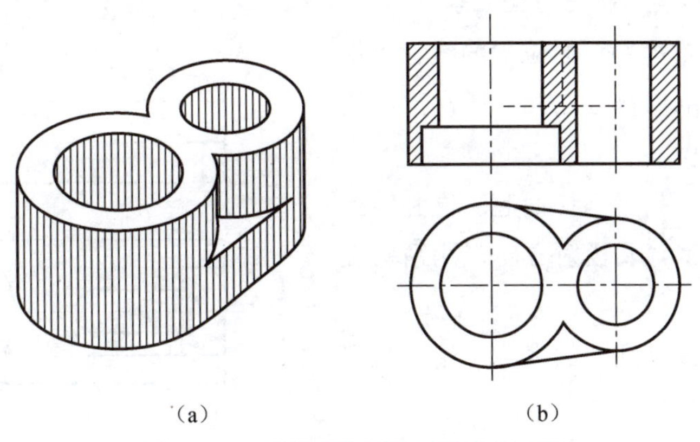

图 4－13　剖视图中画必要的虚线示例

（3）不可漏画剖切平面后面的可见轮廓线，在剖切平面后面的可见轮廓线应全部用粗实线画出。表 4－3 列出了最容易漏线和多线的几种结构。

（4）根据需要可以将几个视图同时画出剖视图，它们之间各有所用，互不影响。如图 4－12 所示主、俯视图都画成剖视图。

表 4-3　剖视图中最容易漏线和多线的结构

正确画法	错误画法	空间投影情况
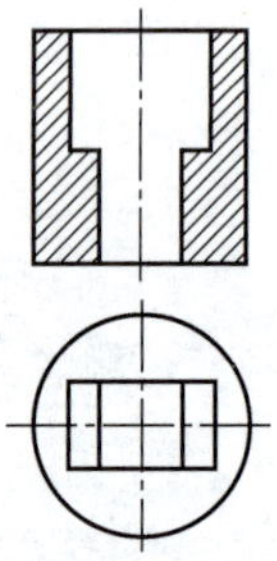	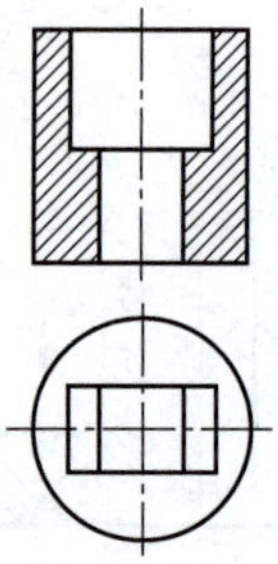	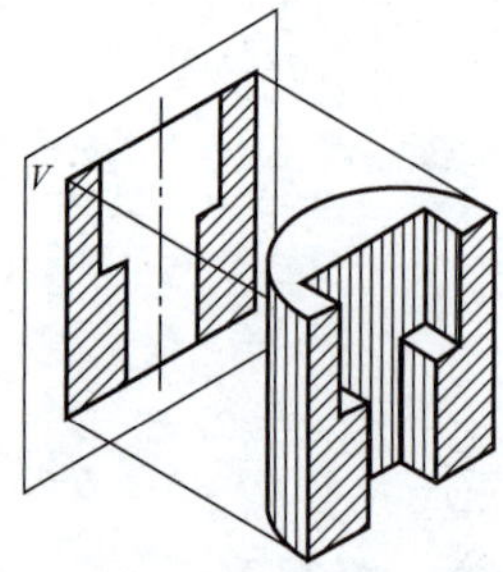 V
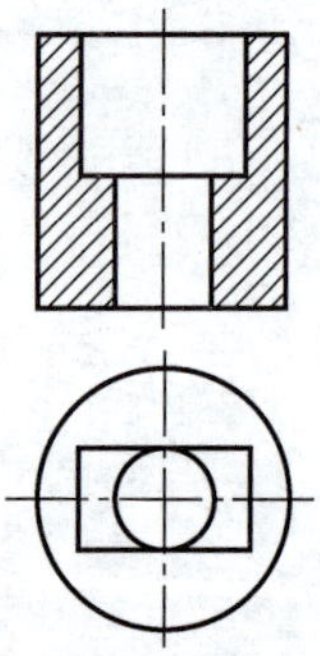	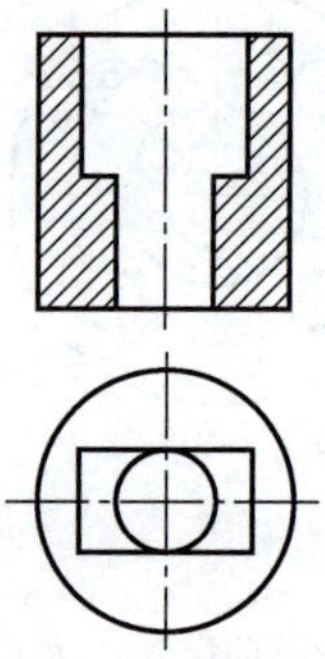	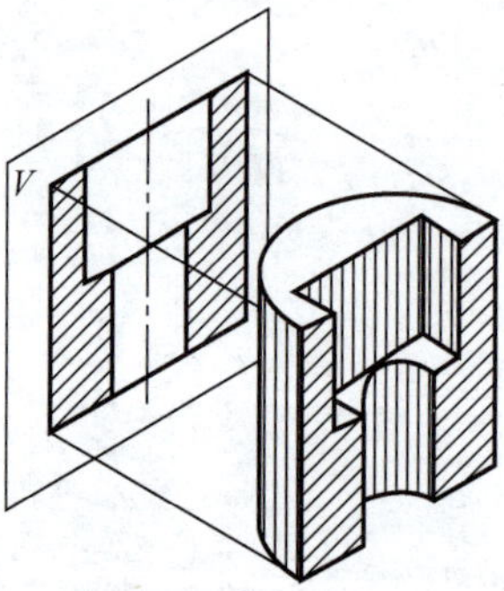 V

四、剖视图的标注

剖视图的标注内容包括三方面要素：

（1）剖切线：指示剖切面位置的线，用细点画线表示，画在剖切符号之间。通常剖切线省略不画。

（2）剖切符号：指示剖切面起、讫和转折位置（用粗实线表示）及投射方向（用箭头表示）的符号。

（3）字母：表示剖视图的名称，用大写字母注写在剖视图的上方。

剖视图标注如图 4-14 所示。

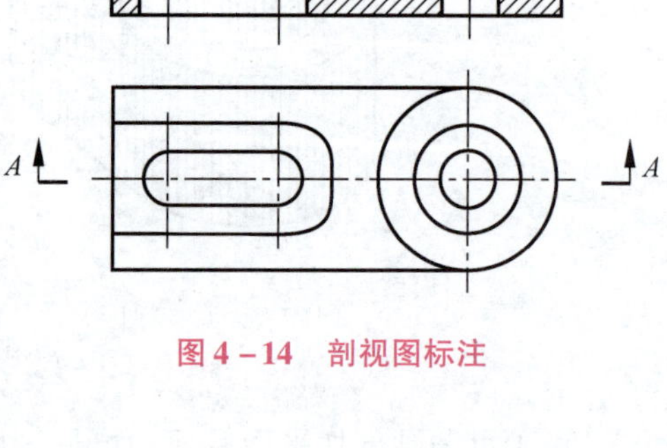

图 4-14　剖视图标注

知识点 2　剖视图的种类

运用上述各种剖切面，根据机件被剖开的范围可将剖切分为三类：全剖视图、半剖视图和局部剖视图。

一、全剖视图

1. 概念

用剖切平面，将机件全部剖开后进行投影所得到的剖视图，称为全剖视图（简称全剖视）。例如图 4－15 中的主视图和左视图均为全剖视图。

2. 应用

全剖视图一般用于表达外部形状比较简单、内部结构比较复杂的机件。

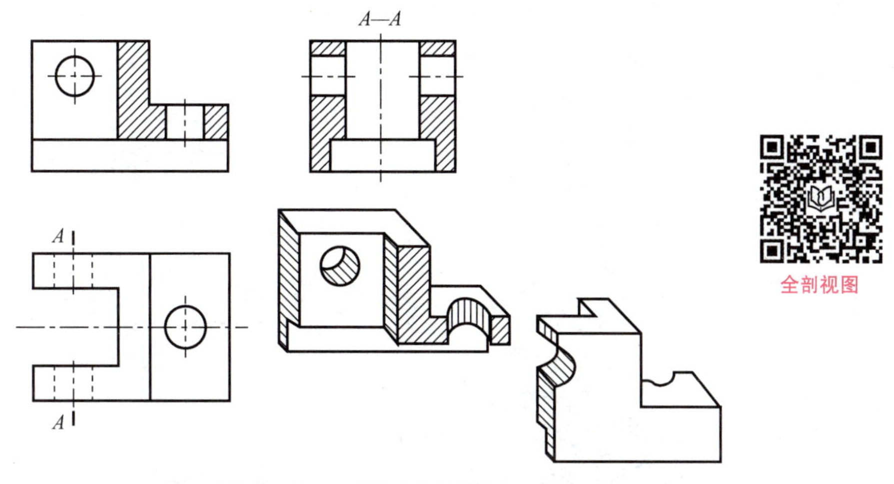

图 4－15 全剖视图及其标注

3. 标注

（1）当平行于基本投影面的单一剖切平面通过机件的对称平面剖切机件，且剖视图按规定的投影关系配置时，可将粗短线、箭头、字母、图名均省略。如图 4－15 中主视图所示。

（2）当剖视图按规定投影关系配置时，可省略表示投射方向的箭头。如图 4－15 中左视图所示。

二、半剖视图

1. 概念

当机件具有对称平面时，以对称中心线为界，在垂直于对称平面的投影面上投影得到的，由半个剖视图和半个视图合并组成的图形称为半剖视图。

2. 应用

半剖视图主要用于内、外结构形状都需要表示的对称机件。半剖视图既充分地表达了机件的内部结构，又保留了机件的外部形状，因此它具有内外兼顾的特点，如图 4－16 所示。

有时，机件的形状接近于对称，具有对称平面的机件，且不对称部分已另有视图表达清楚时，也可以采用半剖视，以便将机件的内外结构形状简明地表达出来，如图 4－17 所示。

3. 标注

半剖视图的标注方法与全剖视图相同。例如图 4－16（a）所示的机件为左右对称，图 4－16（b）中主视图所采用的剖切平面通过机件的前后对称平面，所以不需要标注；而俯视图所采用的剖切平面并非通过机件的对称平面，所以必须标出剖切位置和名称，但箭头可以省略。

4. 注意的问题

（1）半个视图和半个剖视图应以点画线为界。

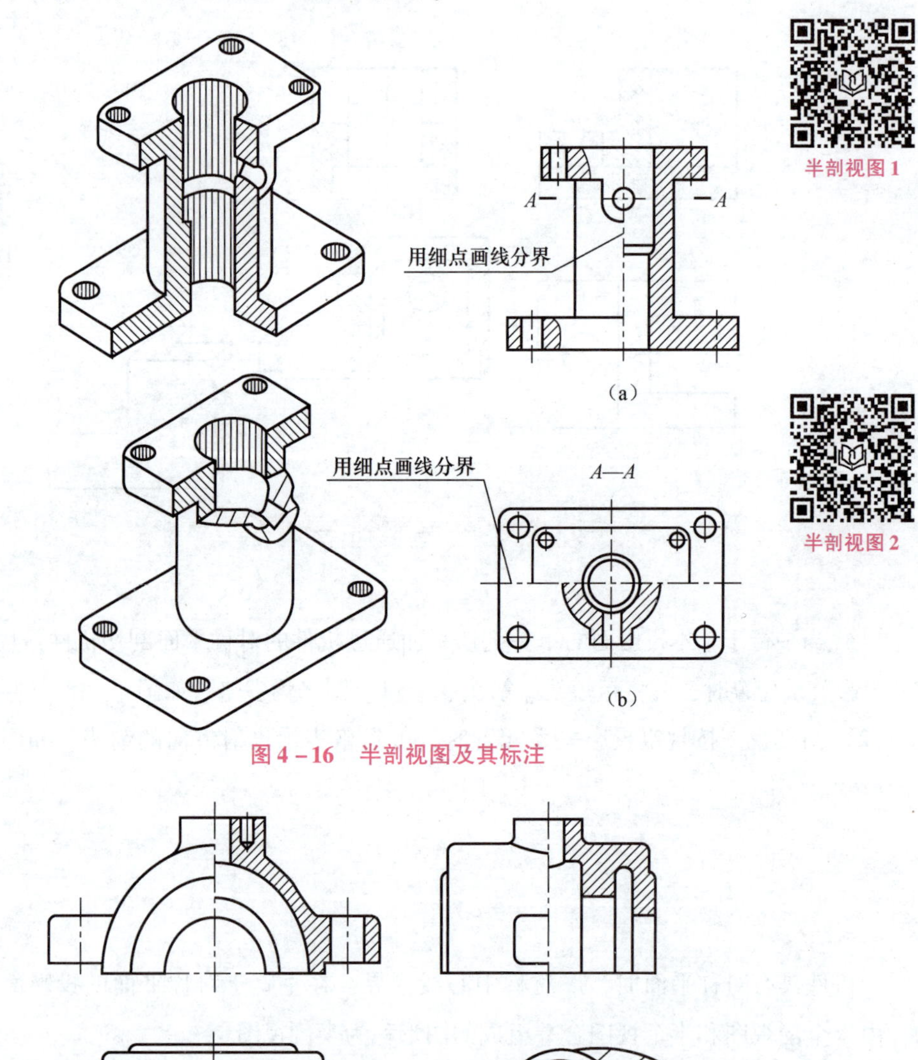

图 4－16　半剖视图及其标注

图 4－17　用半剖视图表示基本对称的机件

（2）半个视图中的虚线不必画出。

（3）半个剖视图的位置通常按以下原则配置：

① 主视图中位于对称线右侧；

② 俯视图中位于对称线下方；

③ 左视图中位于对称线右侧。

三、局部剖视图

1. 概念

用剖切平面局部地剖开机件所得的剖视图称为局部剖视图。局部剖视图也是在同一视图上同时表达内外形状的方法，并且用波浪线作为剖视图与视图的界线。如图 4－18（a）、（b）均采用了局部剖视图。

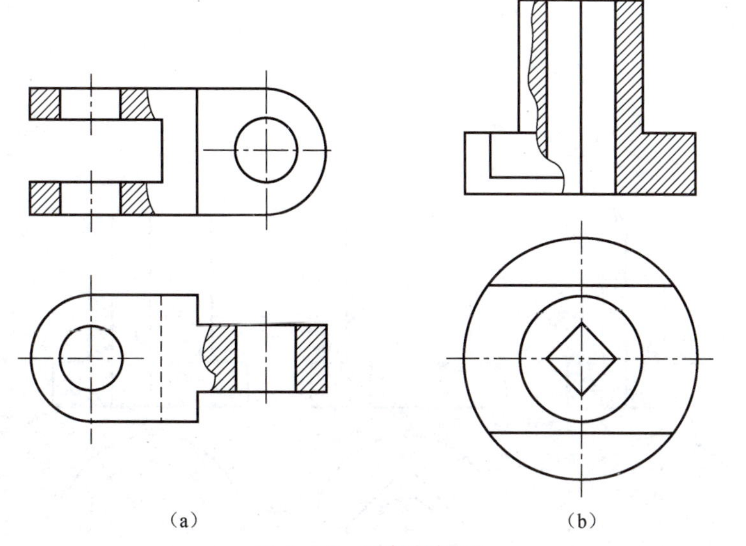

局部剖视图

（a）　（b）

图 4－18　局部剖视图

2. 应用

局部剖视是一种比较灵活的表达方法，剖切范围根据实际需要决定。但使用时要考虑到看图方便，剖切不要过于零碎。它常用于下列两种情况：

（1）机件只有局部内形状要表达，而又不必或不宜采用全剖视图时；

（2）不对称机件需要同时表达其内、外形状时，宜采用局部剖视图。

3. 标注

局部剖视图的标注方法和全剖视图相同。但如局部剖视图的剖切位置非常明显，则可以不标注。

4. 波浪线的画法

（1）波浪线不能超出图形轮廓线，如图 4－19（a）所示。

（2）波浪线不能穿孔而过，如遇到孔、槽等结构时，波浪线必须断开。如图 4－19（a）所示。

(3) 波浪线不能与图形中任何图线重合，也不能用其他线代替或画在其他线的延长线上如图 4－19 (b)、(c) 所示。

(4) 图 4－20 中所示机件因在对称面上有粗实线，不能使用半剖视图，故用局部剖视图表达。

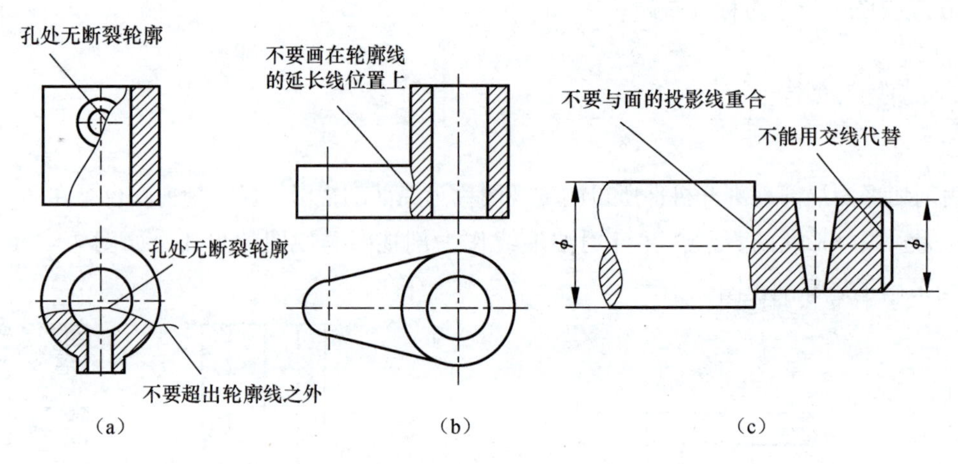

图 4－19　局部剖视图的波浪线的错误画法

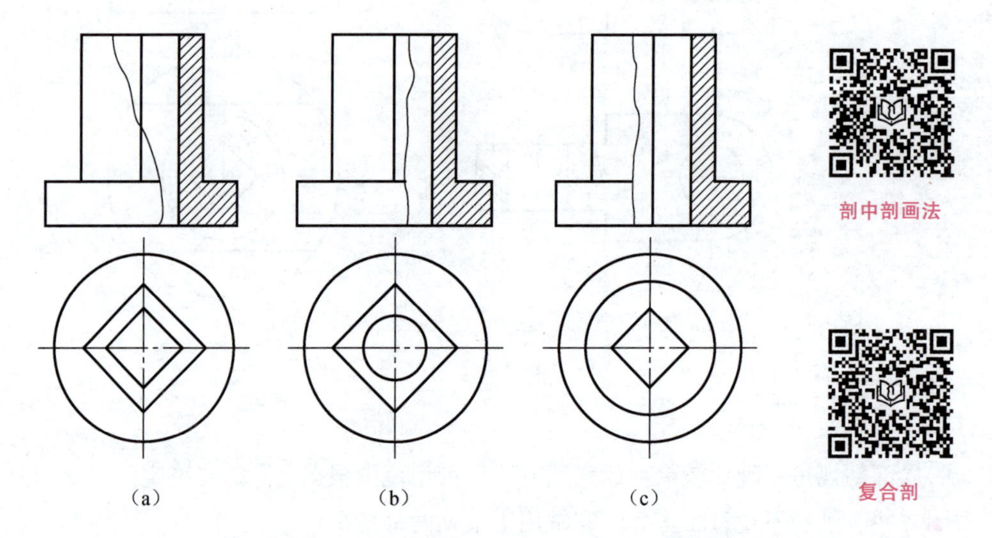

图 4－20　局部剖视图

知识点 3　全剖视图分类

剖视图的剖切面有三种：单一剖切面、几个相交的剖切面和几个平行的剖切面。

一、单一剖切面

用一个剖切面剖切机件称为单一剖切面。图 4－12～图 4－14 所示均为单一剖切平面剖切。

图4－21中的“*B*—*B*”剖视图也采用单一剖切面剖切得到，表达了弯管及其顶部凸缘和通孔的形状。基本视图的配置规定（图4－3）同样适用于剖视图；剖视图也可以按投影关系配置在与剖切符号相对应的位置，必要时可将剖视图配置在图纸的适当位置。采用单一斜剖面剖切所得的剖视图，还允许将图形旋转，此时应标注“×—×↶”。如图4－21中的“*B*—*B*↶”剖视图。

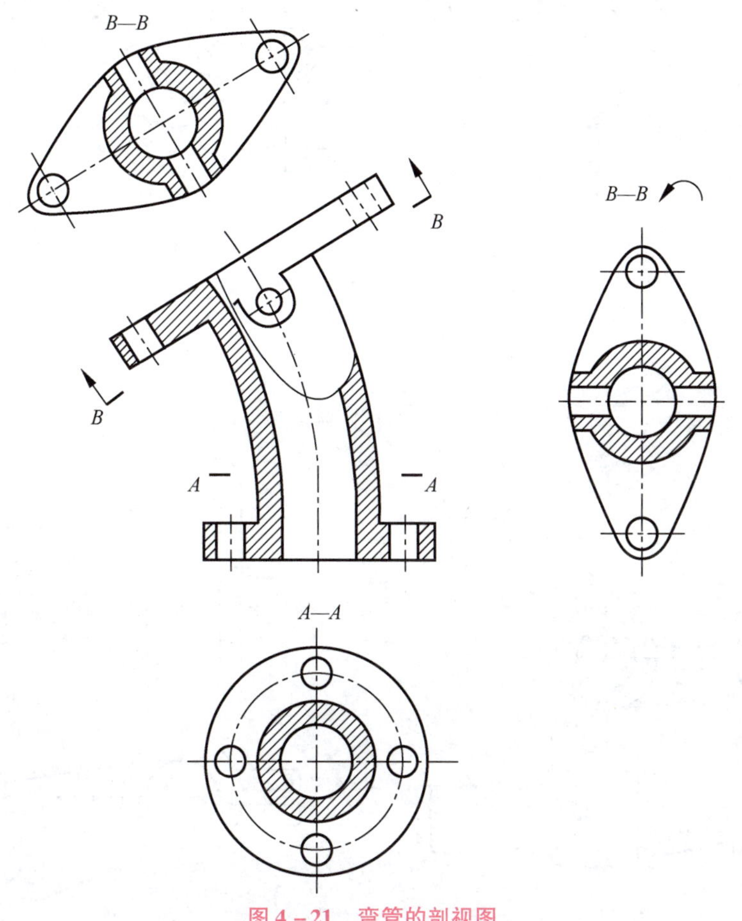

图4－21 弯管的剖视图

二、几个相交的剖切面

用几个相交的剖切面（交线垂直于某一基本投影面）剖切机件所得到剖视图的情况，如图4－22所示。

采用几个相交的剖切平面画剖视图时，应注意以下几个问题：

（1）剖开机件后，必须将被剖切平面剖开的倾斜部分结构假想旋转到与某一基本投影面平行的位置后再进行投影，如图4－23所示。

（2）剖切平面后的结构会引起误解时仍按原来的位置投影，如图4－23（a）中的油孔。

（3）当剖切后产生不完整要素时，应将此部分按不剖绘制，如图4－23（b）中的臂板。

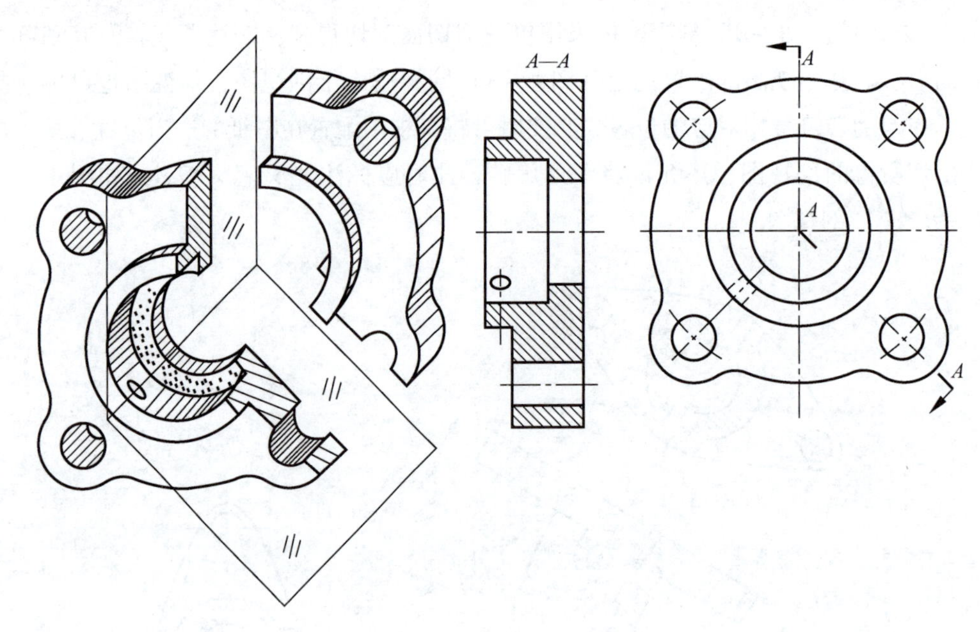

图 4-22　两个相交的剖切平面

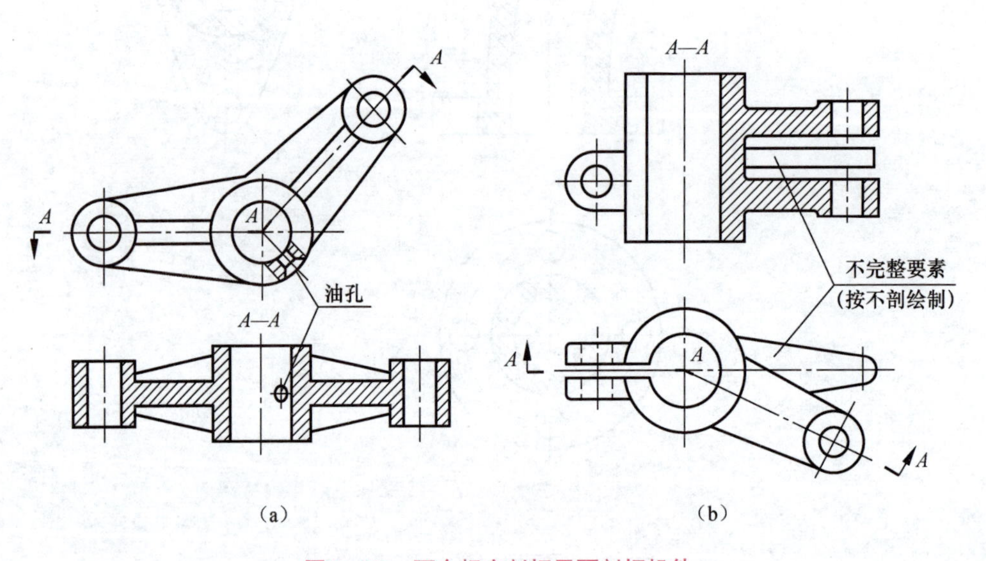

图 4-23　两个相交剖切平面剖切机件

（4）用三个以上两两相交的剖切平面剖开机件时，剖视图上应注明“×—×”展开，如图 4-24 所示。

三、几个平行的剖切平面

几个平行的剖切平面是指两个或两个以上相互平行的剖切平面，并且要求各剖切平面的转折处必须是直角。这种剖切平面适用于当机件内部有较多不同结构形状需要表达，而它们的中心又不在同一平面上时。如图 4-25 所示机件是采用三个平行的剖切平面剖切而获得的剖视图。

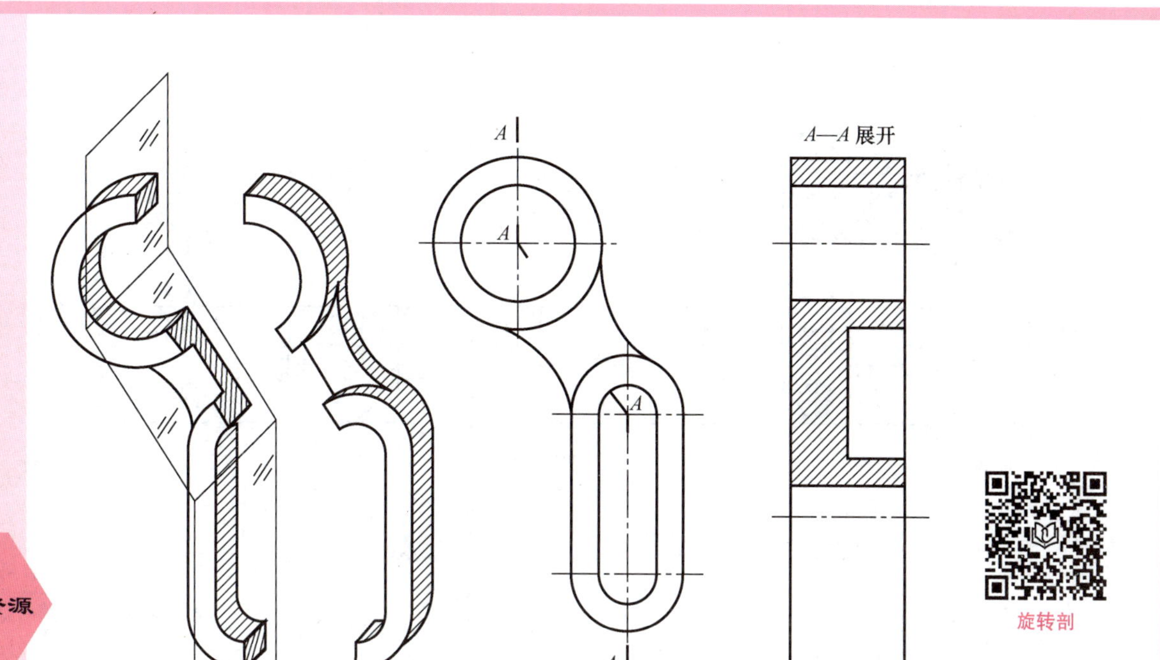

图 4-24 几个相交平面剖切机件的展开画法

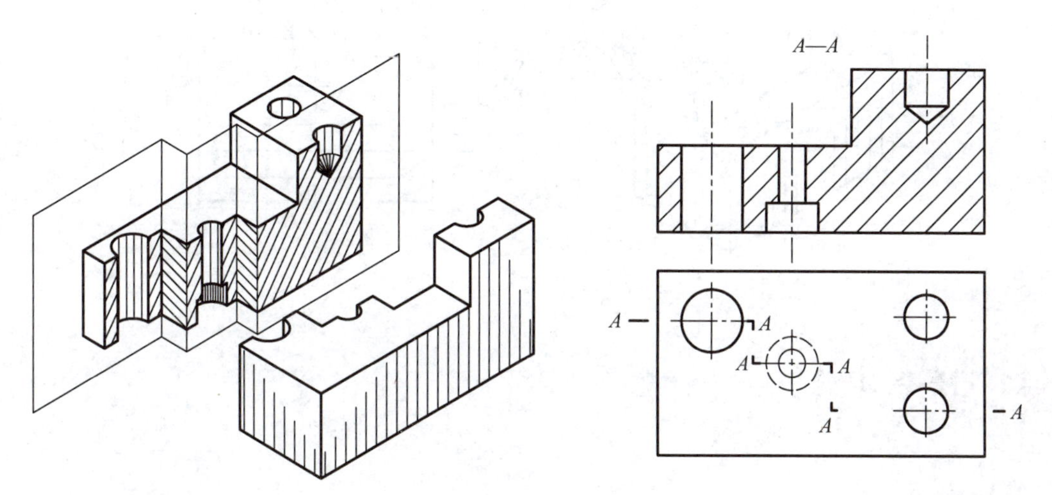

图 4-25 几个平行的剖切平面

采用几个平行的剖切平面画剖视图时应注意几个问题：

（1）不应在剖视图中画出各剖切平面转折处的投影，如图 4-26（a）所示。同时，剖切平面转折处不应与图形中的轮廓线重合，如图 4-26（b）所示。

（2）选择剖切平面位置时，应注意在图形上不应出现不完整要素，如图 4-26（c）所示。

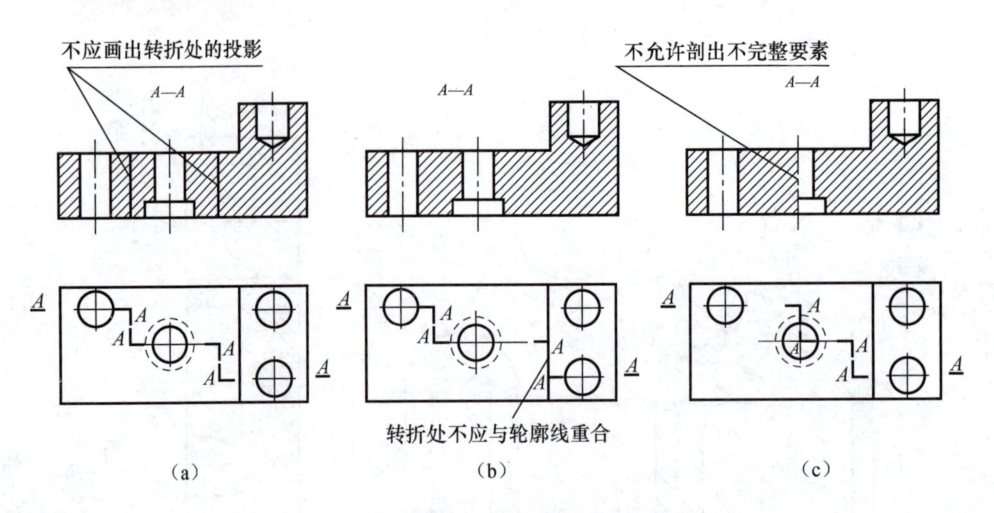

图 4－26　几个平行的剖切平面剖切时应注意的问题

(3) 当两个要素在图形上具有公共对称中心线或轴线时，可以对称中心线或轴线为界各画一半。剖面区域中剖面线间隔应一致，如图 4－27 所示。

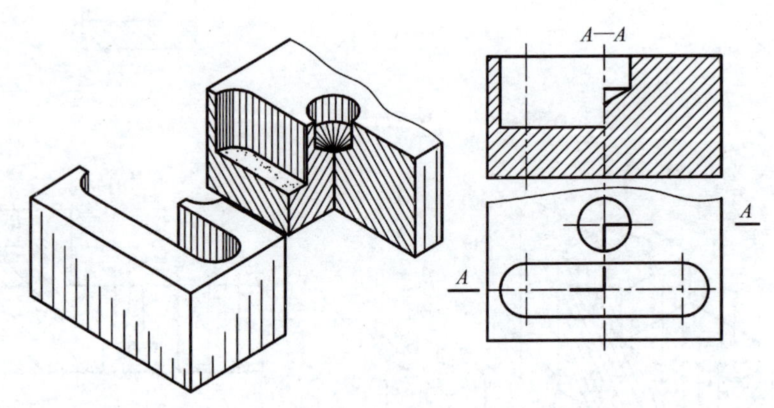

图 4－27　具有公共对称中心线时各剖一半的画法

一、确定表达方案

1. 形体结构分析

图 4－9 所示的支架，由圆筒、底板、连接板三部分组成。圆筒主要起支撑作用，用于支撑轴；底板用于将支架与其他部件连接在一起；连接板将圆筒和底板连接在一起，起加强作用。

2. 选择表达方案

为表达支架内部的主要结构，主视图采用全剖视图，剖切平面通过支架轴孔前后对称的正平面，左端凸缘上的螺孔本来未剖到，主视图上采用规定画法按剖到一个画出，其位置和分布情况在左视图上表达。

为了反映支架的底板形状和安装孔、销孔的位置，俯视图采用支架的外形图，图中所有反映内部结构的细虚线均省略。利用支架前后对称的特点，左视图采用半剖视图。从 *A—A* 的位置剖切，反映了圆筒、连接板和底板之间的连接情况。左边的半个视图主要表达圆筒端面上螺孔的数量和分布情况，其上的局部剖视图表示底板上安装孔的结构。

支架的表达方案如图 4－28 所示。

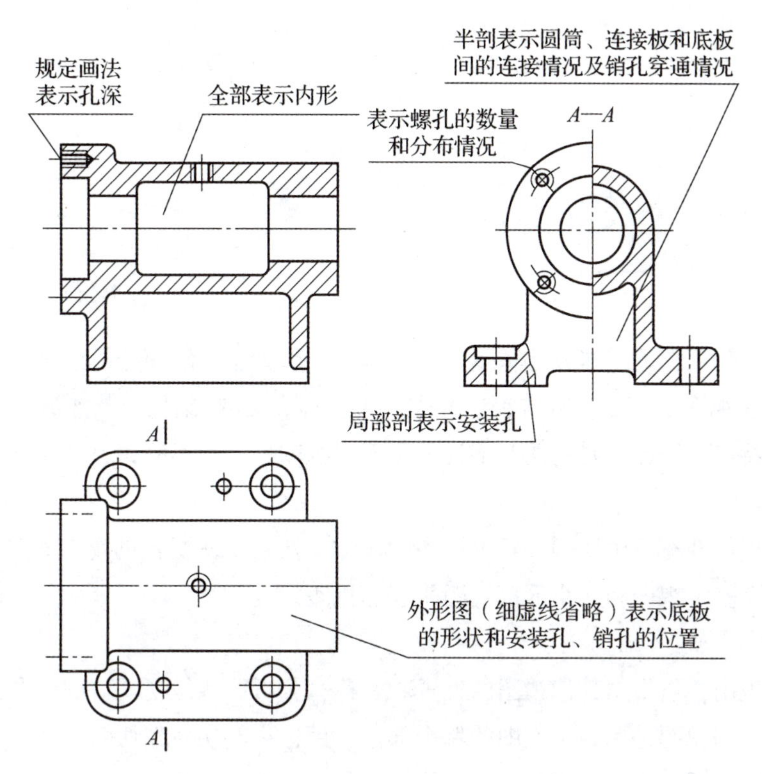

图 4－28　支架的表达方案

二、回答下列问题

（1）你在确定支架表达方案过程中，都选取了哪些表达方案？选取依据是什么？

（2）如果不采取上述支架内部结构的表达方案，你能否清楚地将其内部结构表达出来？这样的表达方案有哪些不足？

拓展任务

一、根据机座的已知图形，如图 4－29 所示，想象机座的整体形状。

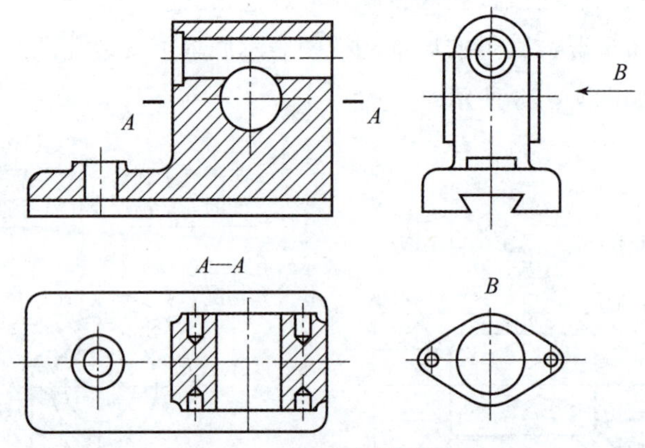

图 4－29　机座的图形表达

识读视图与剖视图的基本方法依然是以形体分析法为主，线面分析法为辅。但由于视图与剖视图和“三视图”相比，具有表达方式灵活、“内、外”结构形状兼顾、投射方向和视图位置多变等特点。因此，看视图与剖视图和看三视图也有些不同，具体步骤如下：

1. 概括了解

概括了解机件共有几个视图及每个视图的名称，初步了解机件的复杂程度。如图 4－29 所示，用了三个基本视图和一个局部视图来表达机座。

2. 视图分析

先找出主视图，再根据其他视图的位置和名称，分析哪些是视图、剖视图，它们是从哪个方向投射的，剖视图是在哪个视图的哪个部位、用什么剖切面剖切的等等。只有明确相关视图之间的投影关系，才能为想象机件结构形状创造条件。如图 4－29 所示机座的图形，主视图采用了全剖视，表达机座的内部结构。因为剖切平面通过机座的前、后对称面，所以省略了一切标注。俯视图作了 $A-A$ 全剖视，从剖切位置分析可知，$A-A$ 剖视是为了表达前后方向的横向通孔和前、后面上的四个小孔。左视图主要反映外形，局部视图 B 是为了说明机座的前（后）面凸台的形状。

3. 形体分析

要注意利用有、无剖面线的封闭线框，来分析机件上面与面间的“远、近”位置关系。在剖视图中，带有剖面符号的封闭线框表示剖切面与机件相交的实体部分，而不带剖面符号的空白封闭线框表示机件空腔的结构形状。凡画剖面符号的图形，一定是最靠近观察者的平面。运用读组合体的方法，分析各线框及图线，想象出各面在空间的前后、左右、上下的位置关系。

通过分析可知，机座由两大部分组成。底部为一长方形底板，底板下方的中间开有左右方向的燕尾槽，底板左上方有一圆柱形凸台，中间有一圆柱孔和燕尾槽相通。底板上方有一

个上部为半圆状的 U 形柱，在其左右方向和前后方向各钻有一个通孔，从主视图中可看到这两个孔是相通的，在 U 形柱的前、后面上各有一个椭圆形的凸台，凸台两端各有两个小孔。

4. 综合想象

通过上面的分析就能想象出机座的整体形状和内部结构，如图 4－30 所示的轴测图。

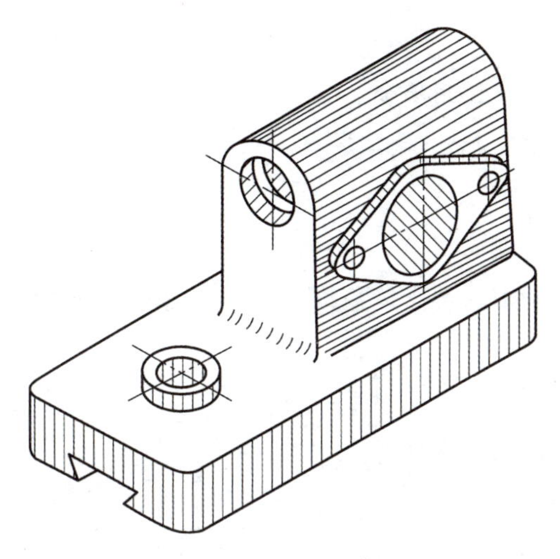

图 4－30 机座的轴测图

二、完成任务单—任务 4.2 中视图的绘制。

任务评价

完成表 4－4 的学习评价。

表 4－4 任务 4.2 学习评价

序号	检查项目	评分标准	结果评估	自评分
1	能否完整地说出机件内部结构的表达方案？	5		
2	能否说出机件内部结构各表达方案的适用场合？	15		
3	在开始绘制图形前，是否对机件进行了正确的假想剖切？	5		
4	所绘制图形是否完整、正确地表达了机座内部的结构？	20		
5	所绘制图形的线型和位置是否符合制图标准？	15		
6	能否在已知机件三视图情况下，正确想象出其轴测图？	20		
7	在绘制图形过程中，是否遇到了问题？在解决问题过程中是否提升了自己查阅资料、沟通交流的能力？	20		

任务 4.3　机件断面形状的表达

学习目标

【知识目标】

(1) 了解断面图的种类及适用场合。

(2) 掌握断面图的画法及标注。

【能力目标】

(1) 能正确绘制机件的断面图。

(2) 能根据具体的结构形状特点选择恰当的断面图表达机件的断面形状。

【素养目标】

(1) 通过学生自己的实践，激发学习兴趣。

(2) 养成细致、严谨的工作态度。

任务引入

工程中的轴类零件常常用来传递动力或运动，请根据如图 4－31 所示的轴的已知图形，想象轴的整体形状，并回答相关问题。

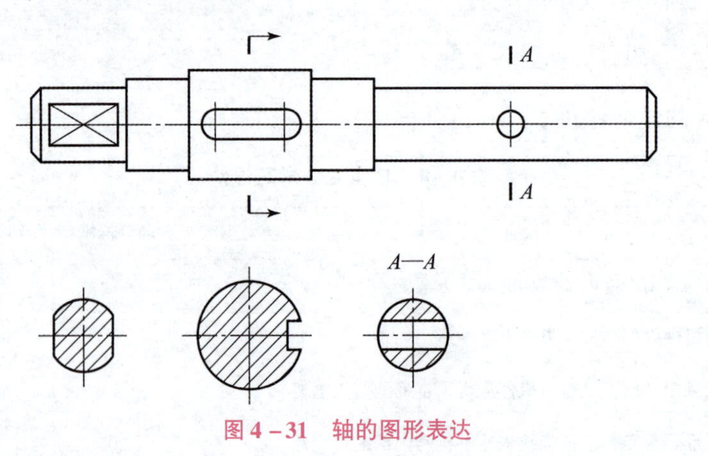

图 4－31　轴的图形表达

任务分析

机件的外部形状可以用视图来表达，内部结构可以用剖视图来表达。当机件的主要形状结构已经表达清楚，只有某些部分的断面形状尚未表达清楚时，可以根据国家标准规定，选择不同种类的断面图来表达。

知识链接

知识点1 断面图的概念

假想用剖切面将物体的某处切断，仅画出剖切面与物体接触部分的图形，称为断面图，如图 4 – 32（a）所示。

R资源

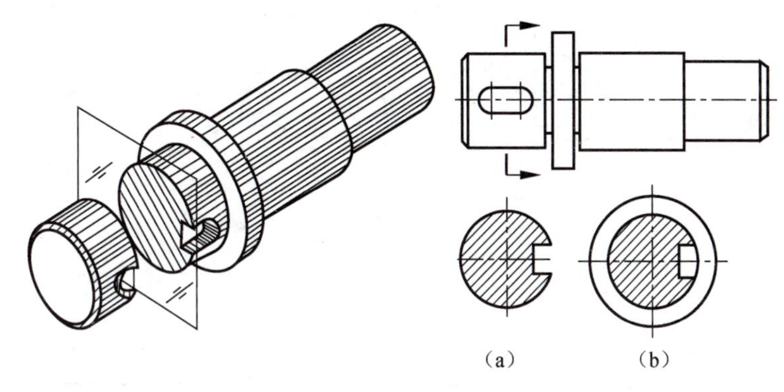

图 4 – 32 断面图的形成

画断面图时，应特别注意断面图与剖视图的区别。断面图只画出物体被切处的断面形状，而剖视图除了画出其断面形状之外，还必须画出断面之后所有可见轮廓，如图 4 – 32（b）所示。

知识点2 断面图的分类及画法

断面图分为移出断面图和重合断面图两种。

一、移出断面图

画在视图轮廓之外的断面图称为移出断面图。

1. 移出断面图的画法

（1）移出断面图的轮廓线用粗实线绘制，如图 4 – 32（a）、图 4 – 33 所示。

（2）移出断面图可配置在剖切位置线的延长线上或其他适当的位置，如图 4 – 33 所示。

（3）当断面图形对称时，也可配置在视图的中断处，如图 4 – 34（a）所示。

（4）由两个或多个相交的剖切平面剖切所得的移出断面图，中间一般应断开绘制，如图4 – 34（b）所示。

（5）当剖切平面通过由回转面形成的孔或凹坑的轴线时，这些结构应按剖视图绘制，如图 4 – 35 所示。

（6）当剖切平面通过非圆孔，导致出现完全分离的两个断面图时，应按剖视图绘制，如图 4 – 36（a）所示。

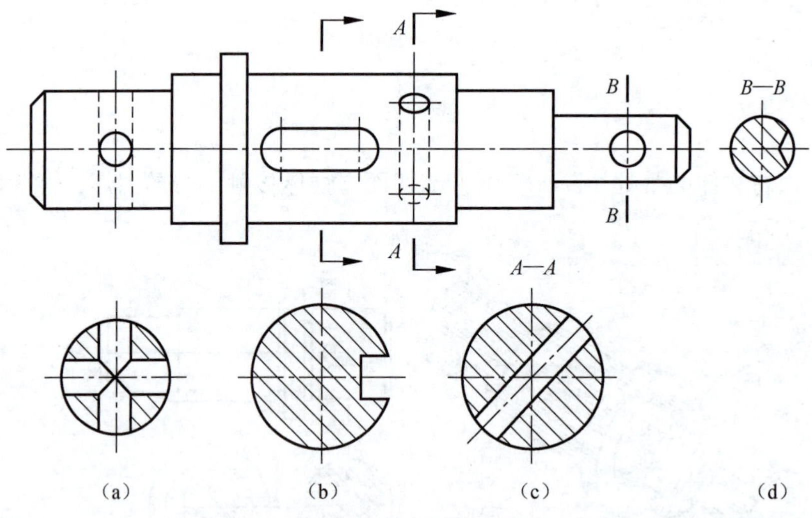

图 4－33　移出断面图的配置及画法

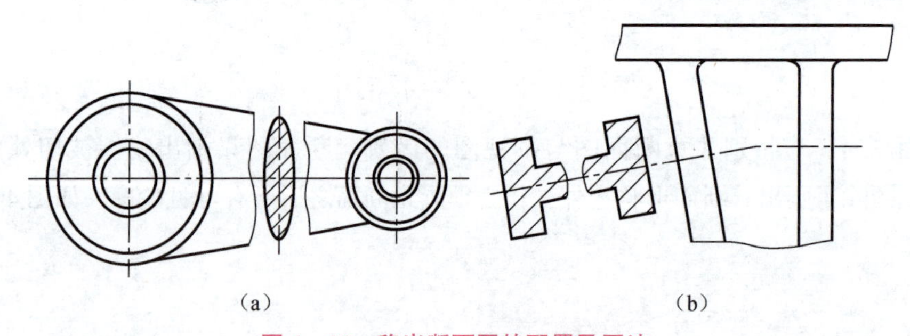

图 4－34　移出断面图的配置及画法

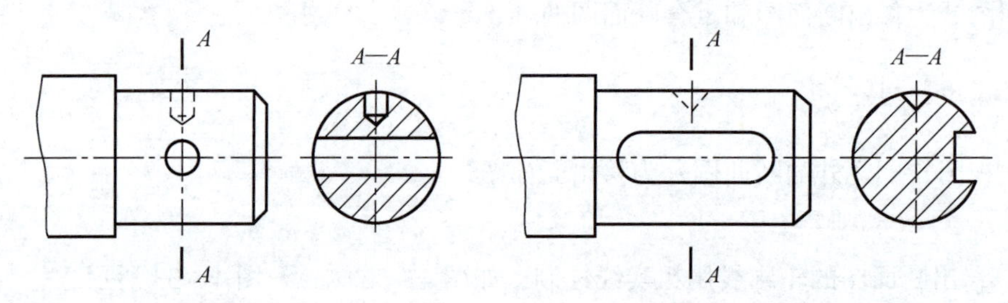

图 4－35　通过圆孔等回转面的轴线时断面图的画法

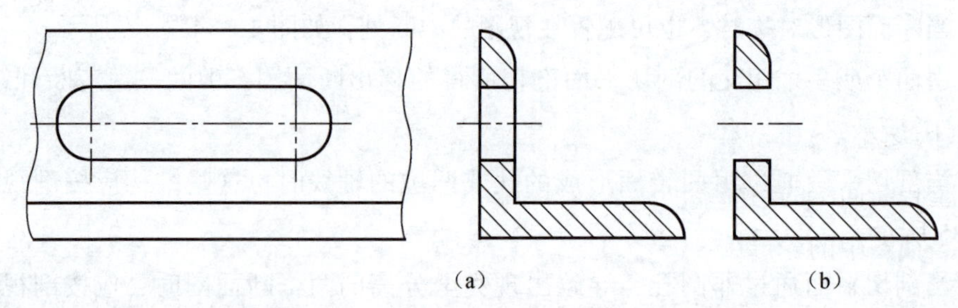

图 4－36　断面分离时的画法

（a）正确；（b）错误

2. 移出断面图的标注

移出断面图的标注见表 4－5 所示。

表 4－5 移出断面图的标注

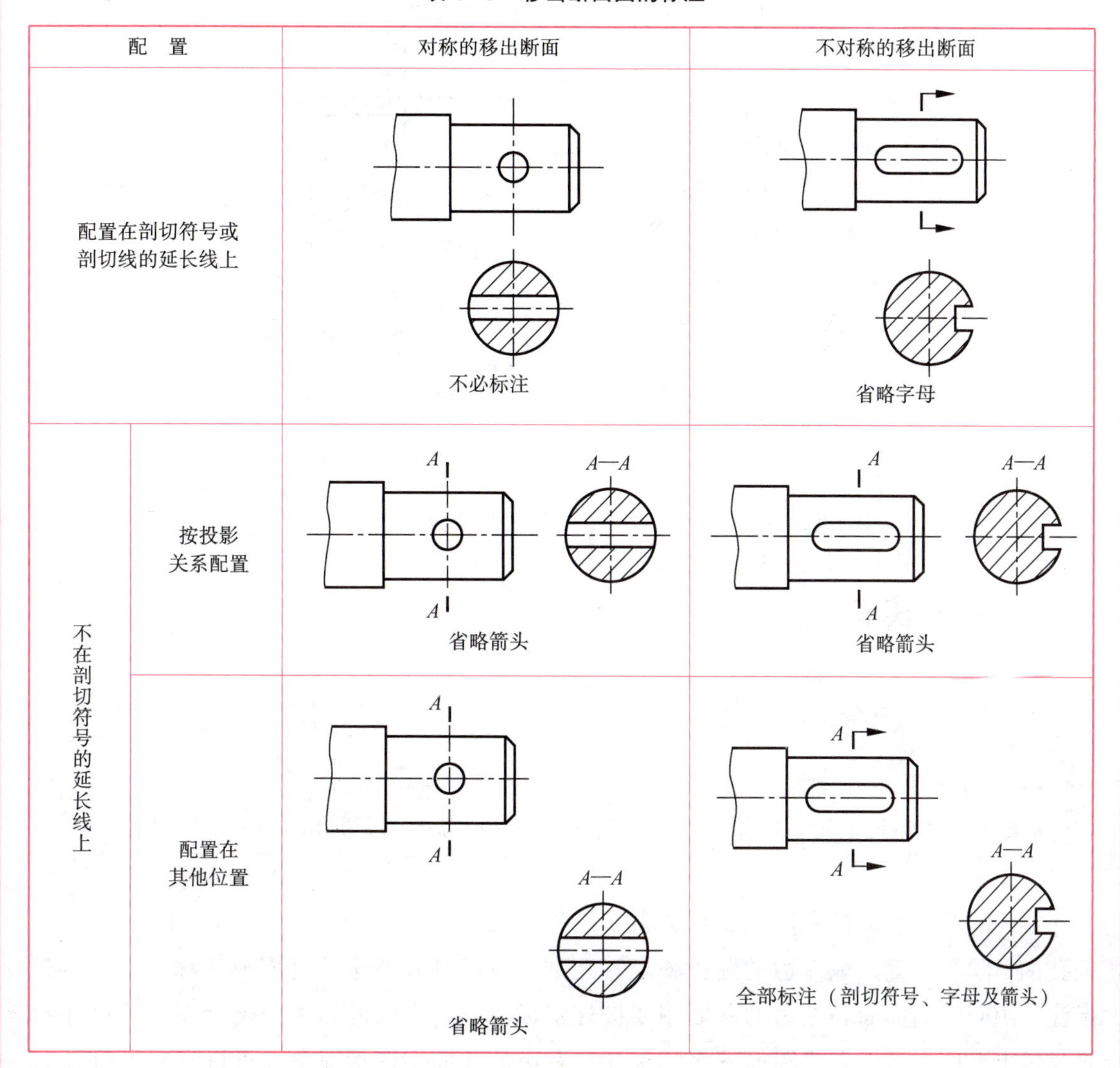

配置		对称的移出断面	不对称的移出断面
配置在剖切符号或剖切线的延长线上		不必标注	省略字母
不在剖切符号的延长线上	按投影关系配置	省略箭头	省略箭头
	配置在其他位置	省略箭头	全部标注（剖切符号、字母及箭头）

二、重合断面图

画在视图轮廓线之内的断面图称为重合断面图，如图 4－37 所示。

1. 重合断面图的画法

（1）重合断面图的轮廓线用细实线绘制，如图 4－37（a）所示。

（2）当视图中的轮廓线与重合断面图的轮廓线重叠时，视图中的轮廓线应连续画出，不可间断，如图 4－37（b）所示。

2. 重合断面图的标注

（1）相对于剖切位置线对称的重合断面不必标注，如图 4－37（a）所示。

（2）对于非对称的重合断面图，应标注剖切位置符号及投影方向，如图 4－37（b）所示。

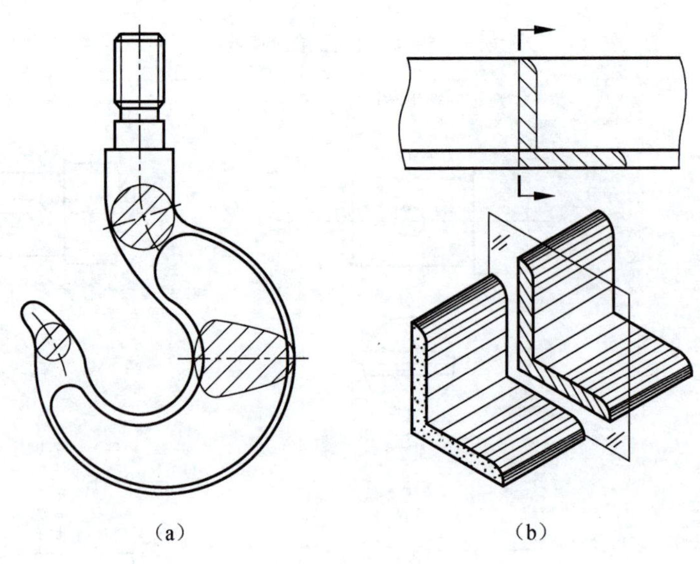

图 4－37　重合断面图的画法

一、立体图形想象

1. 概括了解

如图 4－31 所示的轴，用了一个主视图和三个移出断面图来表达。

2. 视图分析

主视图按加工位置将轴线水平放置，表达了轴的主体结构形状，表明了平面、键槽、销孔的形状和位置。最左边的断面图配置在剖切线的延长线上，且图形对称，所以不必标注。中间的断面面和左边的断面图要按规定标注。但中间的断面图配置在剖切符号的延长线上，所以可以省略断面图名称标注；右边的断面图图形对称，可以省略投射方向的标注。这三个移出断面图分别表达了阶梯轴上左端两平面之间的横向距离、键槽的深度、销孔的深度。

3. 形体分析

通过分析可知，轴的主体结构由五段不同直径的圆柱体构成，左端加工有两个平面、右端加工有一个销孔、中间加工有一个键槽，轴上还有倒角。

4. 综合想象

通过上面的分析就能想象出轴的整体结构形状，如图 4－38 所示的轴测图。

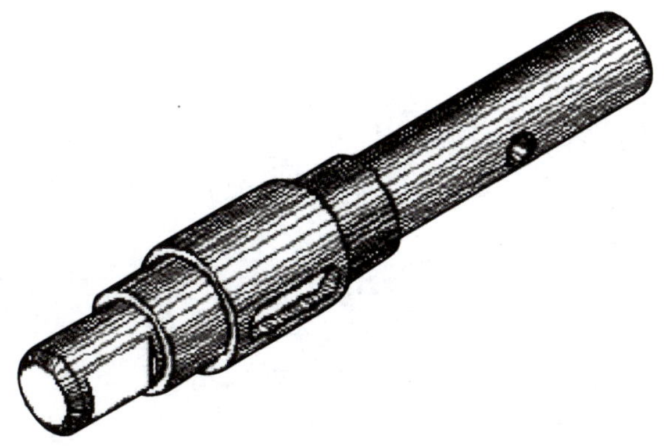

图 4－38 轴的立体图

二、回答下列问题

（1）你是如何根据已知图形确定各轴段的特征的？

____

____

（2）图 4－31 中的断面图，有哪些可以改变其所放置的位置？改变位置后需要如何处理才能正确表达其含义？

____

____

拓展任务

请完成任务单—任务 4.3 中断面图的绘制与标注。

任务评价

请完成表 4－6 的学习评价。

表 4－6 任务 4.3 学习评价

序号	检查项目	评分标准	结果评估	自评分
1	能否完整地说出断面图的种类？	20		
2	能否说出机件断面图的适用场合？	20		
3	能否说出本任务中各个断面图所代表的含义？	20		

续表

序号	检查项目	评分标准	结果评估	自评分
4	能否根据本任务中的图形想象出其轴测图形状？	20		
5	在绘制图形过程中，是否遇到了问题？在解决问题过程中是否提升了自己查阅资料、沟通交流的能力？	20		

任务4.4　机件特殊结构的表达

学习目标

【知识目标】

(1) 了解局部放大图的概念及适用场合。

(2) 了解常用的简化画法及适用场合。

【能力目标】

(1) 能正确绘制细小结构的局部放大图。

(2) 能选择恰当的简化画法表达机件常见的特殊结构。

【素养目标】

(1) 通过学生自己的实践，激发学习兴趣；

(2) 养成细致、严谨的工作态度。

任务引入

任务4.3中给出了工程中常用的轴类零件的图形，如图4－39所示也是一种常见的轴类零件，请根据其图形，想象轴的整体形状。

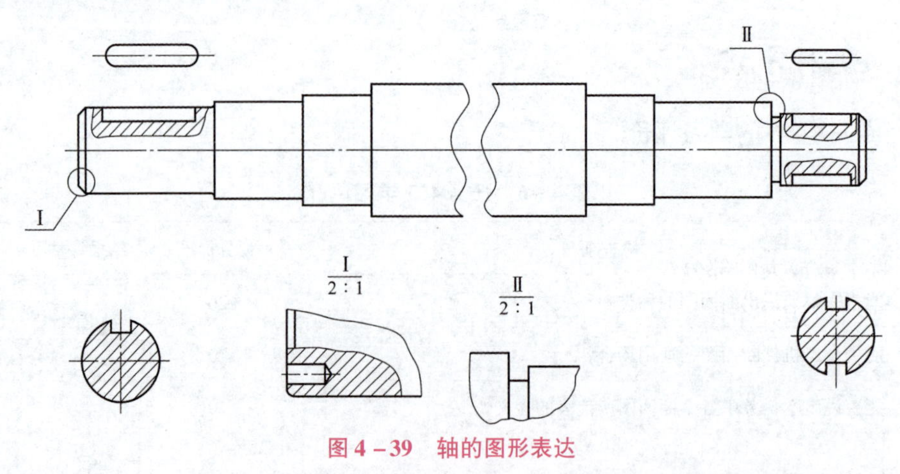

图4－39　轴的图形表达

任务分析

机件除了用视图、剖视图、断面图表达外，对机件上一些特殊结构，为了看图的方便、画图简单，国家标准还规定了其他一些表达方法。如对于机件上细小结构的形状，采用局部放大图表达；对于有些特殊结构，国家标准规定了技术图样中通用的简化画法。

知识链接

知识点1 局部放大图

将机件的部分结构，用大于原图的比例绘制成的图形称为局部放大图，如图 4－40 所示。

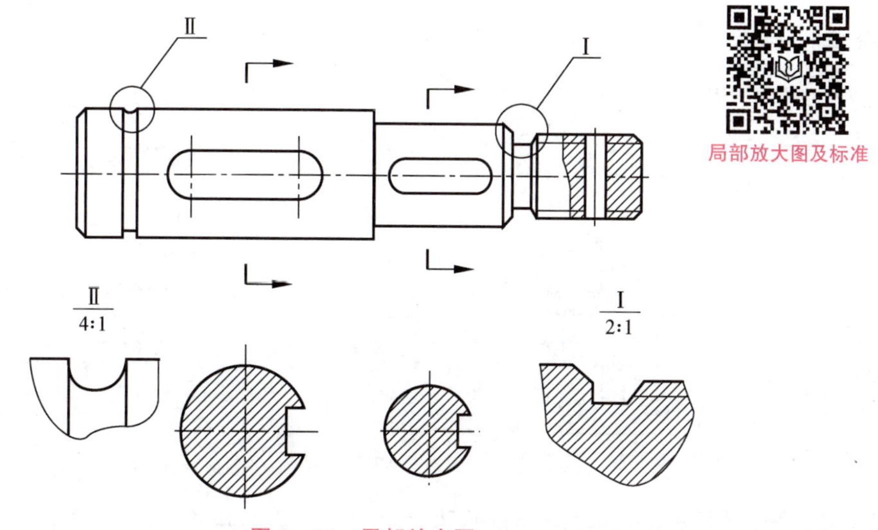

图 4－40 局部放大图

机件上某些细小结构在视图中表达不清楚或不便于标注尺寸和技术要求时，可采用局部放大图。局部放大图根据需要可以画成视图、剖视图、断面图的形式，与被放大部分的表示形式无关，如图 4－40 所示。局部放大图应尽量配置在被放大部位的附近。

局部放大图应用细实线圈出放大的部位。当同一机件上有几处需要放大时，必须用罗马数字依次标明被放大的部位，并在局部放大图上方标出相应的罗马数字和所采用的比例，如图 4－40 所示。

当机件上被放大的部分仅一个时，在局部放大图上方只需注明所采用的比例，如图 4－41 所示。必要时可用几个图形来表达同一个被放大部位的结构，如图 4－41 所示。

知识点2 简化画法与其他规定画法

（1）对于机件上的肋、轮辐及薄壁等，如按纵向剖切，则这些结构都不画剖面符号，

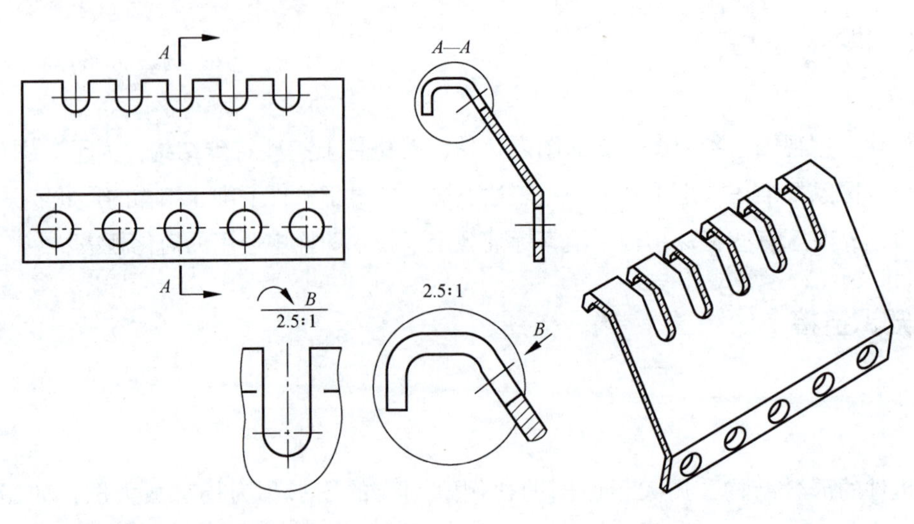

图 4-41　用几个局部放大图表示一个放大结构

用粗实线将它与相邻接部分分开即可，如图 4-42 所示。当这些结构不按纵向剖切时，应画上剖面符号，如图 4-42 的俯视图。

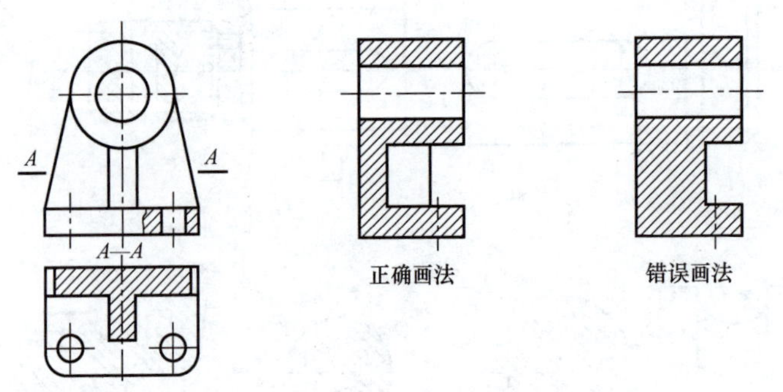

图 4-42　机件上肋的规定画法

（2）当机件回转体上均匀分布的肋、轮辐、孔等结构不处于剖切平面上时，可将这些结构旋转到剖切面上画出，如图 4-43 所示。

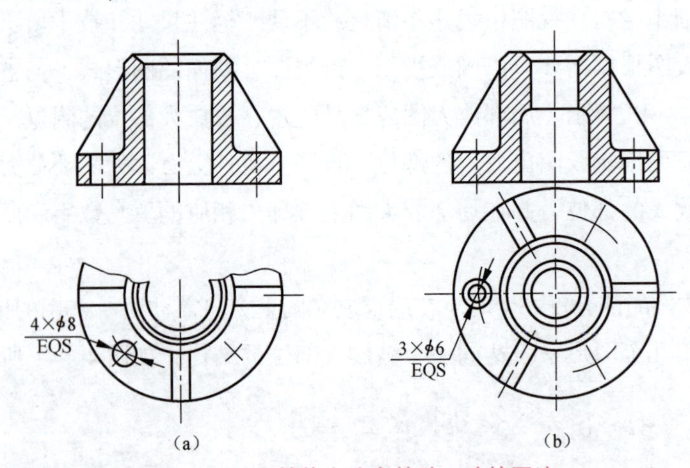

图 4-43　回转体上均布的肋、孔的画法

（3）当机件上具有若干相同结构（如齿、槽、孔等），并按一定规律分布时，只需画出几个完整结构，其余用细实线相连，并注明总数，如图 4－44 和图 4－45 所示。

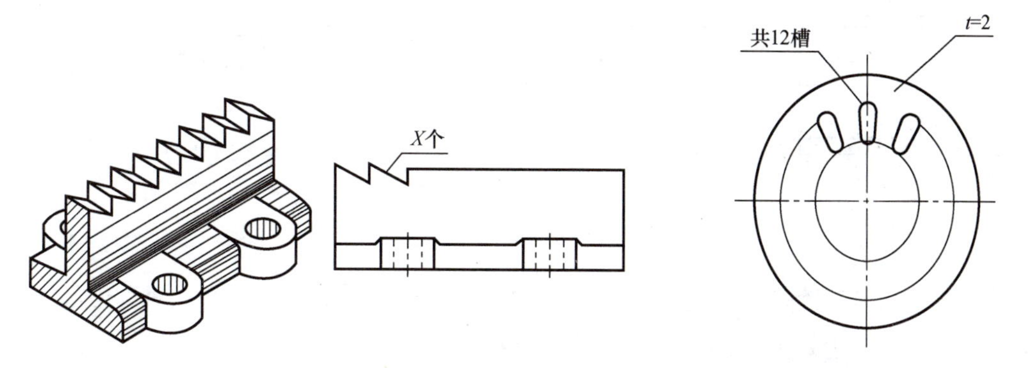

图 4－44 相同结构的省略画法（一）　　图 4－45 相同结构的省略画法（二）

对于厚度均匀的薄皮零件，可采用图 4－45 所示注 $t=2$（厚度 2 mm）的形式直接表示厚度，以减少视图的个数。

（4）若干直径相同且成规律分布的孔（圆孔、螺孔、沉孔等），可以仅画出一个或几个，其余只需用点划线表示其中心位置，在零件图中应注明孔的总数，如图 4－46 所示。

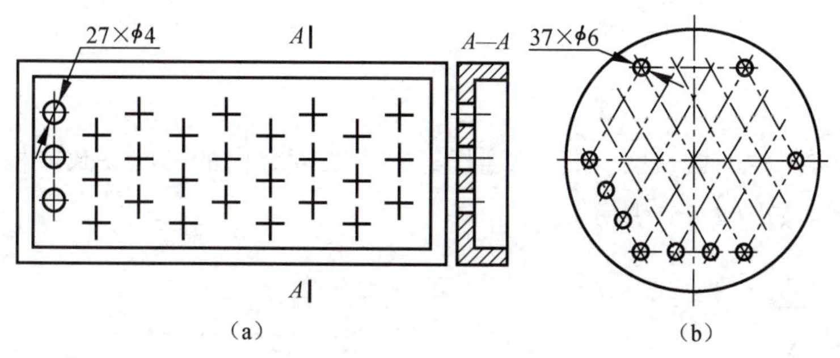

图 4－46 等径且成规律分布孔的画法

（5）零件上的对称结构的局部视图，可配置在视图上所需表示的物体局部结构的附近，如图 4－47 所示。

（6）滚花、槽沟等网状结构一般用细实线将局部表达出来，如图 4－48 所示。

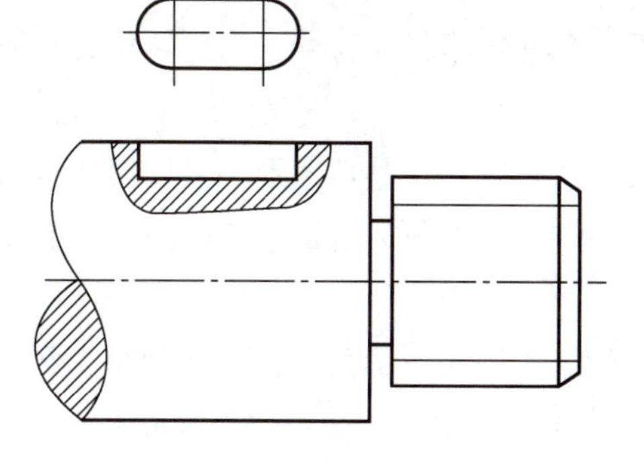

图 4－47 局部视图的简化画法

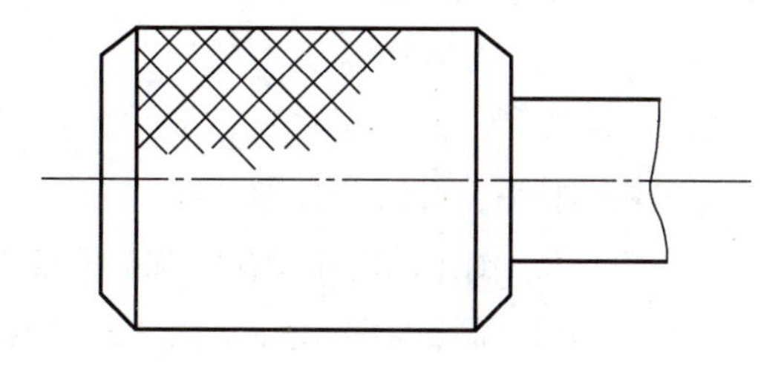

图 4－48 网状结构的简化画法

（7）当回转体上的平面在图形中不能充分表达时，可用两条相交的细实线表示这些平面，如图 4－49 所示。

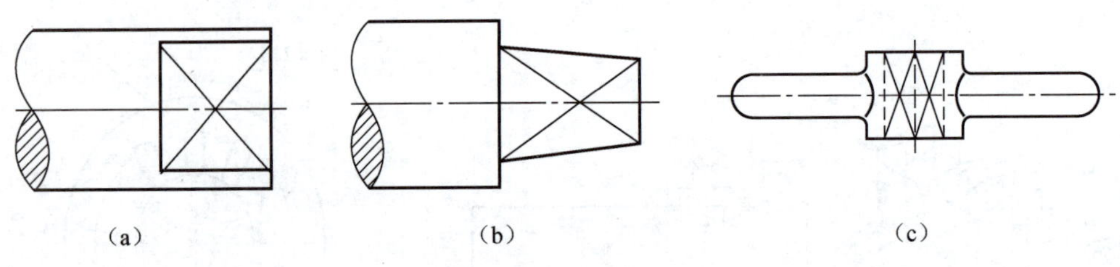

图 4－49 平面的简化画法

（8）在不致引起误解时，对于对称的视图可只画一半或四分之一，并在对称中心线的两端画出两条与其垂直的平行细实线，如图 4－50 所示。

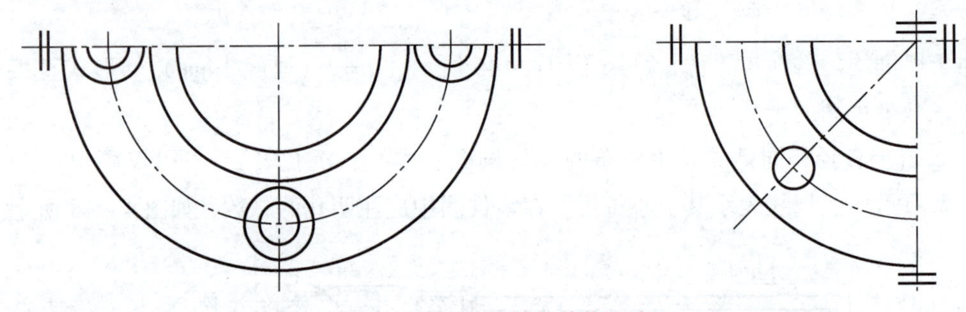

图 4－50 对称机件的简化画法

（9）较长机件（如轴、杆、型材、连杆等）沿长度方向的形状一致或按一定规律变化时，可断开绘制，如图 4－51 所示。

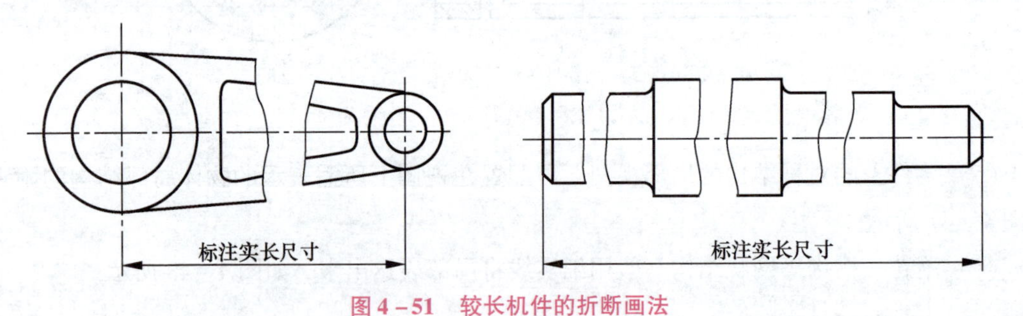

图 4－51 较长机件的折断画法

（10）在不致引起误解时，零件图中的移出断面，允许省略剖面符号，但剖切位置和断面图的标注，必须按规定的方法标出，如图 4－52 所示。

（11）机件上较小的结构，如在一个图形中已表示清楚时，在其他图形中可以简化或省略，如图 4－53 所示。图 4－53（a）中的主视图简化了锥孔的投影，图 4－53（b）中省略了平面斜切圆柱后截交线的投影。

（12）圆角、倒角的简化画法。除确实需要表示的某些圆角、倒角外，其他圆角、倒角在零件图中均可不画，但必须注明尺寸或在技术要求中加以说明，如图 4－54 所示。

较长机件的简化画法、断裂画法

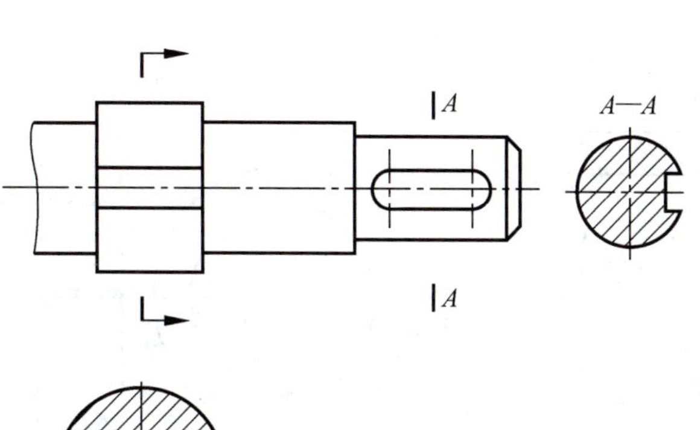

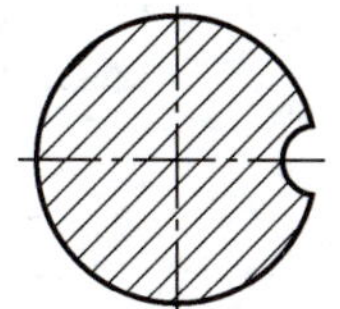

图 4－52　剖面符号可省略

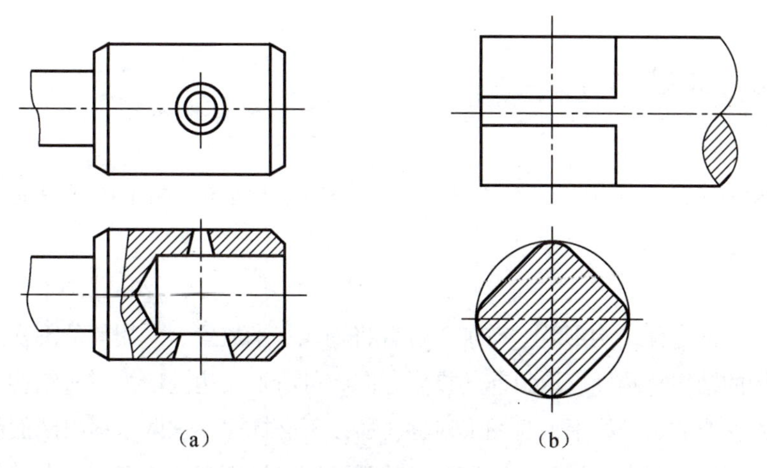

图 4－53　较小结构的省略画法

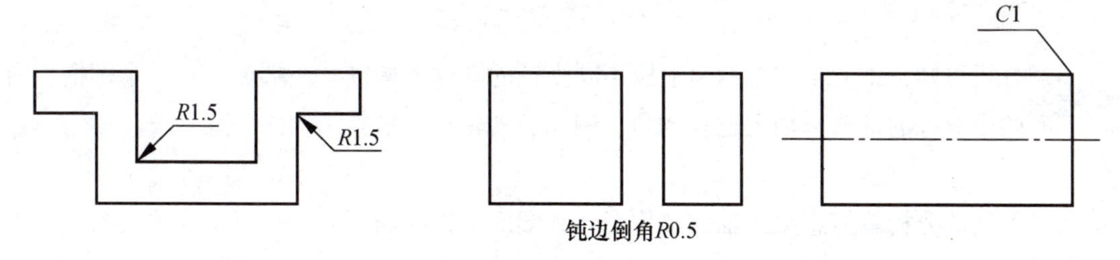

图 4－54　圆角、倒角的简化画法

（13）倾斜角度小于或等于 30°的斜面上的圆或圆弧，其投影可用圆或圆弧代替，如图 4－55 所示。

（14）在需要表示剖切平面前的结构时，这些结构按假想投影的轮廓绘制，如图 4－56 所示。

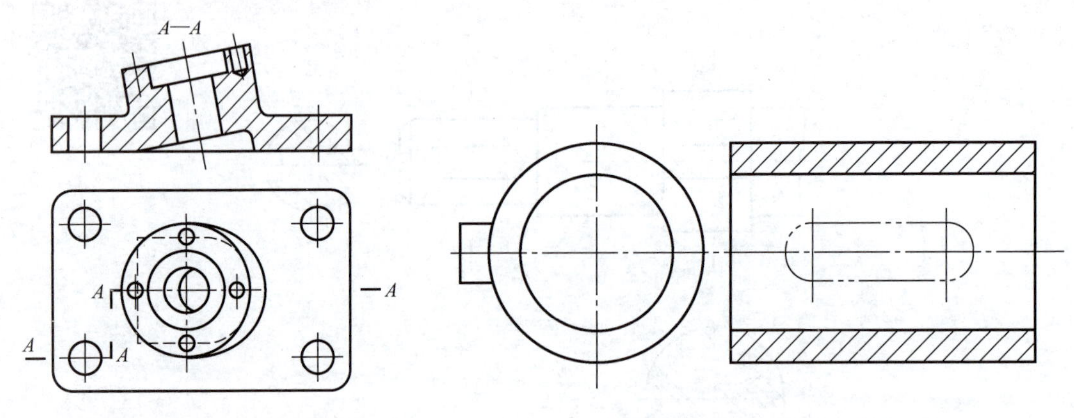

图 4－55　倾斜圆的投影　　图 4－56　剖切平面前结构的表示法

一、想象轴的整体形状

1. 概括了解

如图 4－39 所示的轴，用了一个主视图、两个移出断面图、两个局部视图、两个局部放大图来表达。

2. 视图分析

主视图表达轴的主体结构形状，按加工位置将轴线水平放置、采用局部剖视图的形式，考虑右边对称键槽的结构特殊性，取目前的投影方向，可清晰表达键槽为对称结构。左、右边的断面图配置在剖切线的延长线上，且图形对称，所以不必标注，这两个移出断面图分别表达阶梯轴的左右两端键槽的宽度和深度，键槽的形状类型用了局部视图来表达。左边的局部放大图表达最左轴端的倒角形状及销孔结构，右边的局部放大图表达轴右端砂轮越程槽结构。

3. 形体分析

通过分析可知，轴的主体结构由七段不同直径的圆柱体构成，左端加工有一个键槽，右端加工有两个对称的键槽，轴上还有倒角、销孔、砂轮越程槽等结构。

4. 综合想象

通过上面的分析就能想象出轴的整体形状和端面结构，如图 4－57 所示的轴测图。

图 4－57　轴的轴测图

二、回答下列问题

(1) 什么是局部放大图，它适用于什么场合？

(2) 国家标准规定的其他表达方法，常用的有哪些？适用于什么场合？

(3) 如何恰当地表达机件上的特殊结构？

拓展任务

请完成任务单—任务 4.4 中视图的绘制。

请完成表 4－7 的评价单。

表 4－7 任务 4.4 评价单

序号	检查项目	评分标准	结果评估	自评分
1	能否完整地说出机件的其他表达方案？	10		
2	能否说出机件其他各表达方案的适用场合？	20		
3	能否说出本任务中图形都运用了哪些表达方案？	10		
4	能否说出本任务中图形每一种表达方案所代表的含义？	20		
5	能否在已知本任务视图情况下，正确想象出其轴测图？	20		
6	在绘制图形过程中，是否遇到了问题？在解决问题过程中是否提升了自己查阅资料、沟通交流的能力？	20		

任务4.5　机件立体结构的表达

学习目标

【知识目标】

(1) 理解轴测图的形成及特点。

(2) 明确常用的正等轴测图及斜二轴测图的轴间角及轴向伸缩系数。

【能力目标】

(1) 学会轴测图的绘制方法。

(2) 能选择恰当的轴测图直观地表达机件的立体形状结构。

【素养目标】

(1) 通过学生自己的实践，激发学习兴趣。

(2) 养成细致、严谨的工作态度。

任务引入

任务如图4-58所示，为另一种结构的轴承座立体图形，请绘制该立体的正等轴测图。

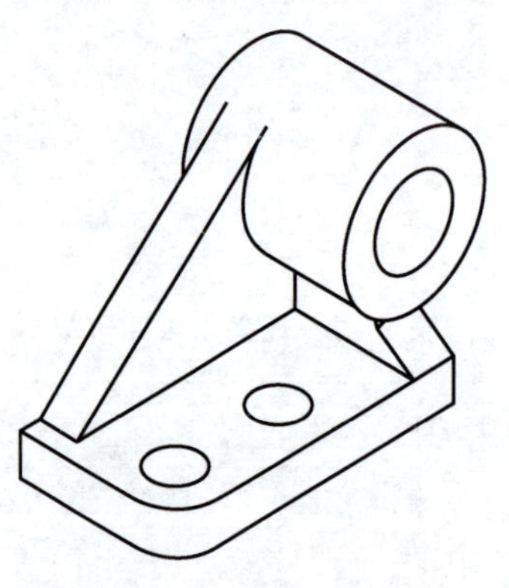

图4-58　轴承座立体图形

任务分析

采用正投影法绘制立体的多面投影图，可以完全确定立体的形状、大小，而且度量性好，作图方便，因而在工程上得到广泛采用。但是，在多面正投影图中，一个投影常常不能同时反映出物体的长、宽、高三个方向的尺度，缺乏立体感，直观性差，看图时需要对照几个视图，才能想象出物体的形状结构。为了弥补不足，工程上常采用直观性强、富有立体感的轴测图作为辅助图样。

AR

知识链接

知识点1 轴测图的基本知识

轴测图是一种能同时反映物体长、宽、高3个方向的单面投影图。轴测图具有立体感，可以弥补正投影的不足，是一种帮助读图、构思的辅助图样。

将物体连同其参考的直角坐标系，沿不平行于任一坐标面的方向，用平行投影法将其投影在单一投影面上所得到的图形称为轴测图。轴测图又称为立体图，有正轴测图和斜轴测图之分：按投射方向与轴测投影面垂直的方法画出来的是正轴测图；按投射方向与轴测投影面倾斜的方法画出来的是斜轴测图，如图4－59所示。

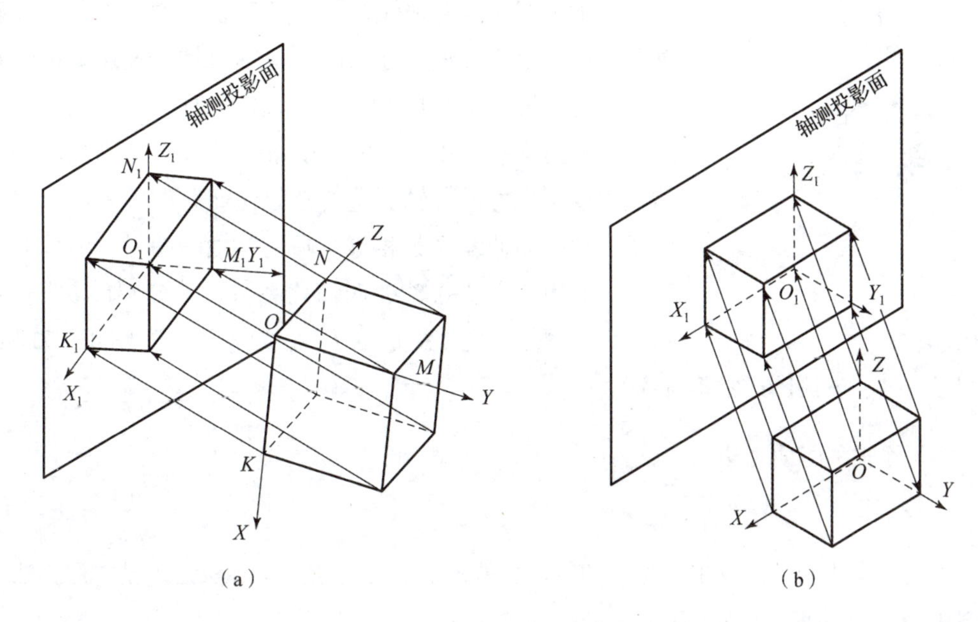

图4－59 轴测图的形成

（a）正等轴测图的形成；（b）斜二轴测图的形成

轴测图是单面投影图，这个投影面就叫轴测投影面。轴测图是根据平行投影法画出的平面图形，它具有平行投影的一般性质，如平行关系不变，平行线段的长度比不变等。如图4－59所示，空间直角坐标系的 OX、OY 和 OZ 坐标轴，在轴测投影面上的投影 O_1X_1、O_1Y_1 和 O_1Z_1，叫做轴测轴。两轴测轴间的夹角 $\angle X_1O_1Y_1$、$\angle X_1O_1Z_1$ 和 $\angle Z_1O_1Y_1$，叫做轴间角。空间坐标轴 OX 上的线段 OK 在轴测轴 O_1X_1 上为 O_1K_1，比值 O_1K_1/OK 叫 X 轴的轴向伸缩系数，用符号 p_1 表示。各轴的轴向伸缩系数是：

X 轴的轴向伸缩系数：$p_1 = O_1K_1/OK$；

Y 轴的轴向伸缩系数：$q_1 = O_1M_1/OM$；

Z 轴的轴向伸缩系数：$r_1 = O_1N_1/ON$。

知识点2　正等轴测图

正等轴测图是轴测图中最常见的一种，具有三个轴间角相等、轴向伸缩系数相等的特点。根据物体的形状特点，画轴测图有以下三种方法：坐标法、切割法、叠加法。其中坐标法是基础，这些方法也适用于其他轴测图。这三种方法在实际作图中，多数情况综合起来应用，因此可称为“综合法”。

一、正等轴测图的形成

使直角坐标系的三根坐标轴对轴测投影面的倾角相等，并用正投影法将物体向轴测投影面投射所得到的图形叫正等轴测图。

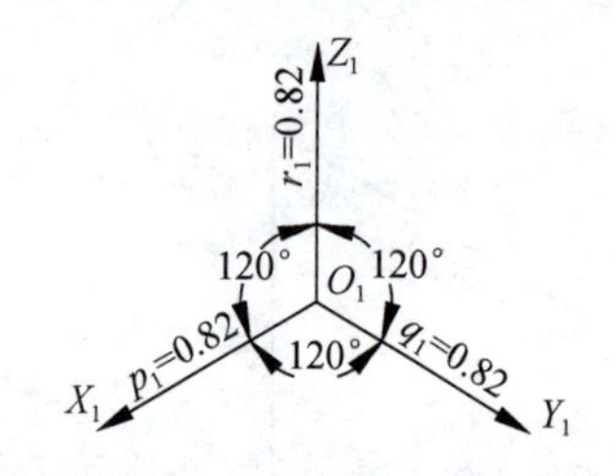

图4－60　正等轴测图的轴测轴、轴间角与轴向伸缩系数

画轴测图时，必须知道轴间角和轴向伸缩系数。在正等轴测图中，由于直角坐标系的三根轴对轴测投影面的倾角相等，因此，轴间角都是120°，各轴向的伸缩系数相等，都是0.82。根据这些系数，就可以度量平行于各轴向的尺寸。所谓轴测就是指可沿各轴测量的意思，而所谓等测则是表示这种图各轴向的伸缩系数相等。画正等轴测图时，为了避免计算，一般用1代替0.82，叫简化系数，并分别以 p、q、r 表示。为使图形稳定，一般取 O_1Z_1 为竖线，如图4－60所示。为使图形清晰，轴测图通常不画虚线。

二、正等轴测图的画法

1. 平面立体的正等轴测图画法

画轴测图常用的方法有坐标法、切割法、叠加法和综合法。坐标法是最基本的方法。

例4－1　已知正六棱柱的正投影图，如图4－61（a）所示，求作其正等轴测图。

解：

（1）分析物体的形状，确定坐标原点和作图顺序。

由于正六棱柱的前后、左右对称，故把坐标原点定在顶面六边形的中心，如图4－61（a）所示。由于正六棱柱的顶面和底面均为平行于水平面的六边形，在轴测图中，顶面可见，底面不可见。为了减少作图线数，应从顶面开始画图。

（2）画轴测轴，如图4－61（b）所示。

（3）用坐标定点法作图。

① 画出六棱柱顶面的轴测图：以 O_1 为中心，在 X_1 轴上取 $1_14_1=14$，在 Y_1 轴上取 $A_1B_1=ab$，如图4－61（b）所示。过 A_1、B_1 点作 O_1X_1 轴的平行线，且分别以 A_1、B_1 为中点，在所作的平行线上取 $2_13_1=23$，$5_16_1=56$，如图4－61（c）所示。再用直线顺次连接 1_1、2_1、3_1、4_1、5_1、6_1 和 1_1 点，得顶面的轴测图，如图4－61（d）所示。

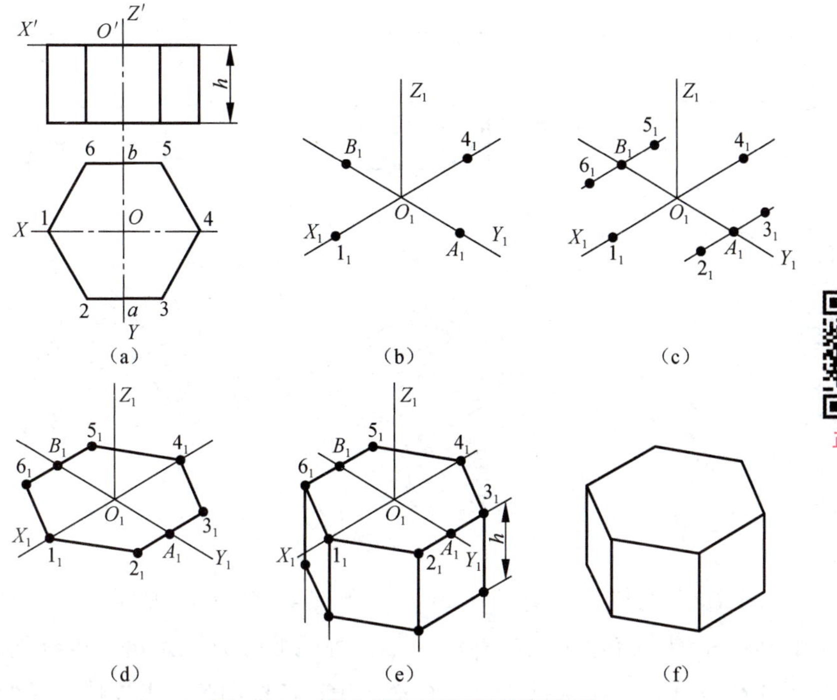

图 4-61　正六棱柱的正等轴测图画法

② 画棱面的轴测图：过 6_1、1_1、2_1、3_1 各点向下作 Z_1 轴的平行线，并在各平行线上按尺寸 h 取点再依次连线，如图 4-61（e）所示。

③ 完成全图：擦去多余图线并加深，如图 4-61（f）所示。

2. 回转体的正等轴测图的画法

由于正等轴测图的三个坐标轴都与轴测投影面倾斜，所以平行于投影面的圆的正等轴测图均为椭圆，如图 4-62 所示。由图可见：$X_1O_1Y_1$ 面上椭圆的长轴垂直于 O_1Z_1 轴；$X_1O_1Z_1$ 面上椭圆的长轴垂直于 O_1Y_1 轴；$Y_1O_1Z_1$ 面上椭圆的长轴垂直于 O_1X_1 轴。椭圆的正等轴测图一般采用四心圆弧法作图。

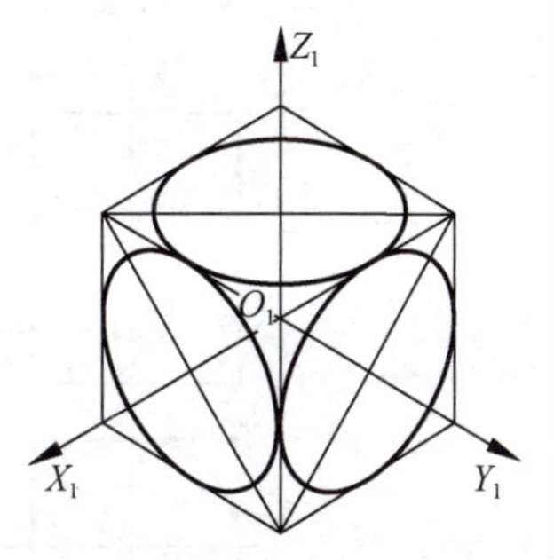

图 4-62　平行于轴测投影面的圆的正等轴测图

例 4-2　求作如图 4-63（a）所示半径为 R 的水平的正等轴测图。

解：

（1）定出直角坐标的原点及坐标轴。画圆的外切正方形 1234，与圆相切于 a、b、c、d 四点，如图 4-63（b）所示。

（2）画出轴测轴，并在 X_1、Y_1 轴上截取 $O_1A_1=O_1C_1=O_1B_1=O_1D_1=R$ 得 A_1、B_1、C_1、D_1 四点，如图 4-63（c）所示。

（3）过 A_1、C_1 和 B_1、D_1 点分别作 Y_1、X_1 轴的平行线，得菱形 $1_12_13_14_1$，如图 4-63（d）所示。

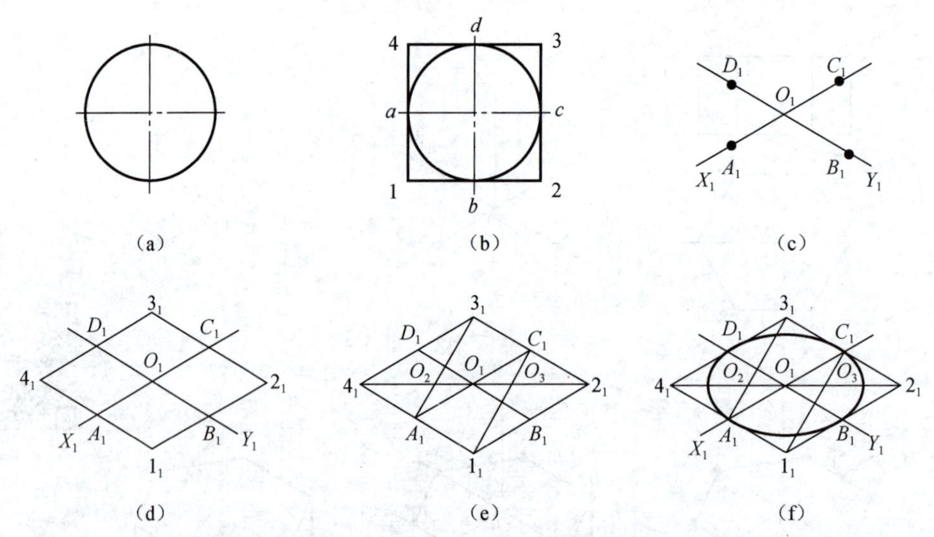

图 4-63　圆的正等轴测图近似画法

（4）连 3_1A_1、1_1C_1 分别与 2_14_1 交于 O_2 和 O_3，如图 4-63（e）所示。

（5）分别以 1_1、3_1 为圆心，1_1C_1、3_1A_1 为半径画圆弧 C_1D_1、A_1B_1、再分别以 O_2、O_3 为圆心，O_2D_1、O_3C_1 为半径，画圆弧 A_1D_1、B_1C_1。由这四段圆弧光滑连接而成的图形，即为所求的近似椭圆，如图 4-63（f）所示。

例 4-3　作圆柱体的正等轴测图。

解：

（1）定原点和坐标轴，如图 4-64（a）所示。

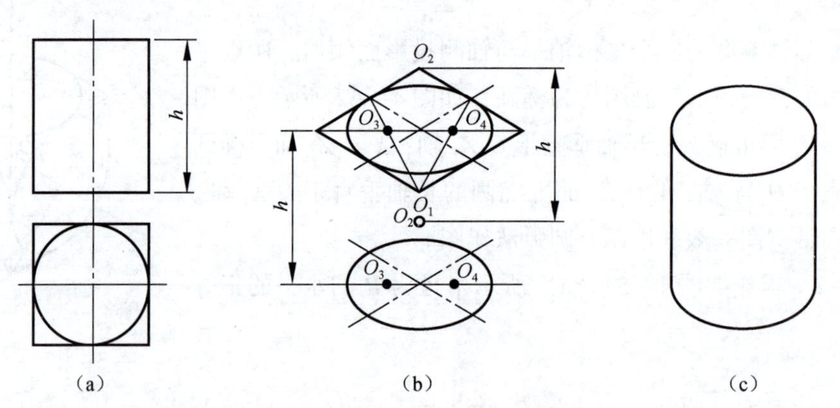

图 4-64　圆柱的正等轴测图画法

（2）画两端面圆的正等轴测图（用移心法画底面），如图 4-64（b）所示。

（3）作两椭圆的公切线，擦去多余线条，描深完成全图，如图 4-64（c）所示。

三、平行于基本投影面的圆角的正等轴测图的画法

平行于基本投影面的圆角，实质上就是平行于基本投影面的圆的一部分，因此，可以用近似法画圆的正等轴测图来画。特别是常见的 1/4 圆周的圆角，其正等测恰好就是上述近似

椭圆四段圆弧中的一段，如图 4－65 所示。

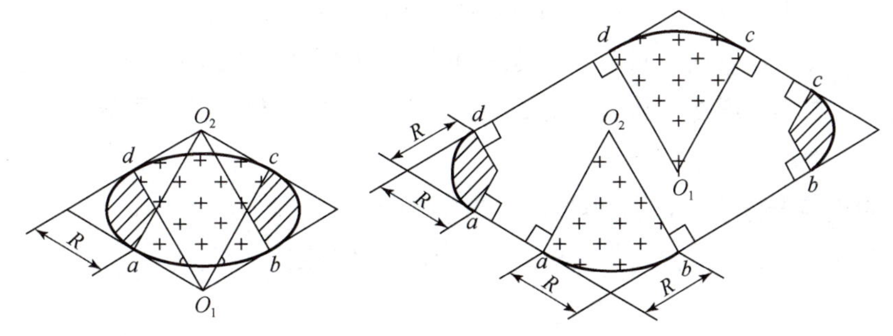

图 4－65 圆角的正等轴测图画法

例 4－4 画出如图 4－66（a）所示带圆角的长方体底板的正等轴测图。

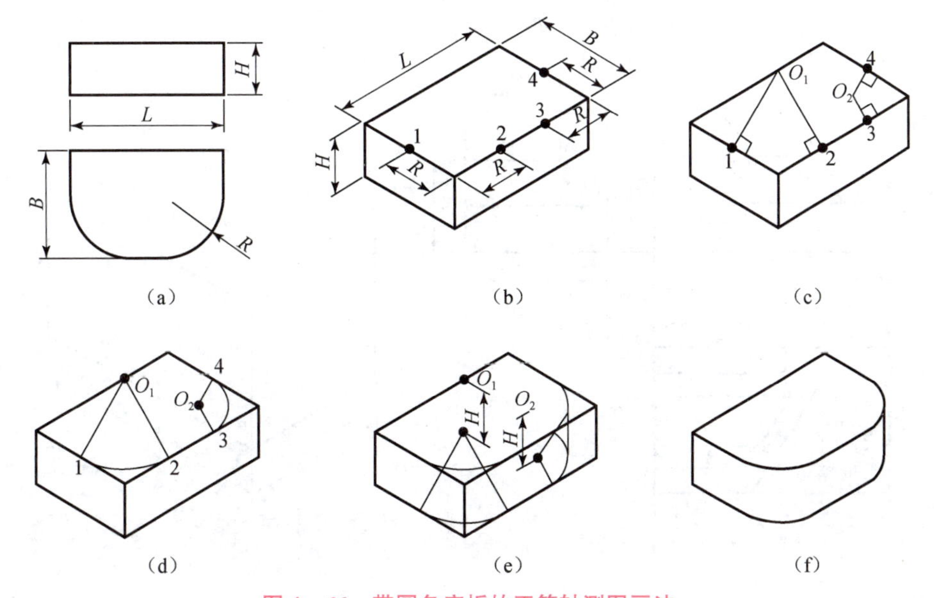

图 4－66 带圆角底板的正等轴测图画法

解：

（1）按图 4－66（b）画出图形，并按圆角半径 R 所在底板相应的棱线上找出切点 1、2 和 3、4 点。

（2）过切点 1、2 和 3、4 分别作切点所在直线的垂线，其交点 O_1、O_2 就是轴测圆角的圆心，如图 4－66（c）所示。

（3）以 O_1 和 O_2 为圆心，以 $O_1 1$ 和 $O_2 3$ 为半径作 12 弧和 34 弧，即得底板上顶面圆角的正等轴测图，如图 4－66（d）所示。

（4）将顶面圆角的圆心 O_1、O_2 及其切点分别沿 Z_1 轴下移底板厚度 H，再用与顶面圆弧相同的半径分别画圆弧，并作出对应圆弧的公切线，即得底板圆角的正等轴测图，如图 4－66（e）所示。

（5）擦去作图线并描深图线，最后得到带圆角的长方形底板的正等轴测图，如图 4－66（f）所示。

4. 组合体正等轴测图的画法

画组合体的正等轴测图时，也像画组合体三视图一样，要先进行形体分析，分析组合体的构成，然后作图。作图时，可先画出基本形体的轴测图，再利用切割法和叠加法完成全图。轴测图中一般不画虚线，从前、上面开始画起。另外，利用平行关系也是加快作图速度和提高作图准确性的有效手段。

（1）切割型组合体正等轴测图的绘制

例 4－5　画出如图 4－67（a）所示立体的正等轴测图。

解：

通过形体分析可知，该立体是由长方体切割形成的，作图时可先画出长方体的正等轴测图，再按逐次切割的顺序作图，画图步骤如图 4－67（b）、（c）、（d）、（e）、（f）作图。

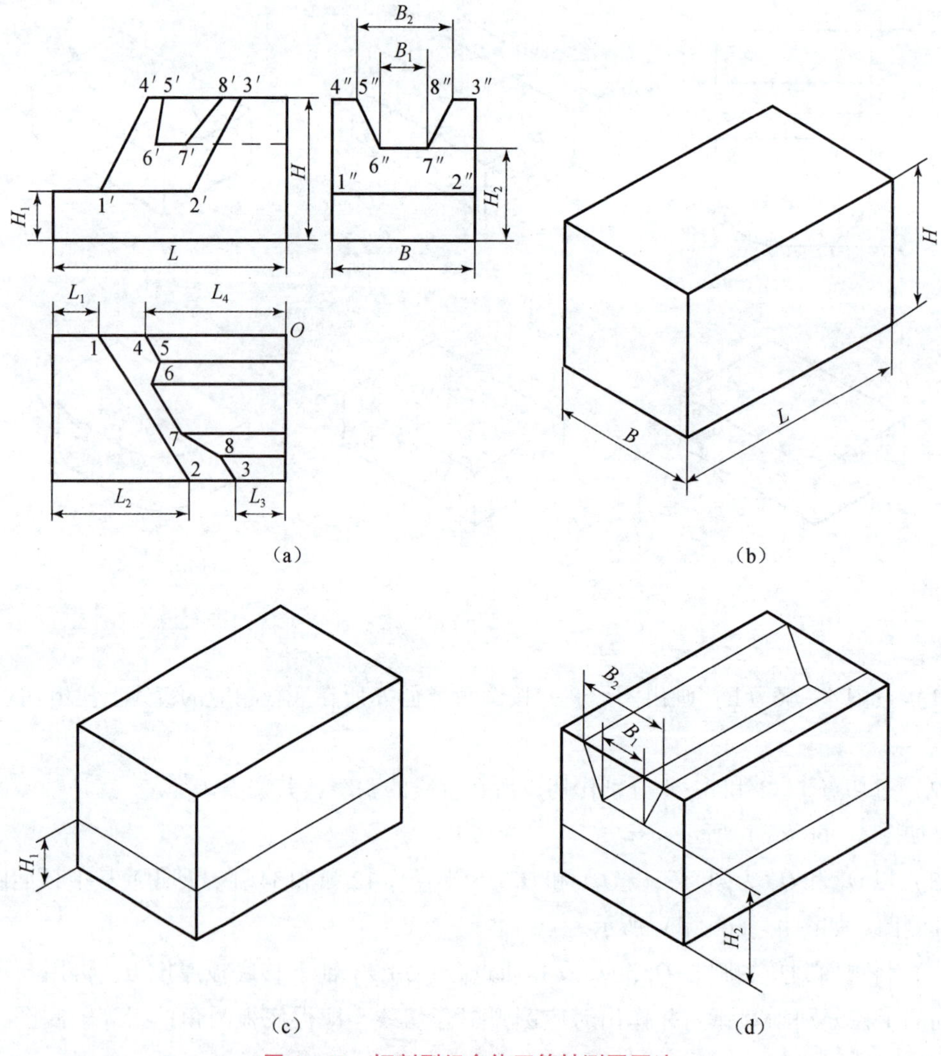

图 4－67　切割型组合体正等轴测图画法

（a）视图；（b）画长方体；（c）画与投影面平行的截切面；（d）画与投影面垂直的截切面

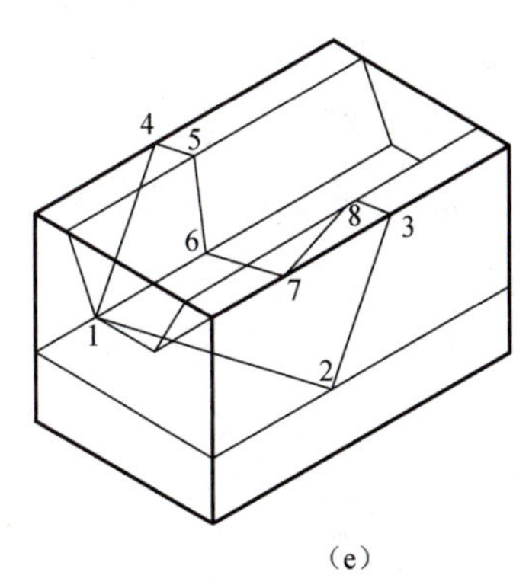

(e)

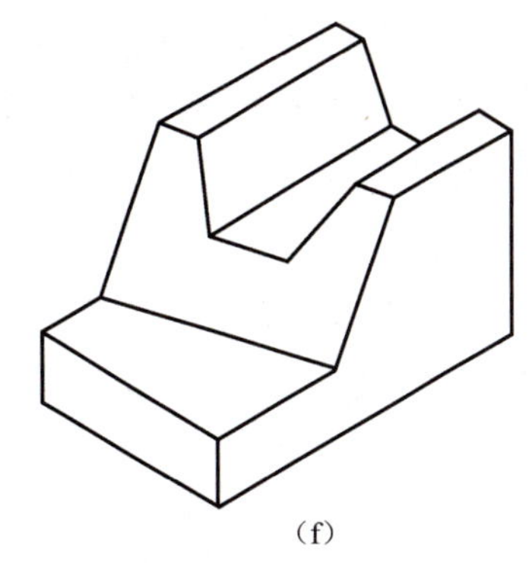

(f)

图 4－67　切割型组合体正等轴测图画法（续）

(e) 画一般位置的截切面；(f) 整理、描深完成全图

画切割型组合体正等轴测图的关键是：如何确定截切平面的位置及求作截切平面与立体表面的交线。由上例可以看出，如果截切平面是投影面的平行面，作图时只要一个方向定位，即沿着与截切平面垂直的轴测轴方向量取定位尺寸。其交线通常平行于立体上对应的线，如图 4－67（c）所示。

如果截切平面是投影面垂直面，作图时需要两个方向定位，即在切平面所垂直的面上，分别沿两个轴测轴方向量取定位尺寸。其交线通常有一条与立体上的线平行，如图 4－67（d）所示。

如果是一般位置平面，作图时需要从三个方向量取定位尺寸，用不在一直线上的三点确定截切平面位置，求出各顶点位置后，连线画出平面，如图 4－67（e）所示。如果一个一般位置平面有三个以上的点，作图时要注意保证各点共面，可以用平行取点的方法求出其他各点。

知识点 3　斜二轴测图

斜二轴测图是指轴测投影方向倾斜于轴测投影面，且 p、q、r 三个轴向伸缩系数中的两个相等。其特点表现为有一个坐标面与投影面平行。机械工程中最常用的斜二轴测图是坐标面 XOZ 与轴测 P 平行，简称斜二测。

一、斜二轴测图的形成

投射线对轴测投影面倾斜，即可得到实物的斜轴测图，如图 4－68 所示。

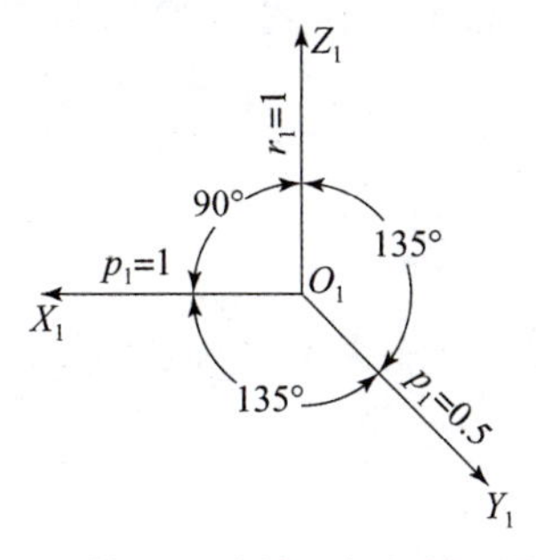

图 4－68　斜二轴测图的轴间角与轴向伸缩系数

由于坐标面 XOZ 平行于轴测投影面，故它在轴测投影面上的投影反映实形。X_1 和 Z_1 间的轴间角为90°，X 和 Z 的轴向伸缩系数都等于1，因而叫斜二轴测图。

在斜二轴测图中，$\angle X_1O_1Y_1$ 和 Y 轴轴向伸缩系数可以任意选择，但为了画图方便和考虑到立体感，在选择投影方向时，恰好使 Y_1 轴和 X_1、Z_1 轴的夹角都是135°，并令 Y 轴轴向伸缩系数为0.5，如图4－68所示。当零件只有一个方向有圆或形状复杂时，为了便于画图宜用斜二轴测图表示。

二、斜二轴测图的画法

画斜二轴测图通常从最前面的面开始，沿 Y_1 轴方向分层定位，在 $X_1O_1Z_1$ 轴测面上定形，注意 Y_1 方向的缩短率为0.5。如图4－69所示是斜二轴测图的画法示例。

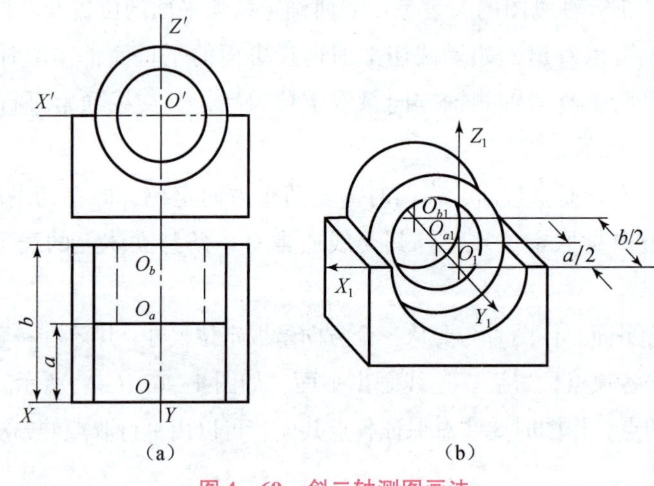

图4－69　斜二轴测图画法

（a）视图；（b）斜二轴测图

任务实施

一、绘制图形

分析视图可知，该立体是叠加型组合体，由底板、圆柱筒、支承板、肋板四部分组成。作图时按照逐个形体叠加的顺序画图，作图步骤如图4－70（b）、（c）、（d）、（e）、（f）所示。

二、回答下列问题

（1）什么叫轴测图？轴测图的常用类型有哪些？轴测图是如何绘制的？

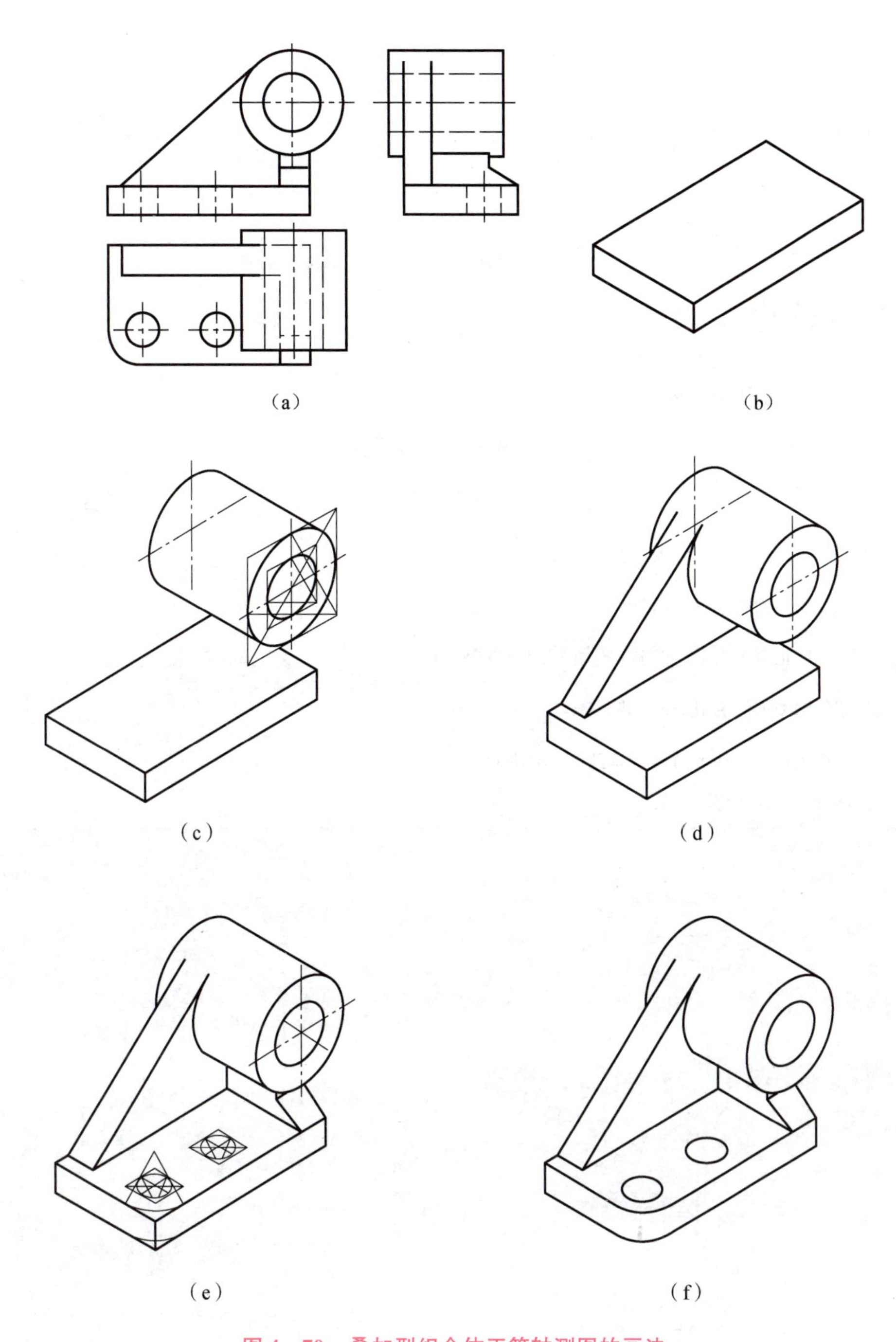

图 4－70　叠加型组合体正等轴测图的画法

(a) 三视图；(b) 画底板；(c) 画圆柱筒；(d) 画支承板；
(e) 画肋板及底板上的圆孔和圆角；(f) 整理、描深完成全图

(2) 如何选用恰当的轴测图来直观地表达机体的形状结构？

拓展任务

请完成任务单—任务 4.5 中轴测图的绘制。

任务评价

请完成表 4－8 的学习评价。

表 4－8　任务 4.5 学习评价

序号	检查项目	评分标准	结果评估	自评分
1	能否对轴承座进行正确的形体分析？	20		
2	能否正确地画出轴承座的三视图？	20		
3	在绘制轴承座正等轴测图过程中，遵循了哪些作图原则？	20		
4	轴承座正等轴测图的绘制是否标准、美观？	20		
5	在绘制图形过程中，是否遇到了问题？在解决问题过程中是否提升了自己查阅资料、沟通交流的能力？	20		

项目5　零件图的识读与绘制

项目导读

通过本项目的训练，学生应了解零件图及其作用，了解零件图相关的粗糙度、配合、公差等技术要求的意义，并具有一定的识读能力；了解并掌握零件图的识读方法，具有常用零件图的绘制能力；掌握常用标准件的识读和绘制方法，具备零件图的识读能力。

任务5.1　常见标准件和常用件的识读与绘制

学习目标

【知识目标】

(1) 了解常见标准件的类型。

(2) 掌握螺纹、键、销、齿轮、轴承、弹簧等标准件和常用件的画法。

【能力目标】

(1) 能正确识读螺纹、键、销等标准件图纸。

(2) 能正确绘制螺纹、键、销等标准件图纸。

(3) 能正确识读轴承、弹簧等常用件的图纸。

【素养目标】

(1) 养成多观察多思考的学习作风。

(2) 培养客观科学、认真负责的职业态度。

任务引入

任务一

如图5-0所示，为工程常见的螺栓连接图，请绘制其简化画法，并回答相关问题，其中主视图全剖，俯视图和左视图不剖（采用简化画法）；螺栓M12，工件厚度分别为15、

10，螺母和垫圈均与螺栓配套。

任务二

图 5－1 所示为工程常用的标准直齿圆柱齿轮立体图形，请绘制其两视图（已知齿轮的模数 $m=3$，齿数 $z=20$），并回答相关问题。

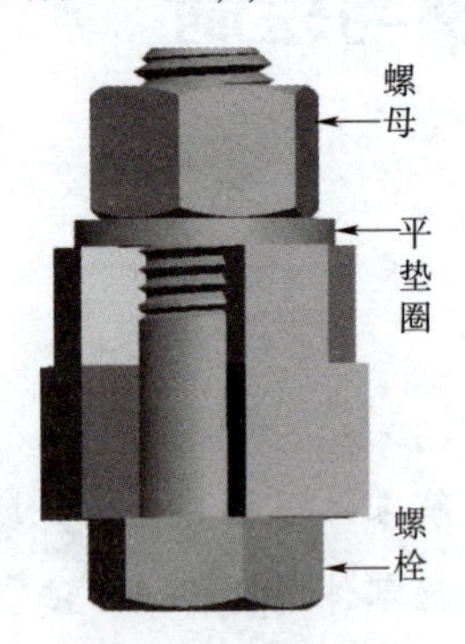

图 5－0　螺栓连接

图 5－1　直齿圆柱齿轮

AR资源

任务分析

机器或部件中，除了一般的零件外，还广泛使用螺栓、螺钉、螺母、垫圈、键、销和滚动轴承等零件。这类零件的结构和尺寸等全部要素都由国家标准作了严格的标准化规范，所以被称为标准件。标准件有其特定的规定画法和简化画法，且有自己的标记方法。

标准件由于被标准化了，这些零件由专业化工厂根据标准化的参数大批量生产，成为标准化、系列化的零件。集中生产的优势在于提高了生产效率和获得了质优价廉的产品。在产品的设计、装配、维修过程中，按规格选用和更换。还有部分零件为常用件。

知识链接

知识点 1　螺纹

一、螺纹的形成和结构

1. 螺纹的形成：

在圆柱或圆锥母体表面上制出的螺旋线形的、具有特定截面的连续凸起部分称为螺纹。螺纹是当一个平面图形（如三角形、梯形、矩形等）绕着圆柱面作螺旋运动时而形成的圆柱螺旋体，如图 5－2 所示。

2. 螺纹的结构：

（1）螺纹的末端。螺纹在安装时，为了防止端部损坏和便于装配，通常在螺杆螺纹的起始处加工成锥形的倒角或球形的倒圆。如图 5－3 所示。

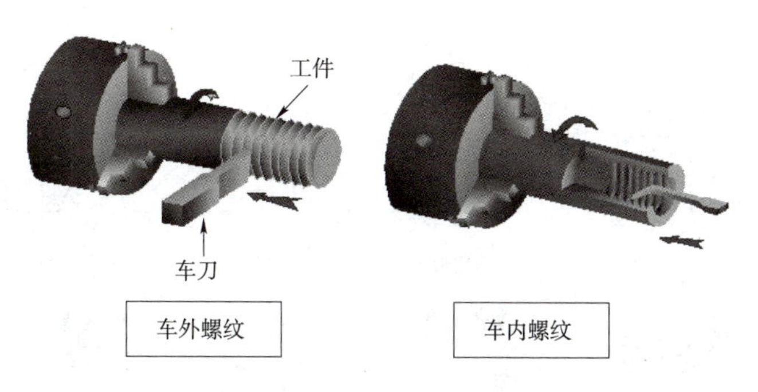

图5－2 螺纹的形成

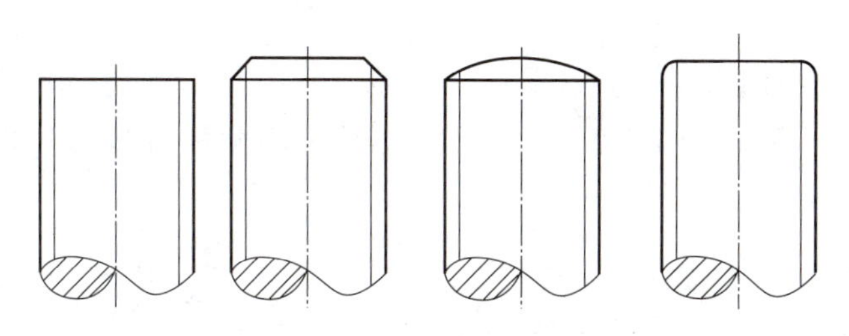

图5－3 螺纹的末端结构

（2）螺纹的收尾和退刀槽。收尾或退刀槽在螺纹的结束处。车削螺纹的刀具在接近螺纹末尾时要逐渐离开工件，因而螺纹末尾附近的螺纹牙型有一段不完整，称为螺尾，如图5－4（a）所示。有时为了避免产生螺尾，方便进刀和退刀，在该处预制出一个退刀槽，如图5－4（b）所示。

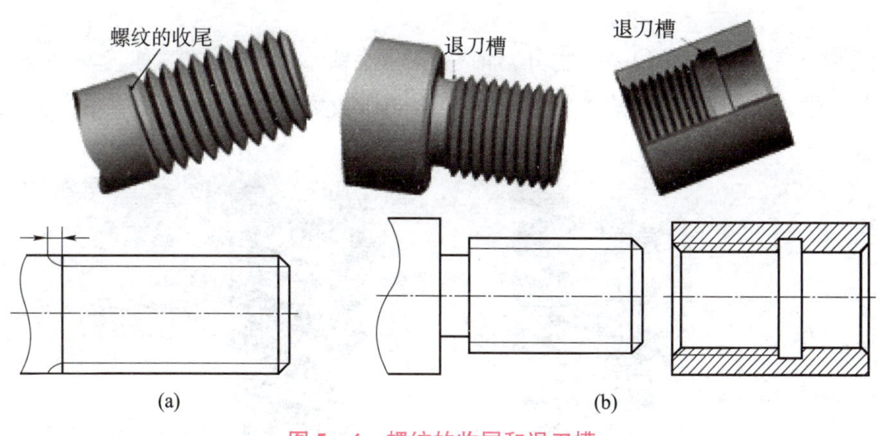

图5－4 螺纹的收尾和退刀槽

（a）螺尾；（b）退刀槽

二、螺纹的基本要素

（1）牙型：用通过螺纹轴线的平面剖开螺纹，所得剖面形状。牙型有三角形、梯形、锯齿形和矩形等。如图5－5所示。

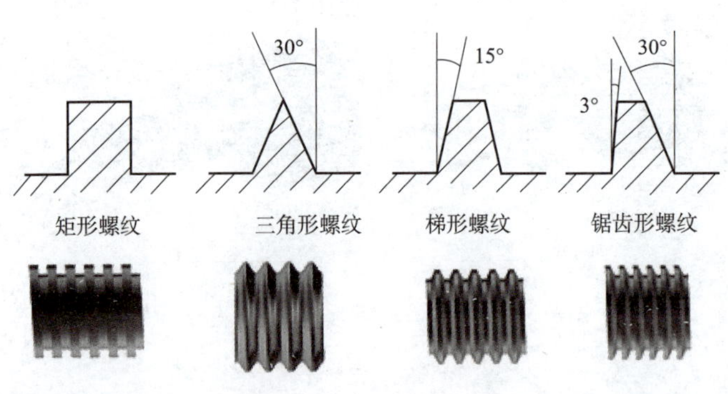

图 5－5　螺纹的牙型

（2）公称直径：是代表螺纹的规格尺寸的直径，一般是指螺纹的大径。用 d（外螺纹）或 D（内螺纹）表示，如图 5－6 所示。螺纹的凸起部分称为牙顶，沟槽部分称为牙底。

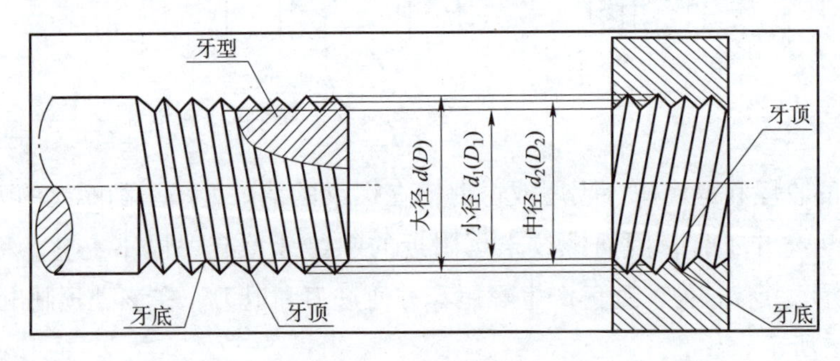

图 5－6　螺纹的直径

（3）线数：螺纹有单线和多线之分，沿一条螺旋线形成的螺纹，称为单线螺纹；沿两条或两条以上螺旋线所形成的螺纹称为多线螺纹。用 n 表示。如图 5－7 所示。

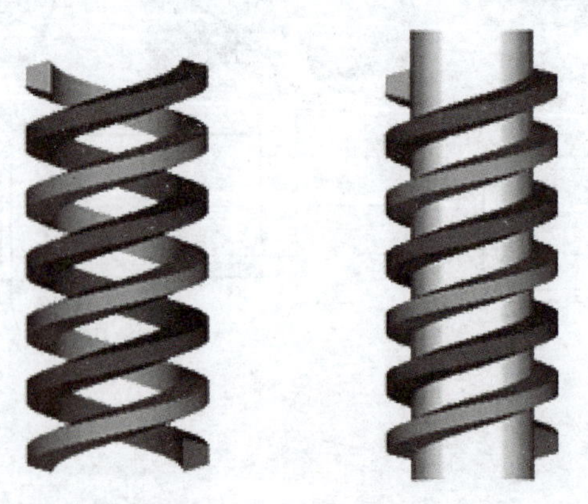

图 5－7　螺纹的线数

（4）螺距和导程：螺纹相邻两牙在中径线上对应两点间的轴向距离，称为螺距，用 p 表示。同一条螺旋线上的相邻两牙在中径线上对应两点间的轴向距离，称为导程，用 s 表示。对于单线螺纹，导程与螺距相等，即 $s=p$。多线螺纹 $s=n\times p$，如图 5－8 所示。

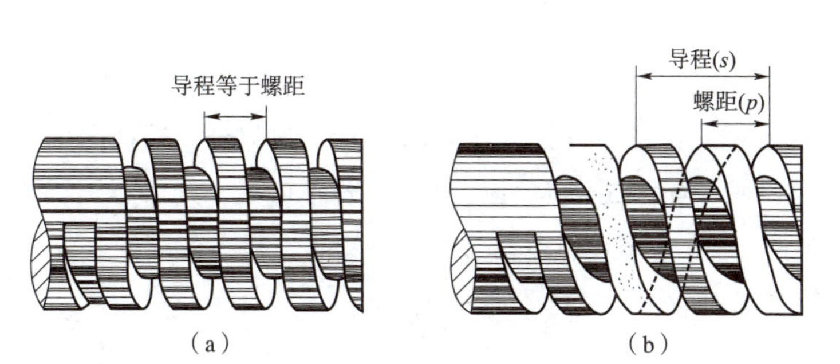

图 5-8 螺纹的螺距和导程

(a) 单线；(b) 双线

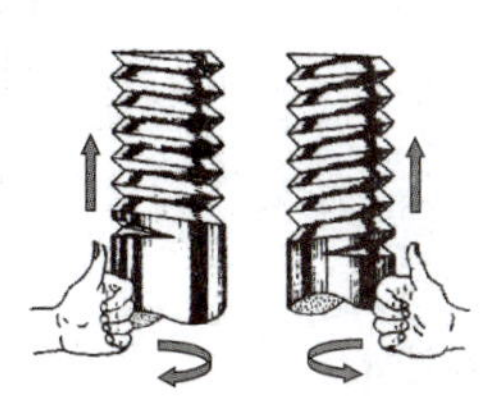

图 5-9 螺纹的旋向

(5) 旋向：螺纹的旋向有左旋和右旋之分。顺时针旋转时旋入的螺纹是右旋螺纹；逆时针旋转时旋入的螺纹是左旋螺纹。如图 5-9所示。

内、外螺纹连接时，以上要素须相同，才可旋合在一起。

螺纹的三要素——牙型、直径和螺距是决定螺纹最基本的要素。三要素符合国家标准的称为标准螺纹；牙型符合标准，而直径或螺距不符合标准的，称为特殊螺纹，牙型不符合标准的，如矩形螺纹，称为非标准螺纹。

三、螺纹的种类

螺纹按用途可分为两大类。

(1) 连接螺纹：用来连接零件的螺纹。如三角形牙型的普通螺纹和管螺纹。

(2) 传动螺纹：用来传递动力和运动的螺纹。如梯形螺纹、锯齿形螺纹和矩形螺纹。

四、螺纹的规定画法

1. 外螺纹的画法

牙顶（大径）画粗实线、螺纹终止线画粗实线、牙底（小径）画细实线，且画到倒角或倒圆部分；在端视图中表示大径的圆用粗实线画，表示小径的圆，只画 3/4 圈细实线圆，倒角圆省略不画，如图 5-10 所示。

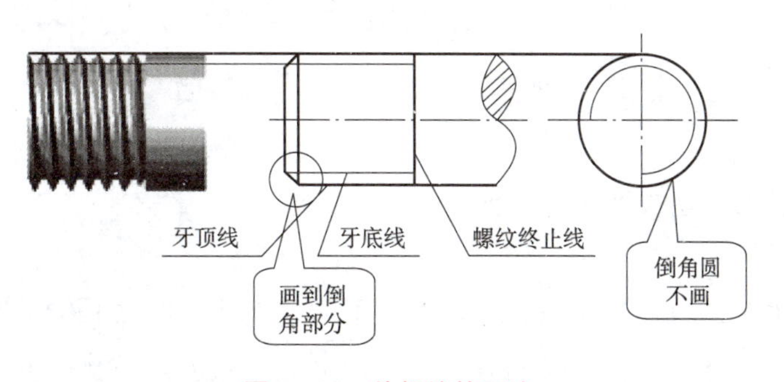

图 5-10 外螺纹的画法

外螺纹 2

外螺纹的画法

2. 内螺纹的画法

内螺纹一般采用剖视图表达，内螺纹若可见，则牙顶（小径）画粗实线；螺纹终止线画粗实线；牙底（大径）画细实线，且画到倒角或倒圆部分；端视图中，只画 3/4 圈细实线圆，倒角圆省略不画，如图 5－11（a）所示。若不可见，则所有图线画成虚线，画法如图 5－11（b）所示。螺孔与螺孔、螺孔与光孔相交时，只在牙顶处（螺纹小径）画一条相贯线，如图 5－11（c）所示。

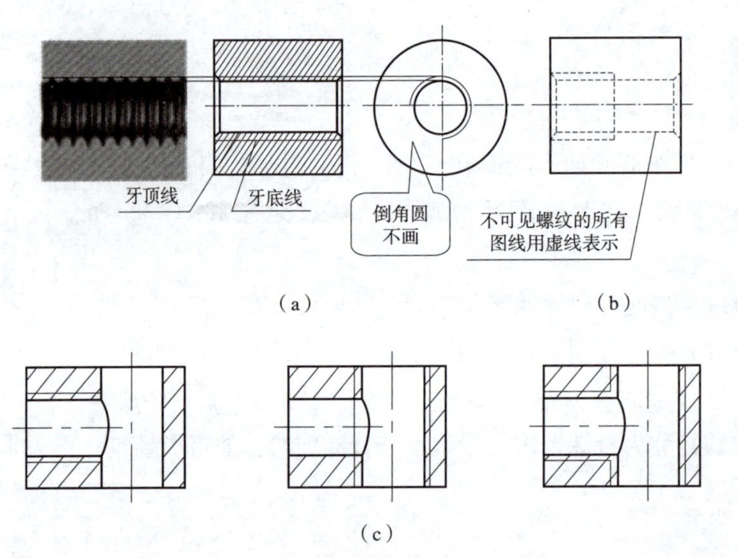

内螺纹的画法

（c）

图 5－11　内螺纹的画法

（a）内螺纹的剖视画法；（b）不可见内螺纹的画法；（c）螺纹孔相交的画法

3. 非标准螺纹的画法

对于标准螺纹只需注明代号，不必画出牙型，而非标准螺纹，如方牙螺纹，则需要在零件图上作局部剖视表示牙型，或在图形附近画出螺纹的局部放大图。如图 5－12 所示。

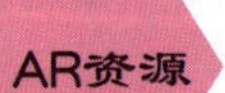

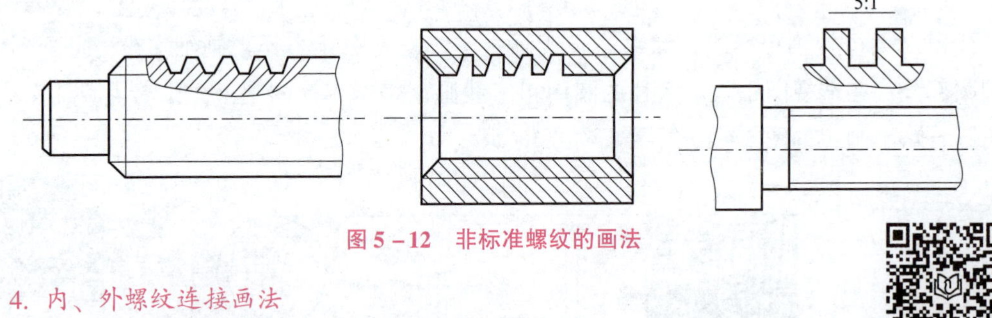

图 5－12　非标准螺纹的画法

常用螺纹的种类

4. 内、外螺纹连接画法

内、外螺纹连接画法如图 5－13 所示。

5. 其他规定画法

不通螺纹孔的加工过程是先用麻花钻加工不同的光孔，形成 120°的圆锥孔。再用丝锥扩螺孔。在绘制不穿通的螺孔（又叫螺纹盲孔）时，一般应将钻孔深度与螺纹深度分别画出，且钻孔深度一般应比螺纹深度大 0.5D，其中 D 为螺纹大径，如图 5－14 所示。

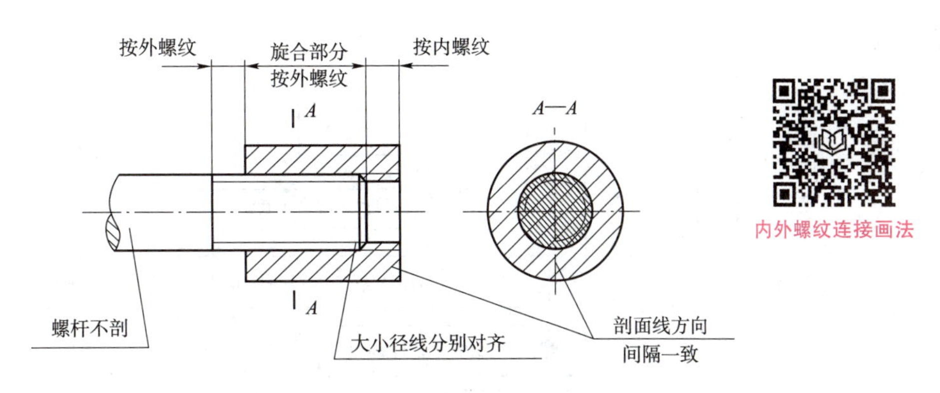

图 5－13 螺纹连接画法

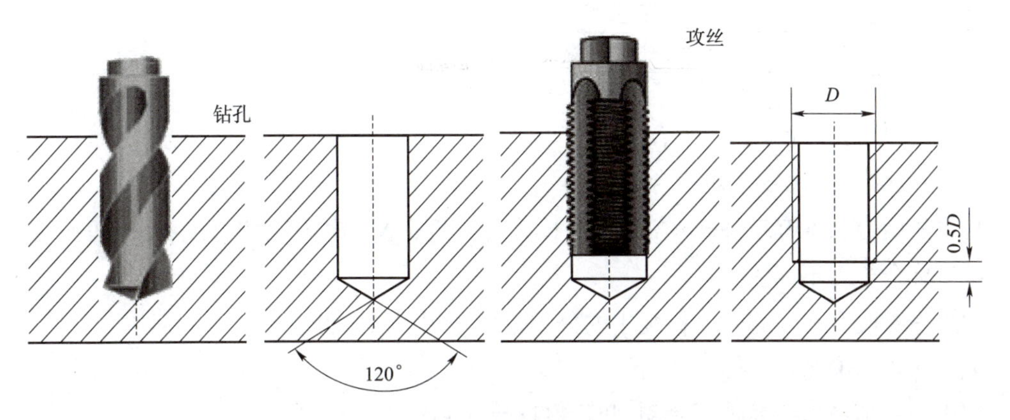

图 5－14 不穿通的螺孔的画法

五、螺纹的代号及标注

1. 普通螺纹

普通螺纹的牙型代号为“M”，其直径、螺距可查表得知。

普通螺纹的标注格式：

例如：M10×1LH－5g6g－S

M——螺纹代号（普通螺纹）

10——公称直径 10mm

1——螺距 1mm（细牙螺蚊标螺距，粗牙螺纹不标）

LH——旋向左旋（右旋不标注）

5g——中径公差带代号（5g）

螺纹特征代号 | 公称直径 × 螺距（单线）/ 导程（p螺距）（多线） | 旋向 － 公差带代号 － 旋合长度代号

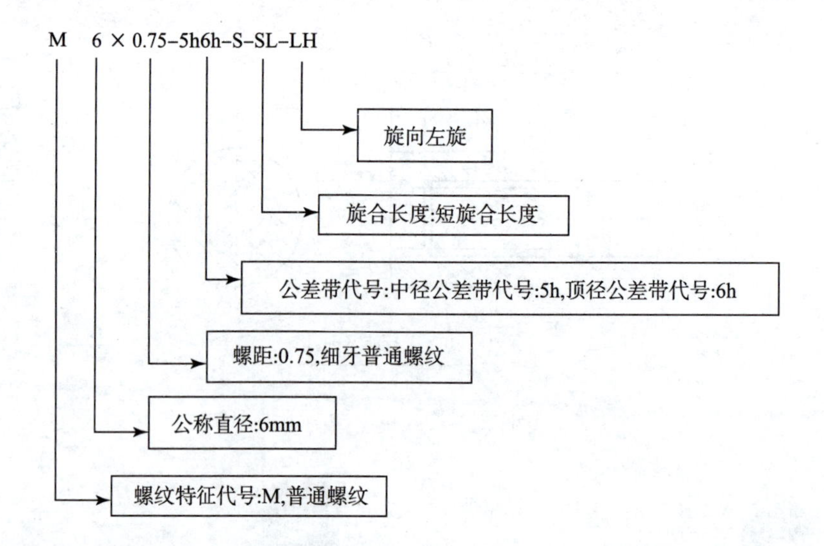

6g——顶径公差带代号（6g）

S——旋合长度代号（短旋合长度）

螺纹的旋合长度有三种表示法：L—长旋合长度；N—中等旋和长度；S—短旋合长度。一般中等旋合长度不标注。

内外螺纹旋合在一起时，标注中的公差带代号用斜线分开。

如：M10 ×6H/6g

当中径和顶径的公差带代号相同时，只标注一个。

2. 管螺纹

管螺纹只注牙型符号、尺寸代号和旋向。标注格式为：

螺纹特征代号 尺寸代号 公差等级代号—旋向

G1（右旋不标注）

G——管螺纹代号

1——尺寸代号 1 英寸

管螺纹的尺寸代号不是螺纹的大径，而是管子孔径的近似值，管螺纹的大径、小径和螺距可查表。

3. 梯形螺纹与锯齿形螺纹

梯形螺纹的代号为“Tr”，锯齿形螺纹的代号为“S”。标注格式为：

Tr40 ×14（p7）LH－8e－L

Tr40——梯形螺纹，公称直径 40mm

14（*p*7）——导程 14mm 螺距 7mm

LH——左旋

8e——中径公差带代号

L——长旋合长度

如果是单线只标注螺距，右旋不标注，中等旋合长度不标注。

标准螺纹的标注方法见表 5-1。

表 5-1 标准螺纹的标注方法

螺纹类别	特征代号	标注示例	图例	说明
粗牙普通螺纹 GB 197—1981	M	M 10 -6g 公差带代号 公称直径 螺纹特征代号	M10-6g	右旋不注旋向
细牙普通螺纹 GB 197—1981	M	M10×1 LH 旋向(左) 螺距 螺纹特征代号	M10×1LH	1. 注螺距 2. 左旋应注旋向
梯形螺纹 GB 5796.4—1986	Tr	Tr 32 ×12/2 LH 旋向(左) 导程/线数 公称直径 螺纹特征代号	Tr32×12/2LH	1. 多线螺距注成导程/线数的形式 2. 左旋应注旋向
锯齿形螺纹 GB/T 13576—1992	B	B 40 ×6 LH 旋向(左) 螺距 公称直径 螺纹特征代号	B40×6LH	单线注螺距
非螺纹密封的圆柱管螺纹 GB 7307—1987	G	G 1 A 公差等级代号 公称直径 牙型特征代号	G1A	右旋不注旋向
用螺纹密封的管螺纹 GB 7306—1987	R（圆锥外螺纹） Rc（圆锥内螺纹）	Rc 1/2 公称直径 螺纹特征代号	Rc1/2	右旋不注旋向

注：1. 特征代号和公称直径都必须标注。公称直径一般指螺纹大径，但管螺纹的公称直径指带有外螺纹管子的孔径（单位为英寸）；
2. 粗牙普通螺纹和管螺纹的公称直径与螺距一一对应，因此规定不注螺距；
3. 细牙普通螺纹、梯形螺纹和锯齿形螺纹，由于同一公称直径可有几种不同的螺距，所以必须注出螺距；
4. 单线螺纹和右旋螺纹应用较多，规定不必注明线数和旋向；左旋螺纹应注“LH”。

知识点2 常用螺纹紧固件

螺纹紧固件就是运用一对内、外螺纹的连接作用来连接和紧固一些零部件。常用螺纹紧固件如图 5-15 所示。

图 5－15　常见的螺纹紧固件

1. 螺纹紧固件的种类和标记

常用的螺纹紧固件有螺栓、螺柱、螺钉、螺母和垫圈等，它们的结构和尺寸均已标准化，由专门的标准件厂成批生产。螺纹紧固件的完整标记格式组成为：

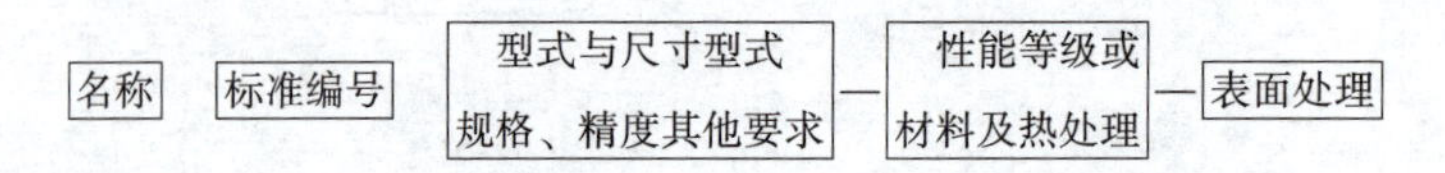

紧固件的标记可以按以下原则进行简化：

（1）采用现行标准规定的各紧固件时，国标中的年号可以省略。

（2）当性能等级是标准规定的某一等级时，可以省略不注，在其他情况下，则应注明。简化后的紧固件的标记格式为：名称　标准编号。

规格常用螺纹紧固件的简图及标记示例见表 5－2。

表 5－2　螺纹紧固件及其标注示例

种类	结构形式和规格尺寸	标记示例	说明
六角头螺栓	d, l	螺栓 GB/T 5782—2000 M12×50	螺纹规格为 M12，$l=50$ mm（当螺纹杆上是全螺纹时，应选取标准编号为 GB/T 5783）
双头螺柱	d, (bm), l	螺柱 GB/T 899—1988 M12×50	双头螺柱双头规格均为 M12，$l=50$ mm，

续表

种类	结构形式和规格尺寸	标记示例	说明
开槽圆柱头螺钉	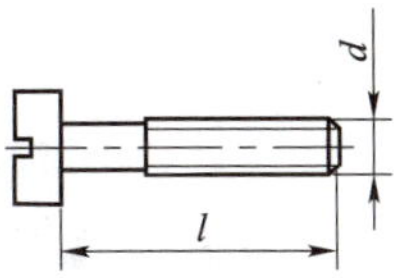	螺钉 GB/T 65—2000 M10×50	螺纹规格为 M10，l = 50 mm（l 值在 40 mm 以内为全螺纹）
开槽盘头螺钉	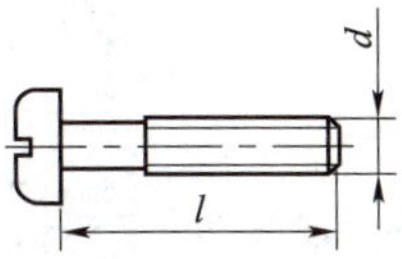	螺钉 GB/T 67—2000 M10×50	螺纹规格为 M10，l = 50 mm（l 值在 40 mm 以内为全螺纹）
开槽沉头螺钉	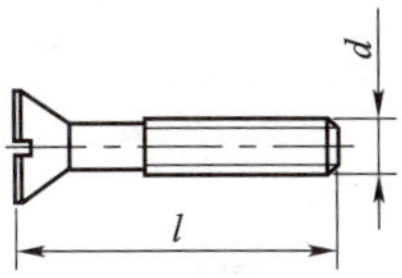	螺钉 GB/T 68—2000 M10×45	螺纹规格为 M10，l = 45 mm（l 值在 45 mm 以内为全螺纹）
开槽锥端紧定螺钉	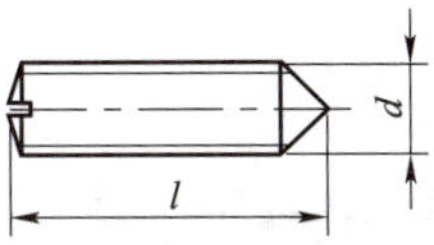	螺钉 GB/T 71—1985 M12×40	螺纹规格为 M12，l = 40 mm
1 型六角螺母	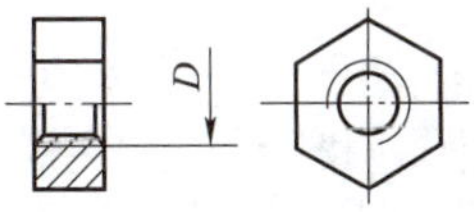	螺母 GB/T 6170—2000 M8	螺纹规格为 M8 的 1 型六角头螺母
平垫圈	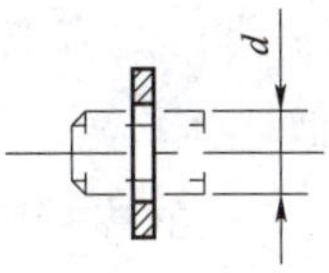	垫圈 GB/T97.1—2002 8—140HV	与螺纹规格 M8 配用的平垫圈，性能等级 140HV
标准型弹簧垫圈	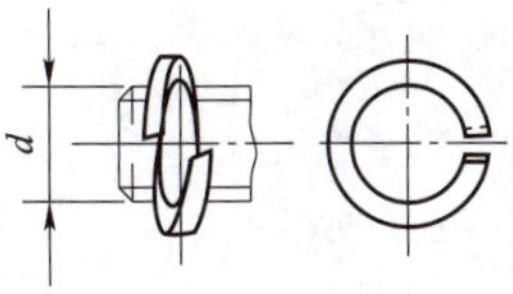	垫圈 GB/T 93—1987 12	与螺纹规格 M12 配用的弹簧垫圈

二、螺纹紧固件的连接画法

螺纹紧固件有三种连接形式：螺栓连接、螺柱连接、螺钉连接。画螺纹紧固件的连接就是画螺纹紧固件与被连接工件的装配图。画图时应遵守以下规定：

（1）两零件的接触表面只画一条线，凡不接触的相邻表面，不论其间隙大小均需画成两条线（小间隙可夸大画出，一般不小于 0.7 mm）。

（2）在剖视图中，相邻两零件的剖面线方向要相反，或方向一致而间隔不等。同一零件各视图中剖面线的方向和间隔必须一致。

（3）当剖切平面通过螺纹紧固件的轴线时，对于螺栓、螺柱、螺钉、螺母及垫圈等按不剖处理，即仍画其外形。

（4）画连接图时可采用简化画法，螺纹紧固件上的工艺结构如倒角、退刀槽、缩颈等均可省略不画；对不穿通螺孔可不画出钻孔深度；螺栓、螺钉的头部可简化。

在这里需要指出的是画图应提倡采用简化画法。

1. 螺栓连接

螺栓连接由螺栓、螺母和垫圈组成，连接时用螺栓穿过两个零件的光孔，加上垫圈，用螺母紧固，如图 5－16 所示，用在两个被连接零件比较薄，并能钻成通孔的场合。

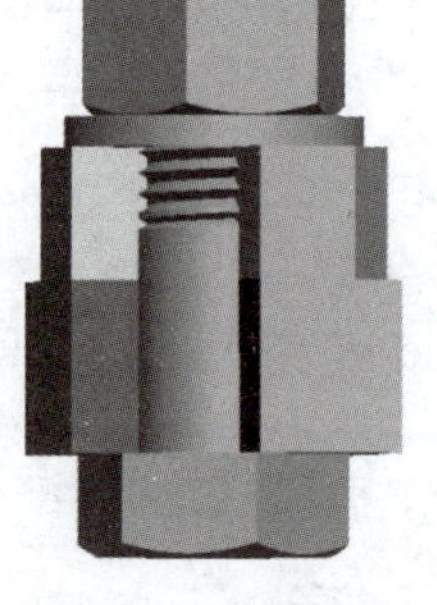

图 5－16 螺栓连接

画图时，通孔的直径比螺栓的公称直径略大，约为 1.1d（d 为螺纹大径），设计时可根据螺纹的公称直径查表确定。根据各螺纹紧固件的标记型式及螺纹的公称直径 d，查有关的标准件表。由附录表查得螺母厚度、垫圈外圈直径、螺栓头部（厚度）。确定各部分的尺寸后，按尺寸画装配图。

螺栓长度先初步按下式估算：

$L_{计}$ = 上板厚 + 下板厚 + 垫圈厚(h) + 螺母厚(m) + a（螺栓伸出螺母的长度，约为 0.3d）

根据估算数值查附录，确定标准长度值，一般使 $L \geq L_{计}$。选定螺栓的标准长度后可以用以下不同方法画出装配图。

（1）比例画法。在绘图时，为了节省查表时间，提高绘图速度，图中各螺纹紧固件的尺寸一般不按标准规定的实际尺寸作图，常采用比例画法，即除螺栓的长度要通过初算后查表取标准长度外，其余各部分尺寸都按螺纹公称直径 d 进行比例折算，此方法是一种近似的画法。图 5－17（b）所示为螺母和六角头螺栓头部截交线的近似比例画法；图 5－16 中各紧固件均用与 d 的比例关系确定尺寸，然后绘制如图 5－17（a）所示的连接图。

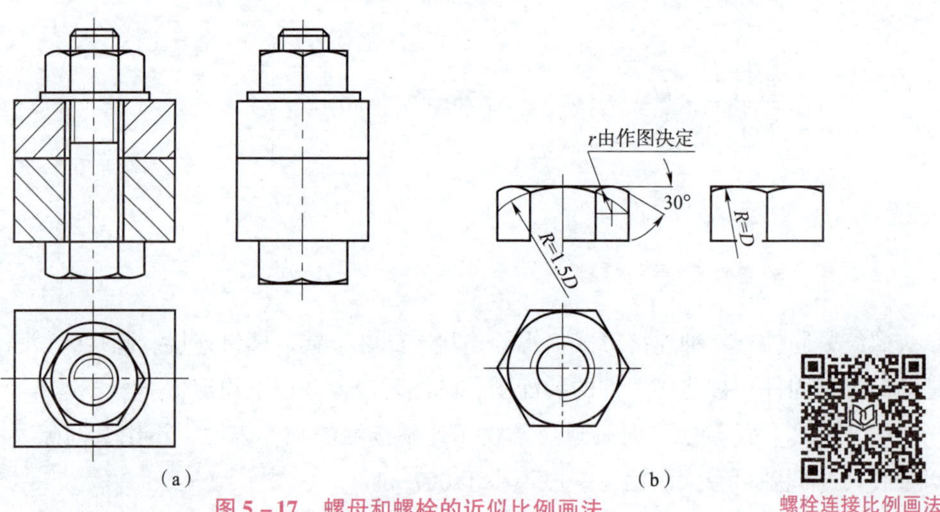

图 5－17 螺母和螺栓的近似比例画法

（a）螺栓连接近似比例画法；（b）螺母截交线的近似比例画法

（2）简化画法。采用简化画法时，螺纹紧固件的工艺结构如倒角、退刀槽等均可不画；螺栓和螺母六角头部的倒角、截交线均不画。图 5－18 所示为螺栓连接的简化画法，先画俯视图较方便。

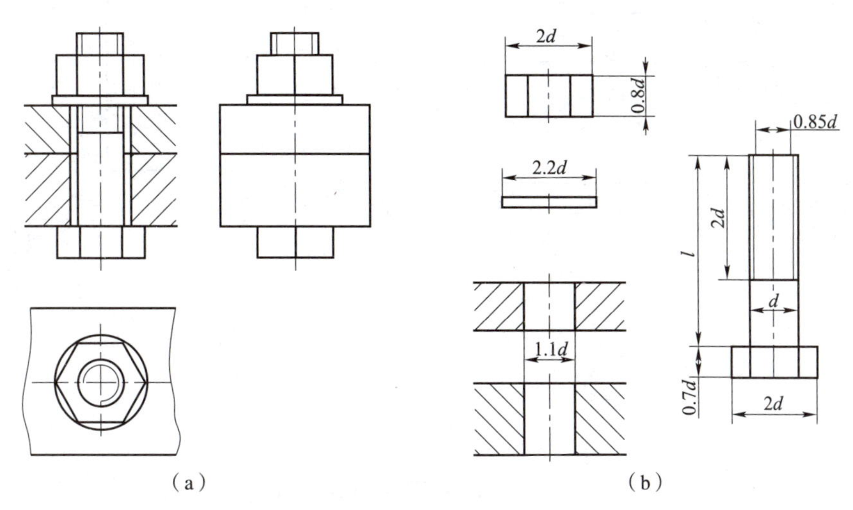

图 5－18　螺栓连接的简化画法

2. 双头螺柱连接

图 5－19 所示为螺柱连接装配示意图，画螺柱连接装配图应注意以下几点：

（1）双头螺柱的标准长度也要通过计算后查表确定，螺柱标准长度是除去旋入端之外的长度。计算长度 $L_{计}$ = 上板厚 + 垫圈厚 + 螺母厚 + a（螺柱伸出螺母的长度，约为 0.3d）。计算出长度后，查螺柱的标准长度系列表确定标准长 L，一般 $L \geq L_{计}$。

（2）双头螺柱旋入被连接件的深度 b_m 的值与被连接件的材料有关，见图 5－20 中的表格。

（3）螺柱旋入端的螺纹终止线一定要和两连接件接触面平齐。

（4）为确保旋入端全部旋入，被连接件上螺纹孔的螺纹深度应大于旋入端螺纹深度 b_m，在画图时，螺孔的螺纹深度为 b_m + 0.5d，钻孔深度为 $b_m + d$，如图 5－20（a）所示，在画装配图时允许简化，即将钻孔深度按螺孔深度绘出，如图 5－20（b）所示。

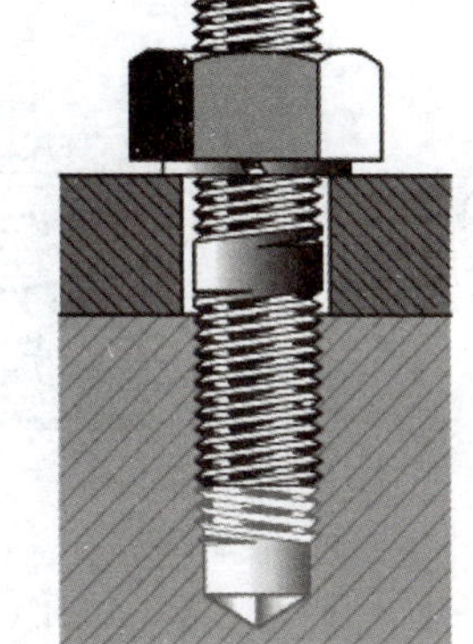

图 5－19　螺柱连接示意图

（5）螺母和垫圈的各部分尺寸与大径的比例关系和螺栓连接图 5－18（a）相同。弹簧垫圈开口倾斜 60°，斜口的方向应与螺栓旋向相反（若螺栓旋向为右旋，则垫圈上斜口的方向相当于左旋）。

3. 螺钉连接

（1）连接螺钉。不同类型的连接螺钉如图 5－21 所示。连接螺钉主要用于连接不经常拆卸，并且受力不大的场合。它是一种只需螺钉（有时也可加垫圈）而不用螺母的连接，因而结构最简单。连接螺钉由头部和杆身两部分组成：其头部有多种不同的结构形式，相应

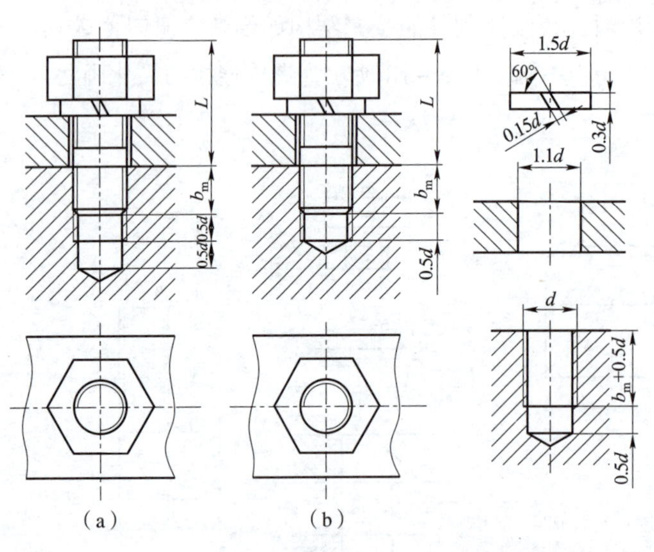

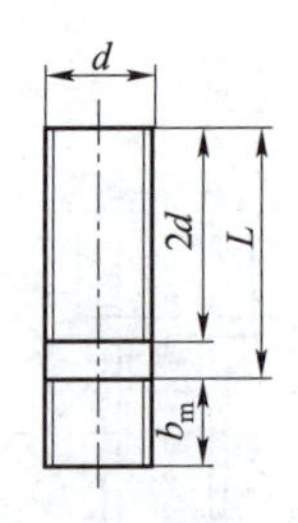

标准编号	b_m	机件材料
GB/T 897—1988	d	钢
GB/T 898—1988	$1.25d$	铸铁
GB/T 899—1988	$1.5d$	铸铁
GB/T 900—1988	$2d$	铝

图 5－20　螺柱连接的简化画法

有不同的国家标准代号；杆身上刻有部分螺纹或全部螺纹（螺钉公称长度较小时），被连接件之一加工有通孔，另一被连接件上加工有螺孔。连接时，将螺钉穿过通孔，并用起子插入螺钉头部的起子槽（呈一字或十字），再加以拧动，依靠杆身上的螺纹即可旋入至螺孔中，并依靠其头部压紧被连接件而实现两者的连接。

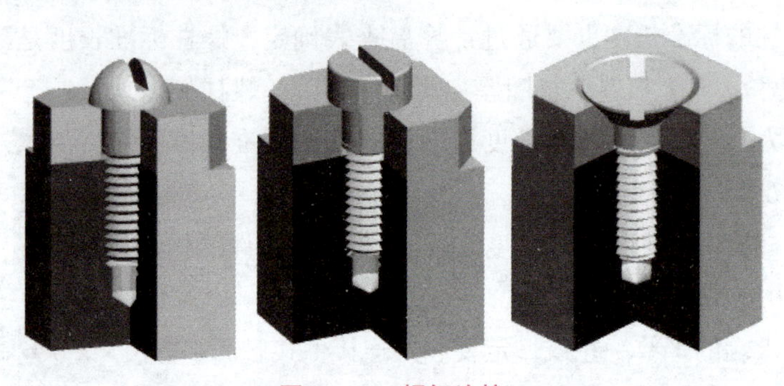

图 5－21　螺钉连接

画螺钉连接装配图应注意以下几点：

①螺钉的长度也要通过初步计算后，查螺钉的标准长度系列表确定。$L_{计}$ = 上板厚 + 旋入深度 b_m，旋入长度的确定同螺柱，标准长度 $L \geqslant L_{计}$。如图 5－22 所示。

②螺钉的螺纹终止线要高于两连接件的接触面。

③螺钉头部开槽在主、俯视图中并不符合投影关系，在投影为圆的视图上，这些槽习惯绘制成向右倾斜 45°，若槽宽小于或等于 2 mm，则可用 2 倍粗实线宽的粗线表示。

螺钉连接比例画法如图 5－22 所示。

螺钉连接简化画法如图 5－23 所示。

2. 紧定螺钉

紧定螺钉多用于轮毂与轴之间的固定。通常在轴上加工出锥坑，如图 5－24（a）所示；

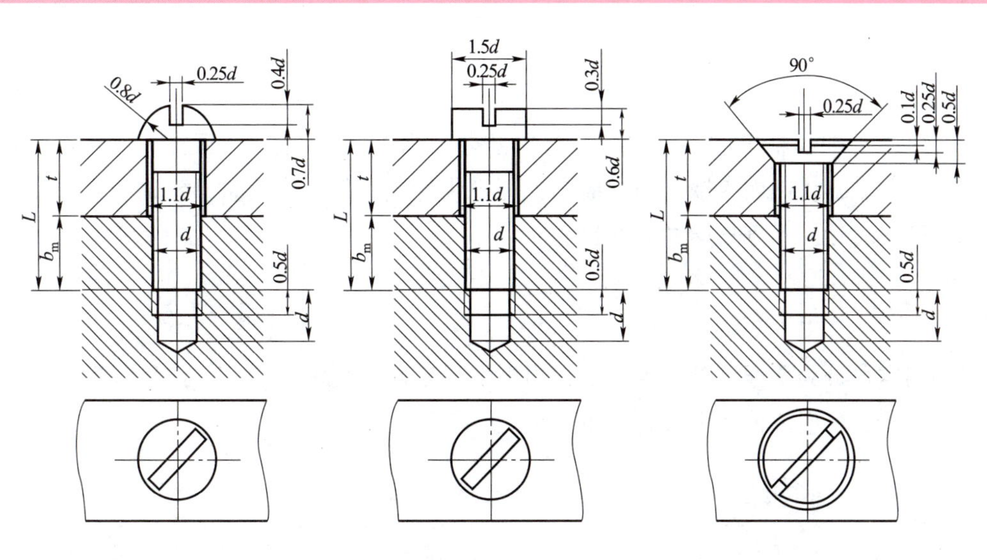

图 5－22　螺钉连接比例画法

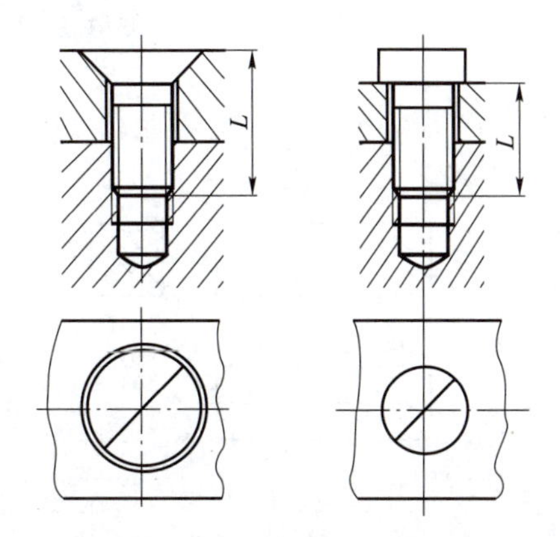

图 5－23　螺钉连接简化画法

在轮子的轮毂上加工出螺孔，如图 5－24（b）所示；连接时，将轮子套装于轴上，再将螺钉拧入轮子的螺孔中，使螺钉的锥形端部紧压在轴上的锥坑内，从而固定了轮子与轴的相对位置，如图 5－24（c）所示。

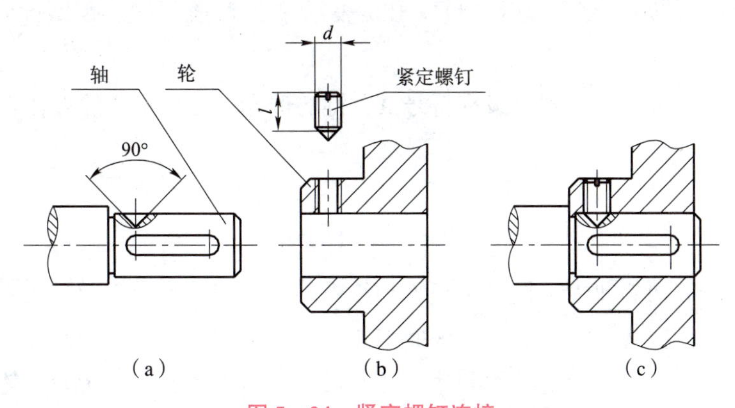

图 5－24　紧定螺钉连接

知识点3　键

键主要用于轴和轴上的零件（如齿轮、皮带轮等）间的连接，起着传递转矩的作用。如图 5－25 所示，将键嵌入轴上的键槽中，再把齿轮装在轴上，当轴转动时，通过键连接，齿轮和轴同步转动，达到传递动力的目的。

一、键的种类

常用的键可分为普通平键、半圆键和钩头楔键三类，如图 5－26 所示。普通平键又可分为 A 型、B 型、C 型三种结构形式，如图 5－27 所示。

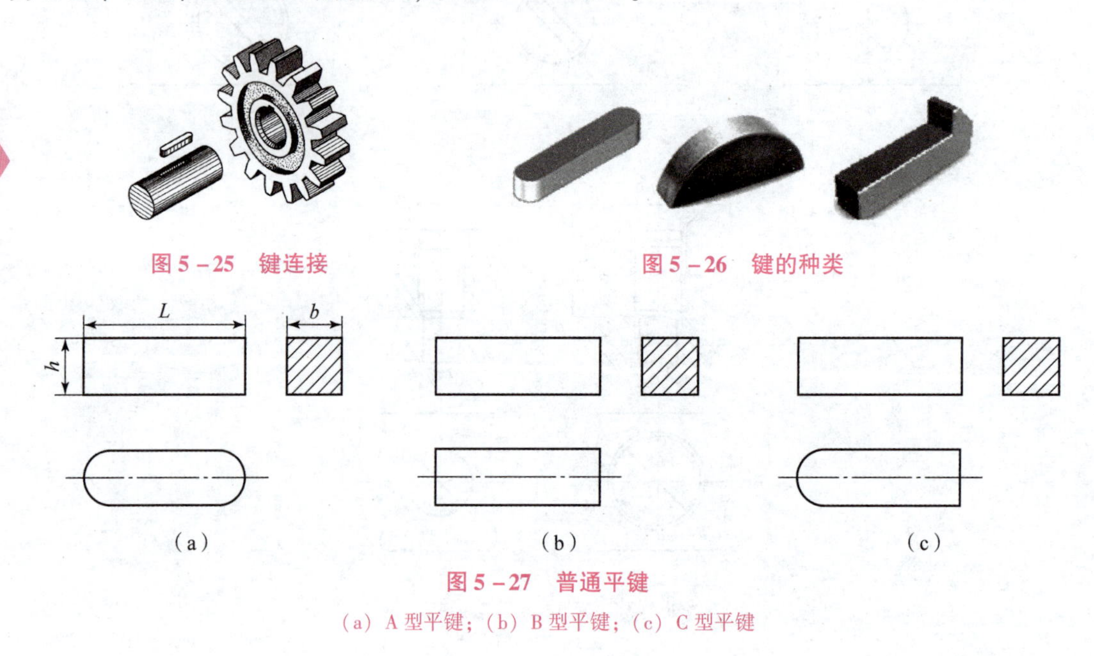

图 5－25　键连接

图 5－26　键的种类

图 5－27　普通平键

(a) A 型平键；(b) B 型平键；(c) C 型平键

二、键的标记

普通平键的标记格式：名称　键的形式　键 $b \times h \times L$　GB1096－2003

例如：GB/T　1096　键　B18 × 11 × 100 表示平头普通平键，B 型，$b=18$，$h=11$，$L=100$。

圆头普通平键在标记中可省略级别符号 A。键的选择，可根据轴的直径查表获取，见附录表 B－13。

三、普通平键的画法

由于普通平键的两侧面为工作面，与轴和轮毂的键槽的两侧面接触，所以在图上只画一条线。而键的上、下面为非工作面，上底面与轮毂键槽之间留有一定的间隙，画两条线。

当采用普通平键时，轴上键槽的表达方法及尺寸标注如图 5－28 所示，轮毂上键槽的表达方法及尺寸标注如图 5－29 所示。

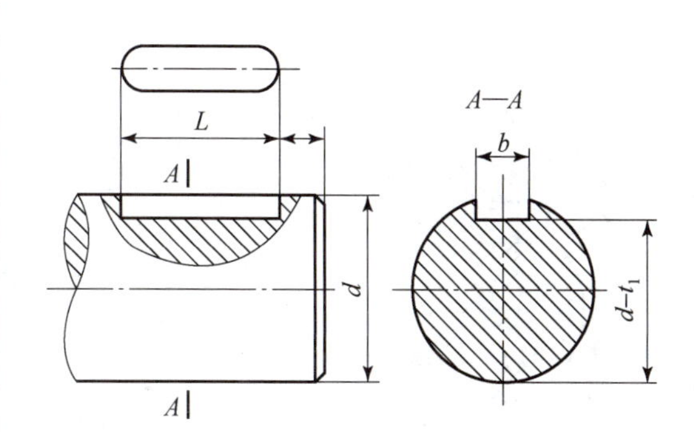

图 5－28　轴上键槽的画法及标注方法

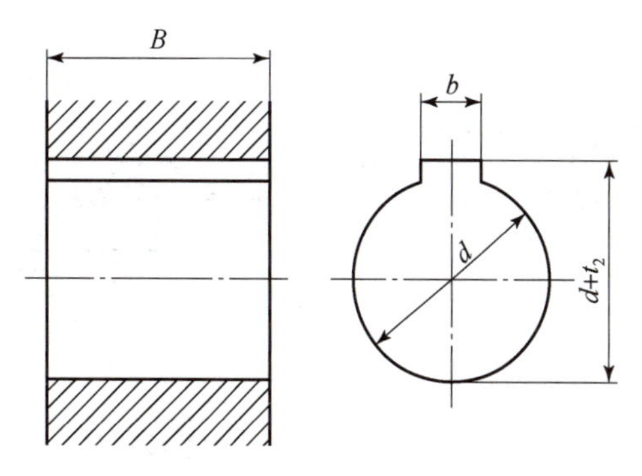

图 5－29　轮毂上键槽的画法及标注方法

键连接装配图均采用剖视表达方法，键与轴的剖切有横向与纵向之分，横向剖切按剖视画图，纵向剖切按不剖画图。键、轴、轮三者的剖面符号应不一致。如图 5－30 所示。

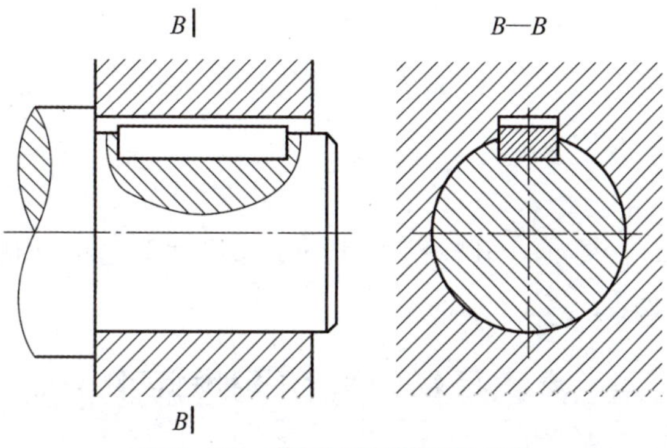

图 5－30　普通平键连接的画法

四、半圆键的画法

半圆键连接常用于载荷不大的传动轴上，半圆键也是两侧面为工作面，其连接画法如图 5－31 所示。

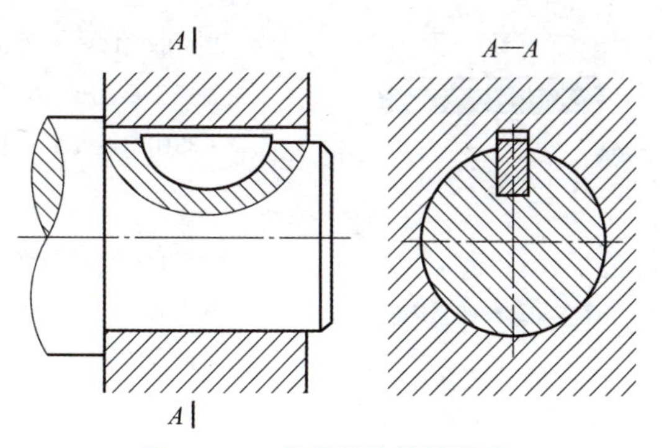

图 5－31　半圆键连接的画法

五、钩头楔键的画法

钩头楔键的上顶面有 1：100 的斜度，装配时将键沿轴向嵌入键槽内，靠键的上、下面将轴和轮连接在一起，其侧面为非工作面，如图 5－32 所示。

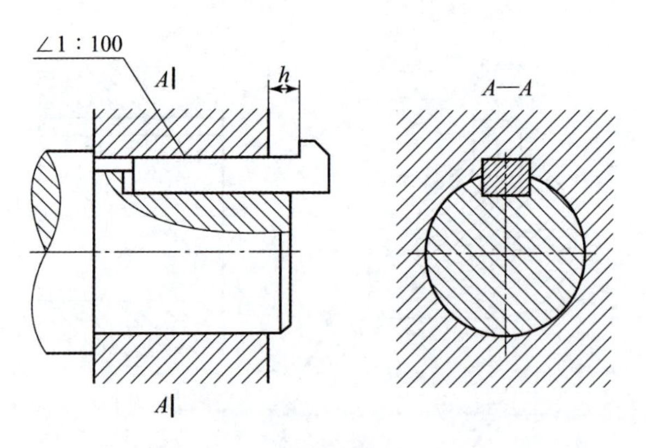

图 5－32　钩头楔键连接的画法

知识点 4　销

销主要用于零件之间的定位，也可用于零件之间的连接，但只能传递不大的扭矩。

一、销的分类

常用的销有圆柱销、圆锥销、开口销，其形状和尺寸均已标准化，表 5－3 列举了这三种销的外形图和标记示例。

表 5－3　常用销的外形图和标记示例

名称及标准编号	外形图	标记示例
圆柱销 GB/T 119—2000		销 GB/T 119.1　6m6×30 直径为 6，公差为 m6，长度为 30，材料为钢，不经淬火和表面处理的圆柱销
圆锥销 GB/T 117—2000		销 GB/T 117　6×30 直径为 6，长度为 30，材料为 35 钢，热处理硬度 28～38HRC，表面氧化处理的 A 型圆锥销
开口销 GB/T 91—2000		销 GB/T 91　5×50 规格为 5，长度为 50，材料为低碳钢，不经表面处理的开口销

二、销连接的画法

销连接的画法如图 5－33 所示。

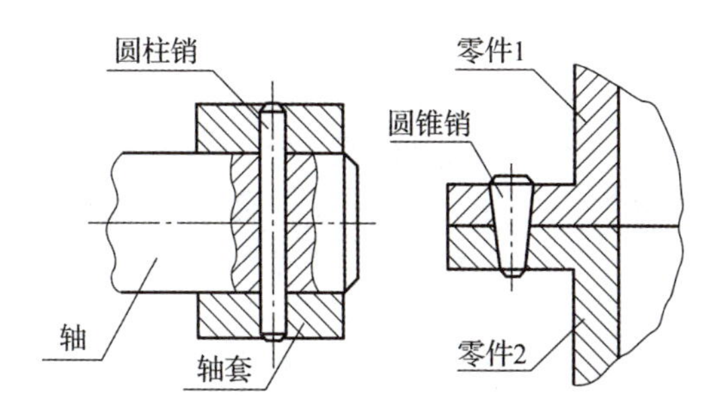

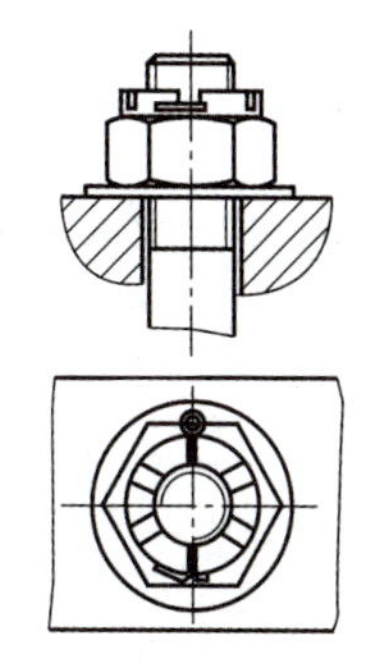

图 5－33 销连接的画法

知识点 5 齿轮

齿轮是广泛用于机械或部件中的传动零件。齿轮在工作中通常都是成对出现，一组齿轮不仅可以用来传递动力，并且还能改变速度和回转的方向。齿轮只是齿轮的轮齿部分被标准化了，所以齿轮是常用件。

一、齿轮的分类

齿轮按传动情况可分为圆柱齿轮、圆锥齿轮、蜗轮蜗杆三类，圆柱齿轮——适用于两轴线平行的传动；圆锥齿轮——适用于两轴线相交的传动；蜗轮蜗杆——适用于两轴线垂直交叉的传动。

按齿线形式可分为直齿、斜齿。人字齿、曲线齿等几类，表 5－4 列举了几种常见的齿轮传动方式。

表 5－4 几种常见的齿轮传动方式

名称	外形图	名称	外形图	名称	外形图
直齿外啮合齿轮传动		直齿内啮合齿轮传动		齿轮齿条传动	
斜齿轮传动		人字齿轮传动		直齿圆锥齿轮传动	
斜齿圆锥齿轮传动		弧齿圆锥齿轮传动		蜗轮蜗杆传动	

二、齿轮的主要参数

直齿圆柱齿轮的主要参数有齿顶圆、齿根圆、分度圆、压力角、模数、齿厚、齿距等，其定义如图 5－34 所示，计算方法如表 5－5 所示。

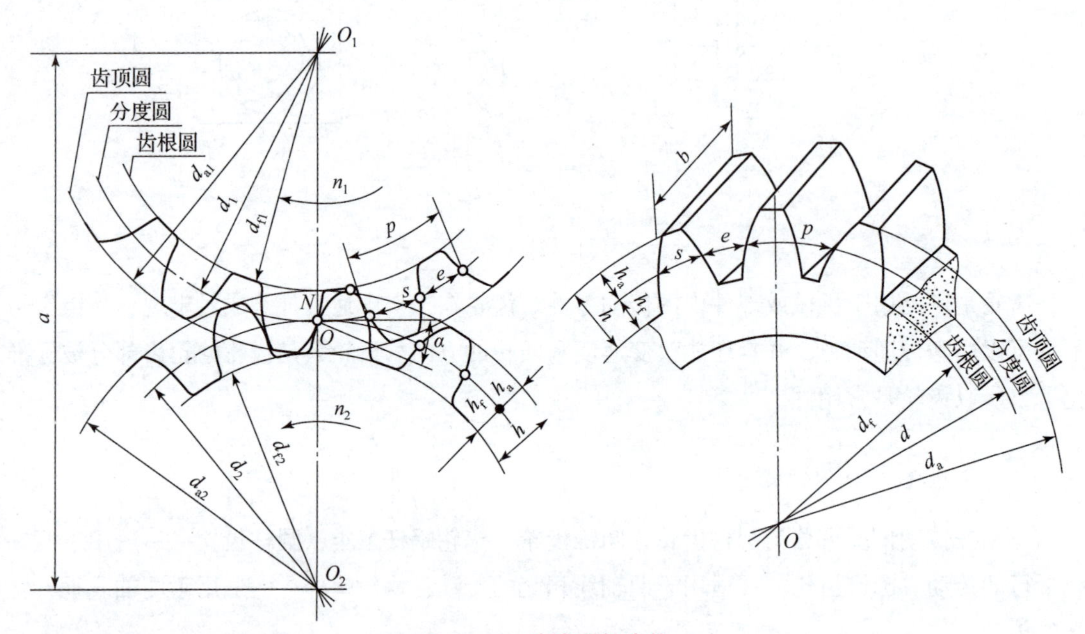

图 5－34　直齿圆柱齿轮

表 5－5　标准直齿圆柱齿轮基本尺寸的计算

名称	符号	计算公式	名称	符号	计算公式
齿距	p	$p=\pi m$	分度圆直径	d	$d=mz$
齿顶高	h_a	$h_a=m$	齿顶圆直径	d_a	$d_a=m(z+2)$
齿根高	h_f	$h_f=1.25\ m$	齿根圆直径	d_f	$d_f=m(z-2.5)$
全齿高	h	$h=2.25\ m$	中心距	a	$a=m(z_1+z_2)/2$
注：①m 为模数，z 为齿数 ②标准直齿圆柱齿轮的压力角为 20°。					

其中齿轮的模数已经标准化，渐开线齿轮的模数见表 5－6 所示。

表 5－6　渐开线圆柱齿轮模数（GB/T 1357—2008）

第一系列	0.1、0.12、0.15、0.2、0.25、0.3、0.4、0.5、0.6、0.8、1、1.25、1.5、2、2.5、3、4、5、6、8、10、12、16、20、25、32、40、50
第二系列	0.35、0.7、0.9、1.75、2.25、2.75、(3.25)、3.5、(3.75)、4.5、5.5、(6.5)、7、9、(11)、14、18、22、28、36、45
注：优先选用第一系列，其次选用第二系列，括号内的数值尽可能不用。	

三、齿轮的画法

1. 直齿圆柱齿轮的画法

单个齿轮的画法如图5－35所示，齿顶圆和齿顶线用粗实线绘制，分度圆和分度线用细点画线表示，齿根圆和齿根线用细实线绘制（也可省略不画）。在剖视图中，齿根线用粗实线绘制。当剖切平面通过齿轮轴线时，轮齿一律按不剖绘制。除轮齿部分外，齿轮的其他部分结构均按真实投影画出。

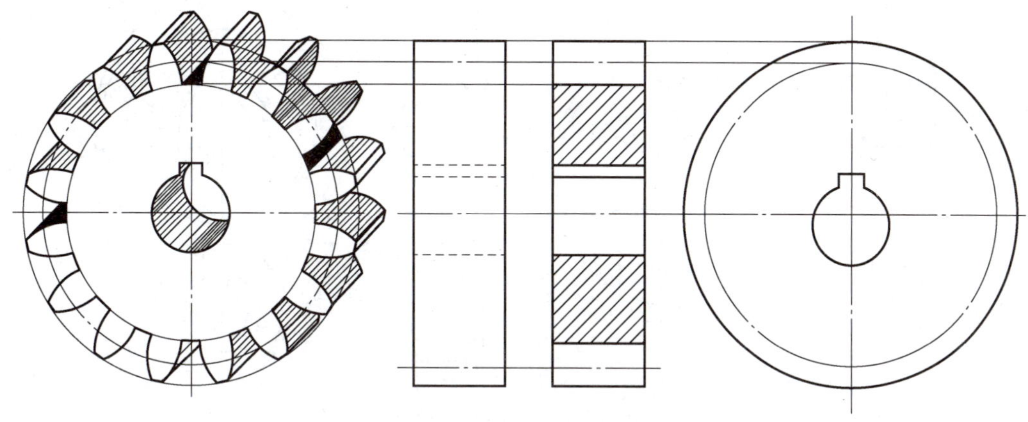

图5－35　直齿圆柱齿轮的画法

一对齿轮啮合的画法如图5－36所示。在投影为圆的视图上，齿顶圆用粗实线绘制，两齿轮的分度圆相切，齿根圆省略不画；在投影为非圆的视图上，采用剖视图时，在啮合区域，一个齿轮的轮齿用粗实线绘制，另一个齿轮的轮齿按被遮挡处理，齿顶线用细虚线绘出（也可省略不画）；齿顶线和齿根线之间的缝隙（顶隙）为0.25m（m为模数），如图5－36（a）所示。

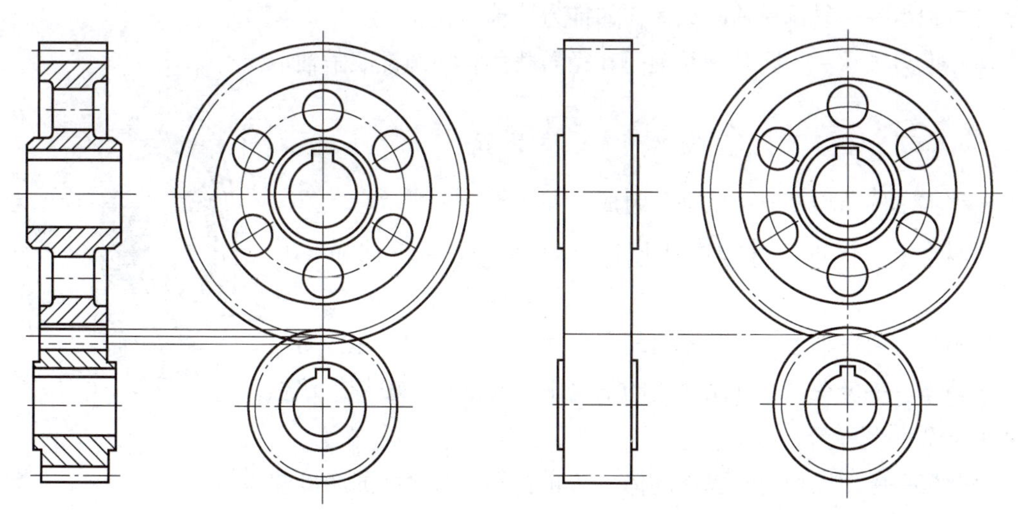

图5－36　直齿圆柱齿轮的啮合画法

当不采用剖视绘制时，可采用图 5-36（b）所示的表达方法，在投影为非圆的视图上，啮合区的齿顶线和齿根线均不画，分度线用粗实线绘制。

2. 斜齿圆柱齿轮的画法

斜齿圆柱齿轮简称斜齿轮。斜齿轮的齿在一条螺旋线上，螺旋线和轴线的夹角称为螺旋角，用β表示。因此，斜齿轮的端面齿形和垂直于轮齿法向的法向齿形不同，其法向模数为标准值。斜齿轮的画法和直齿轮相同，当需要表示螺旋线方向时，可用三条与齿向相同的细实线表示，如图 5-37 所示。

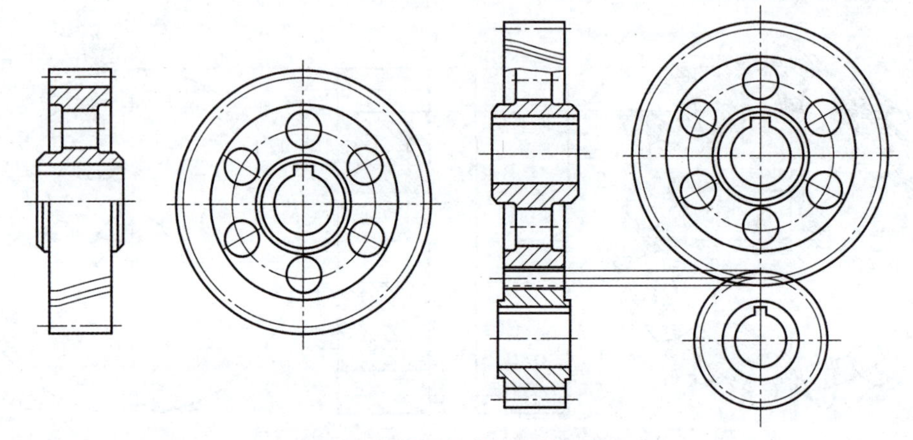

图 5-37　斜齿圆柱齿轮及其啮合画法

知识点 6　滚动轴承

滚动轴承用于支承转动轴，是由专业厂家生产的标准部件，使用时只要根据设计要求，选用标准型号即可。按承受载荷的方向可分为下述三类：

向心轴承——主要承受径向载荷，如深沟轴承；

推力轴承——只承受轴向载荷，如推力球轴承；

向心推力轴承——同时承受轴向和径向载荷，如圆锥滚子轴承。

一、滚动轴承的结构

滚动轴承的结构一般由四部分组成，如图 5-38 所示。

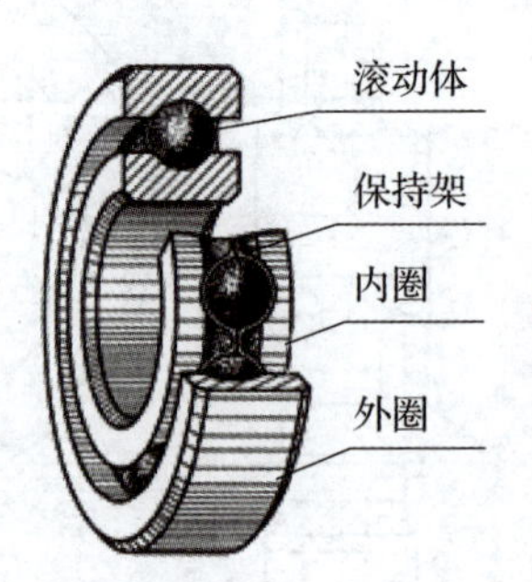

图 5-38　轴承的结构

外圈——装在机体或轴承座内，一般固定不动或偶做少许转动；

内圈——装在轴上，与轴紧密配合在一起，且随轴一起转动；

滚动体——装在内、外圈之间的滚道中，有滚珠、滚柱、滚锥等几种类型；

保持架——用以均匀分隔滚动体，防止它们相互之间的摩擦和碰撞。

二、滚动轴承的通用画法

在剖视图中，当不需要确切地表示滚动轴承的外形轮廓、承载特性、结构时，可用矩形线框及位于线框中央正立的十字形符号表示。矩形线框和十字形符号均用粗实线绘制，十字符号不应与矩形线框接触，绘制在轴的两侧。通用画法的尺寸比例如图 5－39 所示。

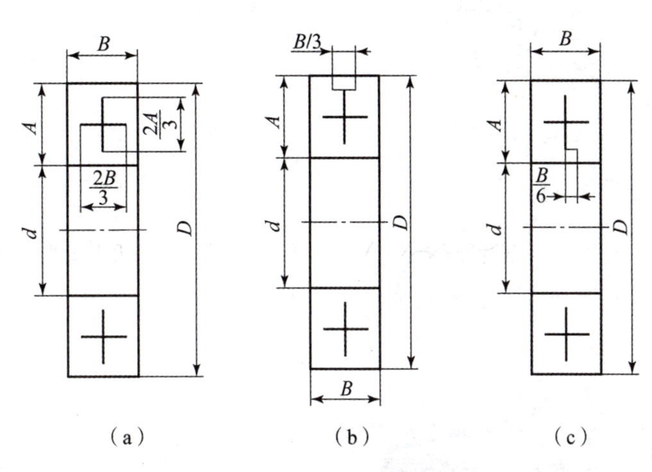

图 5－39　轴承的通用画法

（a）通用画法；（b）外圈无挡边；（c）内圈有单挡边

三、滚动轴承的规定画法

必要时，在滚动轴承的产品图样、产品样本、产品标准、用户手册和使用说明中可采用规定画法。采用规定画法绘制滚动轴承的剖视图时，轴承的滚动体不画剖面线；其各套圈等应画成方向和间隔相同的剖面线；滚动轴承的保持架及倒角等可省略不画。规定画法一般绘制在轴的一侧，另一侧按通用画法绘制，如图 5－40 所示。装配图中滚动轴承的画法如图 5－41 所示。

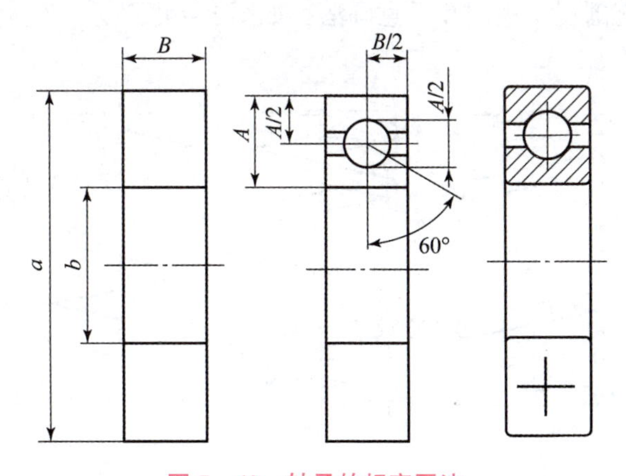

图 5－40　轴承的规定画法

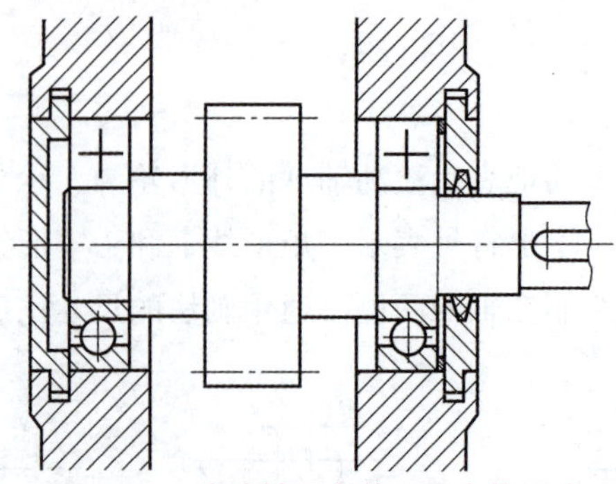

图 5-41　滚动轴承在装配图中的画法

知识点 7　弹簧

弹簧是常用件，主要起减震、测力、复位、储能、夹紧等作用。弹簧的种类很多，常见的有圆柱螺旋弹簧、板弹簧、平面涡卷弹簧等，圆柱螺旋弹簧又分为压缩弹簧、拉伸弹簧、扭转弹簧等，如图 5-42 所示。

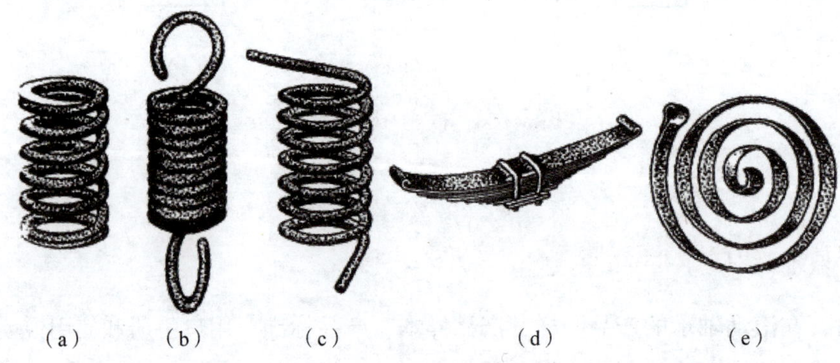

图 5-42　常见弹簧的种类

(a) 压缩弹簧；(b) 拉伸弹簧；(c) 扭转弹簧；(d) 板弹簧；(e) 平面涡卷弹簧

一、弹簧的表达方法

弹簧的表达方法有剖视、视图和示意画法，如图 5-43 所示。绘制视图时应注意弹簧的螺旋方向。

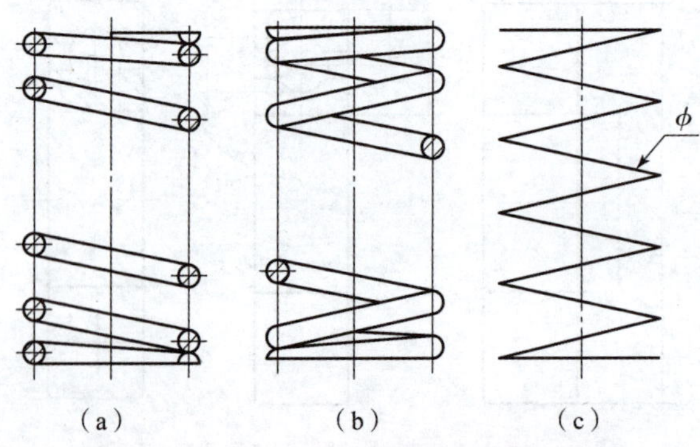

图 5-43　圆柱螺旋压缩弹簧的表达方法

(a) 剖视图；(b) 视图；(c) 示意图

二、装配图中弹簧的简化画法

在装配图中，弹簧被看作实心物体，被弹簧挡住的结构一般不画，可见部分应画至弹簧的外轮廓或弹簧中径。当簧丝直径小于 2 mm 的弹簧被剖切时，其剖切面可以涂黑，也可以采用示意画法，如图 5－44 所示。

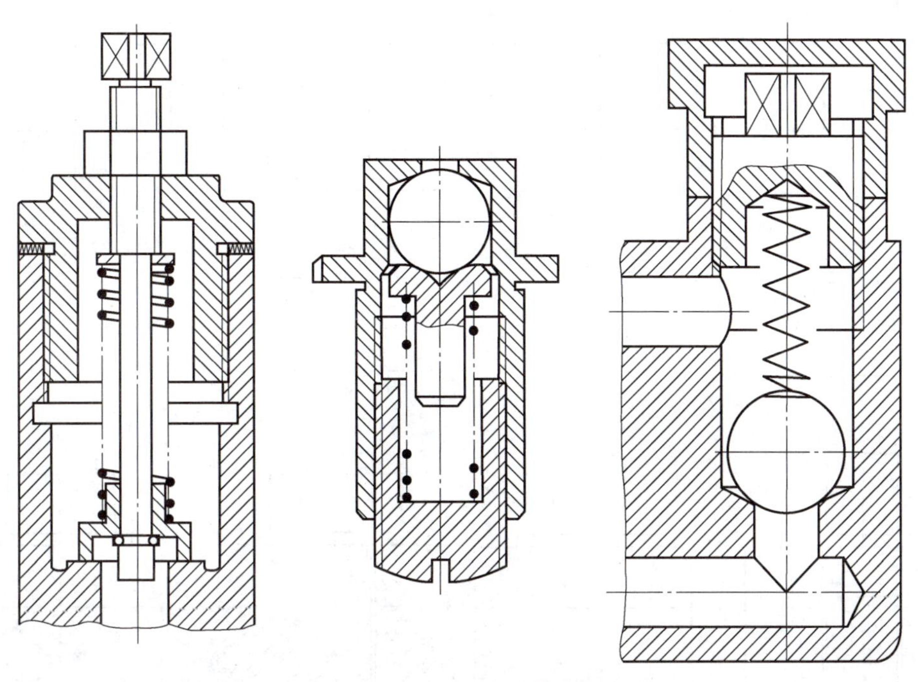

图 5－44 装配图中弹簧的画法

任务实施

一、绘制螺栓连接图

绘制步骤如下：

（1）根据螺栓规格，确定中心线位置，绘制被连接件，如图 5－45（a）所示。

（2）绘制螺栓的三视图，如图 5－45（b）所示。

（3）绘制垫圈的三视图，如图 5－45（c）所示。

（4）绘制螺母的三视图，如图 5－45（d）所示。

二、绘制直齿圆柱齿轮图

绘制步骤如下。

（1）根据已知参数，计算齿轮的分度圆直径为 ϕ60 mm，齿顶圆直径为 ϕ66 mm，齿根圆直径为 ϕ52. 5 mm。

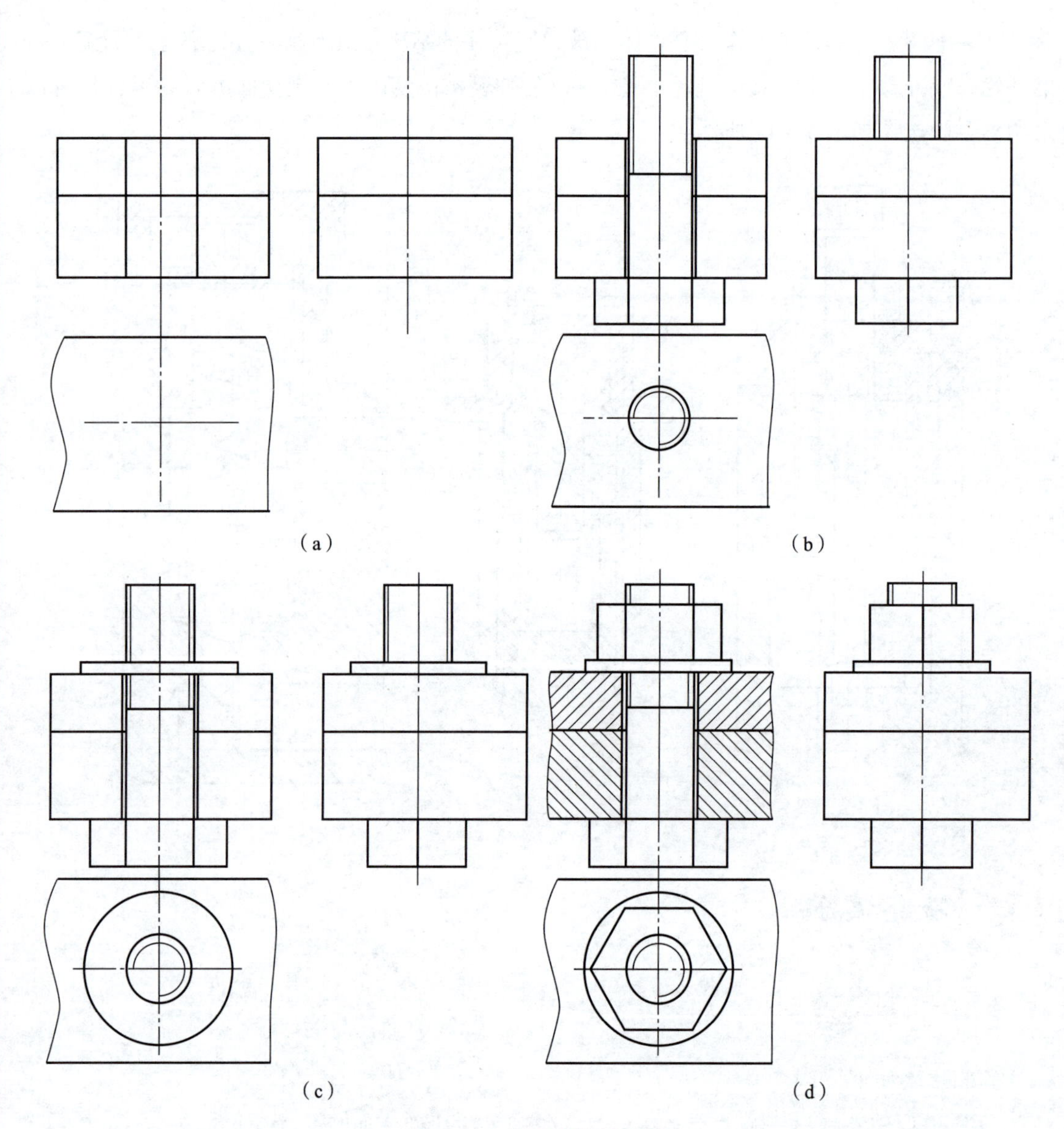

图 5-45 螺栓连接的绘制

（2）根据齿轮的尺寸，确定中心线位置，如图 5-46（a）所示。

（3）绘制齿顶圆和分度圆的视图，如图 5-46（b）所示。

（4）绘制齿根圆的视图，如图 5-46（c）所示。

（5）绘制齿轮键槽和剖视图的剖面线，如图 5-46（d）所示。

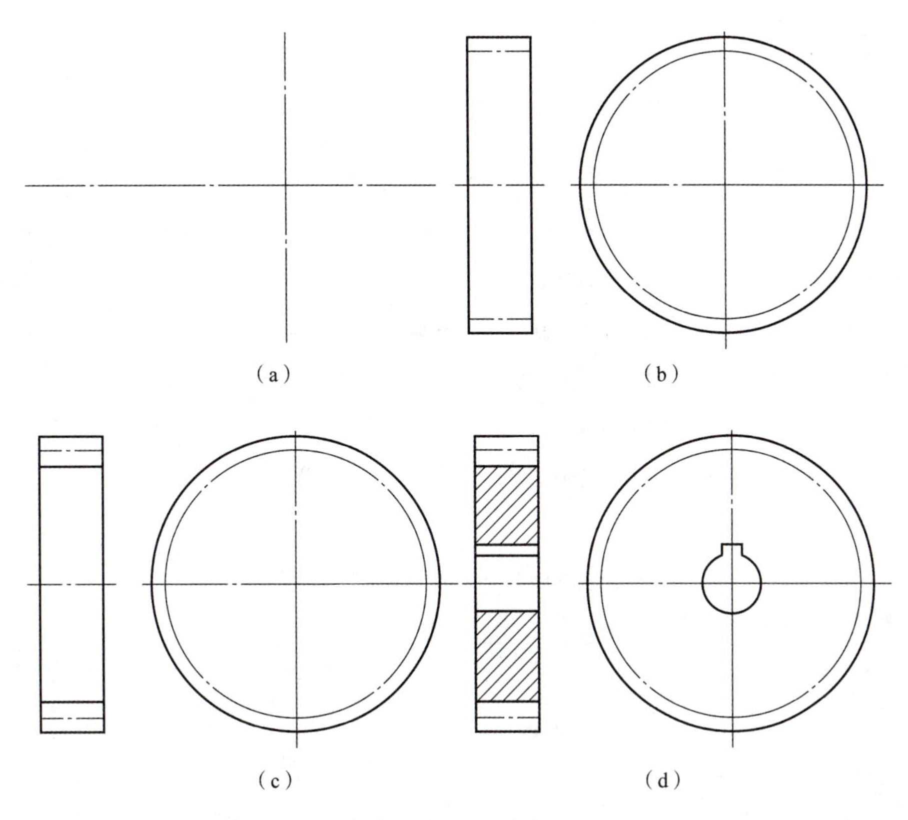

图 5-46 直齿圆柱齿轮的绘制

三、回答下列问题

(1) 什么是标准件？广泛使用标准件的好处有哪些？

____

____

(2) 如何绘制常见标准件的视图？

____

____

拓展任务

请完成任务单——任务 5.1 中螺栓连接、键连接、滚动轴承和齿轮等图形的绘制。

请完成表 5 -7 的学习评价。

表 5 -7　任务 5.1 学习评价

序号	检查项目	评分标准	结果评估	自评分
1	能否完整地复述本任务中常见的标准件类型？	10		
2	是否掌握螺纹紧固件、键、销、齿轮、轴承、弹簧等标准件和常用件的画法？	15		
3	能否正确识读螺纹紧固件、键、销等标准件图纸？	15		
4	能否正确地完成本任务中的螺栓连接简化画法？	15		
5	能否正确地完成本任务中的齿轮简化画法？	15		
6	图形绘制是否美观？	10		
7	在绘制图形过程中，是否遇到了问题？在解决问题过程中是否提升了自己查阅资料、沟通交流的能力？	20		

任务 5.2　零件图的认知

学习目标

【知识目标】

（1）了解零件图的内容和作用。

（2）了解常用的零件工艺结构。

（3）熟悉表面粗糙度、配合和公差等技术要求的意义。

【能力目标】

（1）具备零件结构工艺的认知能力。

（2）初步具备查阅公差数值的能力。

【素养目标】

（1）养成多思勤练的学习作风。

（2）培养良好的沟通能力。

（3）培养客观科学、认真负责的职业态度。

任务引入

工程中的液压传动系统通常离不开齿轮泵，齿轮泵轴为其重要的一个零件，齿轮泵轴的

零件图如图 5－47 所示，请认真阅读该零件图，并运用已有知识和本任务的知识点回答下列问题。

（1）齿轮泵轴零件图包括哪些内容？

（2）齿轮泵轴零件图技术要求表达哪些含义？

（3）什么是表面粗糙度？齿轮泵轴零件图的表面粗糙度具体表达哪些含义？

（4）什么是公差？什么是形位公差？齿轮泵轴零件图的位置公差表达哪些含义？

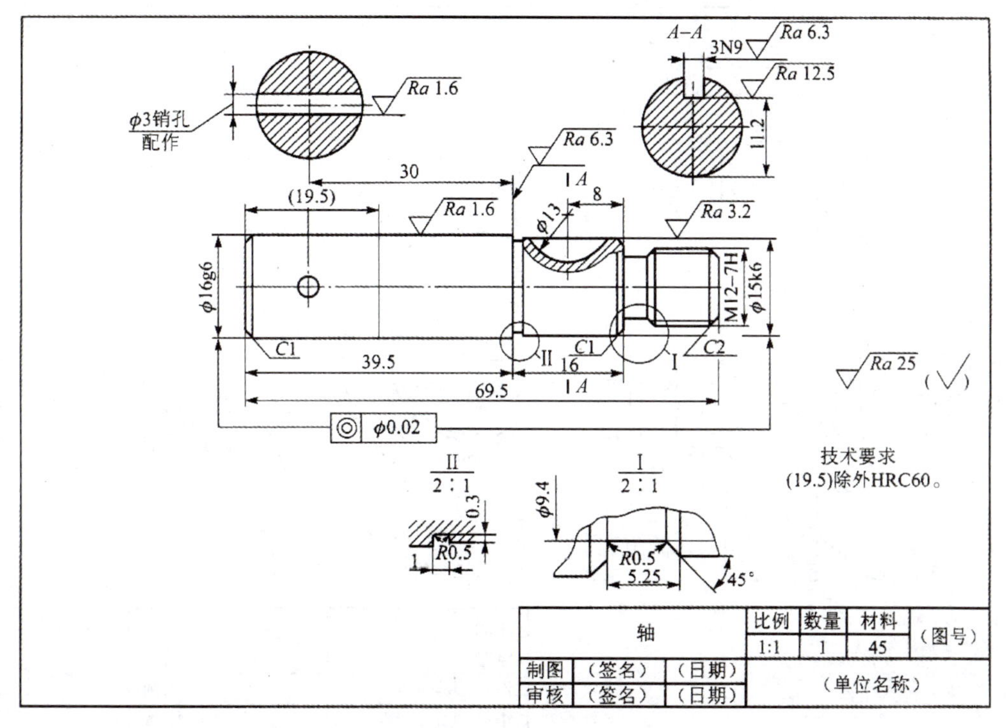

图 5－47 齿轮泵轴零件图

任务分析

零件图是用来表达单个零件并指导其生产的图样。从零件的毛坯制造、机械加工工艺路线的制订、工夹具和量具的设计、加工及检验等，都要根据零件图来进行。所以，零件图是生产和检验零件的依据。

从设计、制造、检验、装配及其互换性要求考虑，零件图必须对图样表达方式、尺寸标注要求及相关技术要求（表面粗糙度、配合、公差等）等进行规范。

知识链接

知识点 1 零件图的内容

零件图不仅要表达出机器或部件对零件的结构要求，还需要考虑制造和检验该零件所需的必要信息，因此一张完整的零件图应具备以下内容。

一、一组视图

一组视图用于正确、完整、清晰和简便地表达出零件内、外形状及功能结构的图形信息，其中包括机件的各种表达方法，如视图、剖视图、断面图、局部放大图、简化画法等。如图 5－48 所示。

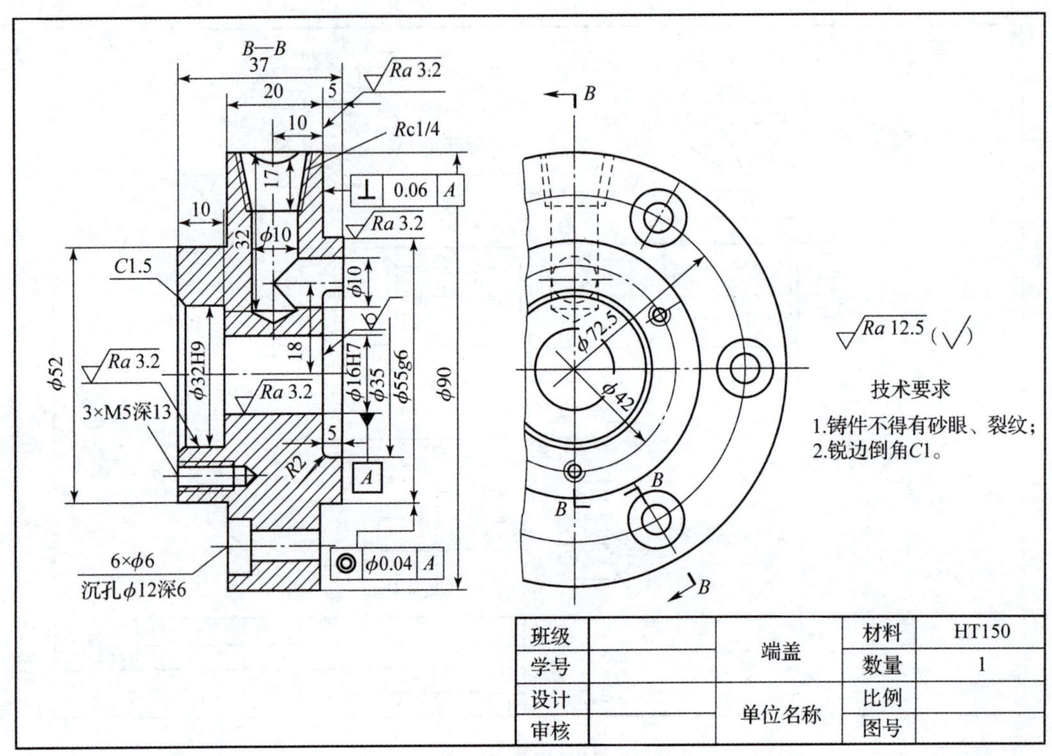

图 5－48　端盖

二、完整的尺寸

端盖

完整的尺寸用于确定零件各部分的大小和位置，为零件制造提供所需的尺寸信息。在标注过程中要做到正确、完整、清晰、合理。

三、技术要求

零件在制造、加工、检验时需要达到的技术指标，必须用规定的代号、数字、字母和文字注解加以说明。如表面粗糙度、尺寸公差、形位公差、材料热处理、检验方法以及其他特殊要求等。

四、标题栏

标题栏中的内容包括零件名称、数量、材料、比例、图样代号以及设计、审核、批准者的必要签署等。标题栏的内容、尺寸和格式都已经标准化。

知识点2 零件的工艺结构

零件的结构除应满足设计要求外，同时还应考虑到加工、制造的方便与可能。为了避免使零件制造工艺复杂化及造成废品，必须使零件具有良好的结构工艺性，下面介绍一些常见的工艺结构。

一、零件的铸造工艺结构

1. 铸造圆角

铸件表面转角处设计成圆角过渡，称为铸造圆角。铸造圆角可防止转角处的型砂脱落，或冷却收缩时产生缩孔、开裂等缺陷，还可增加零件的强度。圆角半径一般取 $R3 \sim R5$，或取壁厚的 0.2 ~0.4 倍，如图 5 -49 所示。

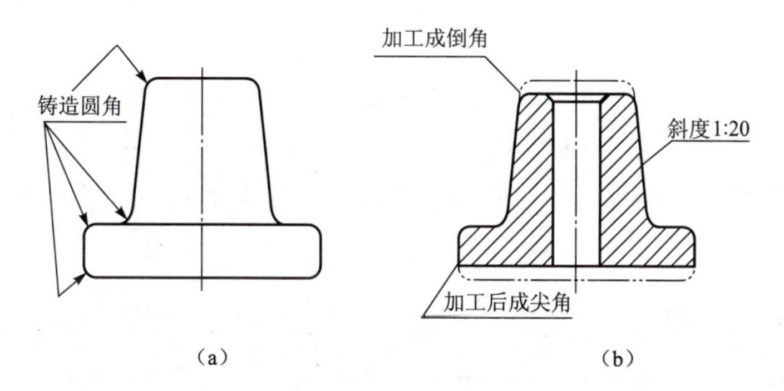

图 5 -49 铸造圆角

铸件表面经机械加工后，铸造圆角被切除，如图 5 -49（b）所示。因此只有两个不加工的铸件表面相交处才有铸造圆角，当其中一个是加工面时，不应画圆角。

2. 起模斜度

铸件在造型时，为使金属模样或木模样从铸型中取出，沿起模方向设计一定的斜度，称为起模斜度。起模斜度一般为 1 : 10 ~1 : 20，即 1° ~3°，如图 5 -50 所示。

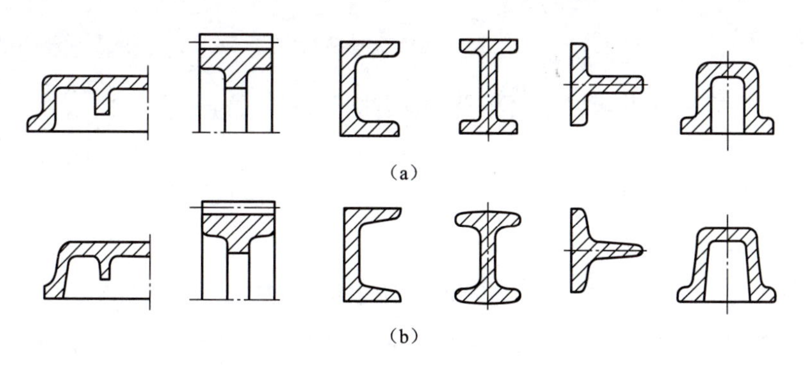

图 5 -50 起模斜度

（a）无起模斜度不合理；（b）有起模斜度合理

3. 铸件壁厚应均匀

铸件各处的壁厚、薄壁转折处应尽量均匀或逐渐过渡，如图 5－51（a）、图 5－51（b）所示，否则由于壁厚不均匀，致使金属冷却速度不同而产生裂纹或缩孔，如图 5－51（c）所示。

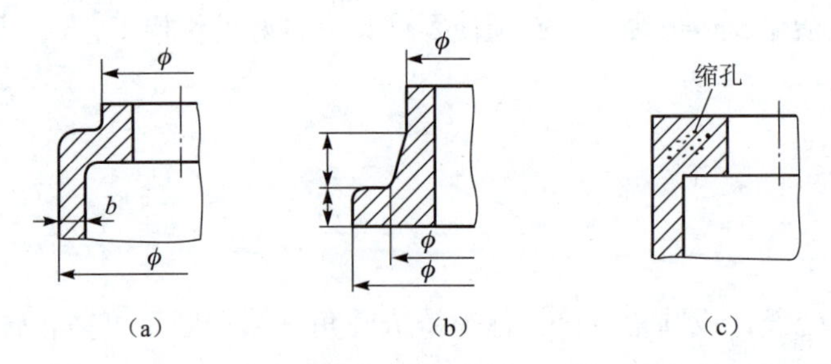

图 5－51　铸件壁厚应均匀

（a）壁厚均匀合理；（b）壁厚渐变合理；（c）壁厚不均匀产生缩孔

4. 过渡线

由于铸造圆角的存在，使得铸件表面的截交线、相贯线变得不明显，但为了区分不同表面，在原相交处仍画出交线，这种交线称为过渡线。

（1）图 5－52 所示为两曲面立体相交，轮廓线相交处画出圆角，曲面交线端部与轮廓线间留出空隙。

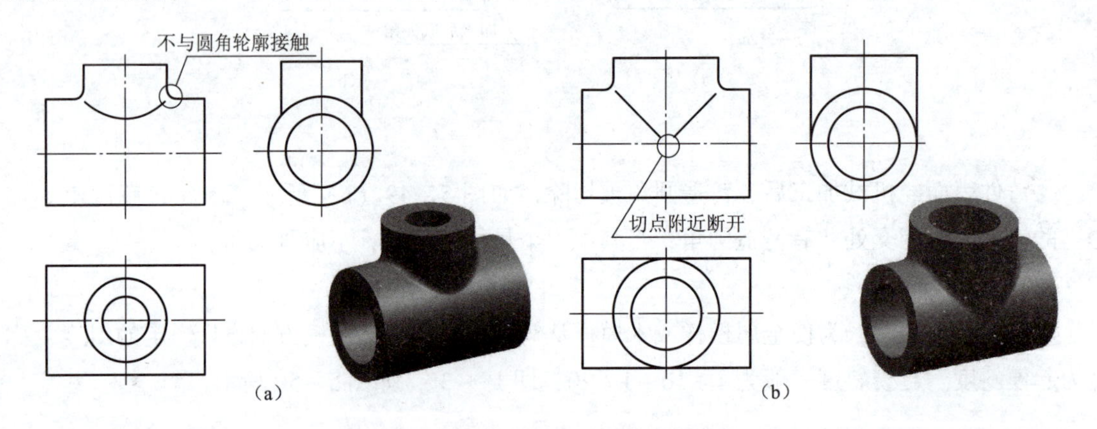

图 5－52　两曲面相交时过渡线的画法

（2）图 5－53 所示为肋板与平面相交，且有圆角过渡时过渡线的画法。

二、机械加工工艺结构

1. 倒角、倒圆

为了去除锋利边缘，同时在孔、轴装配时便于定心对中，在轴端或孔口，加工出 45°或 30°、60°的锥台，称为倒角。为了减少转折处的应力集中，增加强度，在阶梯轴或孔中直径不等的两段交接处，常加工成环面过渡，称为倒圆，如图 5－54 所示。

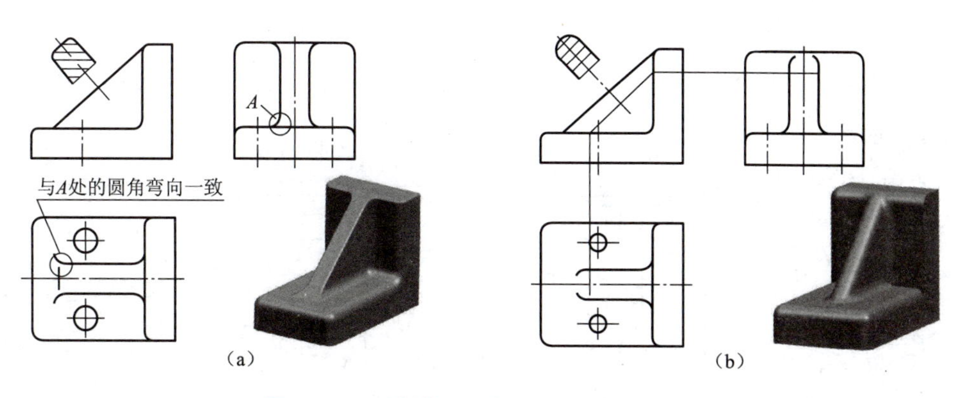

图 5-53 肋板与平面相交时过渡线的画法

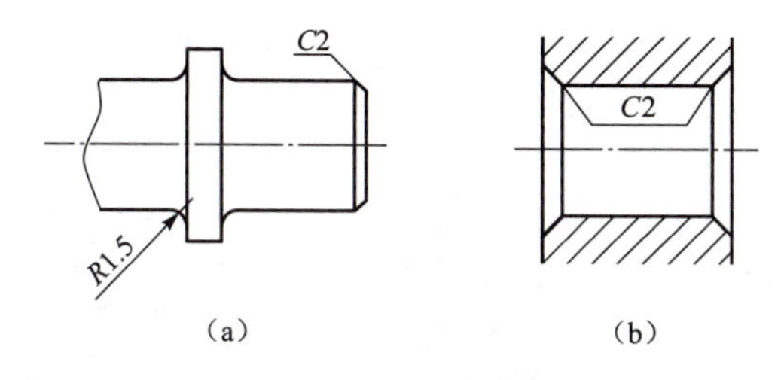

图 5-54 倒角与圆角

(a) 倒圆；(b) 倒角

2. 螺纹退刀槽和砂轮越程槽

在切削加工中，特别是在车螺纹和磨削时，为了便于退出刀具或使砂轮可以稍稍越过加工面，常常在零件待加工的末端车出沟槽，称为退刀槽或越程槽。如图 5-55 所示，加工出退刀槽或越程槽以后，可使刀具、砂轮能够切削到终点，又利于退出。退刀槽的形式及尺寸根据轴、孔的直径可查相关资料。

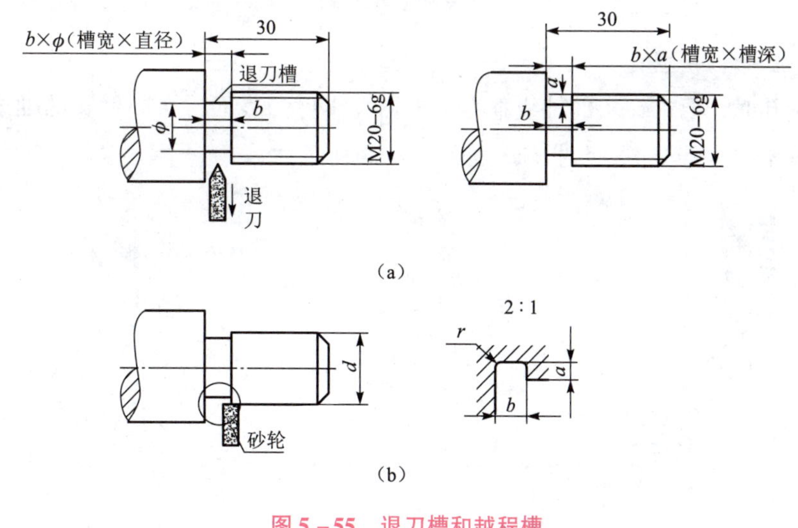

图 5-55 退刀槽和越程槽

(a) 车刀退刀槽；(b) 砂轮越程槽

资源

3. 凸台和沉孔

为了减小加工面积和保证零件与零件之间良好接触，常在铸件表面设计凸台或沉孔，如图 5－56 所示。

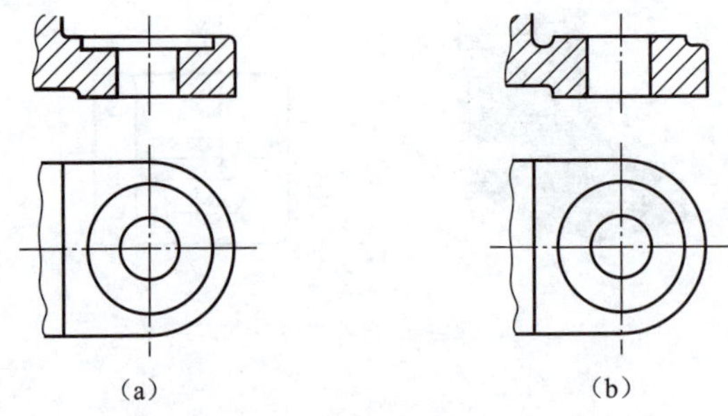

图 5－56　凸台和沉孔减小加工面积

4. 钻孔结构

用钻头钻出的盲孔，在其底部留有一个 120°的锥角，应画出。钻的阶梯孔，在阶梯过渡处，有 120°锥角的圆锥台应画出，钻孔深度指圆柱部分的深度，不包括锥坑，其画法及尺寸标注如图 5－57 所示。

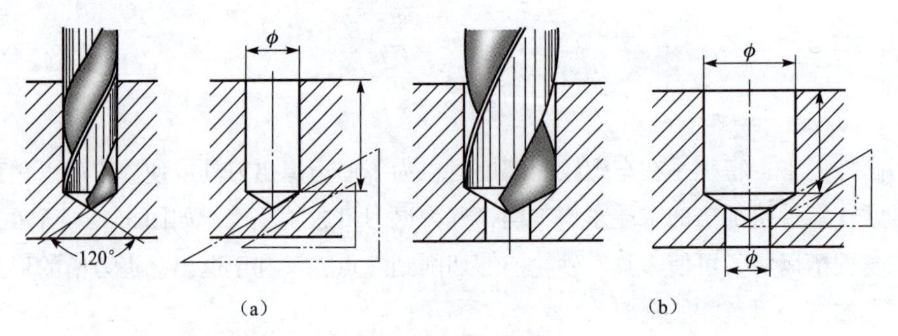

图 5－57　钻孔结构

（a）钻盲孔；（b）钻台阶孔

用钻头钻孔时，要求钻头的轴线垂直于被钻孔零件的表面，否则钻头的轴线容易偏歪，致使孔的位置不准，甚至把钻头折断，如图 5－58 所示。

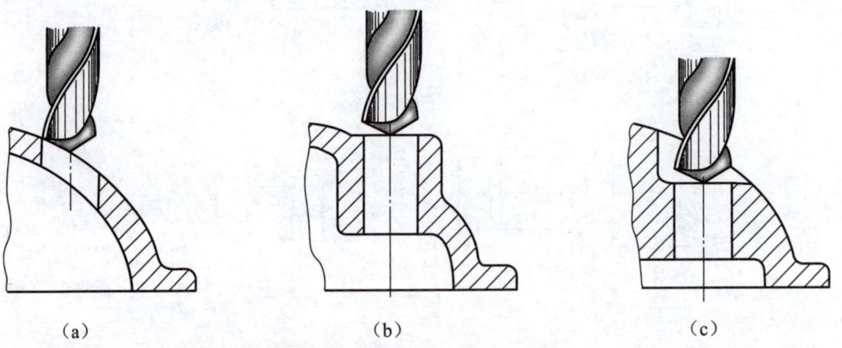

图 5－58　钻头轴线应垂直于被钻孔零件的表面

（a）不正确；（b），（c）正确

知识点3 零件图的技术要求

零件图中除了图形和尺寸外，还有制造该零件时应满足的一些加工要求，通常称为“技术要求”，如表面粗糙度、尺寸公差、形状和位置公差以及材料热处理等。技术要求一般采用符号、代号或标记标注在图形上，或者用文字注写在图样的适当位置。

一、表面粗糙度的概念

由于机床的振动、材料的塑性变形及刀痕等原因，经机械加工后零件表面看起来光滑平整，实际却有许多微小的高低不平的峰谷，如图5－59（a）所示。零件加工表面的这种由较小的峰谷组成的微观几何形状特征，称为表面粗糙度。表面粗糙度对零件的配合性质、耐磨性、抗腐蚀性、接触刚度、抗疲劳强度、密封性和外观等都有影响。

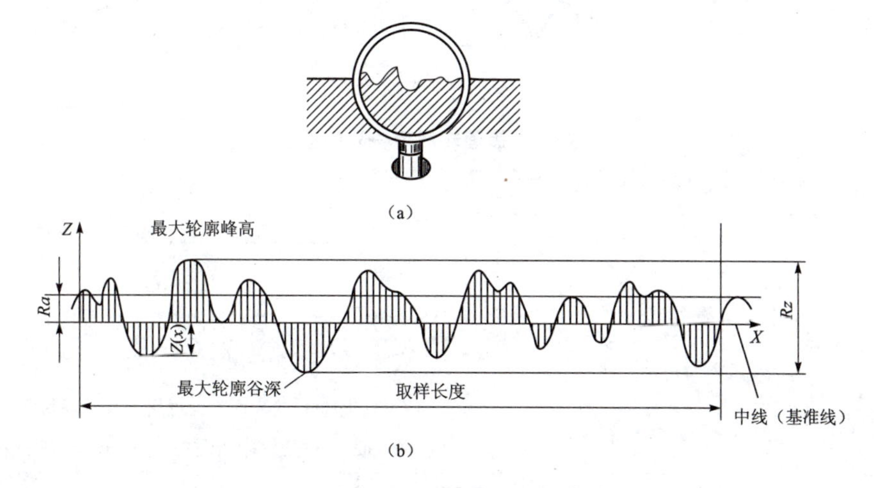

图5－59 表面粗糙度

（a）加工表面的峰谷；（b）表面粗糙度评定参数

二、表面粗糙度的评定参数

表面粗糙度是评定零件表面质量的一项技术指标。表面粗糙度的评定参数有轮廓算术平均偏差 Ra 和微观不平度十点高度 Rz，其中主要评定参数为轮廓算术平均偏差 Ra，如图5－59（b）所示。

国家标准规定的 Ra 值见表5－8。

表5－8 轮廓算术平均偏差的数值（摘自GB/T 1031—2009） （单位：μm）

轮廓算术平均偏差	数值			
Ra	0.012	0.2	3.2	
	0.025	0.4	6.3	50
	0.05	0.8	12.5	100
	0.1	1.6	25	—

Ra 值越小，零件表面质量要求越高；*Ra* 越大，零件表面质量要求越低。机器设备对零件的表面粗糙度要求不一样，一般来说，凡零件上有配合要求或有相对运动的表面，表面粗糙度参数值小。零件表面粗糙度要求越高，则其加工成本越高，因此，应在满足零件使用功能的前提下，合理选用表面粗糙度参数。

三、表面粗糙度的符号和代号

1. 表面粗糙度符号

表面粗糙度符号画法和尺寸如图 5－60 所示，其意义见表 5－9。

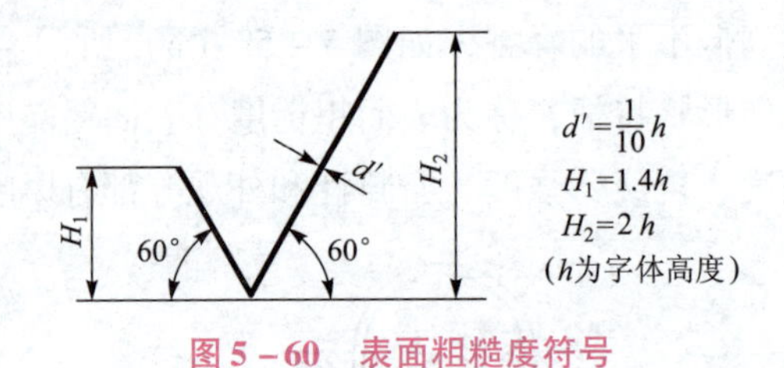

图 5－60　表面粗糙度符号

表 5－9　表面粗糙度符号的意义

符号名称	符　号	含　义
基本图形符号		未指定工艺方法的表面，当通过一个注释时可单独使用
扩展图形符号		用去除材料方法获得的表面；仅当其含义是“被加工表面”时可单独使用
扩展图形符号		非去除材料的表面，也可用于表示保持上道工序形成的表面，不管这种状况是通过去除还是不去除材料形成的
完整图形符号		在以上各种符号的长边上加一横线，以便注写表面结构的各种要求

2. 表面粗糙度代号

表面粗糙度的参数值和补充要求注写在表面粗糙度符号中，则形成表面粗糙度代号，如图 5－61 所示。

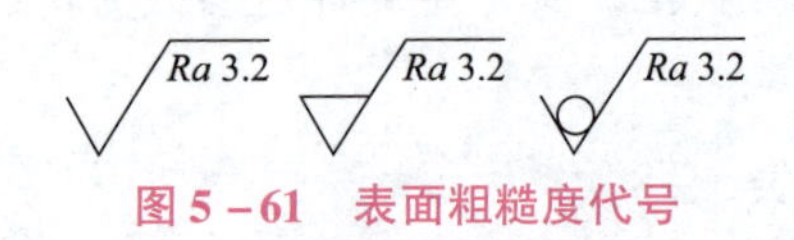

图 5－61　表面粗糙度代号

四、表面粗糙度标注方法

1. 一般标注方法

（1）表面粗糙度要求对每一表面一般只标注一次，并尽可能注在相应的尺寸及其公差的同一视图上。如果没有特殊说明，则所标注的表面粗糙度要求是对完工零件表面的要求。

（2）粗糙度的注写和读取方向与尺寸的注写和读取方向一致，如图5－62所示。

（3）表面结构要求可标注在轮廓线上，其符号应从材料外指向并接触表面，必要时，表面结构符号也可用带箭头或黑点的指引线引出标注，如图5－63和图5－64所示。

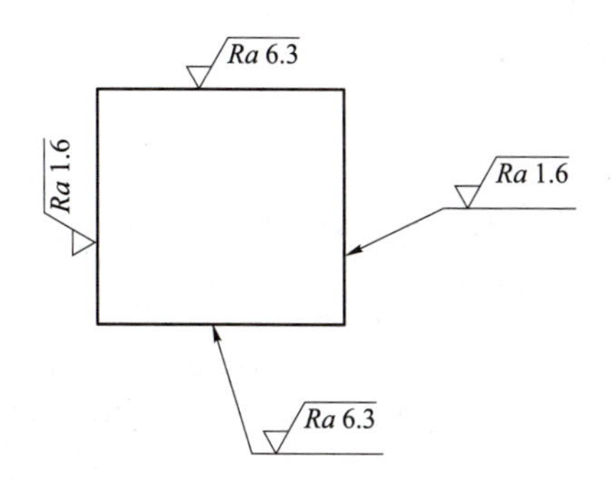

图5－62 表面粗糙度的注写方向

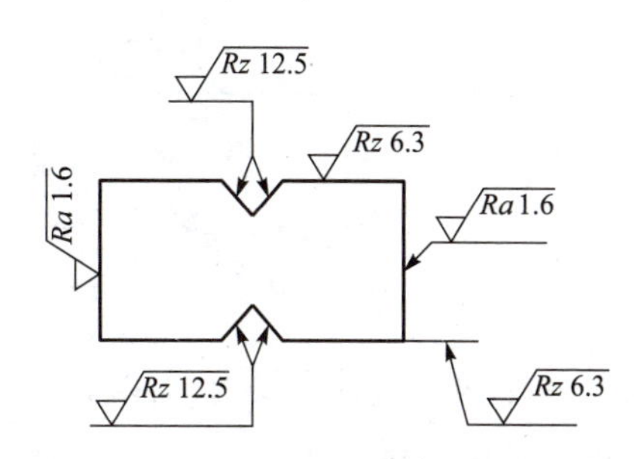

图5－63 表面结构在轮廓线上的标注

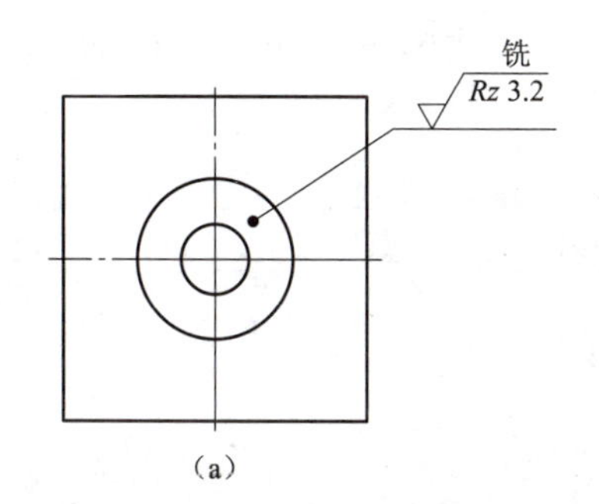

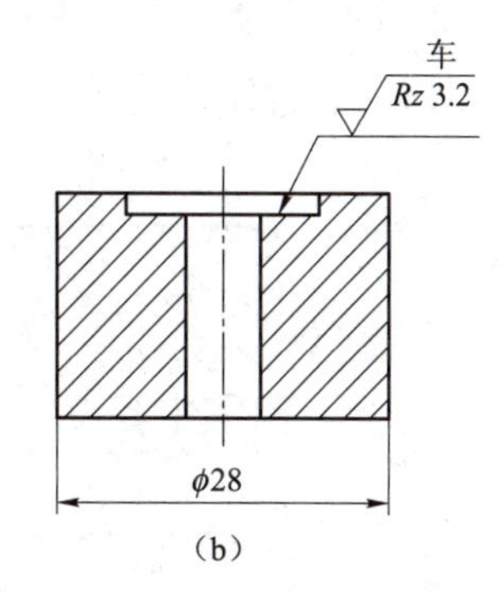

图5－64 用指引线引出标注表面结构要求

2. 简化标注方法

（1）有相同表面结构要求的简化注法。如果在工件的多数（包括全部）表面有相同的表面粗糙度要求，则其表面粗糙度要求可统一标注在图样的标题栏附近。此时（除全部表面有相同要求的情况外），表面结构要求的符号后面应有：

① 在圆括号内给出无任何其他标注的基本符号，如图5－65所示；

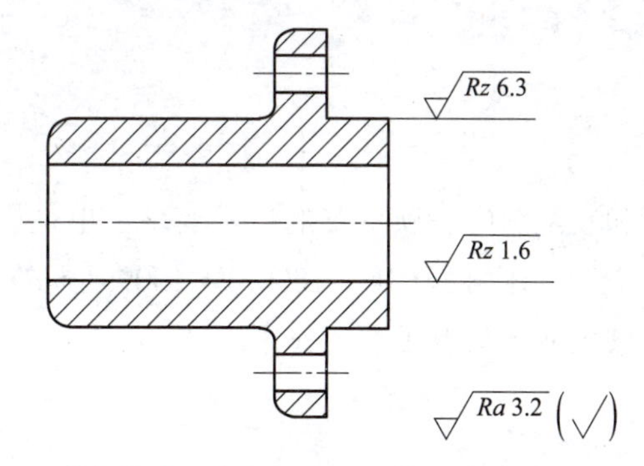

图5－65 大多数表面有相同表面结构要求的简化注法（一）

② 在圆括号内给出不同的表面结构要求，如图5－66所示。

不同的表面结构要求应直接标注在图形中。

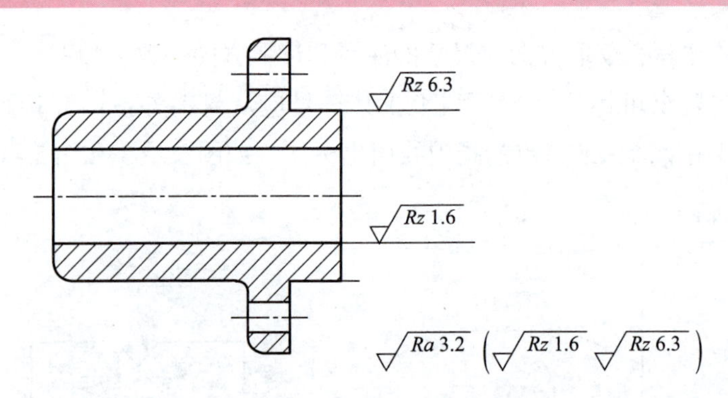

图 5-66　大多数表面有相同表面结构要求的简化注法（二）

（2）多个表面有共同要求的注法。当多个表面具有相同的表面结构要求或图纸空间有限时，可以采用简化注法。

① 用带字母的完整符号的简化注法：可用带字母的完整符号，以等式的形式，在图形或标题栏附近，对有相同表面结构要求的表面进行简化标注，如图 5-67 所示。

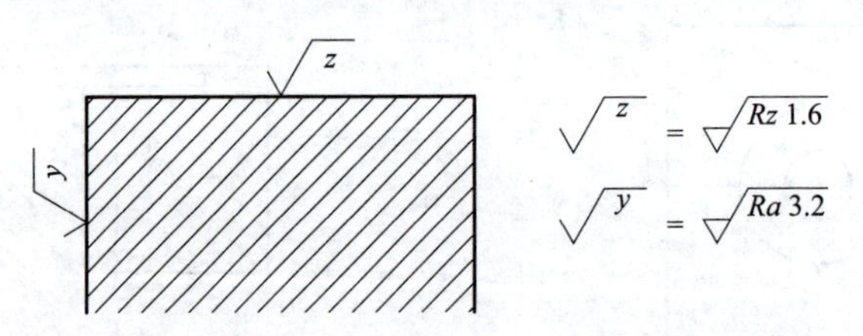

图 5-67　有相同表面结构要求的表面的简化注法

② 只用表面结构符号的简化注法：可用表面结构符号以等式的形式给出对多个表面共同的表面结构要求，如图 5-68 所示。

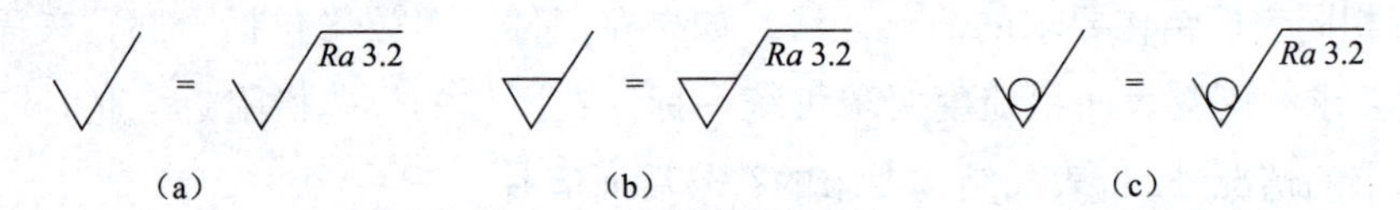

图 5-68　只用表面结构符号的简化注法

（a）未指定工艺方法；（b）要求去除材料；（c）不允许去除材料

知识点 4　极限与配合

极限与配合是零件图和装配图中一项重要的技术要求，也是检验产品质量的技术指标。国家技术监督局颁布了《极限与配合》GB/T 1800.1—2009 等标准。其应用几乎涉及国民经济的各个部门，特别对机械工业更具有重要的作用。

一、互换性的概念

从一批规格相同的零件（部件）中任选一件，不经过任何加工或修配，在装配时都能达到使用要求，零（部）件所具有的这种性质称为互换性。例如汽车、摩托车、缝纫机、手表等机器或仪表的零件坏了，只要换一个相同规格的新零件即可。零（部）件具有互换性，可简化零（部）件的制造和维修工作，使产品的生产周期缩短，生产率提高，成本降低，也保证了产品质量的稳定性，为大批量生产创造了条件。

二、尺寸公差

零件制造加工时，为了使零件具有互换性，对零件的尺寸规定一个允许变动的范围，设计时根据零件的使用要求制定允许尺寸的变动量，称为尺寸公差，简称公差。

1. 有关尺寸公差的基本术语及其定义（见图 5－69）

（1）公称尺寸：由图样规范确定的理想要素的尺寸。

（2）实际尺寸：通过实际测量得到的尺寸。

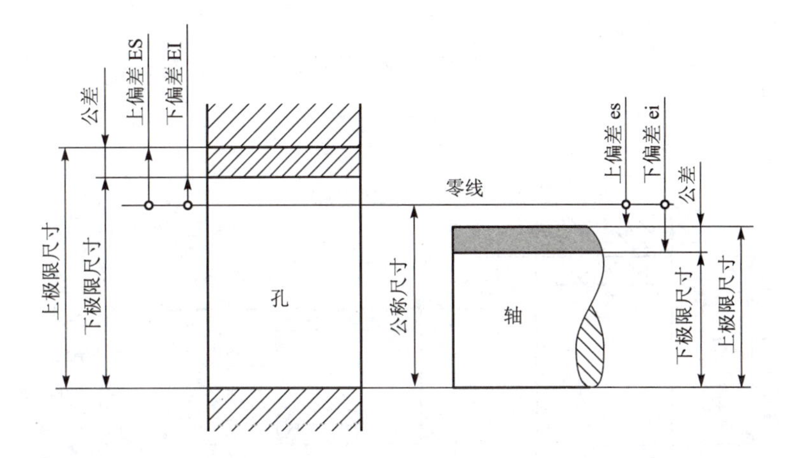

图 5－69 尺寸公差示意图

（3）极限尺寸：尺寸要素允许的尺寸的两个极端。

上极限尺寸是尺寸要素允许的最大尺寸。

下极限尺寸是尺寸要素允许的最小尺寸。

（4）上、下极限偏差：上、下极限尺寸与基本尺寸的代数差分别称为上极限偏差、下极限偏差，简称上偏差、下偏差。国标规定孔的上、下极限偏差代号分别用 ES、EI 表示；轴的上、下极限偏差代号分别用 es、ei 表示。

（5）尺寸公差：允许尺寸的变动量。它等于上、下极限尺寸之差或上、下极限偏差之差。

（6）尺寸公差带：在公差带图中由代表上、下极限偏差的两条直线限定的区域，如图 5－70 所示。

（7）零线：在公差带图中表示公称尺寸或零偏差的一条直线。

（8）基本偏差：在极限与配合中，确定公差带相对零线位置的那个极限偏差。国家标准规定，靠近零线的那个极限偏差为基本偏差。

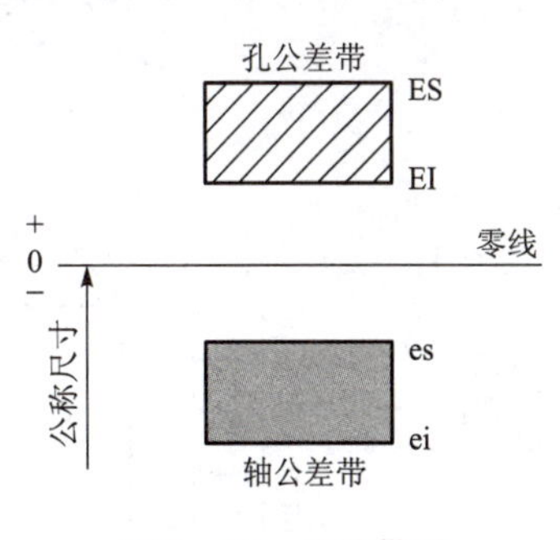

图 5－70 公差带图

(9) 标准公差：国家标准列表中，用于确定公差带大小的任一公差。

2. 配合和配合的种类

(1) 配合：公称尺寸相同的相互结合的孔和轴公差带之间的关系，称为配合。

(2) 间隙与过盈：由于孔、轴实际尺寸不同，因而孔与轴配合松紧程度不同，将产生间隙和过盈，如图 5-71 所示。

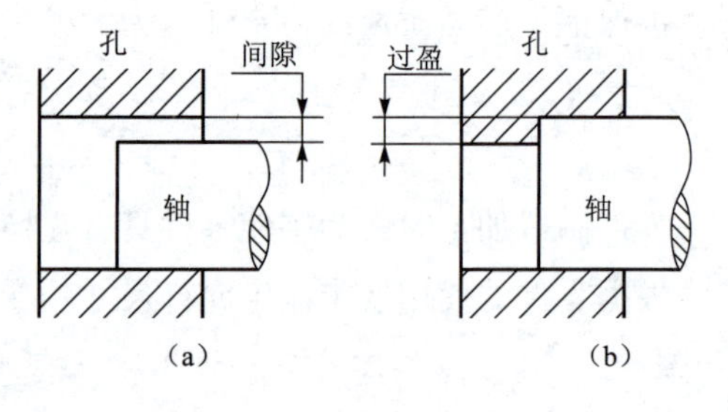

图 5-71　配合的间隙与过盈

根据孔、轴公差带的关系，可将配合分为三类，即间隙配合、过盈配合及过渡配合，见表 5-10。

表 5-10　配合的种类

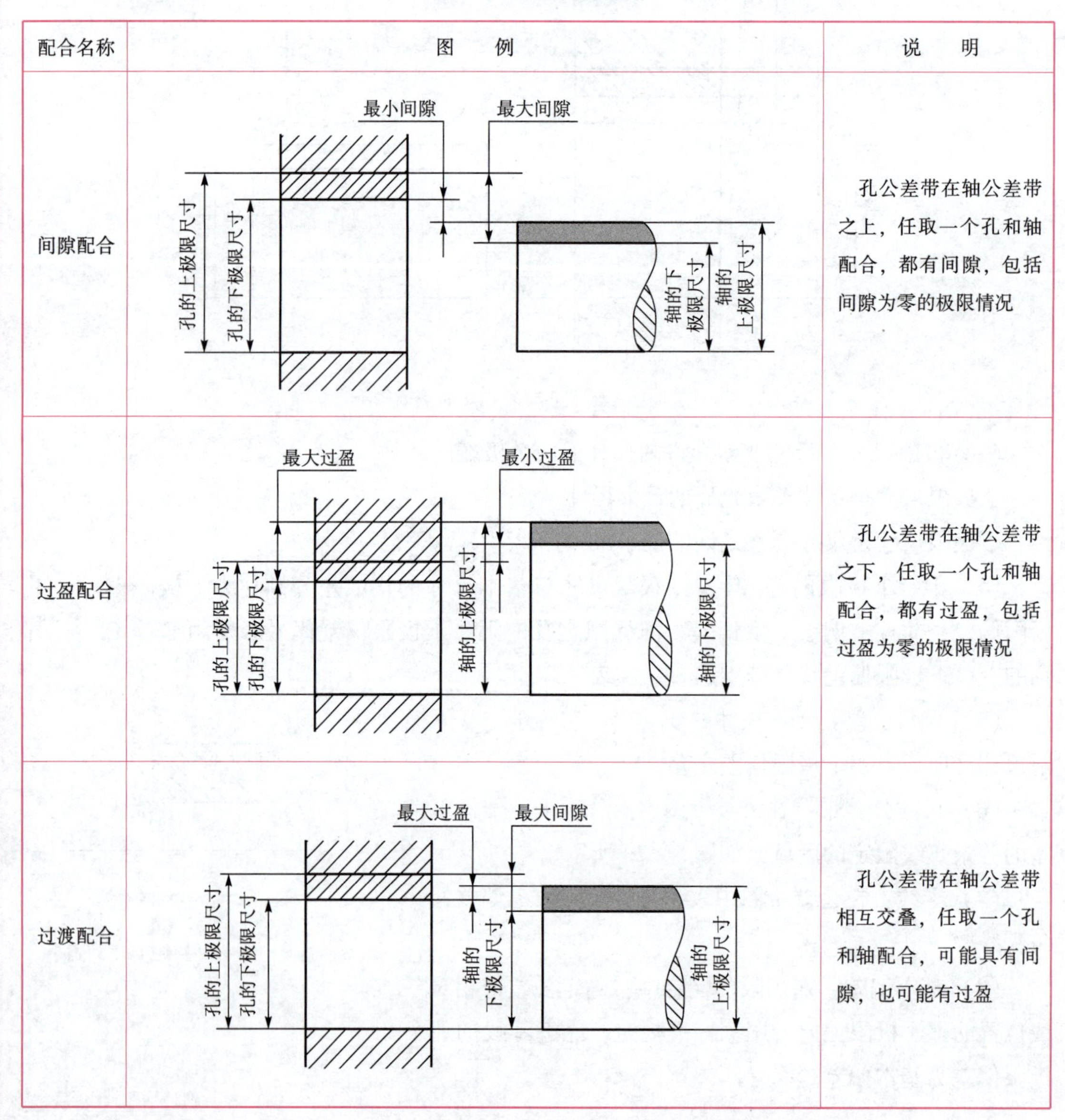

配合名称	图　例	说　明
间隙配合		孔公差带在轴公差带之上，任取一个孔和轴配合，都有间隙，包括间隙为零的极限情况
过盈配合		孔公差带在轴公差带之下，任取一个孔和轴配合，都有过盈，包括过盈为零的极限情况
过渡配合		孔公差带在轴公差带相互交叠，任取一个孔和轴配合，可能具有间隙，也可能有过盈

3. 标准公差与基本偏差

公差带由“标准公差”与“基本偏差”两个部分组成，“标准公差”确定了公差带的大小，而“基本偏差”则确定了公差带相对于零线的位置。国家标准《公差与配合》对这两个独立的要素分别进行了标准化。

（1）标准公差。国家标准规定“标准公差”用“IT”表示，共分 20 个等级，即 IT01，IT0，IT1 ~ IT18。其中 IT01 为最高，依次降低，ITl8 为最低。换言之，在同一公称尺寸下，IT01 的公差数值为最小，IT18 的公差数值为最大。各级标准公差的数值可查阅附录的附表 C－1。如公称尺寸为 ϕ25 的孔（轴），若公差等级为 IT7，其标准公差值可由附录的附表 C－1 查得为 0.021。

（2）基本偏差。基本偏差用来确定公差带相对于零线位置的上偏差或下偏差，一般为靠近零线的那个偏差。当公差带位于零线之上时，其基本偏差为下偏差；当公差带位于零线之下时，其基本偏差为上偏差。孔的下偏差用 EI 表示，孔的上偏差用 ES 表示；轴的上偏差用 es 表示，轴的下偏差用 ei 表示。基本偏差共有 28 个，它的代号用拉丁字母表示，孔用大写字母表示，轴用小写字母表示，如图 5－72 所示。

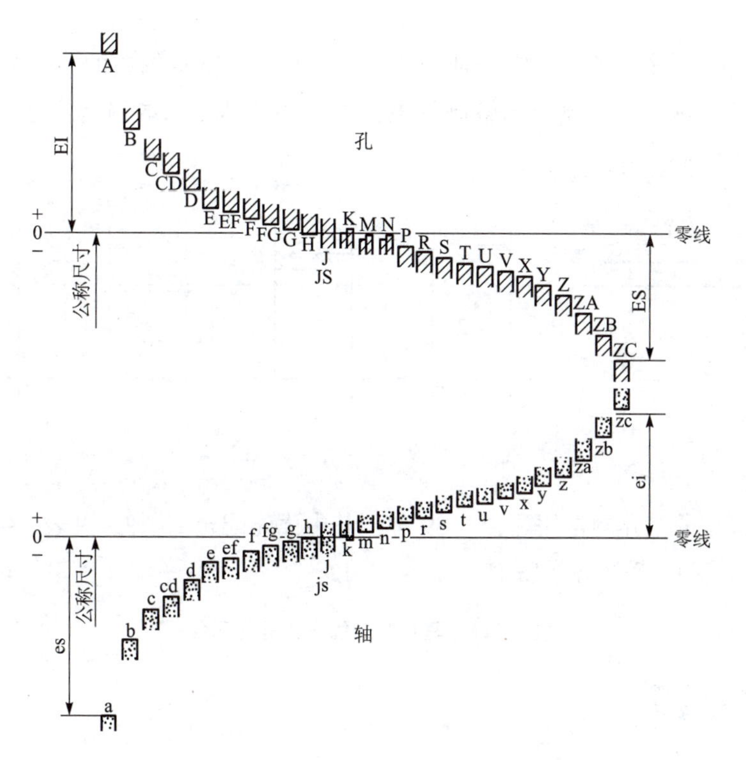

图 5－72 基本偏差系列示意图

孔和轴的公差代号由基本偏差代号和公差等级代号组成。例如：ϕ25H8 是指该孔的公称尺寸是25，基本偏差代号为 H，公差等级代号为 8 级；ϕ25f7 是指轴的公称尺寸是25，基本偏差代号为 f，公差等级代号为 7 级。

3. 基孔制与基轴制

公称尺寸确定以后，确定孔和轴的基本偏差可得到不同性质的配合。如果两者都允许变动，则将会出现很多种配合情况，太多的配合不利于零件的设计和制造，因此根据生产实际需要，国家标准规定了以下两种配合制度。

（1）基孔制：基本偏差为一定的孔的公差带，与不同基本偏差的轴的公差带形成各种配合的一种制度，称为基孔制。基孔制的孔，称为基准孔，基本偏差代号用 H 表示，下偏差为零，如图 5－73 所示。

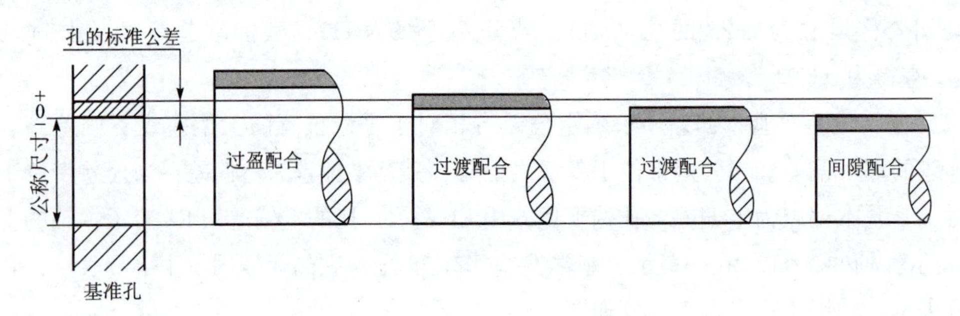

图 5－73　基孔制配合示意图

（2）基轴制：基本偏差为一定的轴的公差带，与不同基本偏差的孔的公差带形成各种配合的一种制度，称为基轴制。基轴制的轴，称为基准轴，基本偏差代号为 h，上偏差为零，如图 5－74 所示。

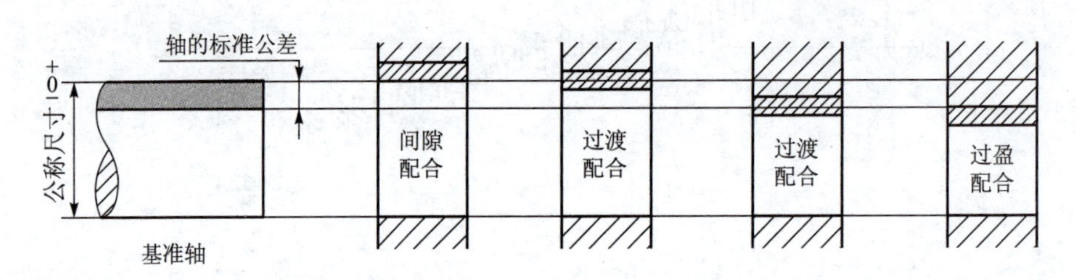

图 5－74　基轴制配合示意图

国家标准规定的基孔制常用配合共 59 种，其中优先配合 13 种，见表 5－11；基轴制常用配合共 47 种，其中优先配合 13 种，见表 5－12。

表 5－11　基孔制的优先、常用配合

基准孔	轴																				
	a	b	c	d	e	f	g	h	js	k	m	n	p	r	s	t	u	v	x	y	z
	间隙配合								过渡配合				过盈配合								
H6						H6/f5	H6/g5	H6/h5	H6/js5	H6/k5	H6/m5	H6/n5	H6/p5	H6/r5	H6/s5	H6/t5					
H7						H7/f6	H7/g6	H7/h6	H7/js6	H7/k6	H7/m6	H7/n6	H7/p6	H7/r6	H7/s6	H7/t6	H7/u6	H7/v6	H7/x6	H7/y6	H7/z6

续表

基准孔	轴																						
	a	b	c	d	e	f	g	h	js	k	m	n	p	r	s	t	u	v	x	y	z
	间隙配合								过渡配合				过盈配合										
H8			$\frac{H8}{d8}$	$\frac{H8}{e7}$ $\frac{H8}{e8}$	◤$\frac{H8}{f7}$ $\frac{H8}{f8}$	$\frac{H8}{g7}$	◤$\frac{H8}{h7}$ $\frac{H8}{h8}$	$\frac{H8}{js7}$	$\frac{H8}{k7}$	$\frac{H8}{m7}$	$\frac{H8}{n7}$	$\frac{H8}{p7}$	$\frac{H8}{r7}$	$\frac{H8}{s7}$	$\frac{H8}{t7}$	$\frac{H8}{u7}$							
H9			$\frac{H9}{c9}$	◤$\frac{H9}{d9}$	$\frac{H9}{e9}$	$\frac{H9}{f9}$		◤$\frac{H9}{h9}$															
H10			$\frac{H10}{c10}$	$\frac{H10}{d10}$				$\frac{H10}{h10}$															
H11	$\frac{H11}{a11}$	$\frac{H11}{b11}$	◤$\frac{H11}{c11}$	$\frac{H11}{d11}$				◤$\frac{H11}{h11}$															
H12		$\frac{H12}{b12}$						$\frac{H12}{h12}$															

注：（1）$\frac{H6}{n5}$、$\frac{H7}{p6}$在基本尺寸小于或等于 3 mm 和$\frac{H8}{r7}$在小于或等于 100 mm 时，为过渡配合。

（2）标注◤的配合为优先配合。表中总共 59 种，其中优先配合 13 种。

表 5－12 基轴制的优先、常用配合

基准轴	孔																						
	A	B	C	D	E	F	G	H	JS	K	M	N	P	R	S	T	U	V	X	Y	Z
	间隙配合								过渡配合				过盈配合										
h5						$\frac{F6}{h5}$	$\frac{G6}{h5}$	$\frac{H6}{h5}$	$\frac{JS6}{h5}$	$\frac{K6}{h5}$	$\frac{M6}{h5}$	$\frac{N6}{h5}$	$\frac{P6}{h5}$	$\frac{R6}{h5}$	$\frac{S6}{h5}$	$\frac{T6}{h5}$					
h6						$\frac{F7}{h6}$	◤$\frac{G7}{h6}$	◤$\frac{H7}{h6}$	$\frac{JS7}{h6}$	◤$\frac{K7}{h6}$	$\frac{M7}{h6}$	◤$\frac{N7}{h6}$	◤$\frac{P7}{h6}$	$\frac{R7}{h6}$	◤$\frac{S7}{h6}$	$\frac{T7}{h6}$	◤$\frac{U7}{h6}$				
h7					$\frac{E8}{h7}$	◤$\frac{F8}{h7}$		◤$\frac{H8}{h7}$	$\frac{JS8}{h7}$	$\frac{K8}{h7}$	$\frac{M8}{h7}$	$\frac{N8}{h7}$									
h8				$\frac{D8}{h8}$	$\frac{E8}{h8}$	$\frac{F8}{h8}$		$\frac{H8}{h8}$													
h9				◤$\frac{D9}{h9}$	$\frac{E9}{h9}$	$\frac{F9}{h9}$		◤$\frac{H9}{h9}$													
h10				$\frac{D10}{h10}$				$\frac{H10}{h10}$													
h11	$\frac{A11}{h11}$	$\frac{B11}{h11}$	◤$\frac{C11}{h11}$	$\frac{D11}{h11}$				◤$\frac{H11}{h11}$													

续表

基准轴	孔																				
	A	B	C	D	E	F	G	H	JS	K	M	N	P	R	S	T	U	V	X	Y	Z
	间隙配合								过渡配合				过盈配合								
h12		$\frac{B12}{h12}$						$\frac{H12}{h12}$													
注：标有◤的配合为优先配合。表中总共 47 种，其中优先配合 13 种。																					

5. 极限与配合的标注及查表方法

（1）零件图上的标注。在零件图中有三种标注公差的方法：一是标注公差带代号，如图 5－75（a）所示；二是标注极限偏差值，如图 5－75（b）所示；三是同时标注公差带代号和极限偏差值，如图 5－75（c）所示。

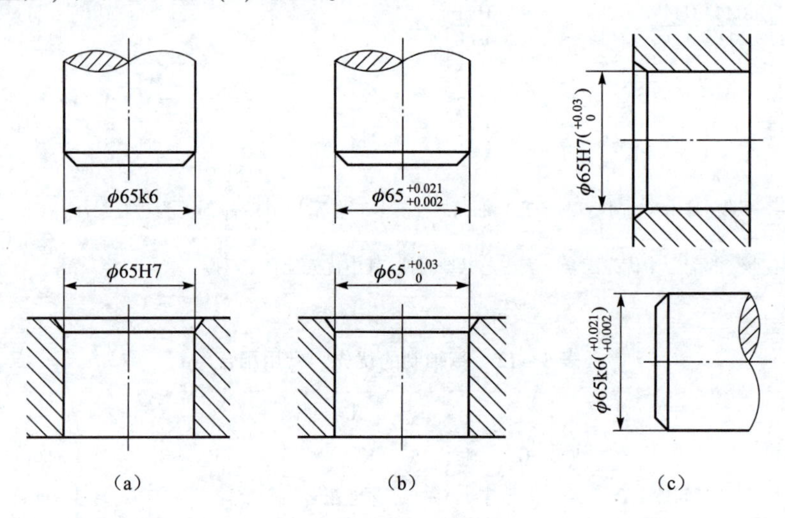

图 5－75　尺寸公差的注法

标注极限偏差数值时，应注意上下偏差的小数点必须对齐，小数点后的位数也必须相同，如图 5－76（a）所示。如上偏差或下偏差为“零”时，用数字“0”标出，并与下偏差或上偏差的小数点前的位数对齐，如图 5－76（b）所示。如公差带相对于公称尺寸对称配置时，两个偏差值相同，只注写一次，并在偏差与公称尺寸之间注出符号“ ±”，且两者数字高度相同，如图 5－76（c）所示。

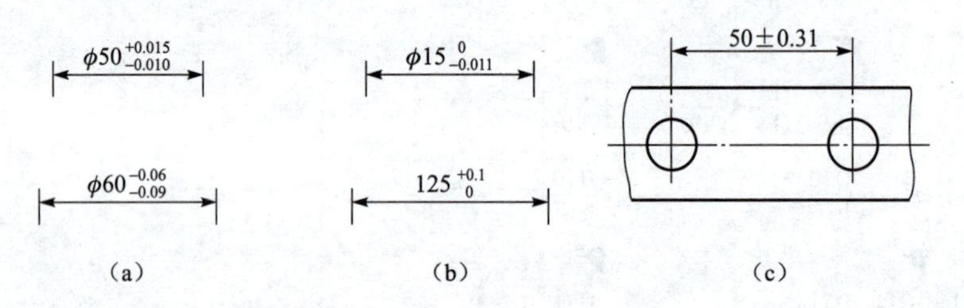

图 5－76　极限偏差值标注法

三、形位公差

1. 基本概念

零件经过加工后，不仅会产生尺寸误差和表面粗糙度，而且会产生形状和位置误差。形状误差是指实际要素和理想几何要素的差异；位置误差是指相关联的两个几何要素的实际位置相对于理想位置的差异。

形状误差和位置误差都会影响零件的使用性能，因此必须对一些零件的重要表面或轴线的形状和位置误差进行限制。形状和位置误差的允许变动量称为形状和位置公差（简称形位公差）。

2. 形位公差的代号

在图纸中，形位公差应采用代号标注。代号由形位公差符号、框格、公差值、指引线、基准代号和其他有关符号组成。形位公差的分类、名称和符号见表5－13。

表5－13　形位公差的名称和符号

公差类型	几何特征	符号	有无基准要求
形状公差	直线度	—	无
	平面度	▱	无
	圆度	○	无
	圆柱度	⌭	无
	线轮廓度	⌒	无
	面轮廓度	⌓	无
方向公差	平行度	//	有
	垂直度	⊥	有
	倾斜度	∠	有
	线轮廓度	⌒	有
	面轮廓度	⌓	有
位置公差	位置度	⌖	有或无
	同心度（用于中心点）	◎	有
	同轴度（用于轴线）	◎	有
	对称度	⌯	有
	线轮廓度	⌒	有
	面轮廓度	⌓	有
跳动公差	圆跳动	↗	有
	全跳动	⌰	有

形位公差的框格及基准代号画法如图 5－77 所示，指引线的箭头指向被测要素的表面或其延长线，箭头方向一般为公差带的方向。框格中的字符高度与尺寸数字的高度相同，基准中的字母一律水平书写。

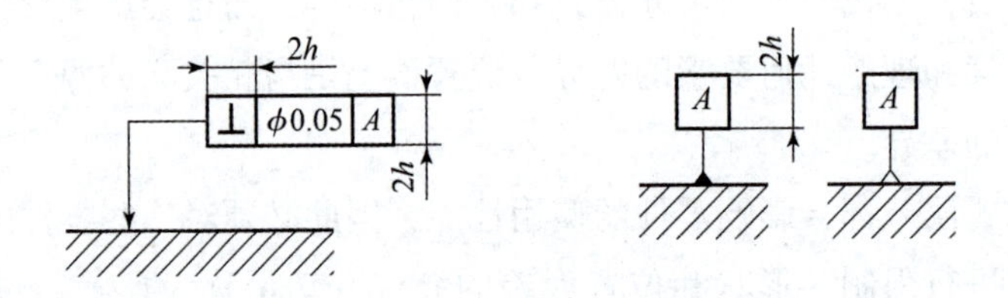

图 5－77　形位公差的框格及基准代号

任务实施

依次回答下列问题。

(1) 齿轮泵轴零件图包括哪些内容？

____

____

(2) 齿轮泵轴零件图技术要求表达哪些含义？

____

____

(3) 什么是表面粗糙度？齿轮泵轴零件图的表面粗糙度具体表达哪些含义？

____

____

(4) 什么是公差？什么是形位公差？齿轮泵轴零件图的位置公差表达哪些含义？

____

____

拓展任务

请完成任务单——任务 5.2 中零件图的表达方案确定及图形标注等。

任务评价

请完成表5－14学习评价。

表5－14 任务5.2学习评价

序号	检查项目	评分标准	结果评估	自评分
1	能否正确地复述零件图的主要内容？	15		
2	能否概括出零件图中常见的工艺结构，并辨析其工艺性的优劣？	15		
3	能否准确地复述表面粗糙度的含义？	15		
4	能否准确地复述形位公差的含义？	15		
5	能否清晰地表达本任务中零件图各项内容的含义？	20		
6	在阅读零件图过程中，是否遇到了问题？在解决问题过程中是否提升了自己查阅资料、沟通交流的能力？	20		

任务5.3 零件图的识读

学习目标

【知识目标】

掌握零件图识读的方法。

【能力目标】

能正确识读零件图。

【素养目标】

(1) 养成多思勤练的学习作风；

(2) 培养相互沟通的能力。

任务引入

图5－78所示为工程中常见的机器机座零件图，请认真阅读该零件图，并回答以下问题。

(1) 该零件属于哪一类零件？

(2) 该零件图采用了哪些表达方案？

（3）该零件的总体尺寸分别为多少？哪些是定形尺寸？哪些是定位尺寸？

（4）零件三个方向的设计基准是什么？

（5）该零件哪些面需要保证表面加工质量？

（6）该零件哪些要素需保证形位公差要求？

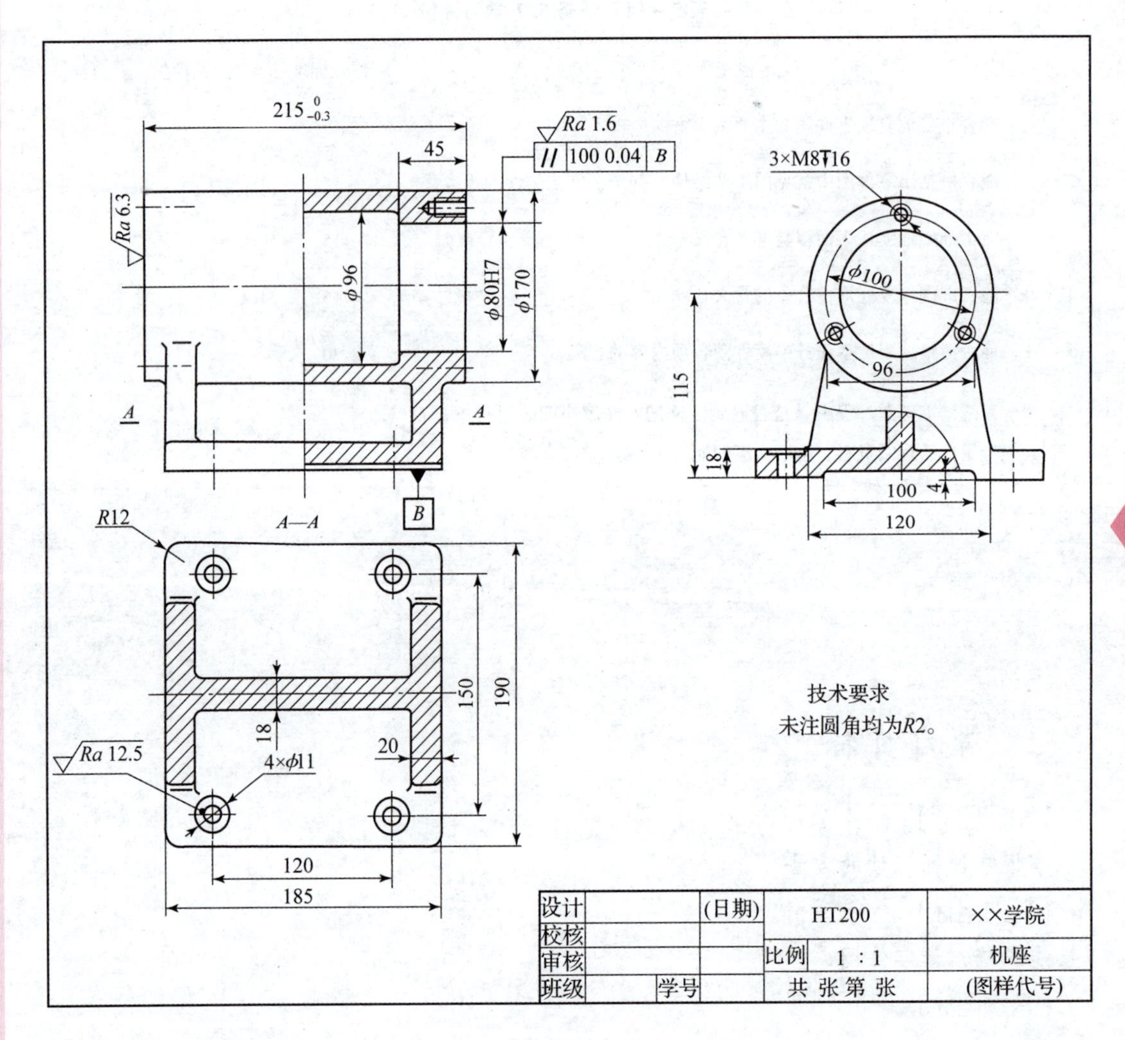

图 5－78 机座的零件图

识读与绘制零件图是每位工程技术人员应具有的基本能力。识读零件图要求从视图了解零件的结构及基本功能，从尺寸标注了解零件结构中各要素的大小，从各项技术要求了解零件的加工方法与工艺要求，从标题栏了解零件的名称、材料及数量等。

知识链接

知识点1 零件图的识读目的

一张零件图的内容是相当丰富的，不同工作岗位的人看图的目的也不同，通常读零件图的主要目的为：

（1）对零件有一个概括的了解，如名称、材料等。

（2）根据给出的视图，想象出零件的形状，进而明确零件在设备或部件中的作用及零件各部分的功能。

（3）通过阅读零件图的尺寸，对零件各部分的大小有一个概念，进一步分析出各方向尺寸的主要基准。

（4）明确制造零件的主要技术要求，如表面粗糙度、尺寸公差、形位公差、热处理及表面处理等要求，以便确定正确的加工方法。

知识点2 零件图的识读方法

识读零件图的方法没有一个固定不变的程序，对于较简单的零件图，也许泛泛地阅读就能想象出物体的形状及明确其精度要求。对于较复杂的零件，则需要通过深入分析，由整体到局部，再由局部到整体反复推敲，最后才能弄清其结构和精度要求。

一、阅读标题栏

看一张图，首先从标题栏入手，标题栏内列出了零件的名称、材料、比例等信息，从标题栏可以得到一些有关零件的概括信息。

二、明确视图关系

所谓视图关系，即视图表达方法和各视图之间的投影联系。

三、分析视图，现象零件结构形状

从学习识读机械图来说，分析视图、想象零件的结构形状是最关键的一步。看图时，仍采用前述组合体视图的识读方法，对零件进行形体分析和线面分析。由组成零件的基本体入手，由大到小，从整体到局部，逐步想象出物体的结构形状。

四、看尺寸，分析尺寸基准

分析零件图尺寸的目的是了解零件结构形状的大小和相互位置，判别尺寸是定形尺寸还是定位尺寸及判别尺寸基准在哪里。

五、看技术要求

零件图上的技术要求主要有表面粗糙度，尺寸公差与配合，形位公差及文字说明的加工、制造、检验等要求。这些要求是制订加工工艺、组织生产的重要依据，要深入分析理解。

任务实施

（1）该零件属于哪一类零件？

（2）该零件图采用了哪些表达方案？

（3）该零件的总体尺寸分别为多少？哪些是定形尺寸？哪些是定位尺寸？

（4）零件三个方向的设计基准是什么？

（5）该零件哪些面需要保证表面加工质量？

（6）该零件哪些要素需保证形位公差要求？

拓展任务

请完成任务单——任务 5.3 中零件图的识读。

任务评价

请完成表5-15的学习评价。

表5-15 任务5.3 学习评价

序号	检查项目	评分标准	结果评估	自评分
1	能否准确地复述零件图的识读方法?	20		
2	能否准确地概括零件图各项内容所起到的作用?	25		
3	能否清晰地表达本任务中零件图各项内容的含义?	30		
4	在阅读零件图过程中,是否遇到了问题?在解决问题过程中是否提升了自己查阅资料、沟通交流的能力?	25		

任务5.4 零件图的绘制

学习目标

【知识目标】

掌握零件图绘制的方法。

【能力目标】

能正确绘制零件图。

【素养目标】

(1) 养成多思勤练的学习作风;

(2) 培养相互沟通的能力。

任务引入

工程上常用到的轴承盖,主要起到对轴承进行密封保护的作用,图5-79所示为轴承盖剖切后的轴测图,请绘制该轴承盖的零件图。

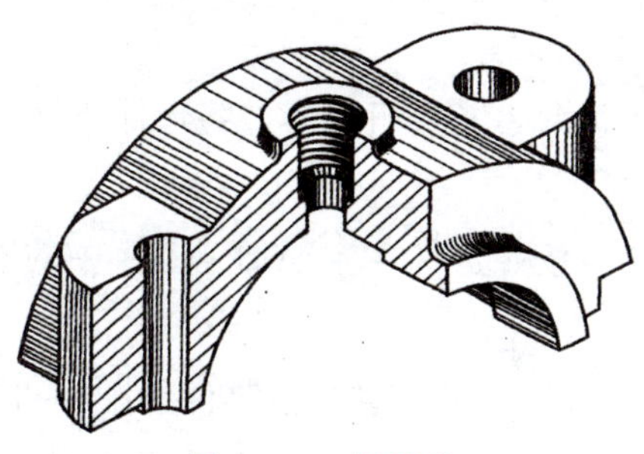

图5-79 轴承盖

任务分析

根据已有的零件画出其零件图的过程叫零件测绘。在机械设计中，可在产品设计之前先对现有的同类产品进行测绘，作为设计产品的参考资料。在机器维修时，当某零件损坏，又无配件或图纸时，可对零件进行测绘，画出零件图，作为制造该零件的依据。

知识链接

知识点1　零件图的绘制步骤

一般来说，零件图的绘制步骤如下：

（1）确定零件的视图表达方案，以清晰、完整为准；

（2）根据零件的视图布置情况和零件尺寸，选择适当的绘图比例和图纸幅面；

（3）根据零件名称、材料等信息，绘制标题栏；

（4）合理布置视图位置，确保各视图不偏置；

（5）用 H 或 2H 铅笔尽量轻、细、准地绘好底稿，应分出线型，但不必分粗细；

（6）合理、清晰地标注零件尺寸，数字大小应统一；

（7）仔细检查全图，修正图中错误，擦去多余的图线，确认无误后加深线条；

（8）再次核查全图，确认无误后填写标题栏，完成图纸绘制。

知识点2　零件图的视图表达方法

零件的形状结构要用一组视图来表示，这一组视图并不只限于三个基本视图，可采用各种表达方式，以最简明的方法将零件的形状和结构表达清楚。为此在画图之前要详细考虑主视图的选择和视图配置等问题。

一、视图的选择

1. 主视图的选择

主视图是零件图中的核心，主视图的选择直接影响到其他视图的选择及读图的方便和图幅的利用。选择主视图就是要确定零件的摆放位置和主视图的投射方向。因此，在选择主视图时，要考虑以下原则：

（1）形状特征最明显。主视图要能将组成零件各形体之间的相互位置和主要形体的形状、结构表达得最清楚。

（2）以加工位置为主视图。按照零件在主要加工工序中的装夹位置选取主视图，是为了加工制造者看图方便。

（3）以工作位置选取主视图。工作位置是指零件装配在机器或部件中工作时的位置。按工作位置选取主视图，容易想象零件在机器或部件中的作用。

2. 其他视图的选择。

其他视图的选择原则是：配合主视图，在完整、清晰地表达出零件结构形状的前提下，视图数尽可能少。所以，配置其他视图时应注意以下几个问题：

（1）每个视图都有明确的表达重点，各个视图互相配合、互相补充，表达内容尽量不重复。

（2）根据零件的内部结构选择恰当的剖视图和断面图。选择剖视图和断面图时，一定要明确剖视或断面图的意义，使其发挥最大作用。

（3）对尚未表达清楚的局部形状和细小结构，补充必要的局部视图和局部放大图。

（4）能采用省略、简化画法表达的要尽量采用省略、简化画法。

二、典型零件的表达方法

1. 轴类零件的表达方法

轴盘类零件的主要加工工序是车削和磨削。在车床或磨床上装夹时以轴线定位，三爪或四爪卡盘夹紧，所以该类零件的主视图常将轴线水平放置。因为轴类零件一般是实心的，所以主视图多采用不剖或局部剖视图，对轴上的沟槽、孔洞可采用移出断面或局部放大图，如图 5－80 所示。

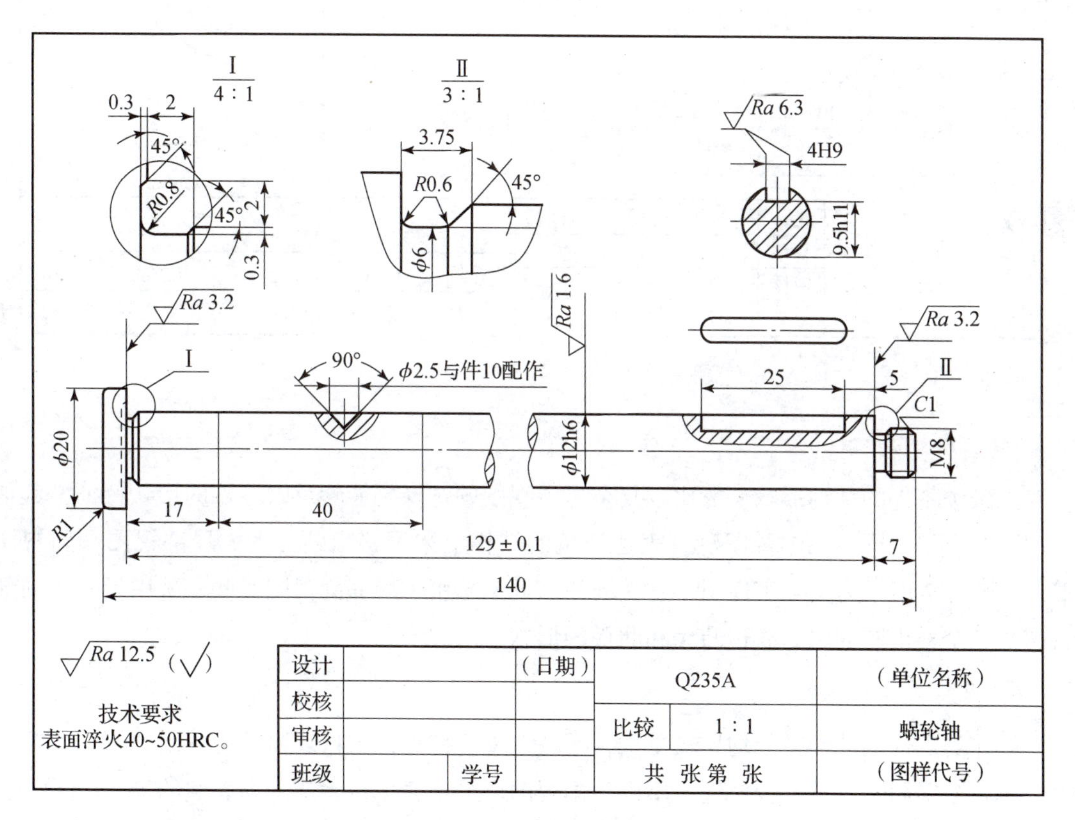

图 5－80 蜗轮轴零件图

2. 盘类零件的表达方法

盘类零件一般是空心的，所以主视图多采用全剖视图或半剖视图，并且绘出投影为圆的视图，如图 5－81 所示。

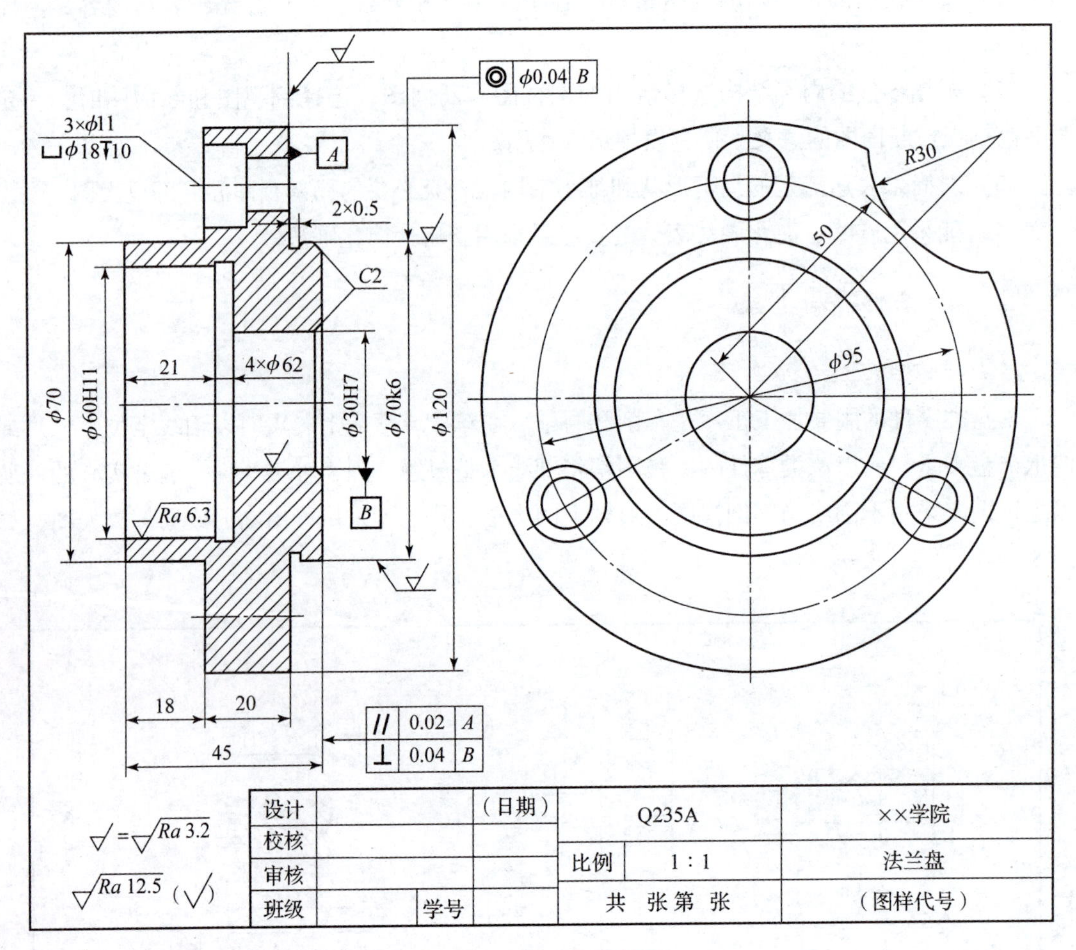

图 5－81　法兰盘零件图

3. 叉架类零件的表达方法

叉架类零件的结构形状一般比较复杂，主视图的选择要能够反映零件的形状特征，其他视图要配合主视图，在主视图没有表达清楚的结构上采用移出断面图、局部视图和斜视图等。图 5－82 所示为支架零件图，主视图和左视图采用了局部剖视图，此外采用了一个局部视图与一个移出断面图来表达凸台和肋板的形状。

4. 箱体类零件的表达方法

箱体类零件的结构一般均比较复杂，毛坯多采用铸件，工作表面采用铣削和刨削，箱体上的孔系多采用钻、扩、铰、镗。所以，主视图可采用工作位置或主要表面的加工位置，表达方法可采用全剖视图、局部剖视图等。图 5－83 所示为蜗轮蜗杆减速器箱体零件图。

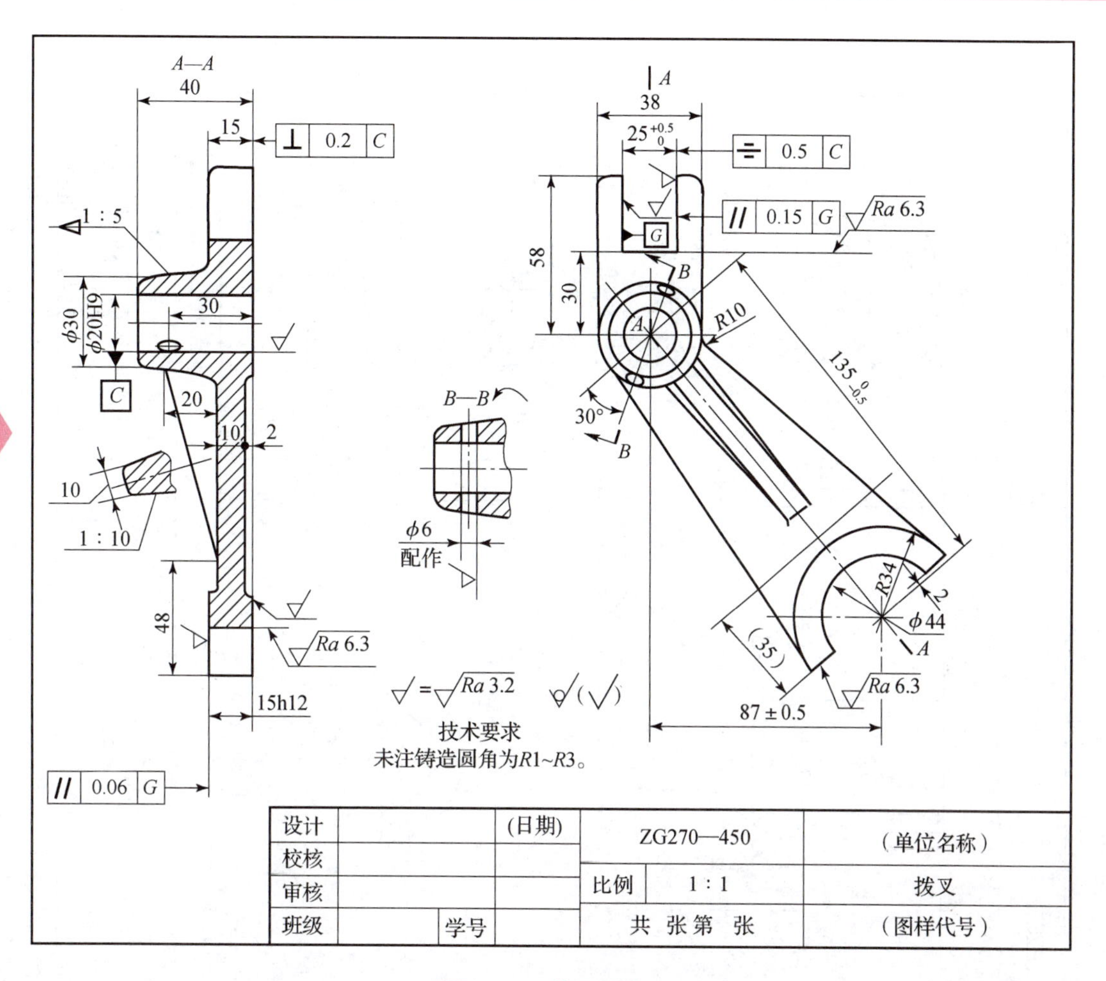

设计		(日期)	ZG270—450		(单位名称)
校核					
审核			比例	1∶1	拨叉
班级	学号		共 张 第 张		(图样代号)

图5-82　拨叉零件图

任务实施

一、绘制零件图

1. 结构分析

轴承盖结构具有对称性，主要加工表面为止口、轴孔及其端面。毛坯采用铸件，材料为铸铁。

2. 表达方案的确定

表达方案为主视图采用半剖，投射方向与轴孔的轴线方向相同，俯视图采用外形视图，左视图采用半剖。

3. 绘制草图

绘制出草图，如图5-84所示。

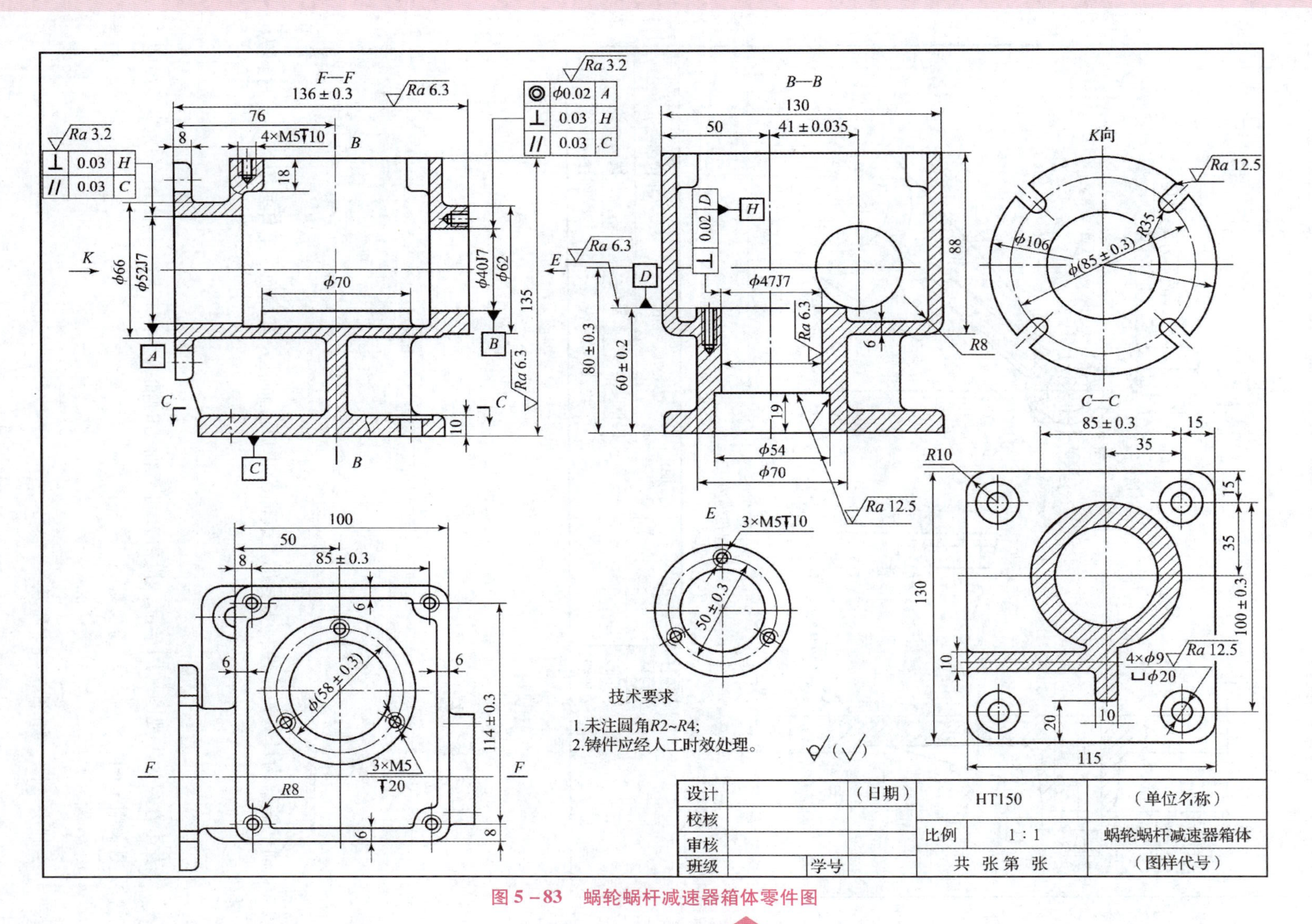

图 5－83　蜗轮蜗杆减速器箱体零件图

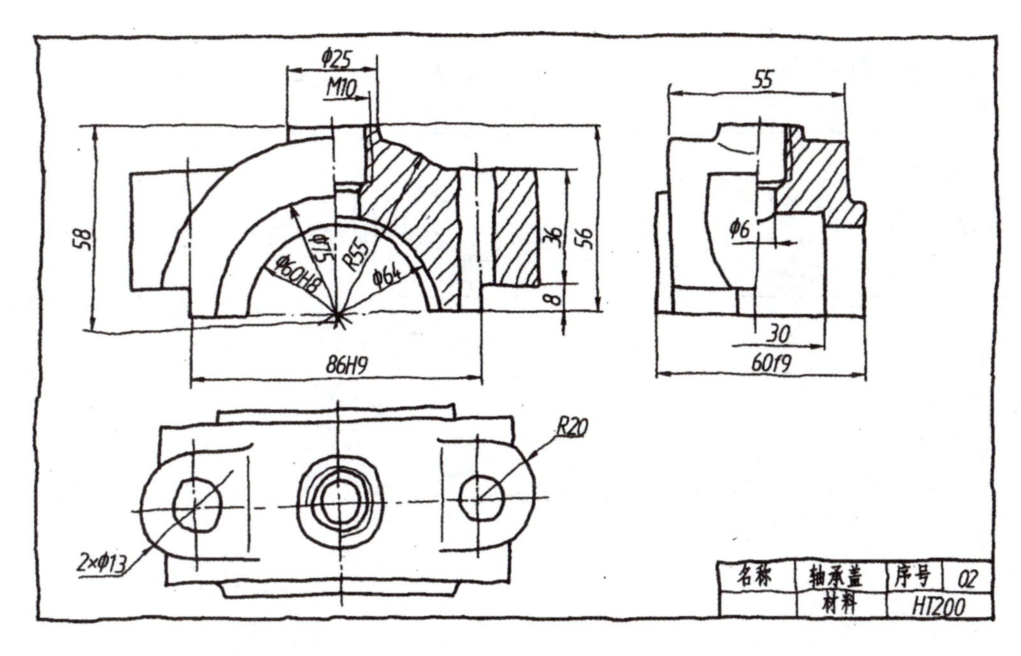

图 5－84 轴承盖草图

4. 绘制零件图

根据草图绘制出零件图，如图 5－85 所示。

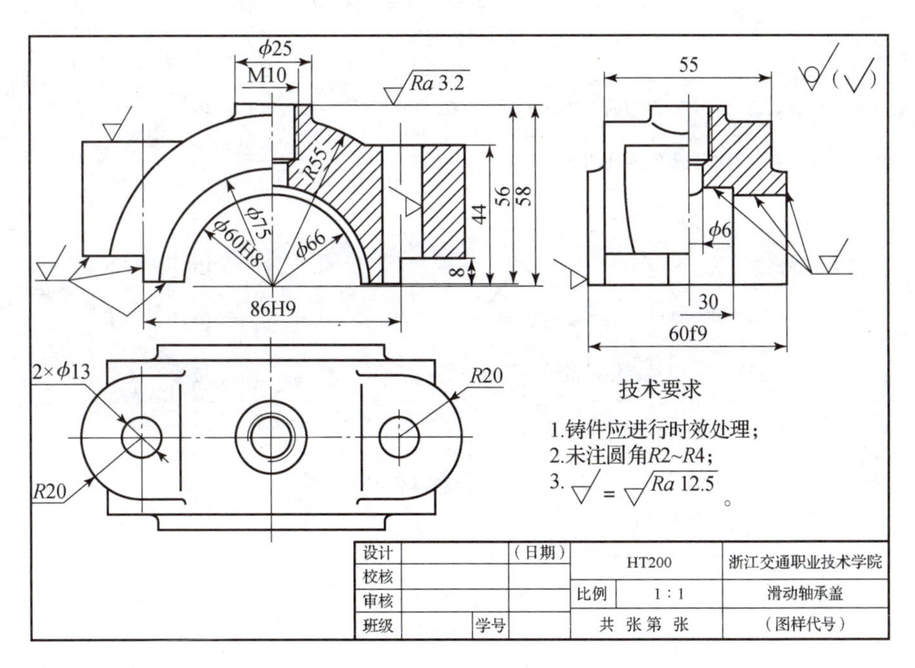

图 5－85 轴承盖零件图

二、回答下列问题

（1）绘制零件图前，你是如何进行结构分析及表达方案确定的？

____

____

（2）绘制零件图过程中，你遇到了哪些问题？又是如何解决的？

____

____

拓展任务

请完成任务单——任务 5.4 中零件图的绘制。

任务评价

请完成表 5－16 的学习评价。

表 5－16　任务 5.4 学习评价

序号	检查项目	评分标准	结果评估	自评分
1	能否正确地概括出几类零件图的表达方法？	10		
2	能否正确地确定轴承盖零件的视图表达方案？	10		
3	是否选择适当的绘图比例和图纸幅面？	10		
4	标题栏绘制是否正确？	10		
5	各视图位置布局是否合理？	10		
6	图形绘制是否正确？绘图过程中线型运用是否规范？	20		
7	尺寸标注是否正确？技术要求是否合理？	10		
8	在绘制图形过程中，是否遇到了问题？在解决问题过程中是否提升了自己查阅资料、沟通交流的能力？	20		

项目6 装配图的识读与绘制

通过本项目的训练，学生应能了解装配图的表达方法和表达内容，掌握装配图的规定画法和特殊画法，能正确识读机器的装配图；应能了解一般设备的装配图绘制方法，并进行简单部件的装配图绘制。

任务6.1　装配图的认知

学习目标

【知识目标】

(1) 了解装配图的表达方法和表达内容。

(2) 了解装配图的画法。

【能力目标】

掌握装配图的规定画法。

【素养目标】

(1) 养成多思勤练的学习作风。

(2) 培养问题不留置、快速解决问题的职业素养。

任务引入

齿轮泵为液压传动系统的动力来源，通过齿轮的啮合转动，将高速液压油输送至液压系统中，其轴测图如图6-0所示，请识读图6-1所示齿轮泵的装配图，并回答下列问题。

(1) 什么是装配图？

(2) 齿轮泵装配图的内容有哪些？

(3) 齿轮泵装配图的规定画法和特殊画法有哪些？

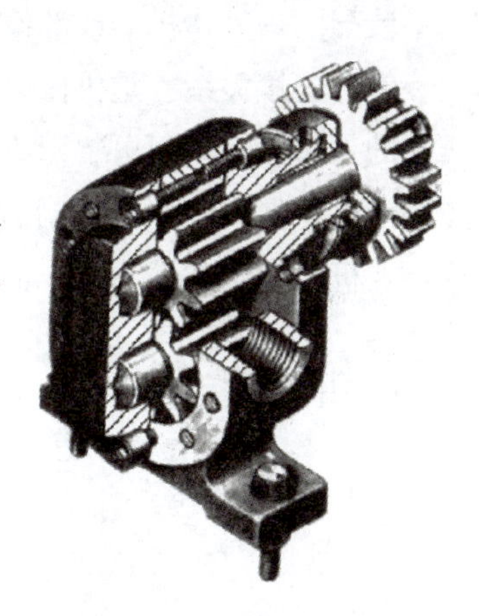

图6-0　齿轮泵的轴测图

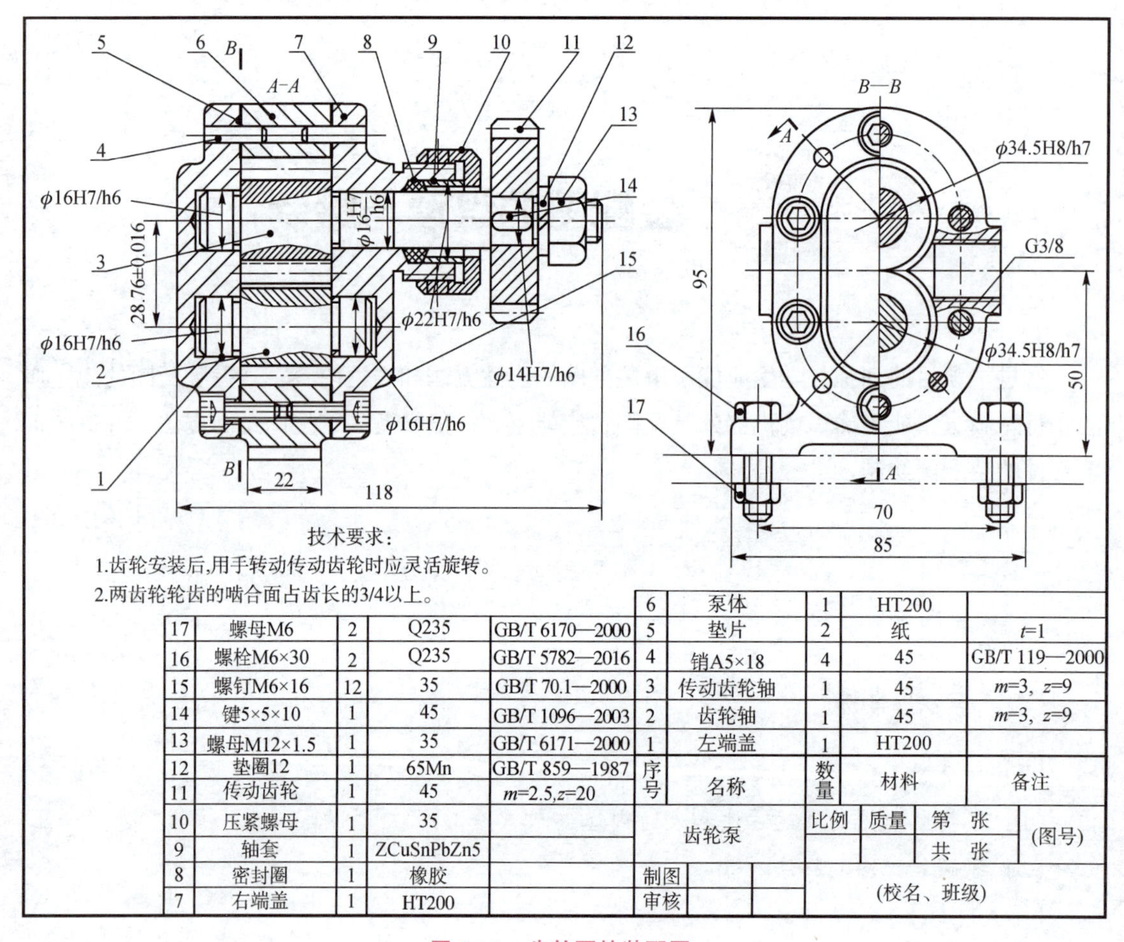

序号	名称	数量	材料	备注
17	螺母M6	2	Q235	GB/T 6170—2000
16	螺栓M6×30	2	Q235	GB/T 5782—2016
15	螺钉M6×16	12	35	GB/T 70.1—2000
14	键5×5×10	1	45	GB/T 1096—2003
13	螺母M12×1.5	1	35	GB/T 6171—2000
12	垫圈12	1	65Mn	GB/T 859—1987
11	传动齿轮	1	45	m=2.5,z=20
10	压紧螺母	1	35	
9	轴套	1	ZCuSnPbZn5	
8	密封圈	1	橡胶	
7	右端盖	1	HT200	
6	泵体	1	HT200	
5	垫片	2	纸	t=1
4	销A5×18	4	45	GB/T 119—2000
3	传动齿轮轴	1	45	m=3，z=9
2	齿轮轴	1	45	m=3，z=9
1	左端盖	1	HT200	

图 6-1　齿轮泵的装配图

装配图是表达机器或部件的图样，通常用来表达机器或部件的工作原理以及零、部件间的装配、连接关系，是机械设计和生产中的重要技术文件之一。在产品设计中，一般先根据产品的工作原理图画出装配草图，由装配草图整理成装配图，然后再根据装配图进行零件设计并画出零件图；在产品制造中，装配图是制订装配工艺规程、进行装配和检验的技术依据；在机器使用和维修时，也需要通过装配图来了解机器的工作原理和构造。

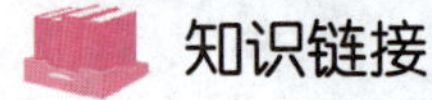

知识链接

知识点 1　装配图的内容

图 6-2 所示为滑动轴承的分解轴测图，图 6-3 所示为滑动轴承的装配图。由图 6-3 可以看出，一张完整的装配图包括以下几项内容：

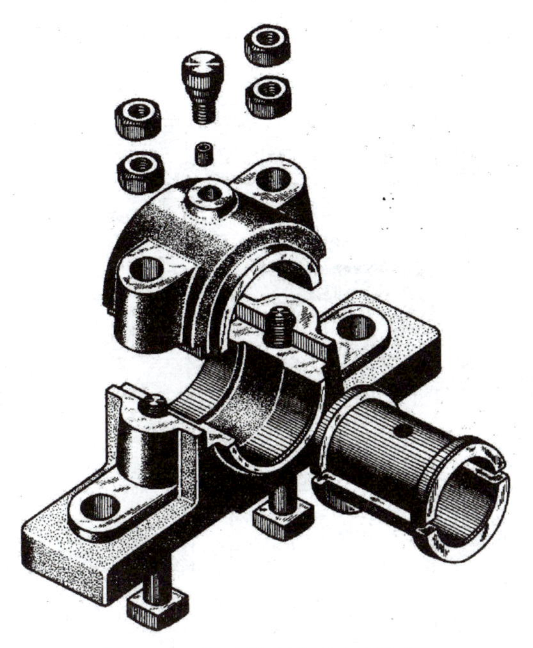

图 6－2 滑动轴承的分解轴测图

装配图的
内容与作用

一、一组视图

用来表达机器（或部件）的工作原理，零件或部件间的装配关系、连接方式及零件间相对位置和各零件的主要结构。

二、必要的尺寸

用来表达装配体的规格或性能以及在装配、检验、安装、调试、运输等方面所需要的尺寸。

三、技术要求

用文字或符号注写出对机器或部件的性能以及在运输、装配、试验、使用、安装的要求和应达到的指标。

四、标题栏、零件编号和明细栏

在装配图中，必须对每个零件进行编号，并在明细栏中说明机器（或部件）所包含的零件序号、名称、数量、材料、代号、图号等；在标题栏中，写明装配体的名称、图号、比例及设计、审核者的签名等。

知识点2 装配图画法的基本规定

（1）两相邻零件的接触面和配合面只画一条线，如图 6－3 所示的轴承盖、轴承座与上下轴衬的接触表面，ϕ60H9/f9 是配合尺寸，所以画成一条线；水平方向的表面为非接触表面画成两条线。

85±0.3
1
2
3
4
5
6
7
8
A
160
2
φ50H8
2×φ17
$90\frac{H9}{f9}$
35
180
240

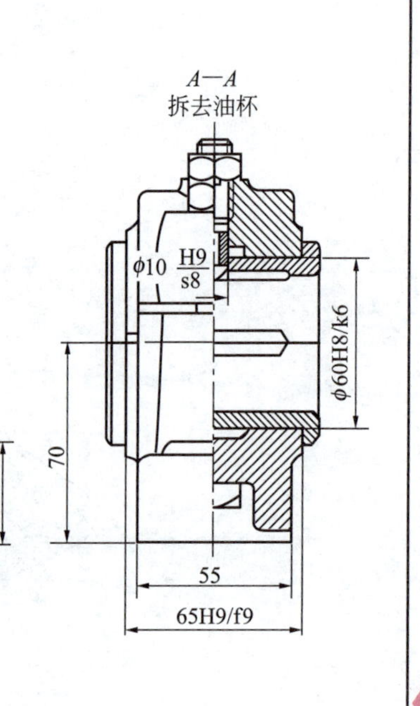

拆去轴承盖、上轴衬等

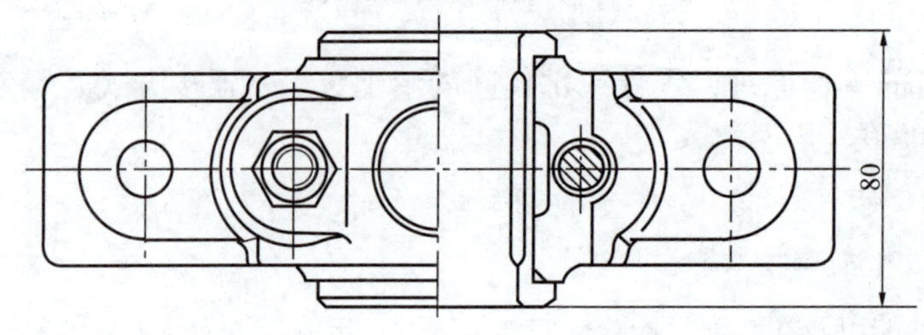

技术要求

1. 装配时，轴承盖与轴承座间加垫片调整，保证轴与轴衬间隙0.05~0.06 mm，接触面积在25 mm^2内不少于 15~25 点。

2. 轴承装配达到上述要求后，加工油孔和油槽。

3. 轴衬最大单位压力$p \leq 29.4$ MPa。

序号	名称	数量	材料	备注
8	轴承座	1	HT150	
7	下轴衬	1	ZCuAI10Fe3	
6	轴承盖	1	HT150	
5	上轴衬	1	ZCuAI10Fe3	
4	轴衬固定套	1	Q235—A	
3	螺栓M12×130	2		GB/T 8—2000
2	螺母M12	4		GB/T 6170—2000
1	油杯12	1		GB/T 1154—1989

滑动轴承	比例	1:1	共4张	01
	质量		第1张	
制图				
设计				
审核				

图 6－3　滑动轴承装配图

AR资

（2）相邻两个或多个零件的剖面线应有区别，或者方向相反，或者方向一致但间隔不等，相互错开，如图6－4所示。

但必须特别注意，在装配图中，所有剖视图、剖面图中同一零件的剖面线方向和间隔必须一致，这样有利于找出同一零件的各个视图，想象其形状和装配关系。

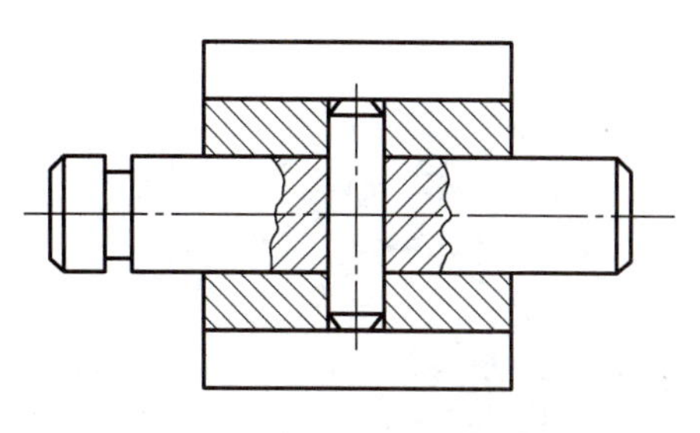

图6－4 装配图中剖面线画法

（3）对于紧固件以及实心的球、手柄、键等零件，若剖切平面通过其对称平面或轴线时，则这些零件均按不剖绘制；如需表明零件的凹槽、键槽、销孔等构造，则可用局部剖视表示，如图6－5所示。

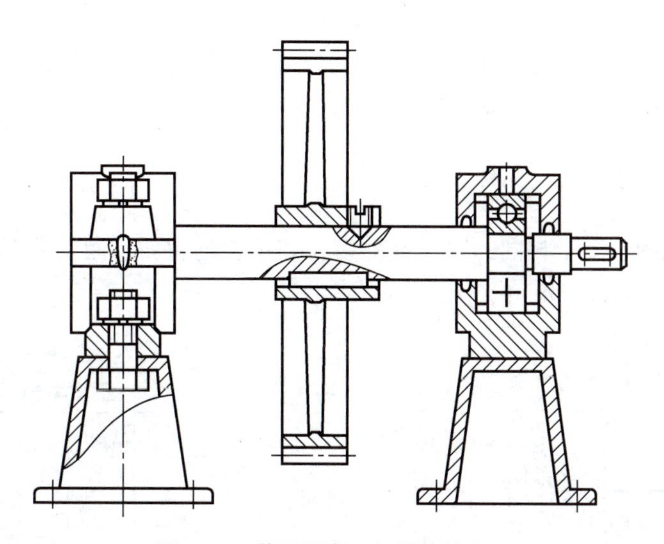

图6－5 装配图中不剖零件的画法

知识点3 装配图画法的特殊规定和简化画法

一、装配图画法的特殊规定

（1）拆卸画法。当某些零件的图形遮住了其后面的需要表达的零件，或在某一视图上不需要画出某些零件时，可拆去某些零件后再画；也可选择沿零件结合面进行剖切的画法。如图6－3所示的滑动轴承装配图中，俯视图就采用了后一种拆卸画法。

（2）单独表达某零件的画法。如所选择的视图已将大部分零件的形状、结构表达清楚，但仍有少数零件的某些方面还未表达清楚时，可单独画出这些零件的视图或剖视图，如图6－6所示的转子油泵中泵盖的“*B*”向视图。

（3）假想画法。为表示部件或机器的作用、安装方法，可将其他相邻零件、部件的部分轮廓用细双点画线画出，如图6－6所示。假想轮廓的剖面区域内不画剖面线。

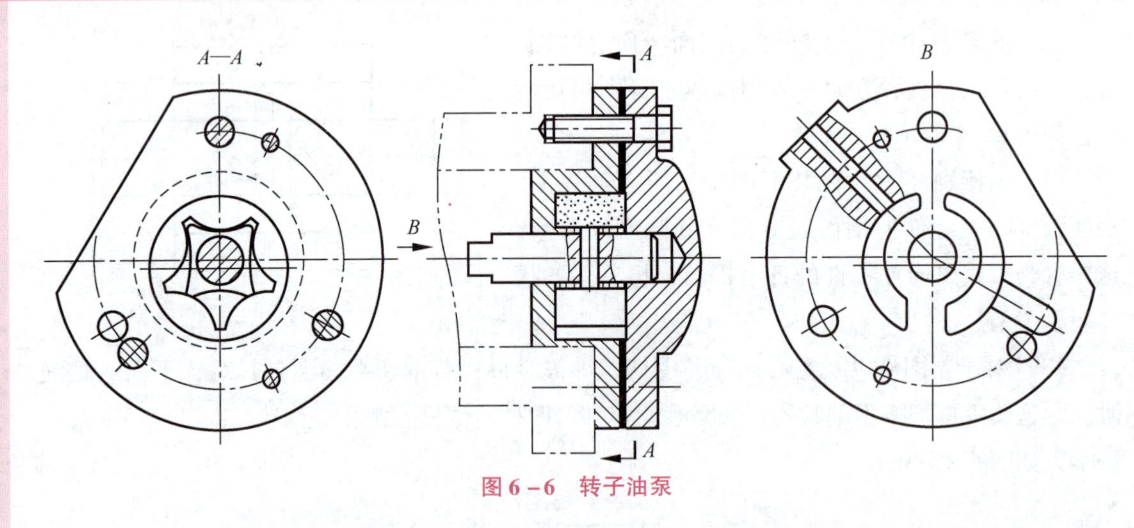

图 6-6　转子油泵

当需要表示运动零件的运动范围或运动的极限位置时，可按其运动的一个极限位置绘制图形，再用细双点画线画出另一极限位置的图形，如图 6-7 所示。

二、装配图的简化画法（见图 6-8）

（1）对于装配图中若干相同的零、部件组，如螺栓连接等，可详细地画出一组，其余只需用细点画线表示其位置即可。

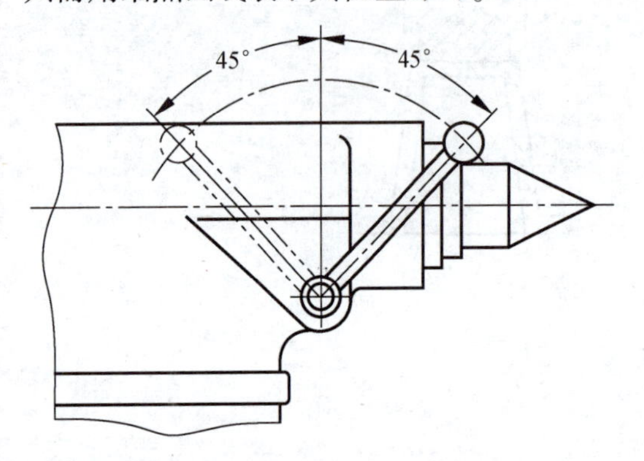

图 6-7　运动零件的极限位置

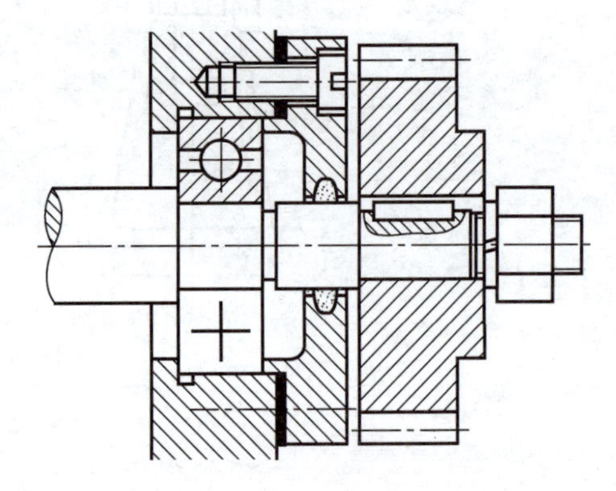
图 6-8　装配图中的简化画法

（2）在装配图中，对薄的垫片等不易画出的零件可将其涂黑。

（3）在装配图中，零件的工艺结构，如小圆角、倒角、退刀槽和拔模斜度等可不画出。

知识点 4　分析尺寸及技术要求

一、分析尺寸

在装配图中只需注出与机器或部件的性能、装配、检验、安装、运输等有关的几类尺寸。分析图 6-1 齿轮泵装配图中尺寸可知：

（1）吸、压油口的尺寸 G3/8 为齿轮泵的规格性能尺寸，它从侧面反映了齿轮泵进、出油的能力。

（2）左视图上两个螺栓（16号件）之间的尺寸70 mm是用于安装或固定齿轮泵的，这类尺寸称为装配图的安装尺寸。

（3）主视图中ϕ14H7/k6为传动齿轮轴11与传动齿轮轴3的配合尺寸，两零件用键14连成一体传递扭矩。齿轮轴2、传动齿轮轴3与左、右端盖在支撑处配合尺寸都是ϕ16H7/h6。两齿轮的齿顶圆与泵体内腔的配合尺寸是ϕ34.5H8/f7。尺寸28.76 mm ±0.016 mm是一对啮合齿轮的中心距，这个尺寸准确与否将会直接影响齿轮的啮合传动，为装配图中的相对位置尺寸。装配图中的配合以及相对位置尺寸统称为装配尺寸。

（4）尺寸118 mm、85 mm、95 mm分别为齿轮泵的总长、总宽和总高尺寸，反映了机器或部件的大小，是机器或部件在包装、运输和安装过程中确定其所占空间大小的依据。

（5）主视图中的尺寸65 mm是传动齿轮轴轴线离泵体安装面的高度尺寸，左视图中的尺寸50 mm是齿轮泵体地面至进、出油口中心线的高度尺寸。像这类装配体设计过程中经过计算确定或选定的重要尺寸称为装配图的其他重要尺寸，如主要零件的主要结构尺寸、运动件极限位置尺寸等都属于这类尺寸。

齿轮泵的装配图中注明了两条技术要求，用于说明该齿轮泵安装后检验的要求。在装配图中一般用文字或符号准确、简练地说明对机器或部件的性能、装配、检验、调整、安装、运输、使用、维护、保养等方面的要求和条件，统称为装配图中的技术要求，一般写在明细栏的上方或图纸下方空白处，也可另写成技术要求文件作为图样的附件。以上所述内容在一张装配图中不一定样样俱全，应根据具体情况而定。

二、装配图中的技术要求

装配图上的技术要求主要是针对该装配体的工作性能、装配及检验要求、调试要求及使用与维护要求所提出的，不同的装配体具有不同的技术要求。拟定装配体技术要求时，一般从以下3个方面考虑。

1. 装配要求

指装配过程中应注意的事项及装配后应达到的技术要求，如装配间隙和润滑要求等。

2. 检验要求

指对装配体基本性能的检验、试验、验收方法的要求等。

3. 使用要求

对装配体的性能、维护、保养和使用注意事项的要求。

上述各项技术要求，不是每张装配图都要全部注写，应根据具体情况而定。装配图的技术要求一般用文字注写在明细栏的上方或图纸下方的空白处。

知识点5 装配图的零件序号及明细栏

一、零、部件序号的编排方法

在生产过中，为便于图纸管理、生产准备、机器装配和看懂装配图，对装配图上各零、部件都要编注序号和代号。序号是为了看图方便而编制的，代号是该零件或部件的图号或国家标准代号。零部件图的序号和代号要和明细栏中的序号和代号一致，不能产生差错。

1. 一般规定

（1）装配图中所有的零、部件都必须编注序号，规格相同的零件只编一个序号，标准化组件如滚动轴承、电动机等，可看作一个整体编注一个序号。

（2）装配图中零件序号应与明细栏中的序号一致。

2. 序号的组成

装配图中的序号一般由指引线（细实线）、圆点（或箭头）、横线（或圆圈）和序号数字组成，如图 6－9 所示。具体要求如下：

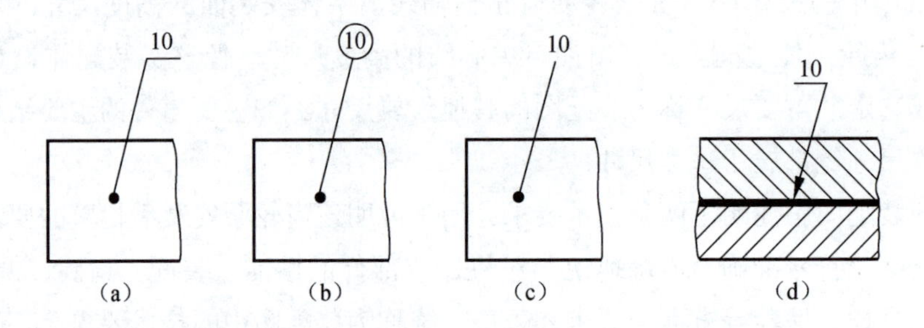

图 6－9　序号的组成

（1）指引线不与轮廓线或剖面线等图线平行，指引线之间不允许相交，但指引线允许弯折一次。

（2）可在指引线末端画出箭头，箭头指向该零件的轮廓线。

（3）序号数字比装配图中的尺寸数字大一号或大两号。

3. 零件组序号

对紧固件组或装配关系清楚的零件组，允许采用公共指引线，如图 6－10 所示。

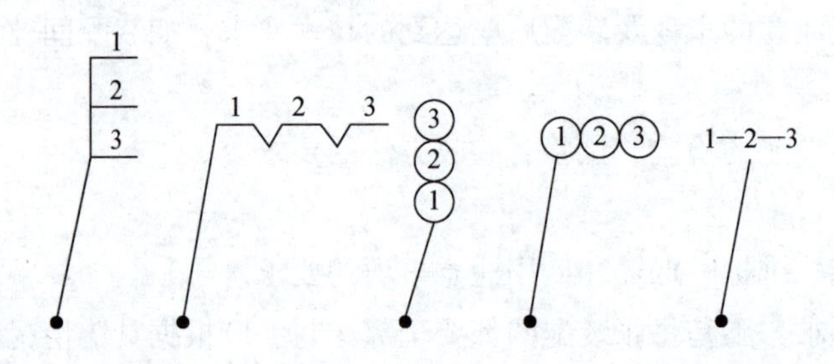

图 6－10　零件组序号

4. 序号的排列

零件的序号应沿水平或垂直方向按顺时针或逆时针方向排列，并尽量使序号间隔相等，如图 6－1 所示。

二、标题栏及明细栏

标题栏格式由前述的 GB/T 10609.1—1989 确定，明细栏则按 GB/T 10609.2—2009 规定绘制。企业有时也有各自的标题栏、明细栏格式。本课程推荐的装配图作业格式如图 6－11 所示。

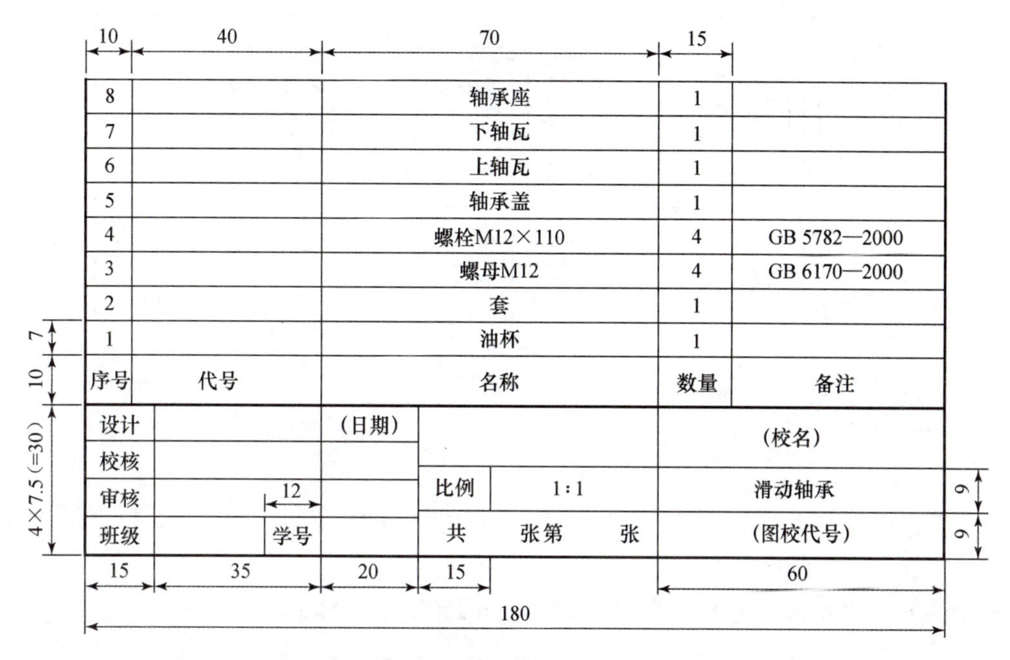

图 6－11　装配图标题栏和明细栏格式

绘制和填写标题栏、明细栏时应注意以下问题：

（1）明细栏和标题栏的分界线是粗实线，明细栏的外框竖线是粗实线，明细栏的横线和内部竖线均为细实线（包括最上一条横线）。

（2）序号应自下而上顺序填写，如向上延伸位置不够，则可以在标题栏紧靠左边自下而上延续。

（3）标准件的国标代号可写入备注栏。

知识点 6　常见的装配工艺结构

了解装配体上一些有关装配的工艺结构和常见装置，可使图样画得更合理，以满足装配要求。

一、装配工艺结构

（1）为避免干涉，两零件在同一方向上只应有一个接触面，如图 6－12 所示。

在图 6－3 所示的滑动轴承装配图中，轴承盖、轴承座和上、下轴瓦在竖直方向通过 ϕ60H8/k7 接触，所以轴承盖和座在竖直方向无接触面。

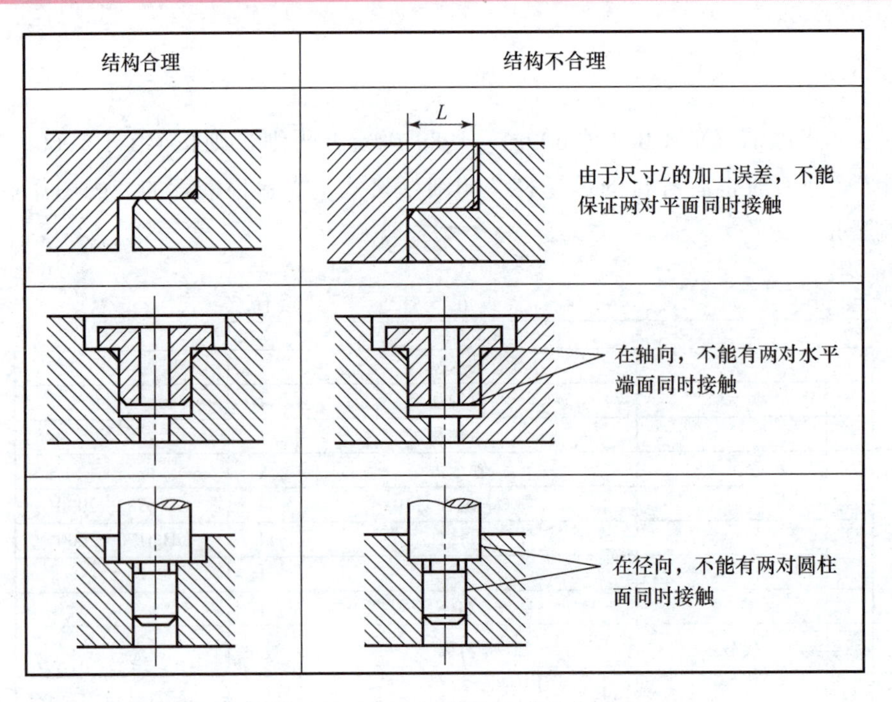

图6－12　两零件接触面的结构图

（2）两零件有相交表面接触时，在转角处应制出倒角、圆角、凹槽等，以保证表面接触良好，如图6－12所示。

（3）零件的结构设计要考虑维修时拆卸方便，如图6－13所示。

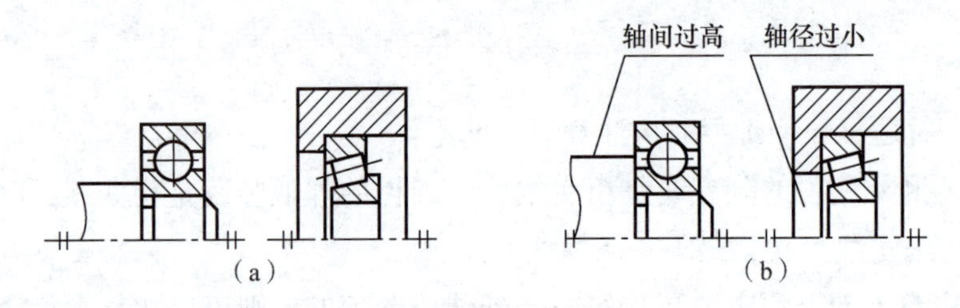

图6－13　装配结构要便于拆卸

（a）正确；（b）不正确

（4）用螺纹连紧的地方要留足装拆的活动空间，如图6－14所示。

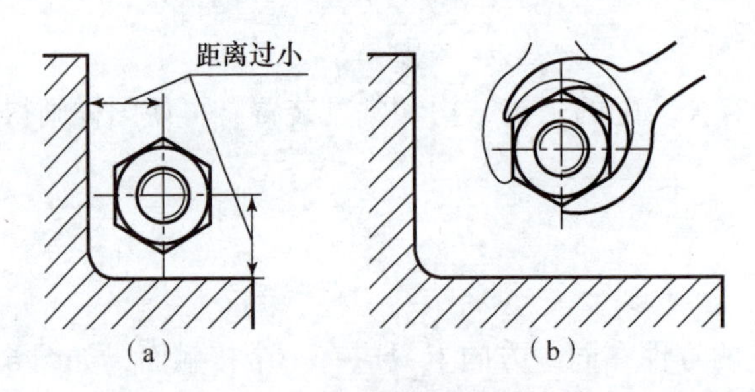

图6－14　螺纹连接装配结构

（a）不合理；（b）合理

二、机器上的常见装置

1. 螺纹防松装置

为防止机器在工作中由于振动而使螺纹紧固件松开，常采用双螺母、弹簧垫圈、止动垫圈、开口销等防松装置，其结构如图 6－15 所示。

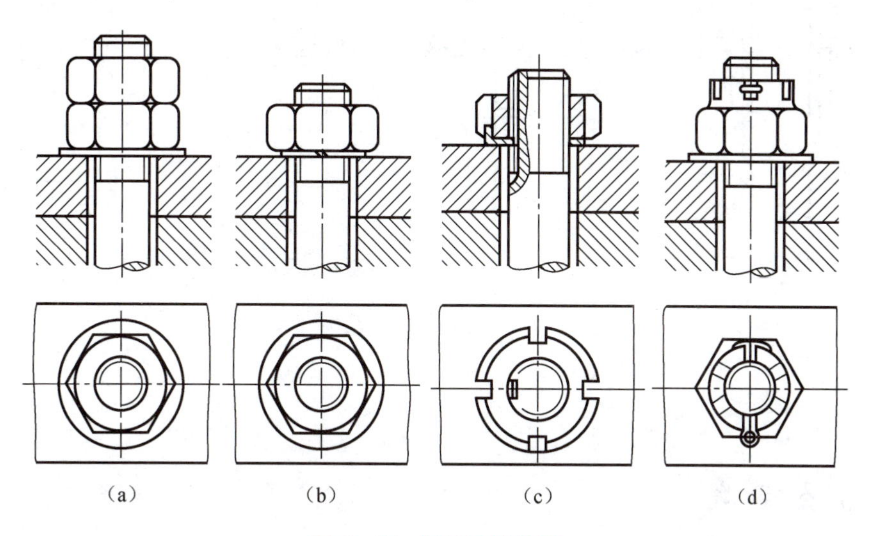

图 6－15 螺纹防松装置

(a) 双螺母；(b) 弹簧垫圈；(c) 止动垫圈；(d) 开口销

2. 滚动轴承的固定装置

使用滚动轴承时，须根据受力情况将滚动轴承的内、外圈固定在轴上或机体的孔中。因考虑到工作温度的变化，会导致滚动轴承卡死而无法工作，所以不能将两端轴承的内、外圈全部固定，一般可以一端固定，另一端留有轴向间隙，允许有极小的伸缩。如图 6－16 所示，右端轴承内、外圈均做了固定，左端只固定了内圈。

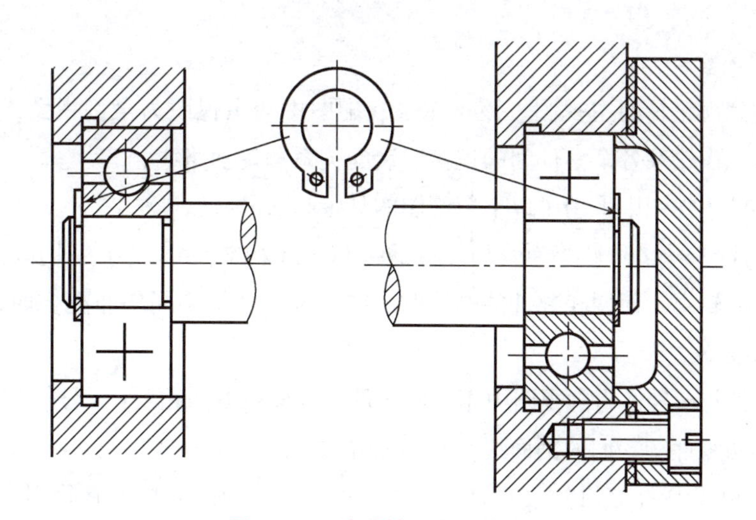

图 6－16 滚动轴承固定装置

3. 密封装置

为了防止灰尘、杂屑等进入轴承，并防止润滑油的外溢和阀门或管路中的气、液体的泄漏，通常采用密封装置，如图 6－17 所示。

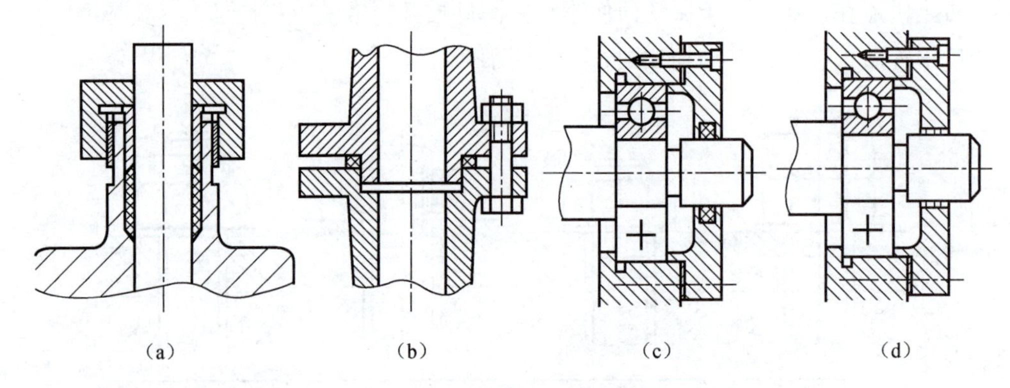

图 6－17　密封装置

(a) 填料密封；(b) 垫片密封；(c) 毡圈密封；(d) 油沟密封

一、概括了解

如图 6－1 所示，从标题栏名称中可知该装配图是一张齿轮泵的装配图。对照图上的序号和明细栏，该齿轮泵共由 17 种零件装配而成，其中标准件有 7 种，从中可以看出各零件的大体位置。由外形尺寸 118 mm、85 mm、95 mm 可知这个齿轮泵的体积不大。

二、分析视图

1. 看懂主视图

首先要找到齿轮泵的主视图。该齿轮泵装配图中的主视图为全剖视图，按工作位置放置，反映了组成齿轮泵各个零件间的连接、装配关系和传动路线。

在齿轮泵的主视图中采用了以下装配图的规定画法和特殊画法：

(1) 3 号件与 1、7 号件等为两相邻件的接触面或基本尺寸相同的轴孔配合面，只画一条线表示其公共轮廓。而两相邻件的非接触面或基本尺寸不相同的非配合面即使间隙很小，也必须画两条线。

(2) 1 号件与 6 号件为剖视图中相邻两零件，剖面线方向相反；3 号件与 1、7 号件也是剖视图中相邻两零件，它们的剖面线间距不相等。

(3) 在主视图中的 4、12、13、15 号件虽然都剖切到，但是没有画剖面线，这是因为装配图的画法规定：在剖视图中，对于标准组件（如螺纹紧固件、油杯、键、销等）和实

心杆件（如实心轴、连杆、拉杆、手柄等），若纵向剖切且剖切平面通过其轴线，则按不剖绘制。

(4) 5 号件垫片很薄，若按实际厚度画出则表达不清楚，因此采用夸大画法。图 8－2 主视图中螺栓与螺栓孔之间的配合间隙也是采用夸大法画出的。另外 5 号件垫片用涂黑代替剖面线是因为装配图的简化法规定：在剖视或断面图中，若零件的厚度在 2 mm 以下，则可用涂黑代替剖面符号。

2. 分析其他视图

在分析齿轮泵主视图的基础上，要通过分析其他视图，进一步了解其对机器部件的表达内容。

左视图是采用沿着左端盖 1 与泵体 6 接合面剖切后移去了垫片 5 的半剖视图 *B—B*，这种画法叫作沿接合面剖切画法，它清楚地反映了该油泵的外部形状、齿轮的啮合情况以及吸、压油的工作原理，再采用局部剖视来反映吸、压油口的情况。

三、回答下列问题

(1) 什么是装配图？

____

____

(2) 齿轮泵装配图的内容有哪些？

____

____

(3) 齿轮泵装配图的规定画法和特殊画法有哪些？

____

____

拓展任务

请完成任务单——任务 6.1 装配图的认知。

任务评价

请完成表 6－1 的学习评价。

表 6－1　任务 6.1 学习评价

序号	检查项目	评分标准	结果评估	自评分
1	能否准确地说出装配图所包括的主要内容及其各自的作用？	15		
2	能否准确地说出装配图画法的基本规定、特殊规定及简化画法？	15		
3	能否准确地说出装配图中零件编号、明细栏及标题栏的基本规定？	10		
4	能否辨析装配图中工艺结构的合理性？	15		
5	是否能看懂本任务中装配图的各视图？	15		
6	是否能看懂本任务中装配图的尺寸标注、技术要求和明细栏等？	10		
7	在绘制图形过程中，是否遇到了问题？在解决问题过程中是否提升了自己查阅资料、沟通交流的能力？	20		

任务 6.2　装配图的识读和拆画零件图

【知识目标】

掌握装配图的识读方法和拆画零件图的方法。

【能力目标】

具备一般装配体的装配图识读能力。

【素养目标】

（1）养成多思勤练的学习作风。

（2）培养问题不留置、快速解决问题的职业素养。

工程中的液压传动系统常用阀来调节液压油的压力、流速及方向等，它是一种常见的部件，图 6－18 所示为阀的装配图，请认真识读该装配图，完成装配图抄画零件图任务，并回答相关问题。

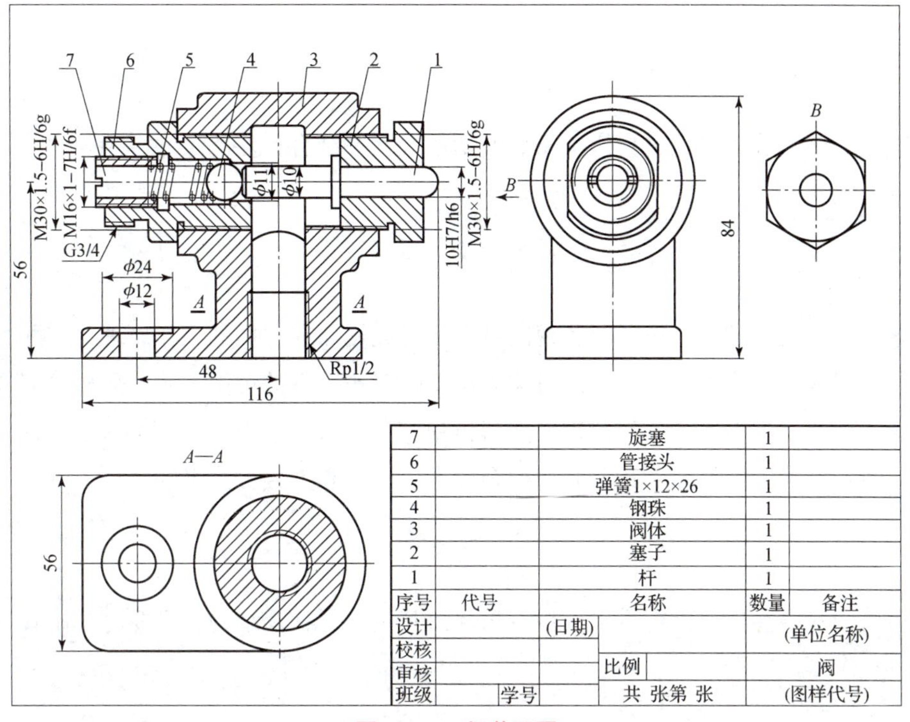

7		旋塞	1	
6		管接头	1	
5		弹簧1×12×26	1	
4		钢珠	1	
3		阀体	1	
2		塞子	1	
1		杆	1	
序号	代号	名称	数量	备注
设计		(日期)		(单位名称)
校核				
审核			比例	阀
班级	学号		共 张第 张	(图样代号)

图6－18　阀装配图

任务分析

识读装配图的主要目的是了解机器或部件的工作原理、装配关系以及主要零件的结构形状。识读装配图时应特别注意从机器或部件中分离出每一个零件，并分析其主要结构形状和作用，以及同其他零件的关系；然后再将各个零件合在一起，分析机器或部件的作用、工作原理及防松、润滑、密封等系统的原理和结构等；必要时还应查阅有关的专业资料，直到读懂该装配体为止。拆画零件图是在读懂装配图的基础上，运用制图的基本知识，将装配体中的某个零件分离画出，并补充详细结构和有关数据，画成零件图。

相关知识

知识点1　识读装配图的方法与步骤

不同的工作岗位看图的目的是不同的，如有的仅需要了解机器或部件的用途和工作原理、有的要了解零件的连接方法和拆卸顺序、有的要拆画零件图等。一般说来，应按以下方法和步骤读装配图。

一、概括了解

从标题栏和有关的说明书中了解机器或部件的名称和大致用途；从明细栏和图中的编号

了解机器或部件的组成。

二、对视图进行初步分析

明确装配图的表达方法、投影关系和剖切位置，并结合标注的尺寸，想象出主要零件的主要结构形状。

三、分析工作原理和装配关系

在概括了解的基础上，应对照各视图进一步研究机器或部件的工作原理、装配关系，这是看懂装配图的一个重要环节。看图时应先从反映工作原理的视图入手，分析机器或部件中零件的运动情况，从而了解工作原理；然后再根据投影规律，从反映装配关系的视图着手，分析各条装配轴线，弄清零件相互间的配合要求、定位和连接方式等。

四、分析零件结构

对主要的复杂零件要进行投影分析，想象出其主要形状及结构，必要时绘制其零件图。

知识点 2　由装配图拆画零件图

为了看懂某一零件的结构形状，必须先把这个零件的视图由整个装配图中分离出来，然后想象其结构形状。对于表达不清的地方要根据整个机器或部件的工作原理进行补充，然后画出其零件图。这种由装配图画出零件图的过程称为拆画零件图。

拆画零件图的方法和步骤如下：

一、看懂装配图

看懂装配图，将要拆画的零件从整个装配图中分离出来。

二、确定视图表达方案

看懂零件的形状后，要根据零件的结构形状及在装配图中的工作位置或零件的加工位置，重新选择视图，确定表达方案。此时可以参考装配图的表达方案，但要注意不受原装配图的限制。

三、标注尺寸

由于装配图上给出的尺寸较少，而在零件图上则需注出零件各组成部分的全部尺寸，所以很多尺寸是在拆画零件图时才确定的，此时应注意以下几点：

（1）凡是在装配图上已给出的尺寸，在零件图上可直接注出。

（2）某些设计时计算的尺寸（如齿轮啮合的中心距）及查阅标准手册而确定的尺寸（如键槽等尺寸），应按计算所得数据及查表值准确标注，不得圆整。

(3) 除上述尺寸外，零件的一般结构尺寸，可按比例从装配图上直接量取，并作适当圆整。

(4) 标注零件各表面粗糙度、形位公差及技术要求时，应结合零件各部分的功能、作用及要求，合理选择精度要求，同时还应使标注数据符合有关标准。有时还可以采用类比法，从其他类似零件的零件图中参照获取。

拆画零件图是一种综合能力训练，它不仅要能看懂装配图，而且还应具备有关的专业知识。随着计算机绘图技术的普及提高，拆画零件图变得更容易。如果已由计算机绘出机器或部件的装配图，可对被拆画的零件进行拷贝，然后加以整理，并标注尺寸，即可画出零件图。

任务实施

一、概括分析

1. 概括了解

从图 6－18 阀装配图的标题栏和明细栏中，可以了解到该部件是管路上的一个阀，起控制液体流量的作用。由阀体、杆、旋塞、弹簧、钢珠、管接头、塞子七个零件构成。

2. 对视图进行初步分析

本图采用了主（全剖视）、俯（全剖视）、左视图三个视图和一个 B 向局部视图的表达方法。有一条装配轴线，部件通过阀体上的 Rp1/2 螺纹孔、$\phi 12$ 的螺栓孔以及管接头上的 G3/4 螺孔装入液体管路中。

3. 分析工作原理和装配关系

图 6－18 所示阀的工作原理从主视图看最清楚。即当杆 1 受外力作用向左移动时，钢球 4 压缩弹簧 5，阀门被打开，当去掉外力时钢球在弹簧作用下将阀门关闭。旋塞 7 可以调整弹簧作用力的大小。

阀的装配关系也从主视图看最清楚。左侧将钢球 4、弹簧 5 依次装入管接头 6 中，然后将旋塞 7 拧入管接头，调整好弹簧压力，再将管接头拧入阀体左侧的 M30 × 1.5 螺孔中。右侧将杆 1 装入塞子 2 的孔中，再将塞子 2 拧入阀体右侧的 M30 × 1.5 螺孔中。杆 1 和管接头 6 径向有 1 mm 的间隙，管路接通时，液体由此间隙流过。

二、拆画图 6－18 中阀体的零件图

1. 看懂装配图

要拆画阀装配图中阀体 3 的零件图。首先将阀体 3 从主、俯、左三个视图中分离出来，然后想象其形状。对于该零件的大体形状想象并不困难，但阀体内形腔的形状，因左、俯视图没有表达，所以不易想象。但通过主视图中 RP1/2 螺孔上方的相贯线形状得知，阀体形腔为圆柱形，轴线水平放置，且圆柱孔的长度等于 RP1/2 螺孔的直径，如图 6－19 所示。

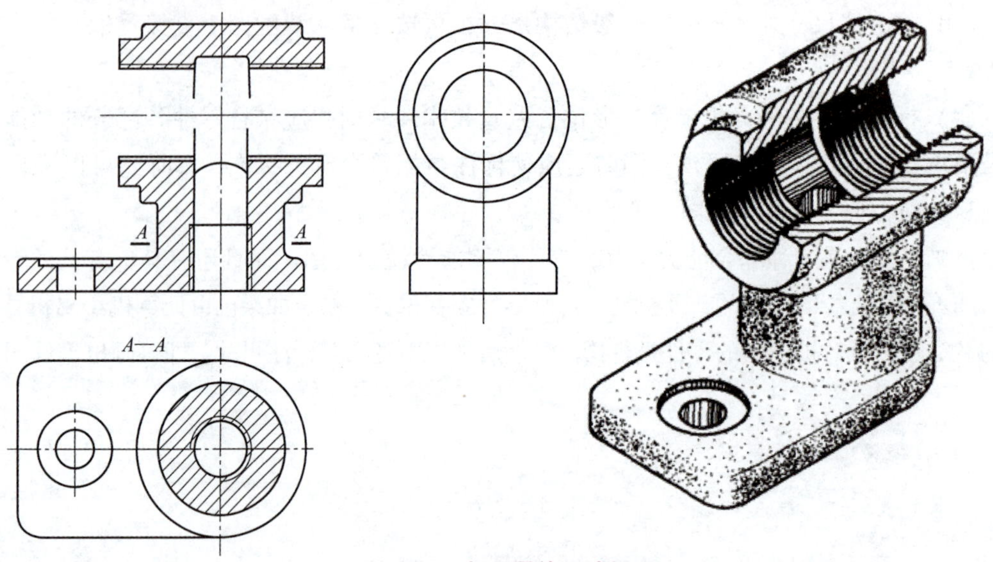

图 6－19　拆画零件图过程

2. 确定视图表达方案

如图 6－20 所示阀体的表达方法，主、俯视图和装配图相同，左视图采用了半剖视图。

3. 标注尺寸

标准件的尺寸自图中量取后查表得出，一般尺寸直接自装配图中量取即可。阀体的尺寸标注如图 6－20 所示。

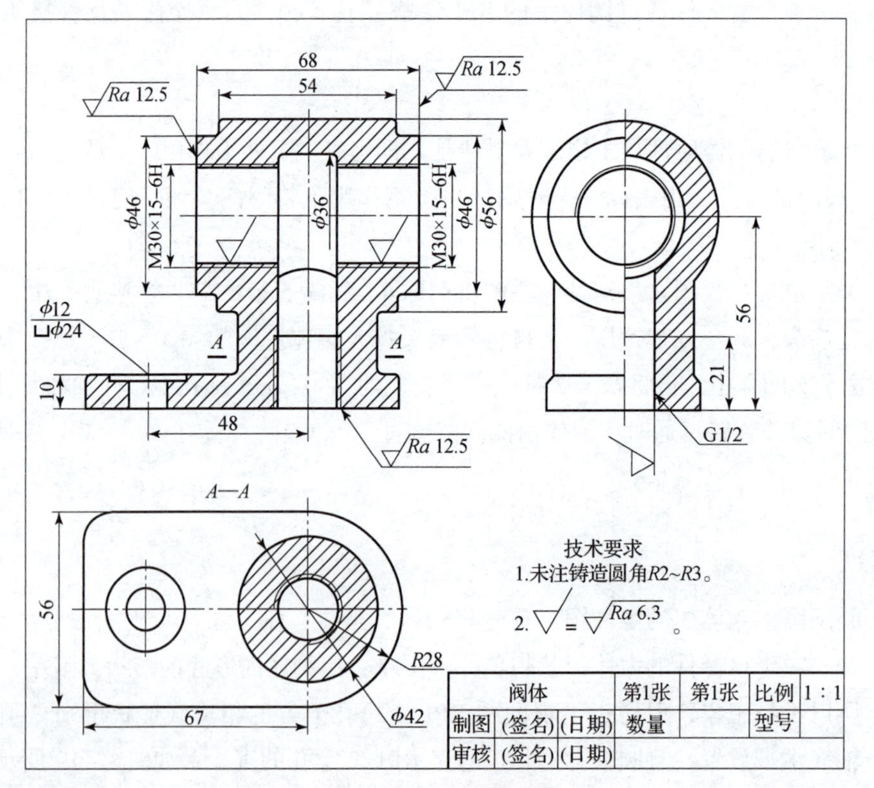

图 6－20　阀体零件图

三、回答下列问题

（1）你是如何识读一般装配体的装配图的？

（2）如何从装配图中拆画一般零件的零件图？

拓展任务

（1）完成装配图中其他零件的零件图绘制。
（2）完成任务单——任务6.2中装配图拆画零件图。

任务评价

请完成表6－2的学习评价。

表6－2　任务6.2学习评价

序号	检查项目	评分标准	结果评估	自评分
1	能否准确地复述装配图识读的要点？	10		
2	能否根据本任务中的装配图准确地说出其各组成零件？	10		
3	能否准确地说出各零件在装配图中的装配关系及工作原理？	10		
4	在拆画阀体零件图过程中，是否能为其确定合适的表达方案？	10		
5	在绘制阀体零件图过程中，图形布局是否合理？	10		
6	阀体零件图的绘制是否正确？	20		
7	在绘制阀体零件图过程中，尺寸、表面粗糙度、形位公差等标注是否正确？技术要求是否合理？	10		
8	在绘制图形过程中，是否遇到了问题？在解决问题过程中是否提升了自己查阅资料、沟通交流的能力？	20		

任务6.3　装配图的绘制

学习目标

【知识目标】

掌握装配图的绘制方法。

【能力目标】

具备简单装配体的绘制能力。

【素养目标】

(1) 养成多思勤练的学习作风；

(2) 培养问题不留置、快速解决问题的职业素养。

任务引入

在日常生活中，人们在更换汽车轮胎时通常会借助千斤顶将车身顶起，图6－21所示为千斤顶的轴测图，请对其进行测绘，并完成装配图的绘制，回答相关问题。

AR资源

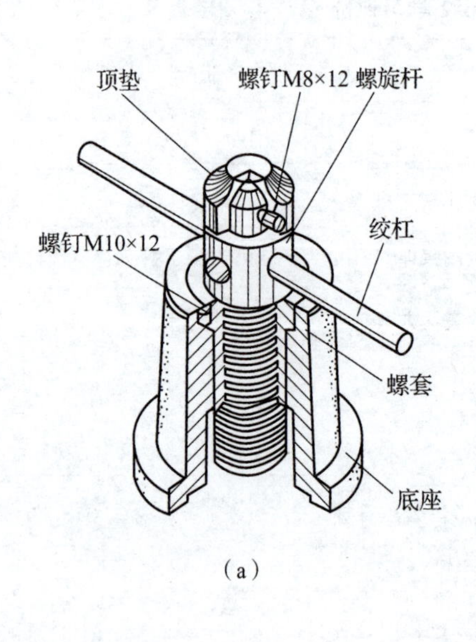

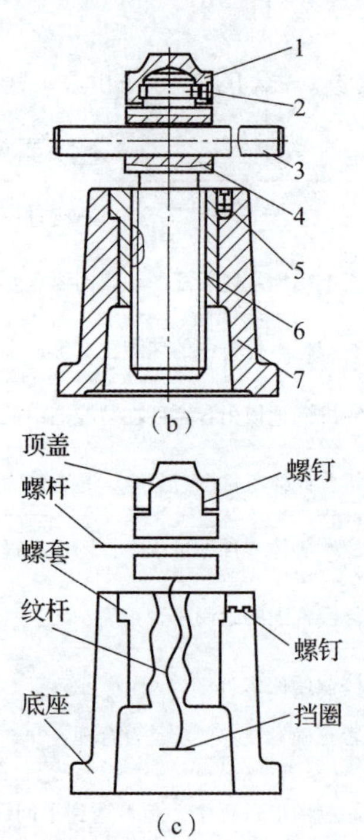

图6－21　螺旋千斤顶的轴测图、装配图和装配示意图

(a) 轴测图；(b) 装配图；(c) 装配示意图

任务分析

装配图表达的重点是机器或部件的工作原理、装配关系以及主要零件的结构形状，而不侧重表达每个零件的全部结构形状。因此，绘制装配图时，应在满足重点表达的前提下，力求绘图简便。

相关知识

知识点1 装配图的视图选择

视图选择的目的是以最少的视图，完整、清晰地表达出机器或部件的装配关系和工作原理。所以，视图选择的一般步骤为：

一、分析部件

对要绘制的机器或部件的工作原理、装配关系及主要零件形状、零件与零件之间的相对位置、定位方式等进行深入细致的分析，从而明确表达内容。

二、确定主视图

主视图的选择应能较好地表达部件的工作原理和主要装配关系，并尽可能按工作位置放置，使主要装配轴线处于水平或垂直位置。

三、确定其他视图

针对主视图还没有表达清楚的装配关系和零件间的相对位置，选用其他视图给予补充（剖视、断面、拆去某些零件等方法均可）。其目的是将装配关系表达清楚。

确定机器或部件的表达方案时，可以多设计几套方案，每套方案一般均有优缺点，通过分析再选择比较理想的表达方案。

知识点2 装配图的画图步骤

确定表达方案后就可着手画图，画图时必须遵循以下步骤。

一、选比例、定图幅、布图、绘制零件主体的轮廓线

应尽可能采用1:1的比例，这样有利于想象物体的形状和大小。需要采用放大或缩小的比例时，必须采用GB/T 14690—1993推荐的比例。确定比例后，根据表达方案确定图幅。确定图幅和布图时要考虑标题栏和明细栏的大小和位置，然后从零件主体的轮廓线入手绘制。

二、绘制主要零件的轮廓线

把机器或部件中的主要零件的基本轮廓线依次画出。

三、绘制详细结构及其他零件

画完机器主要零件的基本轮廓线之后，可继续绘制详细部件、零件的结构，如螺钉连接、填料、压盖、压紧螺母等。

四、整理加深，标注尺寸、编号、填写明细栏和标题栏，写出技术要求，完成全图。

知识点3　装配体的测绘方法

根据现有部件（或机器）画出其装配图和零件图的过程称为部件（或机器）测绘。在新产品设计、引进先进技术以及对原有设备进行技术改造和维修时，有时需要对现有的机器或零件、部件进行测绘，画出其装配图、零件图。因此，掌握测绘技术对工程技术人员具有重要意义。

一、测绘各部分零件并绘制零件图

零件图绘制结果如图6-22所示。

二、绘制装配图

1. 准备阶段

对现有资料进行整理、分析，进一步了解装配体的性能及结构特点，对装配体的完整形状做到心中有数。

2. 确定表达方案

（1）确定主视图的方向。因为装配体由许多零件装配而成，所以通常以最能反映装配体结构特点和较多地反映装配关系的一面作为画主视图的方向。

（2）决定装配体位置。通常将装配体按工作位置放置，使装配体的主要轴线或主要安装面呈水平或垂直位置。

（3）选择其他视图。选用较少数量的视图、剖视、断面图形，准确、完整、简便地表达出各零件的形状及装配关系。

由于装配图所表达的是各组成零件的结构形状及相互之间的装配关系，因此确定它的表达方案，就比确定单个零件的表达方案复杂得多，有时，一种方案不一定对其中每个零件都合适，只有灵活地运用各种表达方法，认真研究，周密比较，才能把装配体表达得更完善。

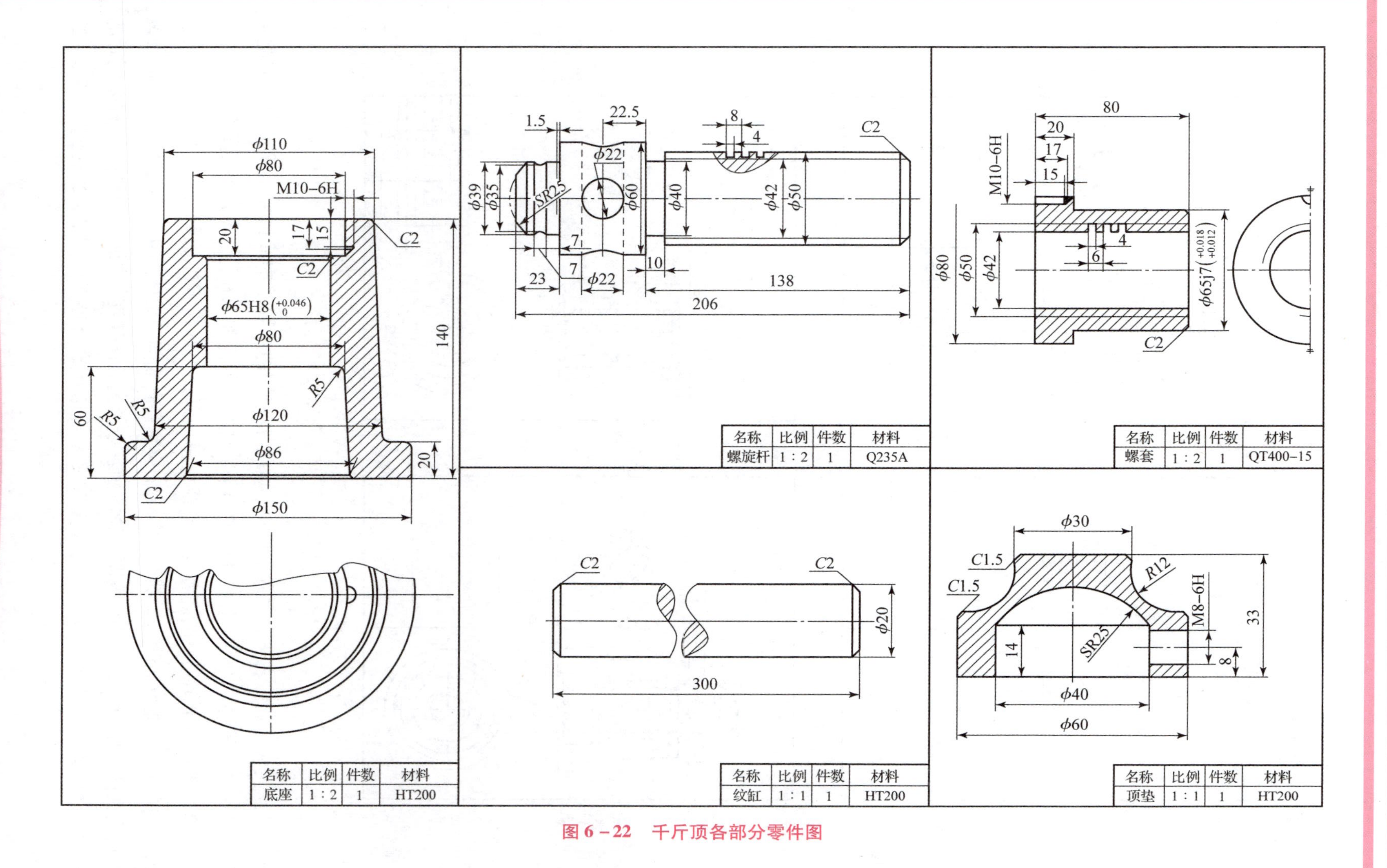

图6-22 千斤顶各部分零件图

3. 画装配图的步骤

画装配图的步骤如图 6－23 所示。

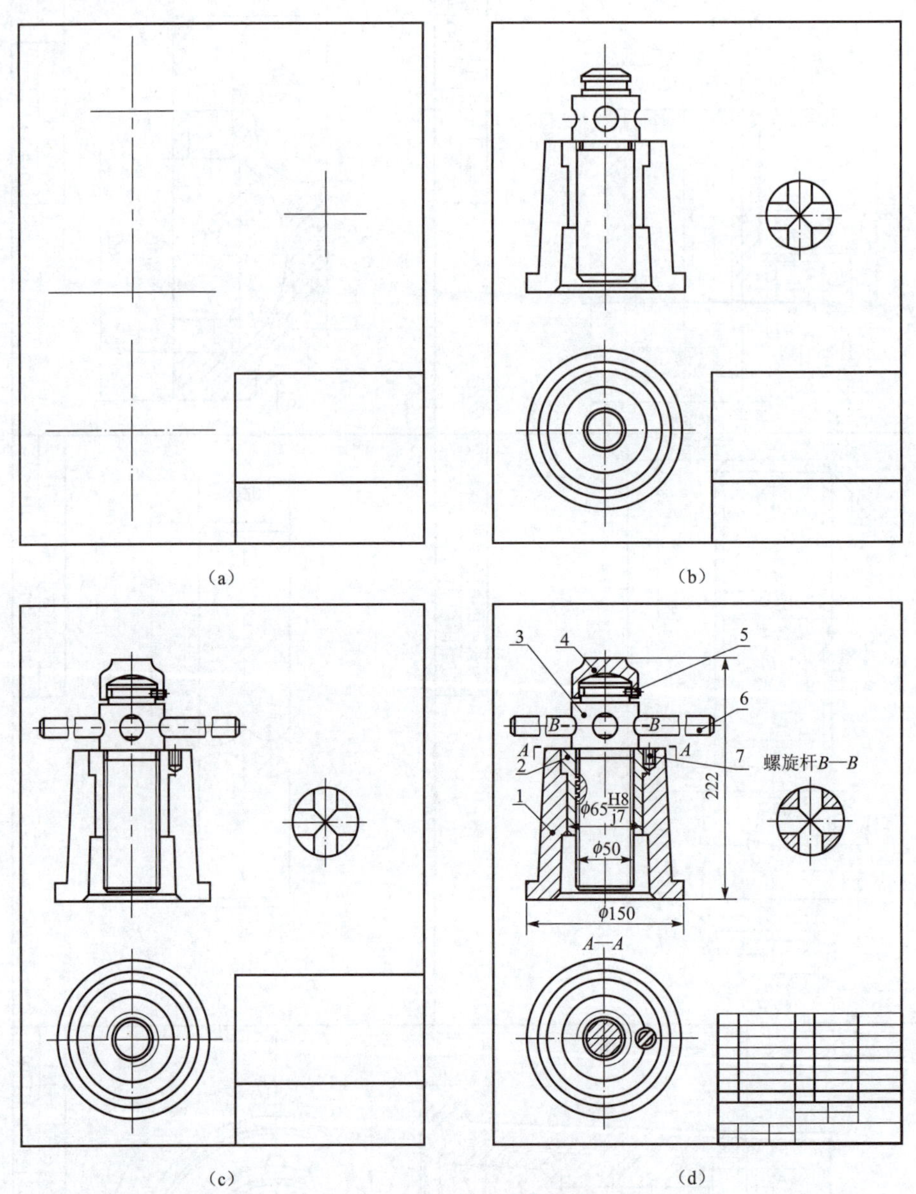

图 6－23　画装配图的步骤

（1）定位布局。表达方案确定以后，画出各视图的主要基准线，如千斤顶中的装配主干线的轴线、孔的中心线、装配体较大的平面或端面等，如图 6－23（a）所示。

（2）逐层画出图形。围绕着装配干线由里向外逐个画出零件的图形，这样可避免被遮盖部分的轮廓线徒劳地画出。剖开的零件，应直接画成剖开后的形状，不要先画好外形再改画成剖视图。作图时，应几个视图配合着画，以提高绘图速度，同时应解决好零件装配时的工艺结构问题，如轴向定位、零件的接触表面及相互遮挡等，如图 6－23（b）～图 6－23（d）所示。

（3）注出必要的尺寸及技术要求。

（4）校对、加深。

（5）编序号、填写明细表和标题栏，如图 6－24 所示。

（6）检查全图，清洁、修饰图面。

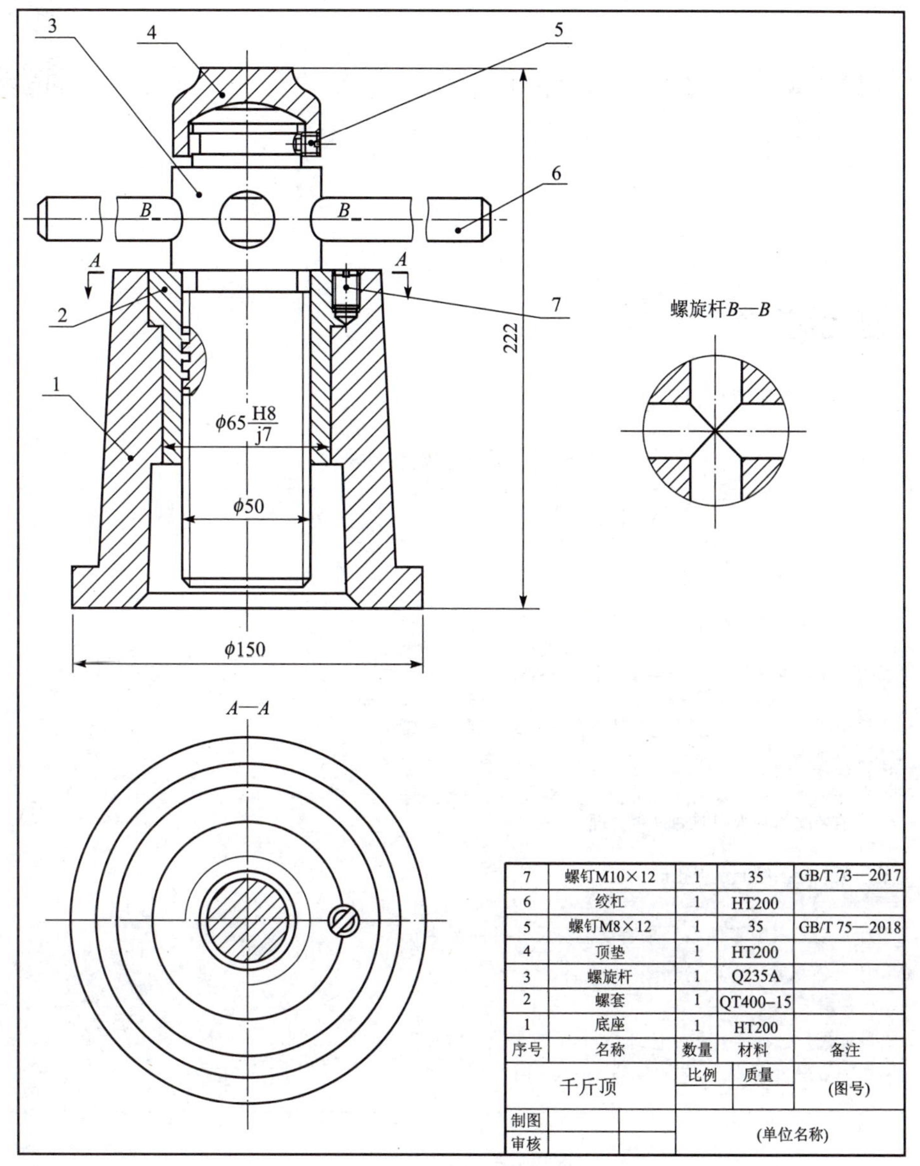

图 6－24　千斤顶装配图

三、回答下列问题

（1）在绘制零件图过程中，你遇到了哪些问题？是如何解决的？

（2）在绘制装配图过程中，你遇到了哪些问题？又是如何解决的？

____

____

拓展任务

装配图

请完成任务单——任务 6.3 中装配图的绘制。

任务评价

请完成表 6－3 的学习评价。

表 6－3　任务 6.3 学习评价

序号	检查项目	评分标准	结果评估	自评分
1	能否准确地对千斤顶各零件进行测绘？	10		
2	千斤顶各零件图的绘制是否准确？	10		
3	能否为千斤顶装配图确定合理的表达方案？	10		
4	千斤顶装配图图幅、比例选取是否合理？标题栏、明细栏位置是否正确？	10		
5	千斤顶装配图各视图布局是否合理？	10		
6	千斤顶装配图绘制是否正确？	20		
7	千斤顶装配图中零件编号是否规范？尺寸标注是否正确？技术要求注写是否合理？	10		
8	在绘制图形过程中，是否遇到了问题？在解决问题过程中是否提升了自己查阅资料、沟通交流的能力？	20		

附　录

附录A　螺　纹

表A－1　普通螺纹直径与螺距（摘自GB/T 196～197—2003）　（单位：mm）

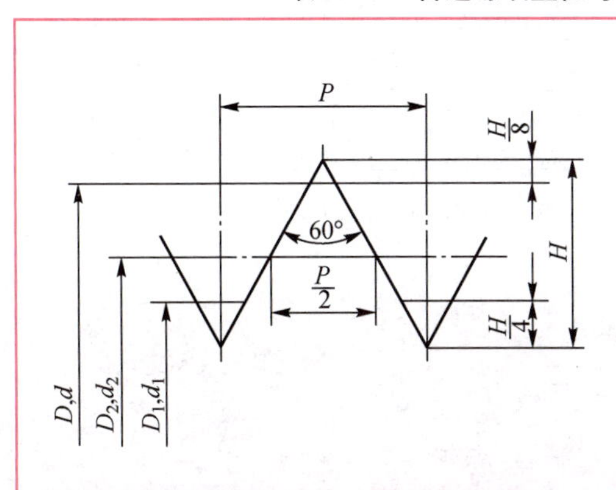

D——内螺纹的基本大径（公称直径）；

d——外螺纹的基本大径（公称直径）；

D_2——内螺纹的基本中径；

d_2——外螺纹的基本中径；

D_1——内螺纹的基本小径；

d_1——外螺纹的基本小径；

P——螺距；

H——$\frac{\sqrt{3}}{2}P$。

标注示例

M24（公称直径为24mm、螺距为3mm的粗牙右旋普通螺纹）

M24×1.5－LH（公称直径24mm、螺距为1.5mm的细牙左旋普通螺纹）

公称直径 D、d		螺距 P		粗牙中径 D_2、d_2	粗牙小径 D_1、d_1
第一系列	第二系列	粗牙	细牙		
3		0.5	0.35	2.675	2.459
	3.5	(0.6)		3.110	2.850
4		0.7	0.5	3.545	3.242
	4.5	(0.75)		4.013	3.688
5		0.8		4.480	4.134
6		1	0.75（0.5）	5.350	4.917
8		1.25	1，0.75，(0.5)	7.188	6.647
10		1.5	1.25，1，0.75，(0.5)	9.026	8.376
12		1.75	1.5，1.25，1，0.75，(0.5)	10.863	10.106
	14	2	1.5，(1.25)，1，(0.75)，(0.5)	12.701	11.835
16		2	1.5，1，(0.75)，(0.5)	14.701	13.835
	18	2.5	1.5，1，(0.75)，(0.5)	16.376	15.294
20		2.5		18.376	17.294
	22	2.5	2，1.5，1，(0.75)，(0.5)	20.376	19.294
24		3	2，1.5，1，(0.75)	22.051	20.752
	27	3	2，1.5，1，(0.75)	25.051	23.752
30		3.5	(3)，2，1.5，1，(0.75)	27.727	26.211

注：1. 优先选用第一系列，括号内尺寸尽可能不用，第三系列未列入。

2. M14×1.25仅用于火花塞。

表 A－2　梯形螺纹（摘自 GB/T 5796.1～5796.4—1986）　　（单位：mm）

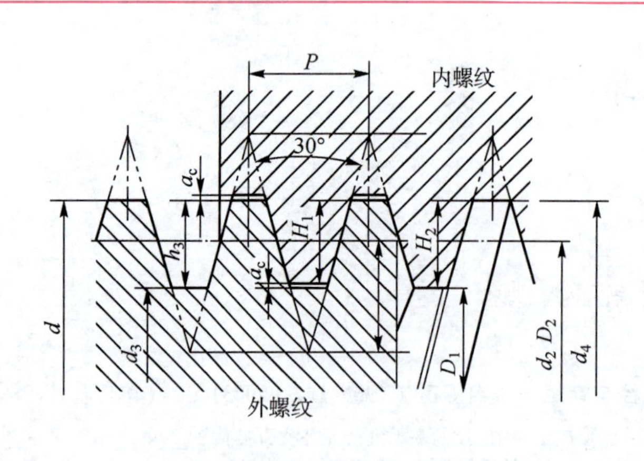

d——外螺纹大径（公称直径）；

d_3——外螺纹小径；

D_4——内螺纹大径；

D_1——内螺纹小径；

d_2——外螺纹中径；

D_2——内螺纹中径；

P——螺距；

a_c——牙顶间隙；

h_3——$H_4 \cdot H_b + a_c$。

标记示例：

Tr40×7－7H（单线梯形内螺纹、公称直径 $d=40$ mm、螺距 $P=7$ mm、右旋、中径公差带为 7H、中等旋合长度）

Tr60×18（P9）LH－8e－L（双线梯形外螺纹、公称直径 $d=60$、导程 $p_h=18$ mm、螺距 $P=9$ mm、左旋、中径公差带为 8e、长旋合长度）

梯形螺纹的基本尺寸

d 公称系列		螺距	中径	大径	小径		d 公称系列		螺距	中径	大径	小径	
第一系列	第二系列	P	$d_2=D_2$	D_4	d_1	D_1	第一系列	第二系列	P	$d_2=D_2$	D_4	d_3	D_1
8	—	1.5	7.25	8.3	6.2	6.5	32	—	6	29.0	33	25	26
—	9	2	8.0	9.5	6.5	7	—	34		31.0	35	27	28
10	—		9.0	10.5	7.5	8	36	—		33.0	37	29	30
—	11		10.0	11.5	8.5	9	—	38	7	34.5	39	30	31
12	—	3	10.5	12.5	8.5	9	40	—		36.5	41	32	33
—	14		12.5	14.5	10.5	11	—	42		38.5	43	34	35
16	—	4	14.0	16.5	11.5	12	44	—		40.5	45	36	37
—	18		16.0	18.5	13.5	14	—	46	8	42.0	47	37	38
20	—		18.0	20.5	15.5	16	48	—		44.0	49	39	40
—	22	5	19.5	22.5	16.5	17	—	50		46.0	51	41	42
24	—		21.5	24.5	18.5	19	52	—		48.0	53	43	44
—	26		23.5	26.5	20.5	21	—	55	9	50.5	56	45	46
28	—		25.5	28.5	22.5	23	60	—		55.5	61	50	51
—	30	6	27.0	31.5	23.0	24	—	65	10	60.0	66	54	55

注：1. 优先选用第一系列的直径。

2. 表中所列的螺距和直径，是优先选择的螺距及之对应的直径。

附录 B　常用标准件

表 B－1　六角头螺栓（一）　　（单位：mm）

六角头螺栓—A 和 B 级（摘自 GB/T 5782—2000）
六角头螺栓—细牙—A 和 B 级（摘自 GB/T 5785—2000）

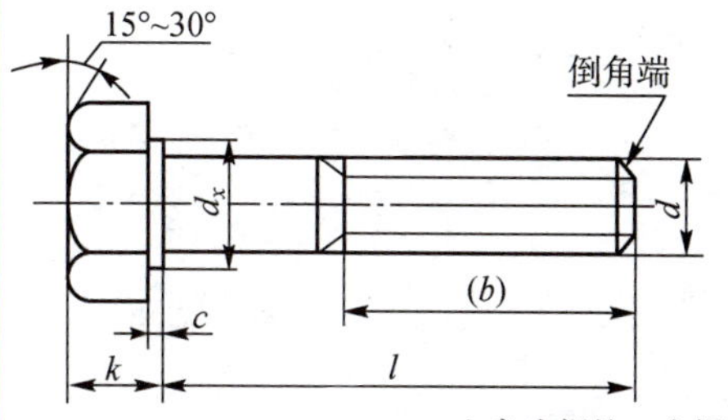

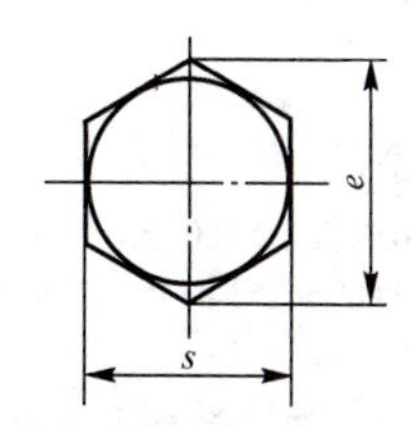

标记示例:
螺栓GB/T 5782 M12×100
（螺纹规格d=M12、公称长度l=100 mm、性能等级为8.8级、表面氧化、杆身半螺纹、A级的六角头螺栓）

六角头螺栓—全螺栓—A 和 B 级（摘自 GB/T 5783—2000）
六角头螺栓—细牙—全螺栓—A 和 B 级（摘自 GB/T 5786—2000）

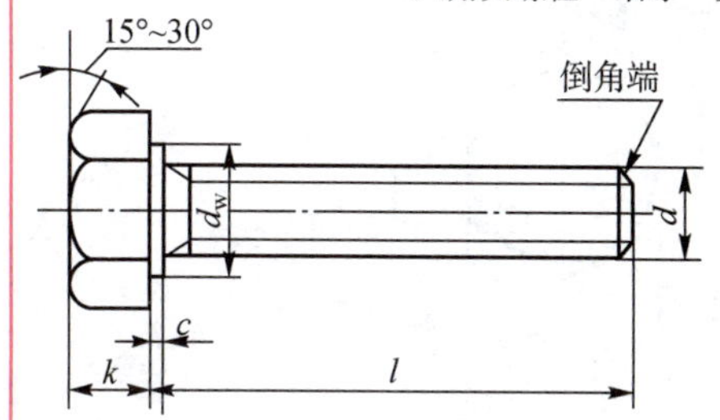

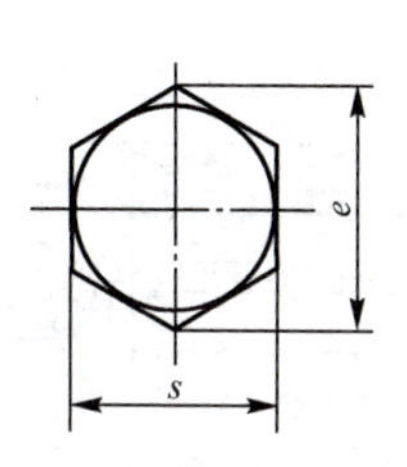

标记示例:
螺栓GB/T 5786 M30×2×80
（螺纹规格d=M30×2、公称长度l=80 mm、性能等级为8.8级、表面氧化、全螺纹、B级的细牙六角头螺栓）

螺纹规格	d	M4	M5	M6	M8	M10	M12	M16	M20	M24	M30	36	M42	M48
	$D\times P$	—	—	—	M8×1	M10×1	M12×15	M16×15	M20×2	M24×2	M30×2	M36×3	M42×3	M48×3
$b_{参考}$	$l\leqslant125$	14	16	18	22	26	30	38	46	54	66	78	—	—
	$125<l\leqslant200$	—	—	—	28	32	36	44	52	60	72	84	96	108
	$l>200$	—	—	—	—	—	—	57	65	73	85	97	109	121
c_{max}		0.4	0.5		0.6			0.8					1	
$K_{公称}$		2.8	3.5	4	5.3	6.4	7.5	10	12.5	15	18.7	22.5	26	30
x_{max} = 公称		7	8	10	13	16	18	24	30	36	46	55	65	75
e_{min}	A	7.66	8.79	11.05	14.38	17.77	20.03	26.75	33.53	39.98	—	—	—	—
	B	—	8.63	10.89	14.2	17.59	19.85	26.17	32.95	39.55	50.85	60.79	72.02	82.6
$d_{x\ min}$	A	5.9	6.9	8.9	11.6	14.6	16.6	22.5	28.2	33.6	—	—	—	—
	B	—	6.7	8.7	11.4	14.4	16.4	22	27.7	33.2	42.7	51.1	60.6	69.4
$l_{范围}$	GB 5782—2000	25～40	25～50	30～60	35～80	40～100	45～120	55～160	65～200	80～240	90～300	110～30	130～400	140～400
	GB 5785—2000											110～300		
	GB 5783—2000	8～40	10～50	12～60	16～80	20～100	25～100	35～100	40～100				80～500	100～500
	GB 5786—2000	—	—	—			25～120	35～160	40～200				90～400	100～500

续表

螺纹规格	d	M4	M5	M6	M8	M10	M12	M16	M20	M24	M30	36	M42	M48
	$D \times P$	—	—	—	M8×1	M10×1	M12×15	M16×15	M20×2	M24×2	M30×2	M36×3	M42×3	M48×3
$l_{系列}$	GB 5782—2000 GB 5785—2000	20~65（5进位）、70~160（10进位）、180~400（20进位）												
	GB 5783—2000 GB 5786—2000	6、8、10、12、16、18、20~65（5进位）、70~160（10进位）、180~500（20进位）												

注：1. P——螺距。末端按 CB/T 2—2000 规定。
2. 螺纹公差：6g；机械性能等级：8.8。
3. 产品等级：A 级用于 $d \leqslant 24$ 和 $l \leqslant 10d$（或 ≤150 mm，按较小值）；
B 级用于 $d > 24$ 和 $l > 10d$（或 >150 mm，按较小值）。

表 B-2　六角头螺栓（二）　（单位：mm）

六角头螺栓—C 级（摘自 GB/T 5780—2000）

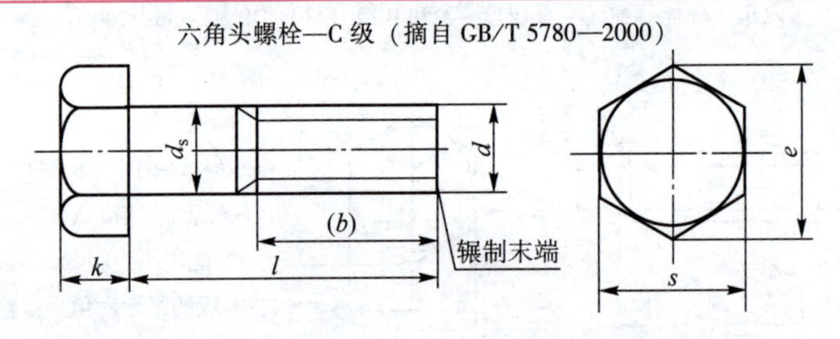

标记示例：
螺栓 GB/T 5780 M20×100
（螺纹规格 d = M20、公称长度 l = 100 mm、性能等级为 4.8 级、不经表面处理、杆身半螺纹、C 级的六角头螺栓）

六角头螺栓—全螺纹—C 级（摘自 GB/T 5781—2000）

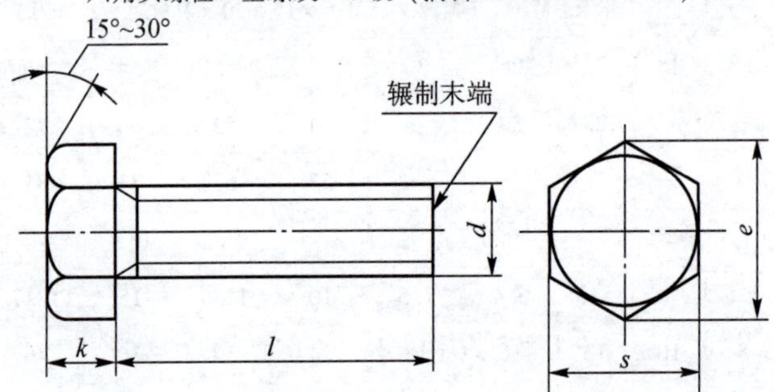

标记示例：
螺栓 GB/T 5781 M12×80
（螺纹规格 d = M12、公称长度 l = 80 mm、性能等级为 4.8 级、不经表面处理、全螺纹、C 级的六角头螺栓）

螺纹规格 d		M5	M6	M8	M10	M12	M16	M20	M24	M30	M36	M42	M48
$b_{参考}$	$l \leqslant 125$	16	18	22	26	30	38	40	54	66	78	—	—
	$125 < l \leqslant 200$	—	—	28	32	36	44	52	60	72	84	96	108
	$l > 200$	—	—	—	—	—	57	65	73	85	97	109	121
$k_{公式}$		3.5	4.0	5.3	6.4	7.5	10	12.5	15	18.7	22.5	26	30
s_{min}		8	10	13	16	18	24	30	36	46	55	65	75
e_{min}		8.63	10.9	14.2	17.6	19.9	26.2	33.0	39.6	50.9	60.8	72.0	82.6
d_{min}		5.48	6.48	8.58	10.6	12.7	16.7	20.8	24.8	30.8	37.0	45.0	49.0

续表

螺纹规格 d		M5	M6	M8	M10	M12	M16	M20	M24	M30	M36	M42	M48
$l_{范围}$	GB/T 5780—2000	25 ~ 50	30 ~ 60	35 ~ 80	40 ~ 100	45 ~ 120	55 ~ 160	65 ~ 200	80 ~ 240	90 ~ 300	110 ~ 300	160 ~ 420	180 ~ 480
	GB/T 5781—2000	10 ~ 40	12 ~ 50	16 ~ 65	20 ~ 80	25 ~ 100	35 ~ 100	40 ~ 100	50 ~ 100	60 ~ 100	70 ~ 100	80 ~ 420	90 ~ 480
$l_{系列}$		10、12、16、20 – 50（5 进位），（55）、60、（65）、70 ~ 160（10 进位）、180、220 ~ 500（20 进位）											

注：1. 括号内的规格尽可能不用，末端按 GB/T 2—2000 规定。
2. 螺纹公差：8g（GB/T 5780—2000）；6g（GB/T 5781—2000）。机械性能等级：4. 6、4. 8；产品等级：C。

表 B – 3 I 型六角螺母 （单位：mm）

I 型六角螺母—A 和 B 级（摘自 GB/T 6170—2000）
I 型六角头螺母—细牙—A 和 B 级（摘自 GB/T 6171—2000）
I 型六角螺母—C 级（摘自 GB/T 41—2000）

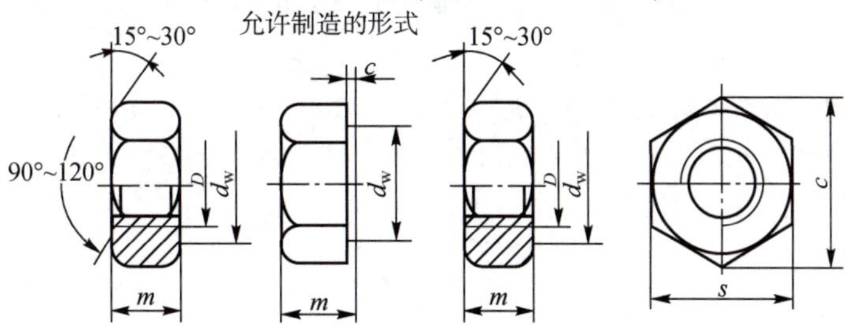

A和B级　　C级

标记示例：
螺母 GB/T 41 M12
（螺纹规格 D = M12、性能等级为 5 级、不经表面处理、C 级的 I 型六角螺母）
螺母 GB/T 6171 M24 × 2
（螺纹规格 D = M24、螺距 P = 2 mm、性能等级为 10 级、不经表面处理、B 级的 I 型细牙六角螺母）

螺纹规格		M4	M5	M6	M8	M10	M12	M16	M20	M24	M30	M36	M42	M48
	D	M4	M5	M6	M8	M10	M12	M16	M20	M24	M30	M36	M42	M48
	$D \times P$	—	—	—	M8 × 1	M10 × 1	M12 × 1. 5	M16 × 1. 5	M20 × 2	M24 × 2	M30 × 2	M36 × 3	M42 × 3	M48 × 3
c		0. 4	0. 5		0. 6			0. 8				1		
s_{min}		7	8	10	13	16	18	24	30	36	46	55	65	75
e_{min}	A、B 级	7. 66	8. 79	11. 05	14. 38	17. 77	20. 03	26. 75	32. 95	39. 95	50. 85	60. 79	72. 02	82. 6
	C 级	—	8. 63	10. 89	14. 2	17. 59	19. 85	26. 17						
m_{min}	A、B 级	3. 2	4. 7	5. 2	6. 8	8. 4	10. 8	14. 8	18	21. 5	25. 6	31	34	38
	C 级	—	5. 6	6. 1	7. 9	9. 5	12. 2	15. 9	18. 7	22. 3	26. 4	31. 5	34. 9	38. 9
$d_{x\ min}$	A、B 级	5. 9	6. 9	8. 9	11. 6	14. 6	16. 6	22. 5	27. 7	33. 2	42. 7	51. 1	60. 6	69. 4
	C 级	—	6. 9	8. 7	11. 5	14. 5	16. 5	22						

注：1. P——螺距。
2. A 级用于 $D \leqslant 16$ mm 的螺母；B 级用于 $D > 16$ mm 的螺母；C 级用于 $D \geqslant 5$ mm 的螺母。
3. 螺纹公差：A、B 级为 6H，C 级为 7H；机械性能等级：A、B 级为 6、8、10 级，C 级为 4、5 级。

表 B-4　双头螺柱（摘自 GB/T 897～900—1988）　　（单位：mm）

$b_m=1d$（GB/T 897—1988）；　$b_m=1.25d$（GB/T 898—1988）；　$b_m=1.5d$（GB/T 899—1988）；

$b_m=2d$（GB/T 900—1988）

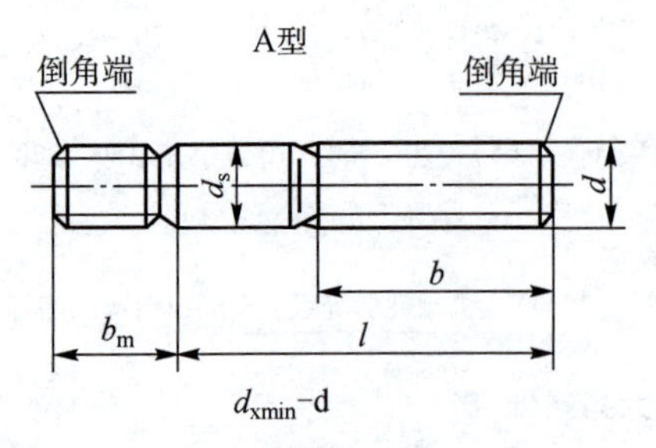

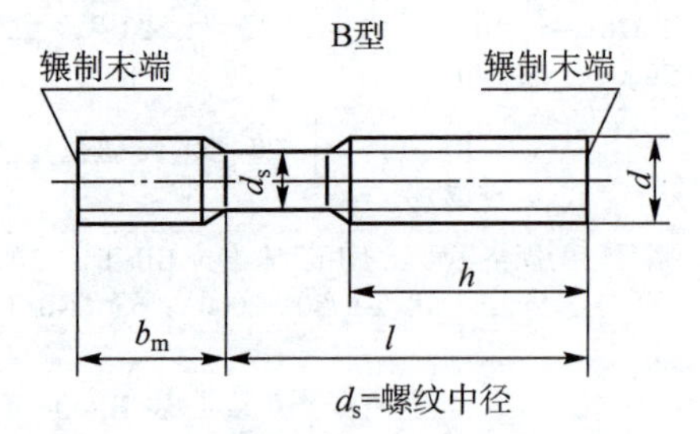

标记示例：

螺柱 GB/T 900—1988　M10×50

（两端均为粗牙普通螺纹，$d=10$ mm、$l=50$ mm、性能等级为4.8级、不经表面处理、B 型、$b_m=2d$ 的双头螺柱）

螺柱 GB/T 900—1988　AM10-10×1×50

（旋入机体一端为粗牙普通螺纹，旋螺母端为螺距；$P=1$ mm 的细牙普通螺纹，$d=10$ mm、$l=50$ mm、性能等级为4.8级、不经表面处理、A 型、$b_m=2d$ 的双头螺柱）

螺纹规格 d	b_m（旋入机体端长度）				l/b（螺柱长度/旋螺母端长度）
	GB/T 897	GB/T 898	GB/T 899	GB/T 900	
M4	—	—	6	8	$\frac{16\sim22}{8}$　$\frac{25\sim40}{14}$
M5	5	6	8	10	$\frac{16\sim22}{10}$　$\frac{25\sim50}{16}$
M6	6	8	10	12	$\frac{20\sim22}{10}$　$\frac{25\sim30}{14}$　$\frac{32\sim75}{18}$
M8	8	10	12	16	$\frac{20\sim22}{12}$　$\frac{25\sim30}{16}$　$\frac{32\sim90}{22}$
M10	10	12	15	20	$\frac{25\sim28}{14}$　$\frac{30\sim38}{16}$　$\frac{40\sim120}{26}$　$\frac{130}{32}$
M12	12	15	18	24	$\frac{25\sim30}{14}$　$\frac{32\sim40}{16}$　$\frac{45\sim120}{26}$　$\frac{130\sim180}{32}$
M16	16	20	24	32	$\frac{30\sim38}{16}$　$\frac{40\sim55}{20}$　$\frac{60\sim120}{30}$　$\frac{130\sim200}{36}$
M20	20	25	30	40	$\frac{35\sim40}{20}$　$\frac{45\sim65}{30}$　$\frac{70\sim120}{38}$　$\frac{130\sim200}{44}$

续表

螺纹规格 d	b_m（旋入机体端长度）				l/b（螺柱长度/簧螺母端长度）
	GB/T 897	GB/T 898	GB/T 899	GB/T 900	
（M24）	24	30	36	48	$\frac{45\sim50}{25}$ $\frac{55\sim75}{35}$ $\frac{80\sim120}{46}$ $\frac{130\sim200}{52}$
（M30）	30	38	45	60	$\frac{60\sim65}{40}$ $\frac{70\sim90}{50}$ $\frac{95\sim120}{66}$ $\frac{130\sim200}{72}$ $\frac{210\sim250}{85}$
M36	36	45	54	72	$\frac{65\sim75}{45}$ $\frac{80\sim110}{660}$ $\frac{120}{78}$ $\frac{130\sim200}{84}$ $\frac{210\sim300}{97}$
M42	42	52	63	84	$\frac{70\sim80}{50}$ $\frac{85\sim110}{70}$ $\frac{120}{90}$ $\frac{130\sim200}{96}$ $\frac{210\sim300}{109}$
M48	48	60	72	96	$\frac{80\sim90}{60}$ $\frac{95\sim110}{80}$ $\frac{120}{102}$ $\frac{130\sim200}{108}$ $\frac{210\sim300}{121}$
$l_{系列}$	12、（14）、16、（18）、20、（22）、25、（28）、30、（32）、35、（38）、40、45、50、55、60、（65）、70、75、80、（85）、90、（95）、100~260（10 进位）、280、300				

注：1. 尽可能不采用括号内的规格，末端按 GB/T 2—2000 规定。

2. $b_m=1d$，一般用于钢对钢；$b_m=(1.25\sim1.5)d$，一般用于钢对铸铁；$b_m=2d$，一般用于钢对铝合金。

表 B-5　螺钉（一）　　（单位：mm）

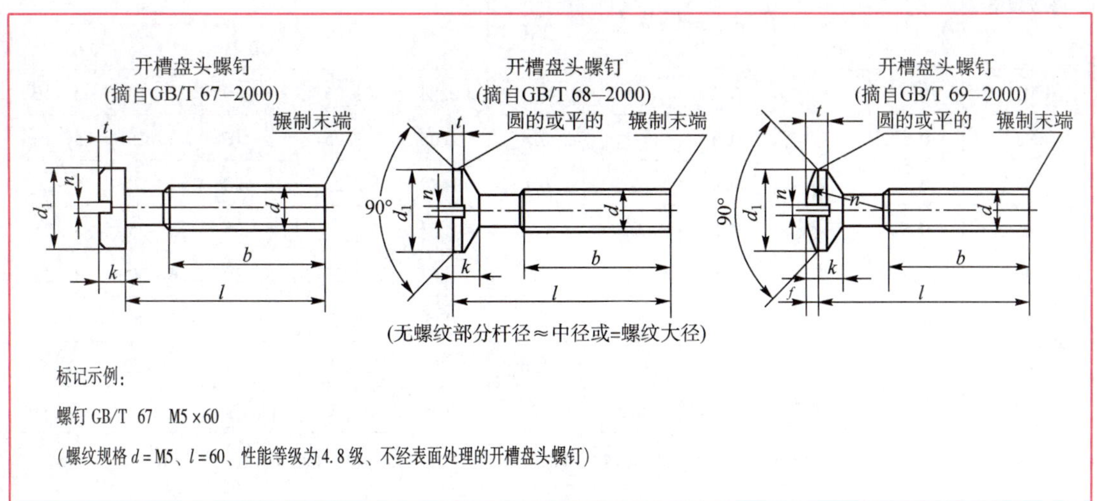

标记示例：

螺钉 GB/T 67　M5×60

（螺纹规格 d=M5、l=60、性能等级为 4.8 级、不经表面处理的开槽盘头螺钉）

续表

螺纹规格 d	P	b_{mm}	n 公称	f	r_r	k_{max}		d_{kmax}		t_{min}			$l_{范围}$		全螺纹时最大长度	
				GB/T 69	GB/T 69	GB/T 67	GB/T 68 GB/T 69	GB/T 67	GB/T 68 GB/T 69	GB/T 67	GB/T 68	GB/T 69	GB/T 67	GB/T 68 GB/T 69	GB/T 67	GB/T 68 GB/T 69
M2	0.4	25	0.5	4	0.5	1.3	1.2	4	3.8	0.5	0.4	0.8	2.5～20	3～20	30	
M3	0.5		0.8	6	0.7	1.8	1.65	5.6	5.5	0.7	0.6	1.2	4～30	5～30		
M4	0.7	38	1.2	9.5	1	2.4	2.7	8	8.4	1	1	1.6	5～40	6～40	40	45
M5	0.8				1.2	3		9.5	9.3	1.2	1.1	2	6～50	8～50		
M6	1		1.6	12	1.4	3.6	3.3	12	12	1.4	1.2	2.4	8～60	8～60		
M8	1.25		2	16.5	2	4.8	4.65	16	16	1.9	1.8	3.2	10～80			
M10	1.5		2.5	19.5	2.3	6	5	20	20	2.4	2	3.8				
$l_{系列}$	2、2.5、3、4、5、6、8、10、12、(14)、16、20～50（5进位）、(55)、60、(65)、70、(75)、80															

注：螺纹公差：6g；机械性能等级：4.8、5.8；产品等级：A。

表 B－6　螺钉（二）　　（单位：mm）

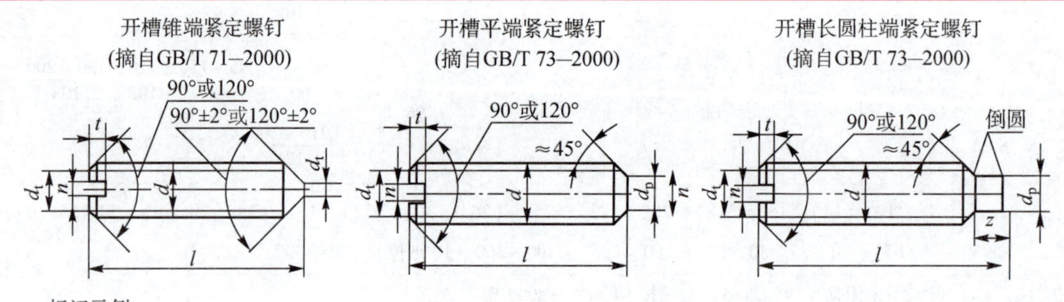

标记示例：

螺钉 GB/T 71　M5×20

（螺纹规格 d＝M5、公称长度 l＝20mm、性能等级为14H 级、表面氧化的开槽锥端紧定螺钉）

螺纹规格 d	p	d_f	d_{tmax}	d_{pmax}	$n_{公称}$	t_{max}	z_{max}	$l_{范围}$		
								GB 71	GB 73	GB 75
M2	0.4	螺纹小径	0.2	1	0.25	0.84	1.25	3～10	2～10	3～10
M3	0.5		0.3	2	0.4	1.05	1.75	4～16	3～16	5～16
M4	0.7		0.4	2.5	0.6	1.42	2.25	6～20	4～20	6～20
M5	0.8		0.5	3.5	0.8	1.63	2.75	8～25	5～25	8～25
M6	1		1.5	4	1	2	3.25	8～30	6～30	8～30
M8	1.25		2	5.5	1.2	2.5	4.3	10～40	8～40	10～40
M10	1.5		2.5	7	1.6	3	5.3	12～50	10～50	12～50
M12	1.75		3	8.5	2	3.6	6.3	14～60	12～60	14～60
$l_{系列}$	2、2.5、3、4、5、6、8、10、12、(14)、16、20、25、30、35、40、45、50、(55)、60									

注：螺纹公差：6g；机械性能等级：14H、22H；产品等级：A。

表 B－7　内六角圆柱头螺钉（摘自 GB/T 70.1—2000）　　（单位：mm）

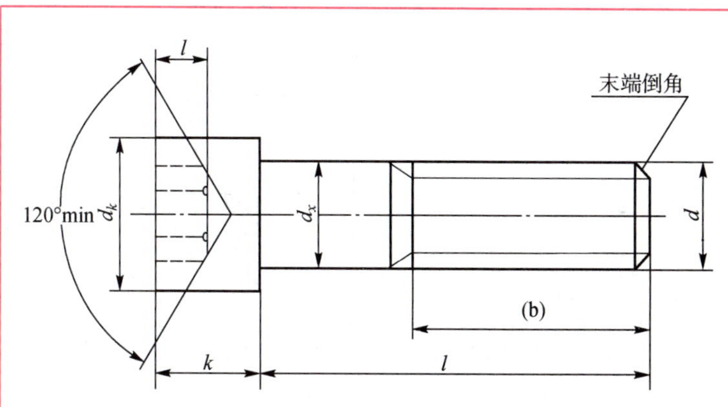

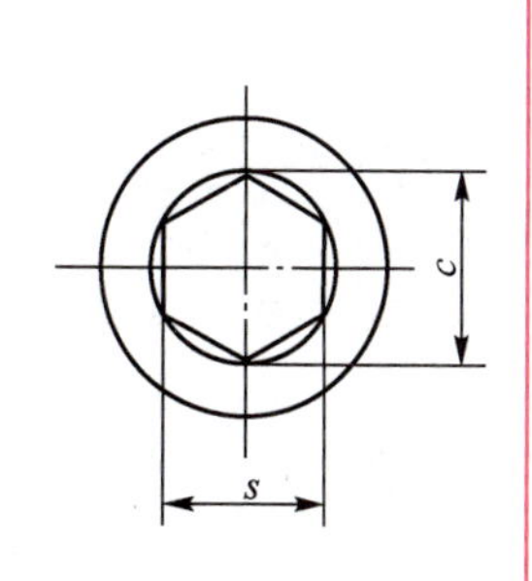

标记示例：

螺钉 GB/T 70.1　M5 ×20

（螺纹规格 d = M5、公称长度 l = 20 mm、性能等级为 8.8 级、表面氧化的内六角圆柱头螺钉）

螺纹规格 d		M4	M5	M6	M8	M10	M12	（M14）	M16	M20	M24	M30	M36
螺距 P		0.7	0.8	1	1.25	1.5	1.75	2	2	2.5	3	3.5	4
$b_{参考}$		20	22	24	28	32	36	40	44	52	60	72	84
d_{kmax}	光滑头部	7	8.5	10	13	16	18	21	24	30	36	45	54
	滚花头部	7.22	8.72	10.22	13.27	16.27	18.27	21.33	24.33	30.33	36.39	45.39	54.46
k_{max}		4	5	6	8	10	12	14	16	20	24	30	36
t_{min}		2	2.5	3	4	5	6	7	8	10	12	15.5	19
$S_{公称}$		3	4	5	6	8	10	12	14	17	19	22	27
e_{min}		3.44	4.58	5.72	6.86	9.15	11.43	13.72	16	19.44	21.73	25.15	30.35
d_{smax}		4	5	6	8	10	12	14	16	20	24	30	36
$l_{范围}$		6～40	8～50	10～60	12～80	16～100	20～120	25～140	25～160	30～200	40～200	45～200	55～200
全螺纹时最大长度		25	25	30	35	40	45	55	55	65	80	90	100
$l_{系列}$		6、8、10、12、（14）、（16）、20～50（5 进位）、（55）、60、（65）、70～160（10 进位）、180、200											

注：1. 括号内的规格尽可能不用。末端按 GB/T 2—2000 规定。

2. 机械性能等级：8.8、12.9。

3. 螺纹公差：机械性能等级 8.8 级时为 6g，12.9 级时为 5g、6g。

4. 产品等级：A。

表 B－8　垫圈　　（单位：mm）

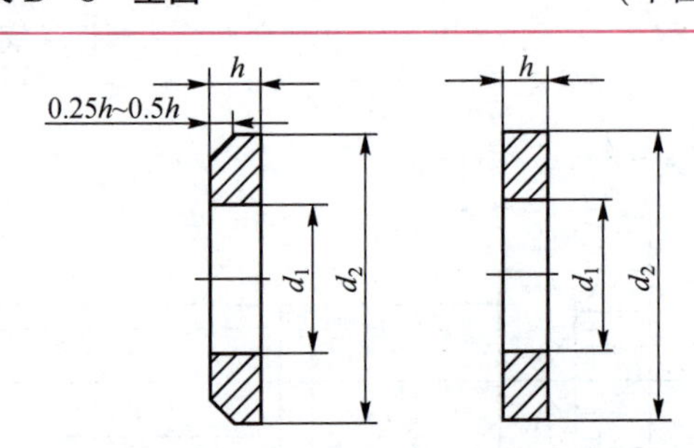

小垫圈—A 级（GB/T 848—2002）

平垫圈—A 级（GB/T 97.1—2000）

平垫圈—倒角型—A 级（GB/T 97.2—2000）

标记示例：

垫圈 GB/T 97.1

（标准系列、规格 8、性能等级为 140HV 级、不经表面处理的平垫圈）

<table>
<tr><td colspan="2">公称尺寸
（螺纹规格 d）</td><td>1.6</td><td>2</td><td>2.5</td><td>3</td><td>4</td><td>5</td><td>6</td><td>8</td><td>10</td><td>12</td><td>14</td><td>16</td><td>20</td><td>24</td><td>30</td><td>36</td></tr>
<tr><td rowspan="3">d_1</td><td>GB/T 848</td><td rowspan="2">1.7</td><td rowspan="2">2.2</td><td rowspan="2">2.7</td><td rowspan="2">3.2</td><td rowspan="2">4.3</td><td rowspan="3">5.3</td><td rowspan="3">6.4</td><td rowspan="3">8.4</td><td rowspan="3">10.5</td><td rowspan="3">13</td><td rowspan="3">15</td><td rowspan="3">17</td><td rowspan="3">21</td><td rowspan="3">25</td><td rowspan="3">31</td><td rowspan="3">37</td></tr>
<tr><td>GB/T 97.1</td></tr>
<tr><td>GB/T 97.2</td><td>—</td><td>—</td><td>—</td><td>—</td><td>—</td></tr>
<tr><td rowspan="3">d_2</td><td>GB/T 848</td><td>3.5</td><td>4.5</td><td>5</td><td>6</td><td>8</td><td>9</td><td>11</td><td>15</td><td>18</td><td>20</td><td>24</td><td>28</td><td>34</td><td>39</td><td>50</td><td>60</td></tr>
<tr><td>GB/T 97.1</td><td>4</td><td>5</td><td>6</td><td>7</td><td>9</td><td>10</td><td>12</td><td>16</td><td>20</td><td>24</td><td>28</td><td>30</td><td>37</td><td>44</td><td>56</td><td>66</td></tr>
<tr><td>GB/T 97.2</td><td>—</td><td>—</td><td>—</td><td>—</td><td>—</td><td>10</td><td>12</td><td>16</td><td>20</td><td>24</td><td>28</td><td>30</td><td>37</td><td>44</td><td>56</td><td>66</td></tr>
<tr><td rowspan="3">h</td><td>GB/T 848</td><td rowspan="2">0.3</td><td rowspan="2">0.3</td><td rowspan="2">0.5</td><td rowspan="2">0.5</td><td rowspan="2">0.5</td><td rowspan="3">1</td><td rowspan="3">1.6</td><td rowspan="3">1.6</td><td rowspan="3">1.6</td><td rowspan="3">2</td><td rowspan="3">2.5</td><td rowspan="3">2.5</td><td rowspan="3">3</td><td rowspan="3">4</td><td rowspan="3">4</td><td rowspan="3">5</td></tr>
<tr><td>GB/T 97.1</td></tr>
<tr><td>GB/T 97.2</td><td>—</td><td>—</td><td>—</td><td>—</td><td>—</td></tr>
</table>

表 B－9　标准型弹簧垫圈（摘自 GB/T 93—1987）　　（单位：mm）

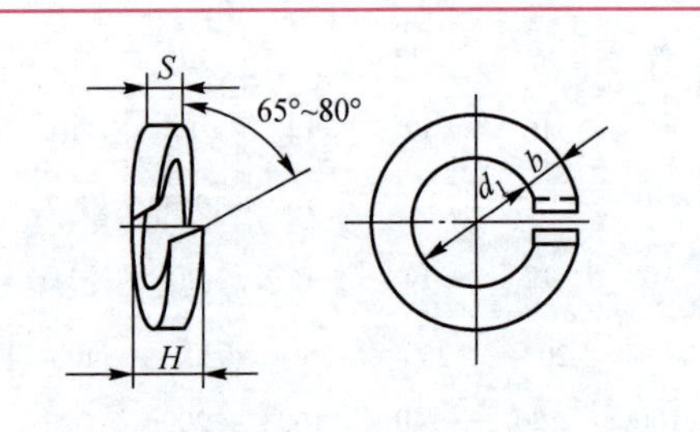

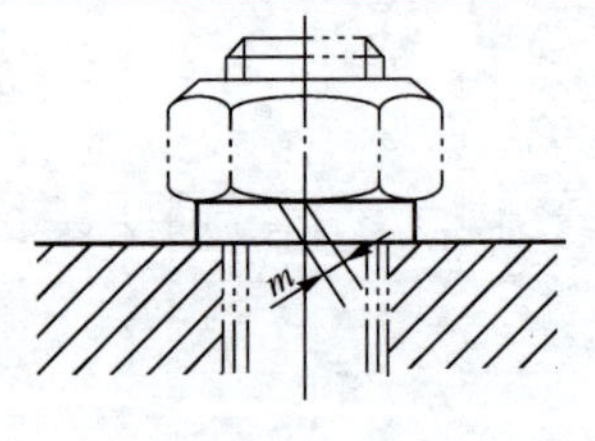

标记示例：

垫圈 GB/T 93　10

（规格 10、材料为 65Mn、表面氧化的标准型弹簧垫圈）

规格 （螺纹大径）	4	5	6	8	10	12	16	20	24	30	36	42	48
$d_{1\min}$	4.1	5.1	6.1	8.1	10.2	12.2	16.2	20.2	24.5	30.5	36.5	42.5	48.5
$S=b_{公称}$	1.1	1.3	1.6	2.1	2.6	3.1	4.1	5	6	7.5	9	10.5	12
$m \leqslant$	0.55	0.65	0.8	1.05	1.3	1.55	2.05	2.5	3	3.75	4.5	5.25	6
$H_{\max}$	2.75	3.25	4	5.25	6.2	7.75	10.25	12.5	15	18.75	22.5	26.25	30

注：m 应大于零。

表 B－10　圆柱销（摘自 GB/T 119.1—2000）　（单位：mm）

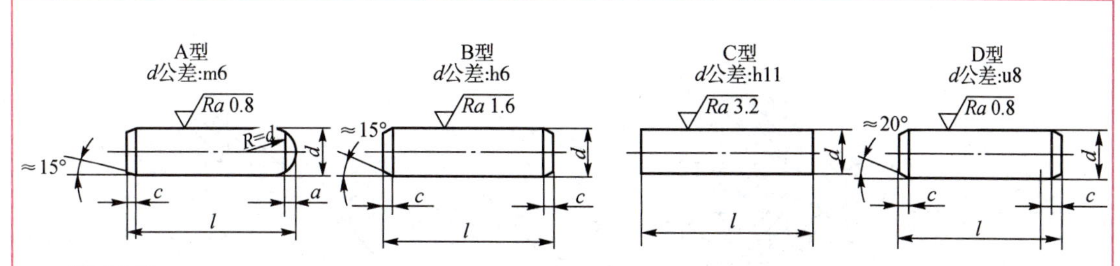

标记示例：

销 GB/T 119.1　6 m6×30

（公称直径 d=6 mm、公差为 m6、公称长度 l=30 mm、材料为钢、不经表面处理的圆柱销）

销 GB/T 119.1　6 m6×30—A1

（公称直径 d=6 mm、公差为 m6、公称长度 l=30 mm、材料为 A1 组奥氏体不锈钢、表面简单处理的圆柱销）

d（公称）m6/h8	2	3	4	5	6	8	10	12	16	20	25
a	0.25	0.40	0.50	0.63	0.80	1.0	1.2	1.6	2.0	2.5	3.0
c	0.35	0.5	0.63	0.8	1.2	1.6	2	2.5	3	3.5	4
$l_{范围}$	6~20	8~30	8~40	10~50	12~60	14~80	18~95	22~140	26~180	35~200	50~200
$l_{系列}$（公称）	2、3、4、5、6~32（2 进位）、35~100（5 进位）、120~≥200（按 20 递增）										

表 B－11　圆锥销（摘自 GB/T 117—2000）　（单位：mm）

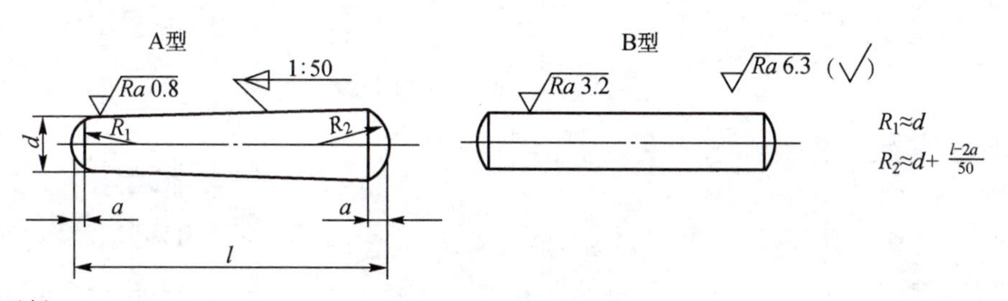

标记示例：

销 GB/T 117　10×60

（公称直径 d=10 mm、长度 l=60 mm、材料为 35 钢、热处理硬度 28~38HRC、表面氧化处理的 A 型圆锥销）

$d_{公称}$	2	2.5	3	4	5	6	8	10	12	16	20	25
a	0.25	0.3	0.4	0.5	0.63	0.8	1.0	1.2	1.6	2.0	2.5	3.0
$l_{范围}$	10~35	10~35	12~45	14~55	18~60	22~90	22~120	26~160	32~180	40~200	45~200	50~200
$l_{系列}$	2、3、、4、5、6~32（2 进位）、35~100（5 进位）、120~200（20 进位）											

表 B-12　普通平键键槽的尺寸及公差（摘自 GB/T 1095—2003）（单位：mm）

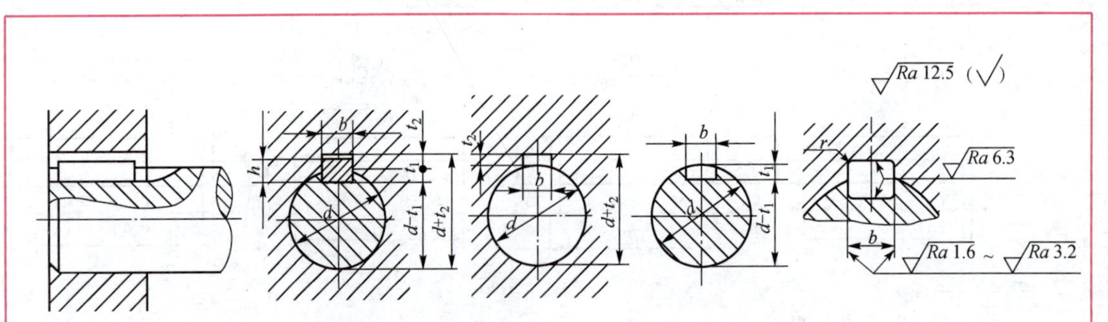

注：在工作图中，轴槽深用 t_1 或 $(d-t_1)$ 标注，轮毂槽深用 $(d+t_2)$ 标注。

轴的直径 d	键尺寸 $b \times h$	键槽 宽度 b 基本尺寸	极限偏差 正常连接 轴 N9	正常连接 毂 JS9	紧密连接 轴和毂 P9	松连接 轴 H9	松连接 毂 D10	深度 轴 t_1 基本尺寸	轴 t_1 极限偏差	毂 t_2 基本尺寸	毂 t_2 极限偏差	半径 r min	半径 r max
自 6~8	2×2	2	-0.004 -0.029	±0.0125	-0.006 -0.031	+0.025 0	+0.060 +0.020	1.2	+0.1 0	1	+0.1 0	0.08	0.16
>8~10	3×3	3						1.8		1.4			
>10~12	4×4	4	0 -0.030	±0.015	-0.012 -0.042	+0.030 0	+0.078 +0.030	2.5		1.8			
>12~17	5×5	5						3.0		2.3		0.16	0.25
>17~22	6×6	6						3.5		2.8			
>22~30	8×7	8	0 -0.036	±0.018	-0.015 -0.051	+0.036 0	+0.098 +0.040	4.0	+0.2 0	3.3	+0.2 0		
>30~38	10×8	10						5.0		3.3		0.25	0.40
>38~44	12×8	12	0 -0.043	±0.026	+0.018 -0.061	+0.043 0	+0.120 +0.050	5.0		3.3			
>44~50	14×9	14						5.5		3.8			
>50~58	16×10	16						6.0		4.3			
>58~65	18×11	18						7.0		4.4			
>65~75	20×12	20	0 -0.052	±0.031	+0.022 -0.074	+0.052 0	+0.149 +0.065	7.5		4.9		0.40	0.60
>75~85	22×14	22						9.0		5.4			
>85~95	25×14	25						9.0		5.4			
>95~110	28×16	28						10.0		6.4			
>110~130	32×18	32	0 -0.062	±0.037	-0.026 -0.088	+0.062 0	+0.180 +0.080	11.0		7.4			
>130~150	36×20	36						12.0	+0.3 0	8.4	+0.30	0.7 0	1.0
>150~170	40×22	40						13.0		9.4			
>170~200	45×25	45						15.0		10.4			

注：1. $(d-t_1)$ 和 $(d+t_2)$ 两组组合尺寸的极限偏差按相应的 t_1 和 t_2 的极限偏差选取，但 $(d-t_1)$ 极限偏差应取负号（-）。

表 B-13 普通平键的尺寸与公差（摘自 GB/T 1096—2003） （单位：mm）

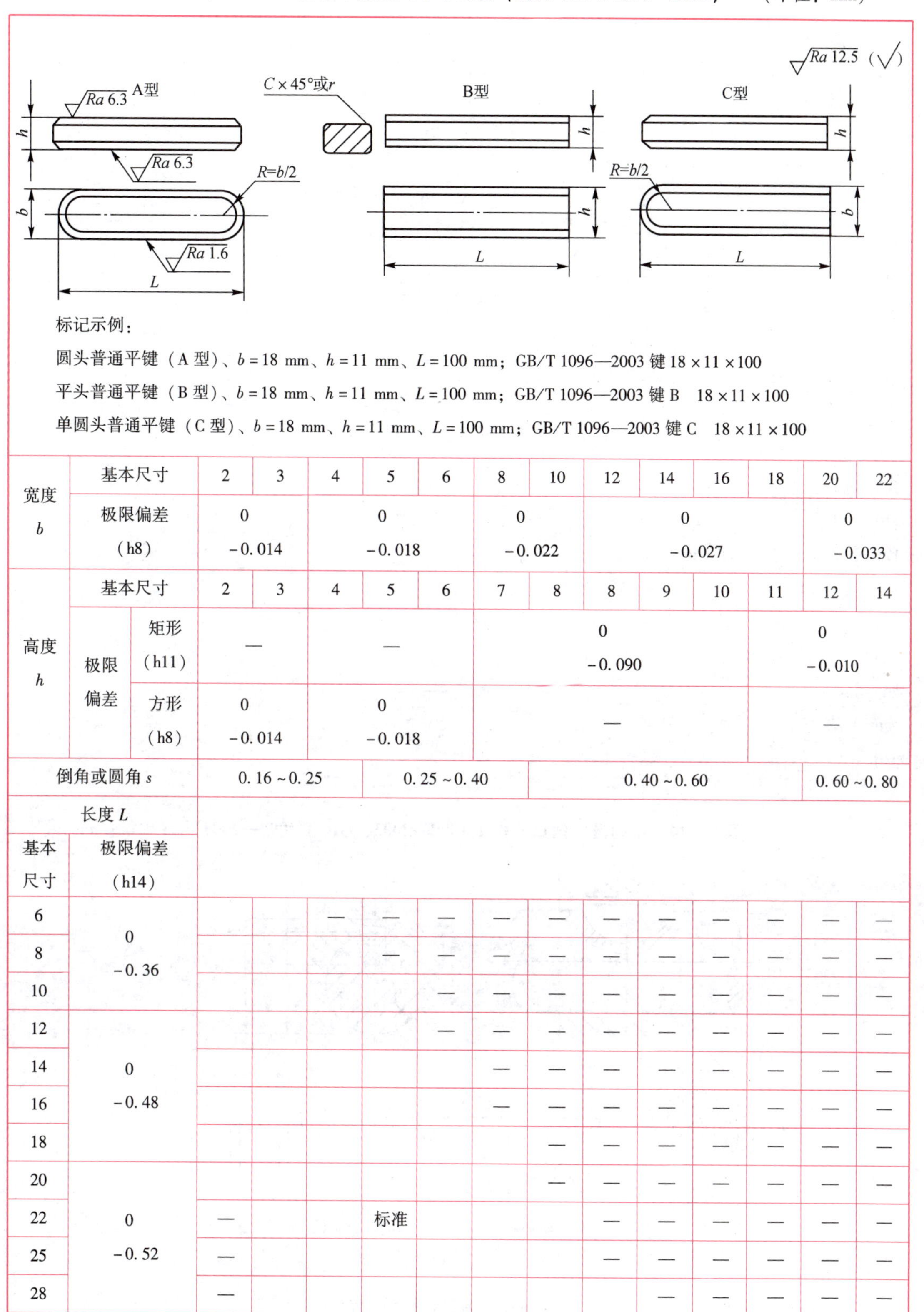

标记示例：

圆头普通平键（A 型）、$b=18$ mm、$h=11$ mm、$L=100$ mm：GB/T 1096—2003 键 18×11×100

平头普通平键（B 型）、$b=18$ mm、$h=11$ mm、$L=100$ mm：GB/T 1096—2003 键 B 18×11×100

单圆头普通平键（C 型）、$b=18$ mm、$h=11$ mm、$L=100$ mm：GB/T 1096—2003 键 C 18×11×100

		2	3	4	5	6	8	10	12	14	16	18	20	22
宽度 b	基本尺寸	2	3	4	5	6	8	10	12	14	16	18	20	22
宽度 b	极限偏差（h8）	0 -0.014		0 -0.018			0 -0.022		0 -0.027				0 -0.033	
高度 h	基本尺寸	2	3	4	5	6	7	8	8	9	10	11	12	14
高度 h	极限偏差 矩形（h11）	—		—			0 -0.090					0 -0.010		
高度 h	极限偏差 方形（h8）	0 -0.014		0 -0.018			—					—		
倒角或圆角 s		0.16～0.25			0.25～0.40			0.40～0.60					0.60～0.80	
长度 L 基本尺寸	极限偏差（h14）													
6	0 -0.36			—	—	—	—	—	—	—	—	—	—	—
8					—	—	—	—	—	—	—	—	—	—
10						—	—	—	—	—	—	—	—	—
12	0 -0.48					—	—	—	—	—	—	—	—	—
14							—	—	—	—	—	—	—	—
16							—	—	—	—	—	—	—	—
18								—	—	—	—	—	—	—
20	0 -0.52							—	—	—	—	—	—	—
22		—			标准				—	—	—	—	—	—
25		—							—	—	—	—	—	—
28		—								—	—	—	—	—

续表

长度 L														
基本尺寸	极限偏差（h14）													
32	0 -0.62	—								—	—	—	—	—
36		—									—	—	—	—
40		—	—								—	—	—	—
45		—	—					长度				—	—	—
50		—	—	—									—	—
56	0 -0.74	—	—	—										—
63		—	—	—	—									
70		—	—	—	—									
80		—	—	—	—	—								
90	0 -0.87	—	—	—	—	—				范围				
100		—	—	—	—	—	—							
110		—	—	—	—	—	—							
125	0 -1.00	—	—	—	—	—	—	—						
140		—	—	—	—	—	—	—						
160		—	—	—	—	—	—	—	—					
180		—	—	—	—	—	—	—	—	—				
200	0 -1.15	—	—	—	—	—	—	—	—	—	—			
220		—	—	—	—	—	—	—	—	—	—	—		
250		—	—	—	—	—	—	—	—	—	—	—	—	

表 B-14　半圆键（摘自 GB/T 1098—2003、GB/T 1099—2003）（单位：mm）

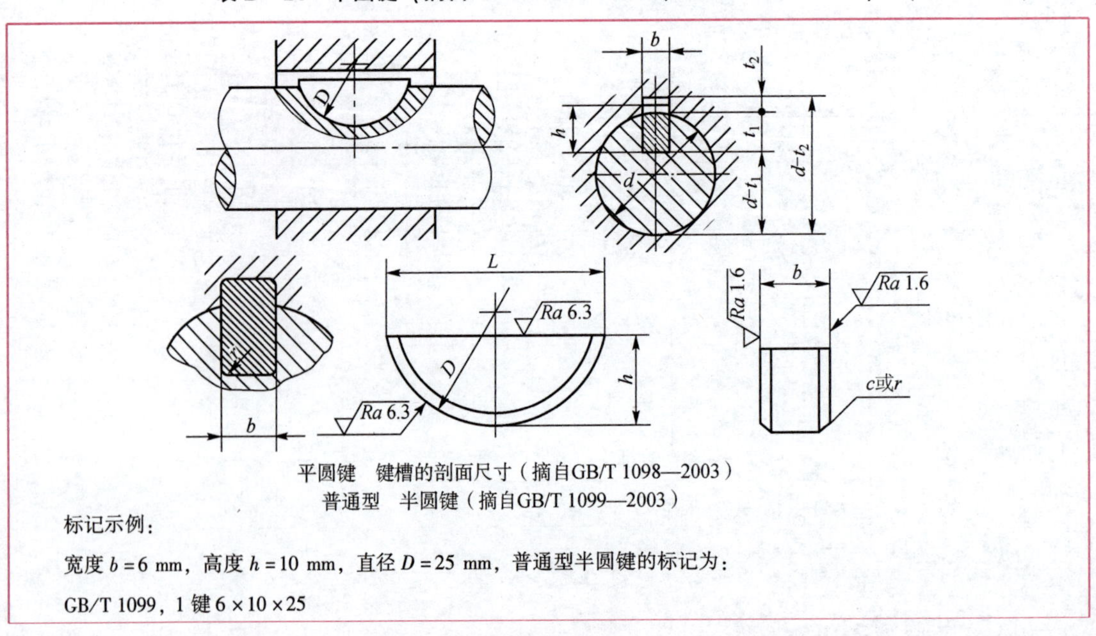

平圆键　键槽的剖面尺寸（摘自GB/T 1098—2003）
普通型　半圆键（摘自GB/T 1099—2003）

标记示例：

宽度 $b=6$ mm，高度 $h=10$ mm，直径 $D=25$ mm，普通型半圆键的标记为：

GB/T 1099，1 键 6×10×25

续表

键尺寸				键槽				
				轴		轮毂 t_2		半径 r
b	h（h11）	D（h12）	c	t_1	极限偏差	t_2	极限偏差	
1.0	1.4	4	0.16～0.25	1.0	+0.1 0	0.6	+0.1 0	0.16～0.25
1.5	2.6	7		2.0		0.8		
2.0	2.6	7		1.8		1.0		
2.0	3.7	10		2.9		1.0		
2.5	3.7	10		2.7		1.2		
3.0	5.0	13		3.8	+0.2 0	1.4		
3.0	6.5	16		5.3		1.4		
4.0	6.5	16	0.25～0.40	5.0		1.8		0.25～0.40
4.0	7.5	19		6.0		1.8		
5.0	6.5	16		4.5		2.3		
5.0	7.5	19		5.5		2.3		
5.0	9.0	22		7.0		2.3		
6.0	9.0	22		6.5	+0.3 0	2.8		
6.0	10.0	25		7.5		2.8	+0.2 0	
8.0	11.0	28	0.40～0.60	8.0		3.3		0.40～0.60
10.0	13.0	32		10.0		3.3		

注：1. 在图样中，轴槽深用 t_1 或（$d-t_1$）标注，轮毂槽深用（$d+t_2$）标注。（$d-t_1$）和（$d+t_2$）两个组合尺寸的极限偏差按相应 t_1 和 t_2 的极限偏差选取，但（$d-t_1$）极限偏差应为负偏差。

2. 键长 L 的两端允许倒成圆角，圆角半径 $r=0.5\sim1.5$mm。

3. 键宽 b 的下偏差统一为"-0.025"。

表 B－15　滚动轴承　（单位：mm）

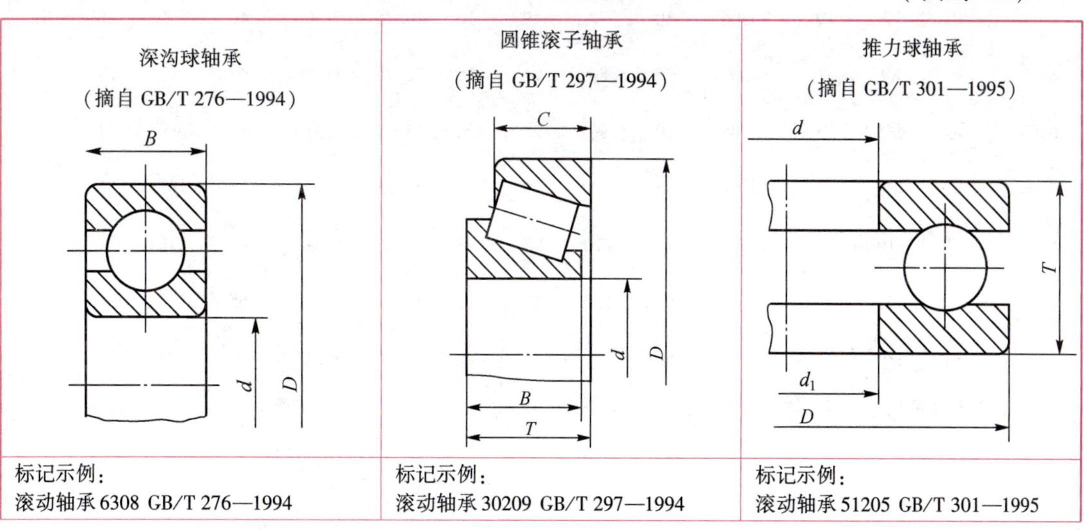

续表

轴承型号	尺寸/mm			轴承型号	尺寸/mm					轴承型号	尺寸/mm			
	d	D	B		d	D	B	C	T		d	D	T	d_1
尺寸系列［（0）2］				尺寸系列［02］						尺寸系列［12］				
6202	15	35	11	30203	17	40	12	11	13.25	51202	15	32	12	17
6203	17	40	12	30204	20	47	14	12	15.25	51203	17	35	12	19
6204	20	47	14	30205	25	52	15	13	16.25	51204	20	40	14	22
6205	25	52	15	30206	30	62	16	14	17.25	51205	25	47	15	27
6206	30	62	16	30207	35	72	17	15	18.25	51206	30	52	16	32
6207	35	72	17	30208	40	80	18	16	19.75	51207	35	62	18	37
6208	40	80	18	30209	45	85	19	16	20.75	51208	40	68	19	42
6209	45	85	19	30210	50	90	20	17	21.75	51209	45	73	20	47
6210	50	90	20	30211	55	100	21	18	22.75	51210	50	78	22	52
6211	55	100	21	30212	60	110	22	19	23.75	51211	55	90	25	57
66212	60	110	22	30213	65	120	23	20	24.75	51212	60	95	26	62
尺寸系列［（0）3］				尺寸系列［03］						尺寸系列［13］				
6302	15	42	13	30302	15	42	13	11	14.25	51304	20	47	18	22
6303	17	47	14	30303	17	47	14	12	15.25	51305	25	52	18	27
6304	20	52	15	30304	20	52	15	13	16.25	51306	30	60	21	32
6305	25	62	17	30305	25	62	17	15	18.25	51307	35	68	24	37
6306	30	72	19	30306	30	72	19	16	20.75	51308	40	78	26	42
6307	35	80	21	30307	35	80	21	18	22.75	51309	45	85	28	47
6308	40	90	23	30308	40	90	23	20	25.25	51310	50	95	31	52
6309	45	100	25	30309	45	100	25	22	27.25	51311	55	105	35	57
6310	50	110	27	30310	50	110	27	23	29.25	51312	60	110	35	62
6311	55	120	29	30311	55	120	29	25	31.50	51313	65	115	36	67
6312	60	130	31	30312	60	130	31	26	33.50	51314	70	125	40	72

注：圆括号中的尺寸系列代号在轴承代号中省略。

附录 C　极限与配合

表 C－1　基本尺寸小于 500 mm 的标准公差　　（单位：μm）

基本尺寸/mm	公差等级																			
	IT01	IT0	IT1	IT2	IT3	IT4	IT5	IT6	IT7	IT8	IT9	IT10	IT11	IT12	IT13	IT14	IT15	IT16	IT17	IT18
≤3	0.3	0.5	0.8	1.2	2	3	4	6	10	14	25	40	60	100	140	250	400	600	1 000	1 400
>3～6	0.4	0.6	1	1.5	2.5	4	5	8	12	18	30	48	75	120	180	300	480	750	1 200	1 800
>6～10	0.4	0.6	1	1.5	2.5	4	6	9	15	222	36	58	90	150	220	360	580	900	1 500	2 200
>10～18	0.5	0.8	1.2	2	3	5	8	11	18	27	43	70	110	180	270	430	700	1 100	1 800	2 700
>18～30	0.6	1	1.5	2.5	4	6	9	13	21	33	52	84	130	210	330	520	840	1 300	2 100	3 300
>30～50	0.7	1	1.5	2.5	4	7	11	16	25	39	62	100	160	250	390	620	1 000	1 600	2 500	3 900
>50～80	0.8	1.2	2	3	5	8	13	19	30	46	74	120	190	300	460	740	1 200	1 900	3 000	4 600
>80～120	1	1.5	2.5	4	6	10	15	22	35	54	87	140	220	350	540	870	1 400	2 200	3 500	5 400
>120～180	1.2	2	3.5	5	8	12	18	25	40	63	100	160	250	400	630	1 000	1 600	2 500	4 000	6 300
>180～250	2	3	4.5	7	10	14	20	29	46	72	115	185	290	460	720	1 150	1 850	2 900	4 600	7 200
>250～315	2.5	4	6	8	12	16	23	32	52	81	130	210	320	520	810	1 300	2 100	3 200	5 200	8 100
>315～400	3	5	7	9	13	18	25	36	57	89	140	230	360	570	890	1 400	2 300	3 600	5 700	8 900
>400～500	4	6	8	10	15	20	27	40	68	97	155	250	400	630	970	1 550	2 500	4 000	6 300	9 700

表 C－2　轴的极限偏差（摘自 GB/T 1008.4—1999）　　（单位：μm）

基本尺寸/mm	常用及优先公差带（带圈者为优先公差带）												
	a	b		c			d				e		
	11	11	12	9	10	⑪	8	⑨	10	11	7	8	9
>0～3	－270 －330	－140 －200	－140 －240	－60 －85	－60 －100	－60 －120	－20 －34	－20 －45	－20 －60	－20 －80	－14 －24	－14 －28	－14 －39
>3～6	－270 －345	－140 －215	－140 －260	－70 －100	－70 －118	－70 －145	－30 －48	－30 －60	－30 －78	－30 －105	－20 －32	－20 －38	－20 －50
>6～10	－280 －370	－150 －240	－150 －300	－80 －116	－80 －138	－80 －170	－40 －62	－40 －79	－40 －98	－40 －130	－25 －40	－25 －47	－25 －61
>10～14 >14～18	－290 －400	－150 －260	－150 －330	－95 －138	－95 －165	－95 －205	－50 －77	－50 －93	－50 －120	－50 －160	－32 －50	－32 －59	－32 －75
>18～24 >24～30	－300 －430	－160 －290	－160 －370	－110 －162	－110 －194	－110 －240	－65 －98	－65 －117	－65 －149	－65 －195	－40 －61	－40 －73	－40 －92

续表

基本尺寸/mm	常用及优先公差带（带圈者为优先公差带）												
	a	b		c			d				e		
	11	11	12	9	10	⑪	8	⑨	10	11	7	8	9
>30～40	-310 -470	-170 -330	-170 -420	-120 -182	-120 -220	-120 -280	-80 -119	-80 -142	-80 -180	-80 -240	-50 -75	-50 -89	-50 -112
>40～50	-320 -480	-180 -340	-180 -430	-130 -192	-130 -230	-130 -290							
>50～65	-340 -530	-190 -380	-190 -490	-140 -214	-140 -260	-140 -330	-110 -146	-100 -174	-100 -220	-100 -290	-60 -90	-60 -106	-60 -134
>65～80	-360 -550	-200 -390	-200 -500	-150 -224	-150 -270	-150 -340							
>80～100	-380 600	-200 -440	-220 -570	-170 -257	-170 310	-170 -390	-120 -174	-120 -207	-120 -260	-120 -340	-72 -109	-72 -176	-72 -159
>100～120	-410 -630	-240 -460	-240 -590	-180 -267	-180 -320	-180 -400							
>120～140	-460 -710	-260 -510	-260 -660	-200 -300	-200 -360	-200 -450	-145 -208	-145 -245	-145 -305	-145 -395	-85 -125	-85 -148	-85 -185
>140～160	-520 -770	-280 -530	-280 -680	-210 -310	-210 -370	-210 -460							
>160～180	-580 -830	-310 -560	-310 -710	-230 -330	-230 -390	-230 -480							
>180～200	-660 -950	-340 -630	-340 -800	-240 -355	-240 -425	-240 -530	-170 -242	-170 -285	-170 -355	-170 -460	-100 -146	-100 -172	-100 -215
>200～225	-740 -1030	-380 -670	-380 -840	-260 -375	-260 -445	-260 -550							
>225～250	-820 -1110	-420 -710	-420 880	-280 -395	-280 -465	-280 -570							
>250～280	-920 -1240	-480 -800	-480 -1000	-300 -430	-300 -510	-300 -620	-190 -217	-190 -320	-190 -400	-190 -510	-110 -162	-110 -191	-110 -240
>280～315	-1050 -1370	-540 -860	-540 -1060	-330 -460	-330 -540	-330 -650							
>315～355	-1200 -1560	-600 -960	-600 -1170	-360 -500	-360 -590	-360 -720	-210 -299	-210 -350	-210 -440	-210 -570	-125 -182	-125 -214	-125 -265
>355～400	-1350 -1710	-680 -1040	-680 -1250	-400 -540	-400 -630	-400 -760							
>400～450	-1500 -1900	-760 -1160	-760 -1390	-440 -595	-440 -690	-440 -840	-230 -327	-230 -385	-230 -480	-230 -630	-135 -198	-135 -232	-135 -290
>450～500	-1650 -2050	-840 -1240	-840 -1470	-480 -635	-480 -730	-480 -880							

续表

基本尺寸/mm	常用及优先公差带（带圈者为优先公差带）															
	f					g			h							
	5	6	⑨	8	9	5	⑥	7	5	⑥	⑦	8	⑨	10	⑪	12
>0～3	-6 -10	-6 -12	-6 -16	-6 -20	-6 -31	-2 -6	-2 -8	-2 -12	0 -4	0 -6	0 -10	0 -14	0 -25	0 -40	0 -60	-0 -100
>3～6	-10 -15	-10 -18	-10 -22	-10 -28	-10 -40	-4 -9	-4 -12	-4 -16	0 -5	0 -8	0 -12	0 -18	0 -30	0 -48	0 -75	0 -120
>6～10	-13 -19	-13 -22	-13 -28	-13 -35	-13 -49	-5 -11	-5 -14	-5 -20	0 -6	0 -9	0 -15	0 -22	0 -36	0 -58	0 -90	0 -150
>10～14 >14～18	-16 -24	-16 -27	-16 -34	-16 -43	-16 -59	-6 -14	-6 -17	-6 -24	0 -8	0 -11	0 -18	0 -27	0 -43	0 -70	0 -110	0 -180
>18～24 >24～30	-20 -29	-20 -33	-20 -41	-20 -53	-20 -72	-7 -16	-7 -20	-7 -28	0 -9	0 -13	0 -21	0 -33	0 -52	0 -84	0 -130	0 -210
>30～40 >40～50	-25 -36	-25 -41	-25 -50	-25 -64	-25 -87	-9 -20	-9 -25	-9 -34	0 -11	0 -16	0 -25	0 -39	0 -62	0 -100	0 -160	0 -250
>50～65 >65～80	-30 -43	-30 -49	-30 -60	-30 -76	-30 -104	-10 -23	-10 -29	-10 -40	0 -13	0 -19	0 -30	0 -46	0 -74	0 -120	0 -190	0 -300
>80～100 >100～120	-36 -51	-36 -58	-36 -71	-36 -90	-36 -123	-12 -27	-12 -34	-12 -47	0 -15	0 -22	0 -35	0 -54	0 -87	0 -140	0 -220	0 -350
>120～140 >140～160 >160～180	-43 -61	-43 -68	-43 -83	-43 -106	-43 -143	-14 -32	-14 -39	-14 -54	0 -18	0 -25	0 -40	0 -63	0 -100	0 -160	0 -250	0 -400
>180～200 >200～225 >225～250	-50 -70	-50 -79	-50 -96	-50 -122	-50 -165	-15 -35	-15 -44	-15 -61	0 -20	0 -29	0 -46	0 -72	0 -115	0 -185	0 -290	0 -460
>250～280 >280～315	-56 -79	-56 -88	-56 -108	-56 -137	-56 -186	-17 -40	-17 -49	-17 -69	0 -23	0 -32	0 -52	0 -81	0 -130	0 -210	0 -320	0 -520
>315～355 >355～400	-62 -87	-62 -98	-62 -119	-62 -151	-62 -202	-18 -43	-18 -54	-18 -75	0 -25	0 -36	0 -57	0 -89	0 -140	0 -230	0 -360	0 -570
>400～450 >450～500	-68 -95	-68 -108	-68 -131	-68 -165	-68 223	-20 -47	-20 -60	-20 -83	0 -27	0 -40	0 -63	0 -97	0 -155	0 -250	0 -400	0 -630

续表

基本尺寸/mm	常用及优先公差带（带圈者为优先公差带）														
	js			k			m			n			p		
	5	⑥	7	5	⑥	7	5	6	7	5	⑥	7	5	⑥	7
>0~3	±2	±3	±5	+4 0	+6 0	+10 0	+6 +2	+8 +2	+12 +2	+8 +4	+10 +4	+14 +4	+10 +6	+12 +6	+16 +6
>3~6	±2.5	±4	±6	+6 +1	+9 +1	+13 +1	+9 +4	+12 +4	+16 +4	+13 +8	+16 +8	+20 +8	+17 +12	+20 +12	+24 +12
>6~10	±3	±4.5	±7	+7 +1	+10 +1	+16 +1	+12 +6	+15 +6	+21 +6	+16 +10	+19 +10	+25 +10	+21 +15	+24 +15	+30 +15
>10~14 >14~18	±4	±5.5	±9	+9 +1	+12 +1	+19 +1	+15 +7	+18 +7	+25 +7	+20 +12	+23 +12	+30 +12	+26 +18	+29 +18	+36 +18
>18~24 >24~30	±4.5	±6.5	±10	+11 +2	+15 +2	+23 +2	+17 +8	+21 +8	+29 +8	+24 +15	+28 +15	+36 +15	+31 +22	+35 +22	+43 +22
>30~40 >40~50	±5.5	±8	±12	+13 +2	+18 +2	+27 +2	+20 +9	+25 +9	+34 +9	+28 +17	+33 +17	+42 +17	+37 +25	+42 +26	+51 +26
>50~65 >65~80	±6.5	±9.5	±15	+15 +2	+21 +2	+32 +2	+24 +11	+30 +11	+41 +11	+33 +20	+39 +20	+50 +20	+45 +32	+51 +32	+62 +32
>50~65 >65~80	±6.5	±9.5	±15	+15 +2	+21 +2	+32 +2	+24 +11	+30 +11	+41 +11	+33 +20	+39 +20	+50 +20	+45 +32	+51 +32	+62 +32
>80~100 >100~120	±7.5	±11	±17	+18 +3	+25 +3	+38 +3	+28 +13	+35 +13	+48 +13	+38 +23	+45 +23	+58 +23	+52 +37	+59 +37	+72 +37
>120~140 >140~160 >160~180	±9	±12.5	±20	+21 +3	+28 +3	+43 +3	+33 +15	+40 +15	+55 +15	+45 +27	+52 +27	+67 +27	+61 +43	+68 +43	+83 +43
>180~200 >200~225 >225~250	±10	±14.5	±23	+24 +4	+33 +4	+50 +4	+37 +17	+46 +17	+63 +17	+51 +31	+60 +31	+77 +31	+70 +50	+79 +50	+96 +50
>250~280 >280~315	±11.5	±16	±26	+27 +4	+36 +4	+56 +4	+43 +20	+52 +20	+72 +20	+57 +34	+66 +34	+86 +34	+79 +56	+88 +56	+108 +56
>315~355 >355~400	±12.5	±18	±28	+29 +4	+40 +4	+61 +4	+46 +21	+57 +21	+78 +21	+62 +37	+73 +37	+94 +37	+87 +62	+98 +62	+119 +62
>400~450 >450~500	±13.5	±20	±31	+32 +5	+45 +5	+68 +5	+50 +23	+63 +23	+86 +23	+67 +40	+80 +40	+103 +40	+95 +68	+108 +68	+131 +68

续表

基本尺寸/mm	常用及优先公差带（带圈者为优先公差带）														
	k			s			t			u		v	x	y	z
	5	6	7	5	⑥	7	5	6	7	⑥	7	6	6	6	6
>0 ~ 3	+14 +10	+16 +10	+20 +10	+18 +14	+20 +14	+24 +14	—	—	—	+24 +18	+28 +18	—	+26 +20	—	+32 +26
>3 ~ 6	+20 +15	+23 +15	+27 +15	+24 +19	+27 +19	+31 +19	—	—	—	+31 +23	+35 +23	—	+36 +28	—	+43 +35
>6 ~ 10	+25 +19	+28 +19	+34 +19	+29 +23	+32 +23	+38 +23	—	—	—	+37 +28	+43 +28	—	+43 +34	—	+51 +42
>10 ~ 14	+31 +23	+34 +23	+41 +23	+36 +28	+39 +28	+46 +28	—	—	—	+44 +33	+51 +33	—	+51 +40	—	+61 +50
>14 ~ 18							—	—	—			+50 +39	+56 +45	—	+71 +60
>18 ~ 24	+37 +28	+41 +28	+49 +28	+44 +35	+48 +35	+56 +35	—	—	—	+54 +41	+62 +41	+60 +47	+67 +54	+76 +63	+86 +73
>24 ~ 30							+50 +41	+54 +41	+62 +41	+61 +48	+69 +48	+68 +55	+77 +64	+88 +75	+101 +88
>30 ~ 40	+45 +34	+50 +34	+59 +34	+54 43	+59 +43	+68 +43	+59 +48	+64 +48	+73 +48	+76 +60	+85 +60	+84 +68	+96 +80	+110 +94	+128 +112
>40 ~ 50							+65 +54	+70 +54	+79 +54	+86 +70	+95 +70	+97 +81	+113 +97	+130 +114	+152 +136
>50 ~ 65	+54 +41	+60 +41	+71 +41	+66 +53	+72 +53	+83 +53	+79 +66	+85 +66	+96 +66	+106 +87	+117 +87	+121 +102	+141 +122	+163 +144	+191 +172
>65 ~ 80	+56 +43	+62 +43	+73 +43	+72 +59	+78 +59	+89 59	+88 +75	+94 +75	+105 +75	+121 +102	+132 +102	+139 +120	+165 +146	+193 +174	+229 +210
>80 ~ 100	+66 +51	+73 +51	+86 +51	+86 +71	+93 +71	+106 +91	+106 +91	+113 +91	+126 +91	+146 +124	+159 +124	+168 +146	+200 +178	+236 +214	+280 +258
>100 ~ 120	+69 +54	+76 +54	+89 +54	+94 +79	+101 +79	+114 +79	+110 +104	+126 +104	+136 +104	+166 +144	+179 +144	+194 +172	+232 +210	+276 +254	+332 +310
>120 ~ 140	+81 +63	+88 +63	+103 +63	+110 +92	+117 +92	+132 +92	+140 +122	+147 +122	+162 +122	+195 +170	+210 +170	+227 +202	+273 +248	+325 +300	+390 +365
>140 ~ 160	+83 +65	+90 +65	+105 +65	+118 +100	+125 +100	+140 +100	+152 +134	+159 +134	+174 +134	+215 +190	+230 +190	+253 +228	+305 +280	+365 +340	+440 +415
>160 ~ 180	+86 +68	+93 +68	+108 +68	+126 +108	+133 +108	+148 +108	+164 +146	+171 +146	+186 +146	+235 +210	+250 +210	+277 +252	+335 +310	+405 +380	+490 +465
>180 ~ 200	+97 +77	+106 +77	+123 +77	+142 +122	+151 +122	+168 +122	+186 +166	+195 +166	+212 +166	+265 +236	+282 +236	+313 +284	+379 +350	+454 +425	+549 +520
>200 ~ 225	+100 +80	+109 +80	+126 +80	+150 +130	+159 +130	+176 +130	+200 +180	+209 +180	+226 +180	+287 +258	+304 +258	+339 +310	+414 +385	+499 +470	+604 +575
>225 ~ 250	+104 +84	+113 +84	+130 +84	+160 +140	+169 +140	+186 +140	+216 +196	+225 +196	+242 +196	+313 +284	+330 +284	+369 +340	+454 +425	+549 +520	+669 +640
>250 ~ 280	+117 +94	+126 +94	+146 +94	+181 +158	+290 +158	+210 +158	+241 +218	+250 +218	+270 +218	+347 +315	+367 +315	+417 +385	+507 +475	+612 +580	+742 +710
>280 ~ 315	+121 +98	+130 +98	+150 +98	+193 +170	+202 +170	+222 +170	+263 +240	+272 +240	+292 +240	+382 +350	+402 +350	+457 +425	+557 +525	+682 +650	+822 +790
>315 ~ 355	+133 +108	+144 +108	+165 +108	+215 +190	+226 +190	+247 +190	+293 +268	+304 +268	+325 +268	+426 +390	+447 +390	+511 +475	+626 +590	+766 +730	+936 +900
>355 ~ 400	+139 +114	+150 +114	+171 +114	+233 +208	+244 +208	+265 +208	+319 +294	+330 +294	+351 +294	+471 +435	+492 +435	+566 +530	+696 +660	+856 +820	+1 036 +1 000
>400 ~ 450	+153 +126	+166 +126	+189 +126	+259 +232	+272 +232	+295 +232	+257 +330	+370 +330	+393 +330	+530 +490	+553 +490	+635 +595	+780 +740	+960 +920	+1 140 +1 100
>450 ~ 500	+159 +132	+172 +132	+195 +132	+279 +252	+292 +252	+315 +252	+387 +360	+400 +360	+423 +360	+580 +540	+603 +540	+700 +660	+860 +820	+1 040 +1 000	+1 290 +1 250

注：基本尺寸小于 1mm 时，各级的 a 和 b 均不采用。

表 C－3　孔的极限偏差（摘自 GB/T 1008.4—1999）　　（单位：μm）

基本尺寸/mm	常用及优先公差带（带圈者为优先公差带）													
	A	B		C	D				E		F			
	11	11	12	⑪	8	⑨	10	11	8	9	6	7	⑧	9
>0～3	+330 +270	+200 +140	+240 +140	+120 +60	+34 +20	+45 +20	+60 +20	+80 +20	+28 +14	+39 +14	+12 +6	+16 +6	+20 +6	+31 +6
>3～6	+345 +270	+215 +140	+260 +140	+145 +70	+48 +30	+60 +30	+78 +30	+105 +30	+38 +20	+50 +20	+18 +10	+22 +10	+28 +10	+40 +10
>6～10	+370 +280	+240 +150	+300 +150	+170 +80	+62 +40	+76 +40	+98 +40	+130 +40	+47 +25	+61 +25	+22 +13	+28 +13	+35 +13	+49 +13
>10～14 >14～18	+400 +290	+260 +150	+330 +150	+205 +95	+77 +50	+93 +50	+120 +50	+160 +50	+59 +32	+75 +32	+27 +16	+34 +16	+43 +16	+59 +16
>18～24 >24～30	+430 +300	+290 +160	+370 +160	+240 +110	+98 +65	+117 +65	+149 +65	+195 +65	+73 +40	+92 +40	+33 +20	+41 +20	+53 +20	+72 +20
>30～40	+470 +310	+330 +170	+420 +170	+280 +170	+119 +80	+142 +82	+180 +80	+240 +80	+89 +50	+112 +50	+41 +25	+50 +25	+64 +25	+87 +25
>40～50	+480 +320	+340 +180	+430 +180	+290 +180										
>50～65	+530 +340	+380 +190	+490 +190	+330 +140	+146 +100	+170 +100	+220 +100	+290 +100	+106 +6	+134 +80	+49 +30	+60 +30	+76 +30	+104 +30
>65～80	+550 +360	+390 +200	+500 +200	+340 +150										
>80～100	+530 +340	+380 +190	+490 +190	+330 +140	+146 +100	+170 +100	+220 +100	+290 +100	+106 +6	+134 +80	+49 +30	+60 +30	+76 +30	+104 +30
>65～80	+550 +360	+390 +200	+500 +200	+340 +150										
>80～100	+600 +380	+440 +220	+570 +220	+390 +170	+174 +120	+207 +120	+260 +120	+340 +120	+126 +72	+159 +72	+58 +36	+71 +36	+90 +36	+123 +36
>100～120	+630 +410	+460 +240	+590 +240	+400 +180										
>120～140	+710 +460	+510 +260	+660 +260	+450 +200	+208 +145	+245 +145	+305 +145	+395 +145	+148 +85	+135 +85	+68 +43	+83 +43	+106 +43	+143 +43
>140～160	+770 +520	+530 +280	+680 +280	+460 +210										
>160～180	+830 +580	+560 +310	+710 +310	+480 +230										
>180～200	+950 +660	+630 +340	+800 +340	+530 +240	+242 +170	+285 +170	+355 +170	+460 +170	+172 +100	+215 +100	+79 +50	+96 +50	+122 +50	+165 +50
>200～225	+1 030 +740	+670 +380	+840 +380	+550 +260										
>225～250	+1 110 +820	+710 +420	+880 +420	+570 +280										
>250～280	+1 240 +920	+800 +480	+1 000 +480	+620 +300	+271 +190	+320 +190	+400 +190	+510 +190	+191 +110	+240 +110	+88 +56	+108 +56	+137 +56	+186 +56
>280～315	+1 370 +1 050	+860 +540	+1 060 +540	+650 +330										
>315～355	+1 560 +1 200	+960 +600	+1 170 +600	+650 +330	+299 +210	+350 +210	+440 +210	+570 +210	+214 +125	+265 +125	+98 +62	+119 +62	+151 +62	+202 +62
>355～400	+1 710 +1 350	+1 040 +680	+1 250 +680	+760 +400										
>400～450	+1 900 +1 500	+1 160 +760	+1 390 +760	+840 +440	+327 +230	+385 +230	+480 +230	+630 +230	+232 +135	+290 +135	+108 +68	+131 +68	+165 +68	+223 +68
>450～500	+2 050 +1 650	+1 240 +840	+1 470 +840	+880 +480										

续表

基本尺寸/mm	常用及优先公差带（带圈者为优先公差带）																	
	G		H							J			K			M		
	6	⑦	6	⑦	⑧	⑨	10	⑪	12	6	7	8	6	⑦	8	6	7	8
>0～3	+8 +2	+12 +2	+6 0	+10 0	+14 0	+25 0	+40 0	+60 0	+100 0	±3	±5	±7	0 -6	0 -10	0 -14	-2 -8	-2 -12	-2 -16
>3～6	+12 +2	+16 +4	+8 0	+12 0	+18 0	+30 0	+48 0	+75 0	+120 0	±4	±6	±9	+2 -6	+3 -9	+5 -13	-1 -9	0 -12	+2 -16
>6～10	+14 +5	+20 +5	+9 0	+15 0	+22 0	+36 0	+58 0	+90 0	+150 0	±4.5	±7	±11	+2 -7	+5 -10	+6 -16	-3 -12	0 -15	+1 -21
>10～14 >14～18	+17 +6	+24 +6	+11 0	+18 0	+27 0	+43 0	+70 0	+110 0	+180 0	±5.5	±9	±13	+2 -9	+6 -12	+8 -19	-4 -15	0 -18	+2 -25
>18～24 >24～30	+20 +7	+28 +7	+13 0	+21 0	+33 0	+52 0	+84 0	+130 0	+210 0	±6.5	±10	±16	+2 -11	+6 -15	+10 -23	-4 -17	0 -21	+4 -29
>30～40 >40～50	+25 +9	+34 +9	+16 0	+25 0	+39 0	+62 0	+100 0	+160 0	+250 0	±8	±12	±19	+3 -13	+7 -18	+12 -27	-4 -20	0 -25	+5 -34
>50～65 >65～80	+29 +10	+40 +10	+19 0	+30 0	+46 0	+74 0	+120 0	+190 0	+300 0	±9.5	±15	±23	+4 -15	+9 -21	+14 -32	-5 -24	0 -30	+5 -41
>80～100 >100～120	+34 +12	+47 +12	+22 0	+35 0	54 0	+87 0	+140 0	+220 0	+350 0	±11	±17	±27	+4 -18	+10 -25	+16 -38	-6 -28	0 -35	+6 -48
>120～140 >140～160 >160～180	+39 +14	+54 +14	+25 0	+40 0	+63 0	+100 0	+160 0	+250 0	+400 0	±12.5	±20	±31	+4 -21	+12 -28	+20 -43	-8 -33	0 -40	+8 -55
>180～200 >200～225 >225～250	+44 +15	+61 +15	+29 0	+46 0	+72 0	+115 0	+185 0	+290 0	+460 0	±14.5	±23	±36	+5 -24	+13 -33	+22 -50	-8 -37	0 -46	+9 -63
>250～280 >280～315	+49 +17	+69 +17	+32 0	+52 0	+81 0	+130 0	+210 0	+320 0	+520 0	±16	±26	±40	+5 -27	+16 -36	+25 -56	-9 -41	0 -52	+9 -72
>315～355 >355～400	+54 +18	+75 +18	+36 0	+57 0	+89 0	+140 0	+230 0	+360 0	+570 0	±18	±28	±44	+7 -29	+17 -40	+28 -61	-10 -46	0 -57	+11 -78
>400～450 >450～500	+60 +20	+83 +20	+40 0	+63 0	+97 0	+155 0	+250 0	+400 0	+630 0	±20	±31	±48	+8 -32	+18 -45	+29 -68	-10 -50	0 -63	+11 -86

续表

基本尺寸/mm	常用及优先公差带（带圈者为优先公差带）											
	N			P		R		S		T		U
	6	⑦	8	6	⑦	6	7	6	⑦	6	7	⑦
>0~3	-4 -10	-4 -14	-4 -18	-6 -12	-6 -16	-10 -16	-10 -20	-14 -20	-14 -24	—	—	-18 -28
>3~6	-5 -13	-4 -16	-2 -20	-9 -17	-8 -20	-12 -20	-11 -23	-16 -24	-15 -27	—	—	-19 -31
>6~10	-7 -16	-4 -19	-3 -25	-12 -21	-9 -24	-16 -25	-13 -28	-20 -29	-17 -32	—	—	-22 -37
>10~14 >14~18	-9 -20	-5 -23	-3 -30	-15 -26	-11 -29	-20 -31	-16 -34	-25 -36	-21 -39	—	—	-26 -44
>18~24	-11 -24	-7 -28	-3 -36	-18 -31	-14 -35	-24 -37	-20 -41	-31 -44	-27 -48	—	—	-33 -54
>24~30										-37 -50	-33 -54	-40 -61
>30~40	-12 -28	-8 -33	-3 -42	-21 -37	-17 -42	-29 -45	-25 -50	-38 -54	-34 -59	-43 -59	-39 -64	-51 -76
>40~50										-49 -65	-45 -70	-61 -86
>50~65	-14 -33	-9 -39	-4 -50	-26 -45	-21 -51	-35 -54	-30 -60	-47 -66	-42 -72	-60 -79	-55 -85	-76 -106
>65~80						-37 -56	-32 -62	-53 -72	-48 -78	-69 -88	-64 -94	-91 -121
>80~100	-16 -38	-10 -45	-4 -58	-30 -52	-24 -59	-44 -66	-38 -73	-64 -86	-58 -93	-84 -106	-78 -113	-111 -146
>100~120						-47 -69	-41 -76	-72 -94	-66 -101	-97 -119	-91 -126	-131 -166
>120~140	-20 -45	-12 -52	-4 -67	-36 -61	-28 -68	-56 -81	-48 -88	-85 -110	-77 -117	-115 -140	-107 -147	-155 -195
>140~160						-58 -83	-50 -90	-93 -118	-85 -125	-127 -152	-119 -159	-175 -215
>160~180						-61 -86	-53 -93	-101 -126	-93 -133	-139 -164	-131 -171	-195 -235
>180~200	-22 -51	-14 -60	-5 -77	-41 -70	-33 -79	-68 -97	-60 -106	-113 -142	-105 -151	-157 -186	-149 -195	-219 -265
>200~225						-71 -100	-63 -109	-121 -150	-113 -159	-171 -200	-163 -209	-241 -287
>225~250						-75 -104	-67 -113	-131 -160	-123 -169	-187 -216	-179 -225	-267 -313
>250~280	-25 -57	-14 -66	-5 -86	-47 -79	-36 -88	-85 -117	-74 -126	-149 -181	-138 -190	-209 -241	-198 -250	-295 -347
>280~315						-89 -121	-78 -130	-161 -193	-150 -202	-231 -263	-220 -272	-330 -382
>315~355	-26 -62	-16 -73	-5 -94	-51 -87	-41 -98	-97 -133	-87 -144	-179 -215	-169 -226	-257 -293	-247 -304	-369 -426
>355~400						-103 -139	-93 -150	-197 -233	-187 -244	-283 -319	-273 -330	-414 -471
>400~450	-27 -67	-17 -80	-6 -103	-55 -95	-45 -108	-113 -153	-103 -166	-219 -259	-209 -272	-317 -357	-307 -370	-467 -530
>450~500						-119 -159	-109 -172	-239 -279	-229 -279	-347 -387	-337 -400	-517 -580

注：基本尺寸小于1mm时，各级的A和B均不采用。

机械制图
任务单

主　编　楚雪平　董　延　王美姣

副主编　张　娜　王东辉　薛　召

参　编　王永超　武　同　任艳艳　王　慧

主　审　胡适军

北京理工大学出版社

BEIJING INSTITUTE OF TECHNOLOGY PRESS

项目 1　制图基本知识的认知

任务 1.1　制图相关国家标准规定的认知

1. 字体练习。

机 械 制 图 标 准 序 号 名 称 件 数 重 量 材 料 备 注 比 例 期

结 构 分 析 箱 体 盖 板 轴 承 瓦 挡 圈 套 筒 尾 架 体 定 位 套 密 封 盖 单 向 阀 活 塞 球

a b c d e f g h i j k l m n o p q r s t u v w x y z

1 2 3 4 5 6 7 8 9 0 ϕ R　　*A B C D E F G H I J K L M*

班级　　姓名　　学号

2. 图线练习。

（1）完成图形中左右对称的各种图线。

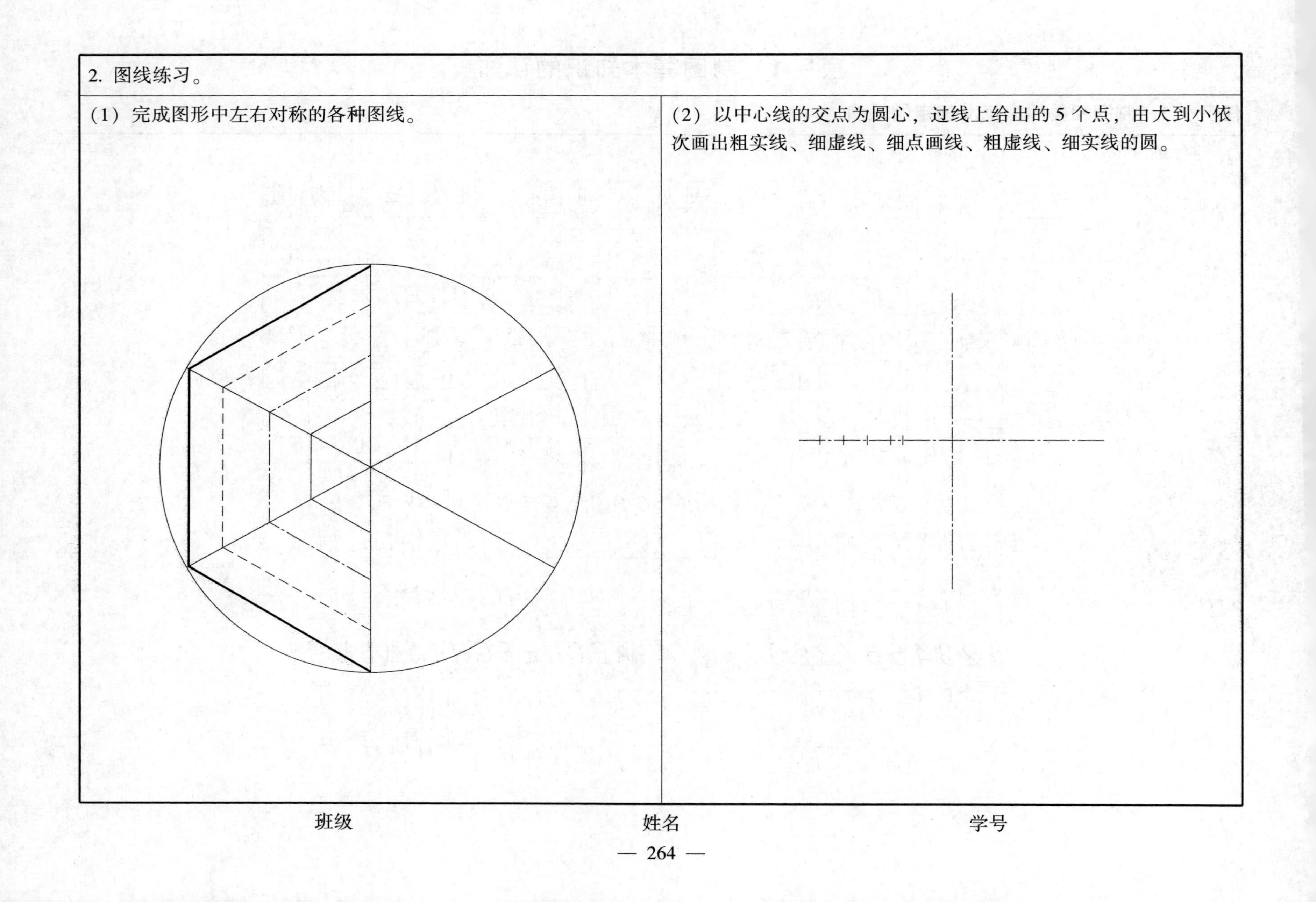

（2）以中心线的交点为圆心，过线上给出的 5 个点，由大到小依次画出粗实线、细虚线、细点画线、粗虚线、细实线的圆。

班级　　　　姓名　　　　学号

任务 1.2　绘图工具和绘图方法的认知

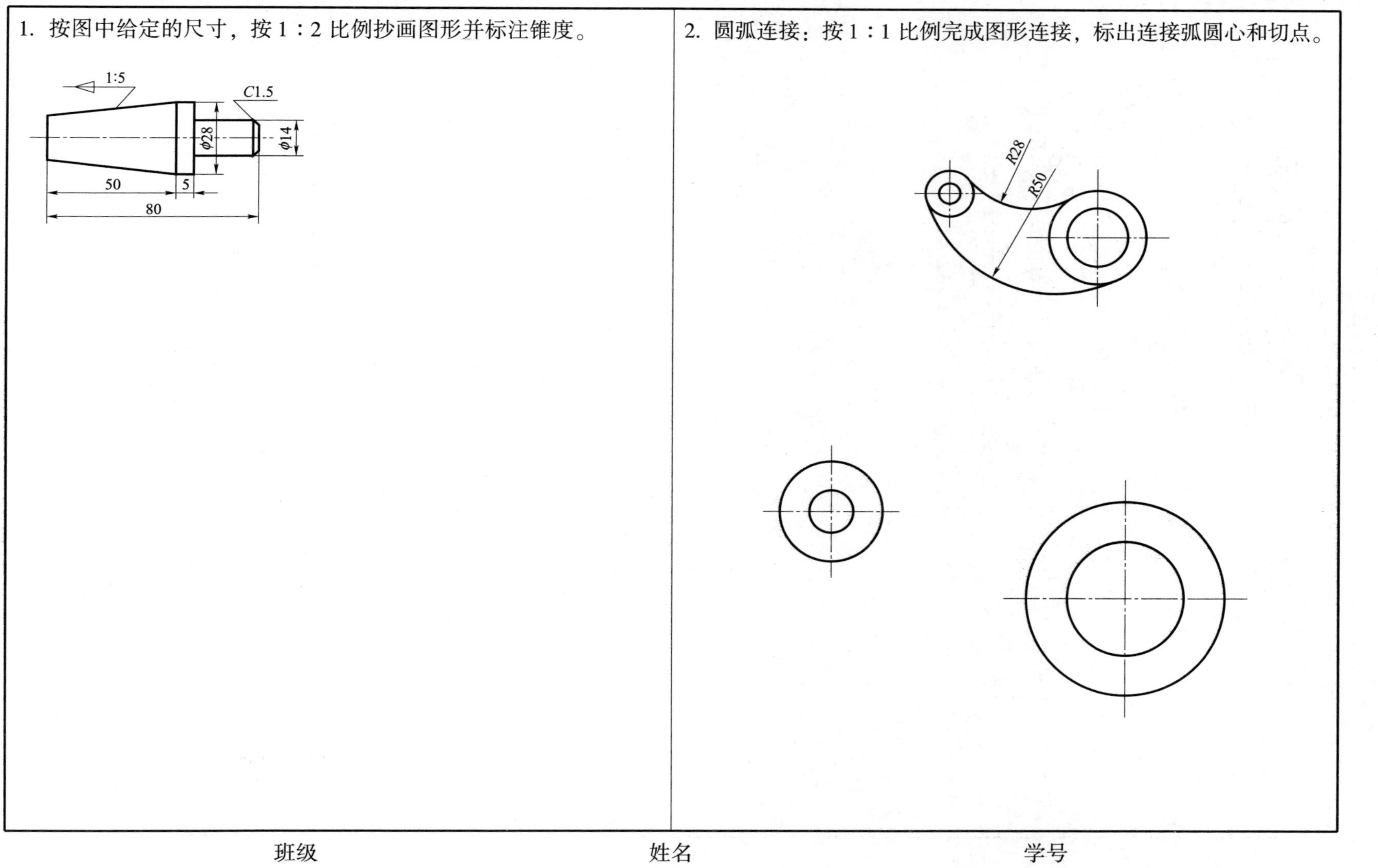

班级　　　　姓名　　　　学号

3. 画平面图形（1∶2 比例）。

班级　　　　姓名　　　　学号

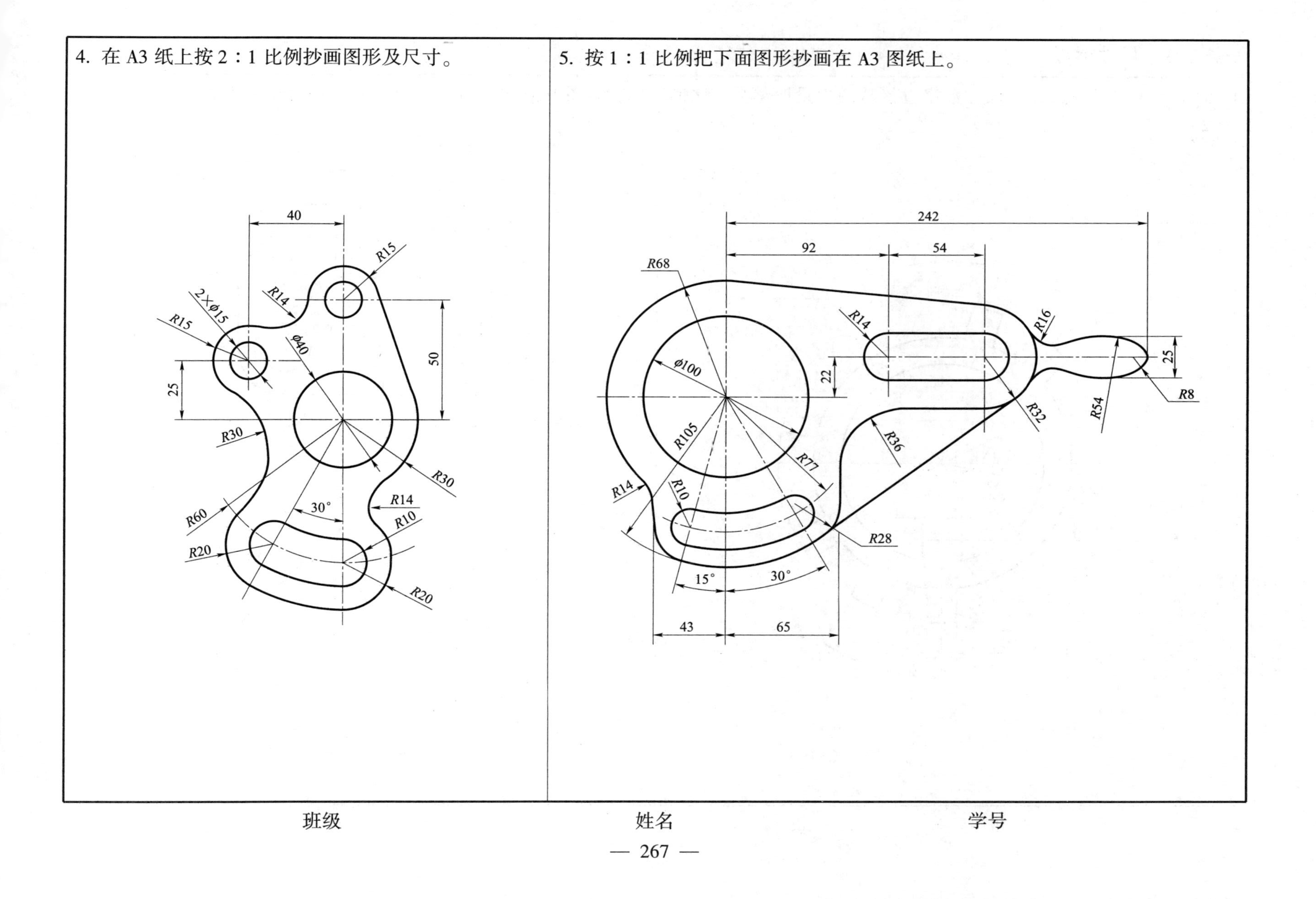
4. 在 A3 纸上按 2：1 比例抄画图形及尺寸。
40
R15
R14
2×ϕ15
R15
ϕ40
50
25
R30
R30
30°
R14
R60
R10
R20
R20
5. 按 1：1 比例把下面图形抄画在 A3 图纸上。
242
92
54
R68
R14
R16
ϕ100
22
25
R8
R32
R54
R105
R36
R77
R14
R10
R28
15°
30°
43
65

班级　　　　姓名　　　　学号

任务 1.3　尺寸标注

1. 标注下面图形的尺寸（尺寸数字直接从图中量取整数，比例 1 : 2）。

2. 检查图中注法的错误，在下图中正确地标注尺寸。

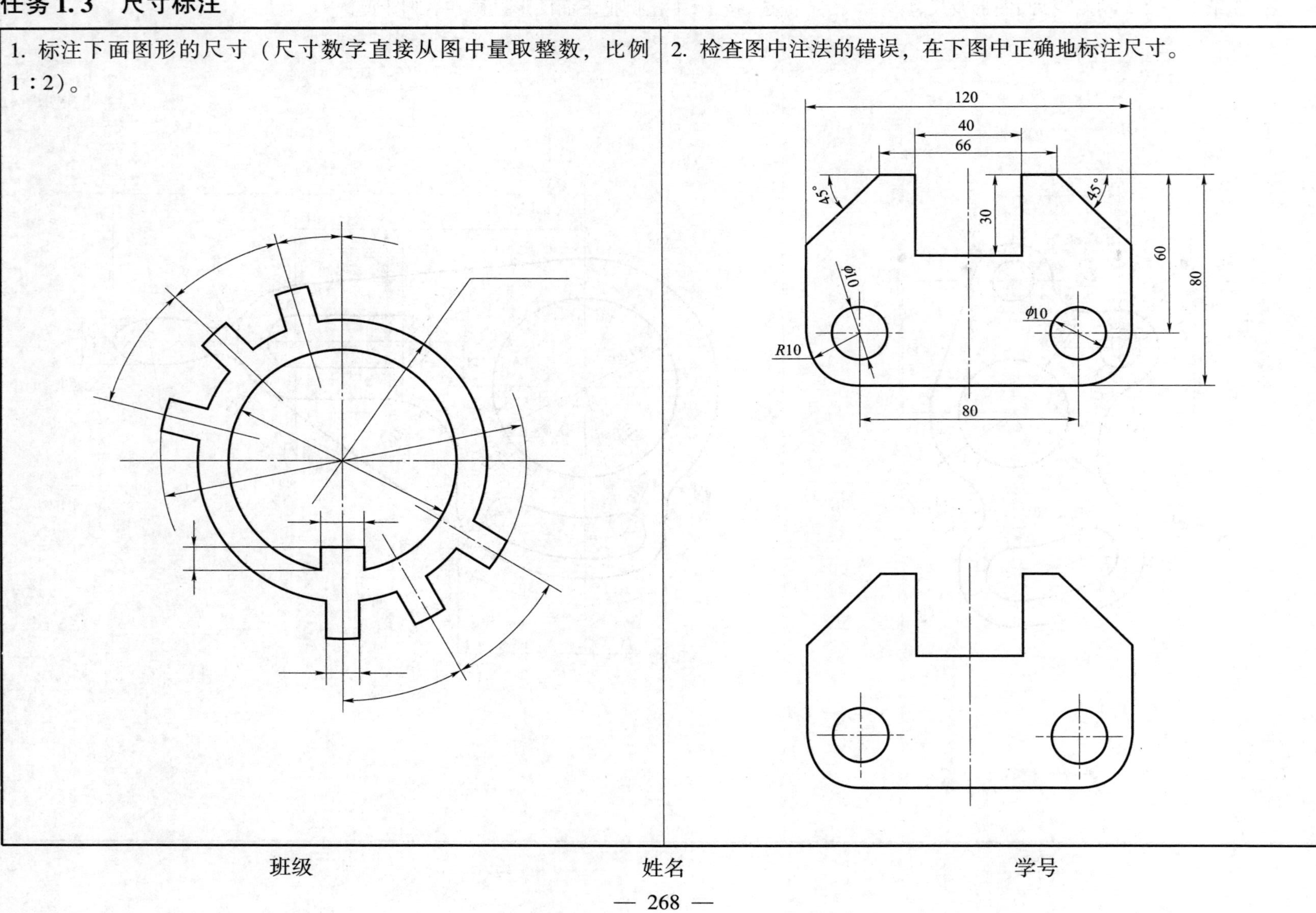

班级　　　　姓名　　　　学号

项目2　基本体投影的识读与绘制

任务2.1　投影体系的认知

1. 看懂立体图，按箭头所指的方向看去，选择正确的视图。

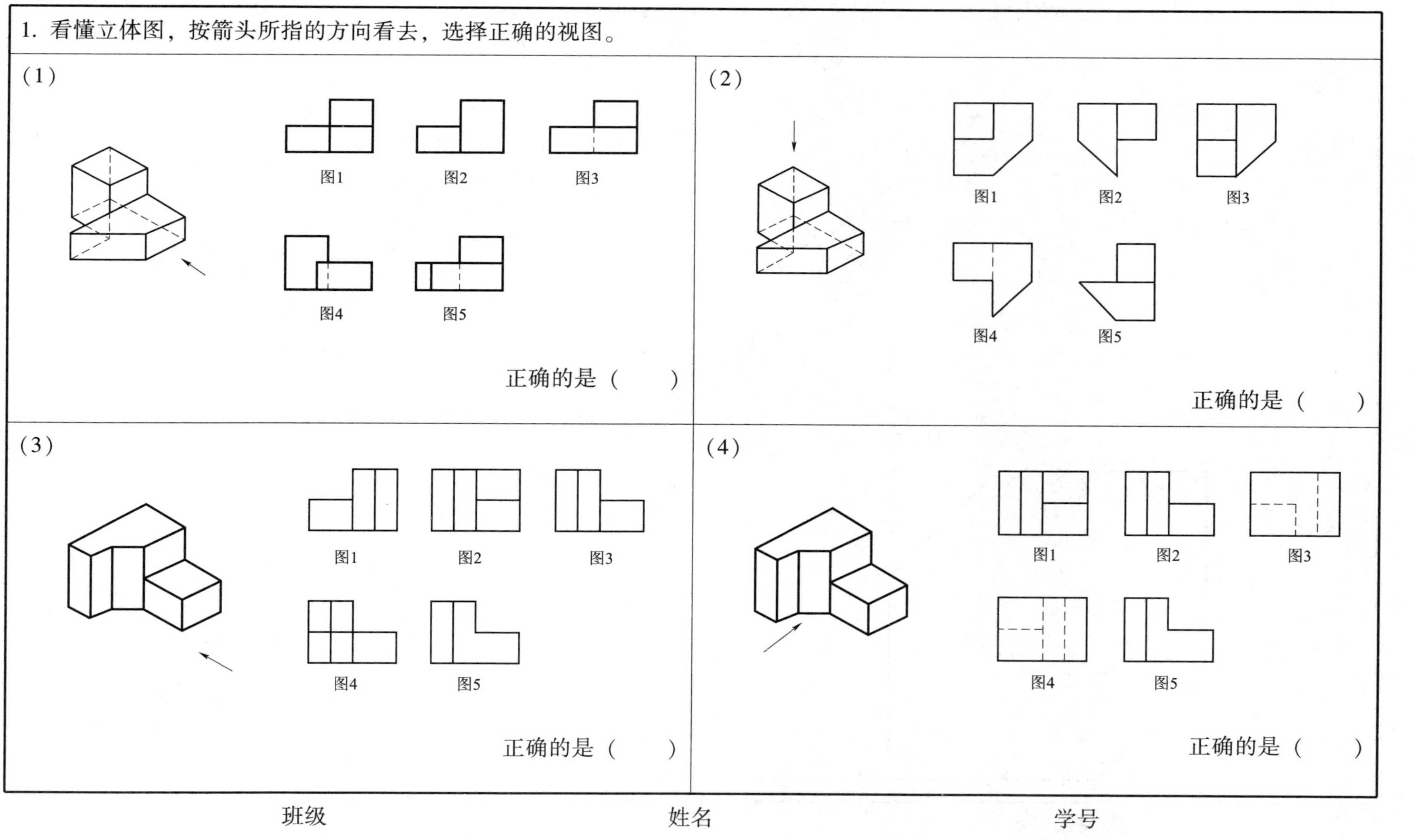

班级　　　　姓名　　　　学号

任务 2.2　点、线、面的投影认知

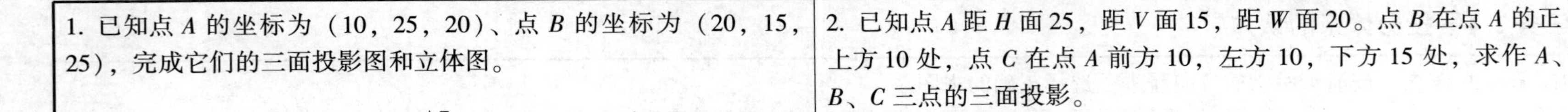

1. 已知点 A 的坐标为（10，25，20）、点 B 的坐标为（20，15，25），完成它们的三面投影图和立体图。

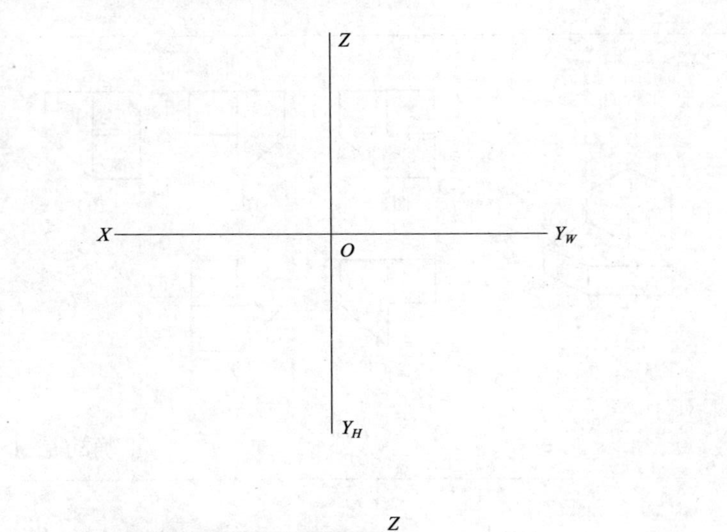

2. 已知点 A 距 H 面 25，距 V 面 15，距 W 面 20。点 B 在点 A 的正上方 10 处，点 C 在点 A 前方 10，左方 10，下方 15 处，求作 A、B、C 三点的三面投影。

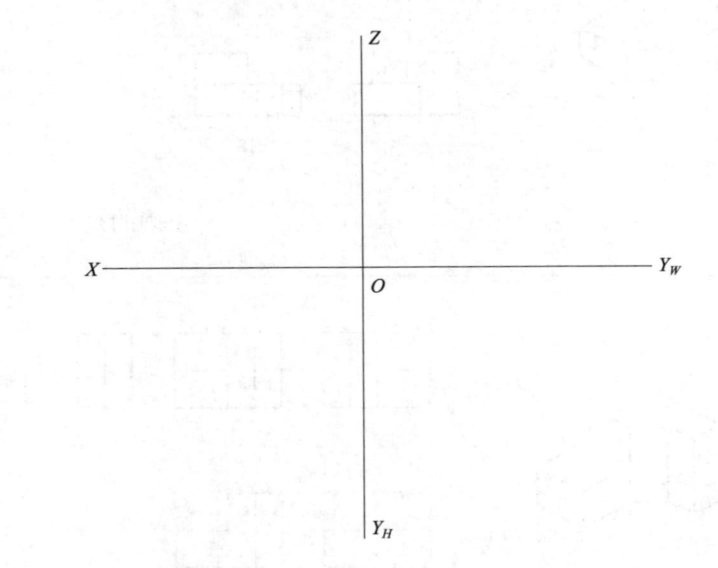

班级　　　　姓名　　　　学号

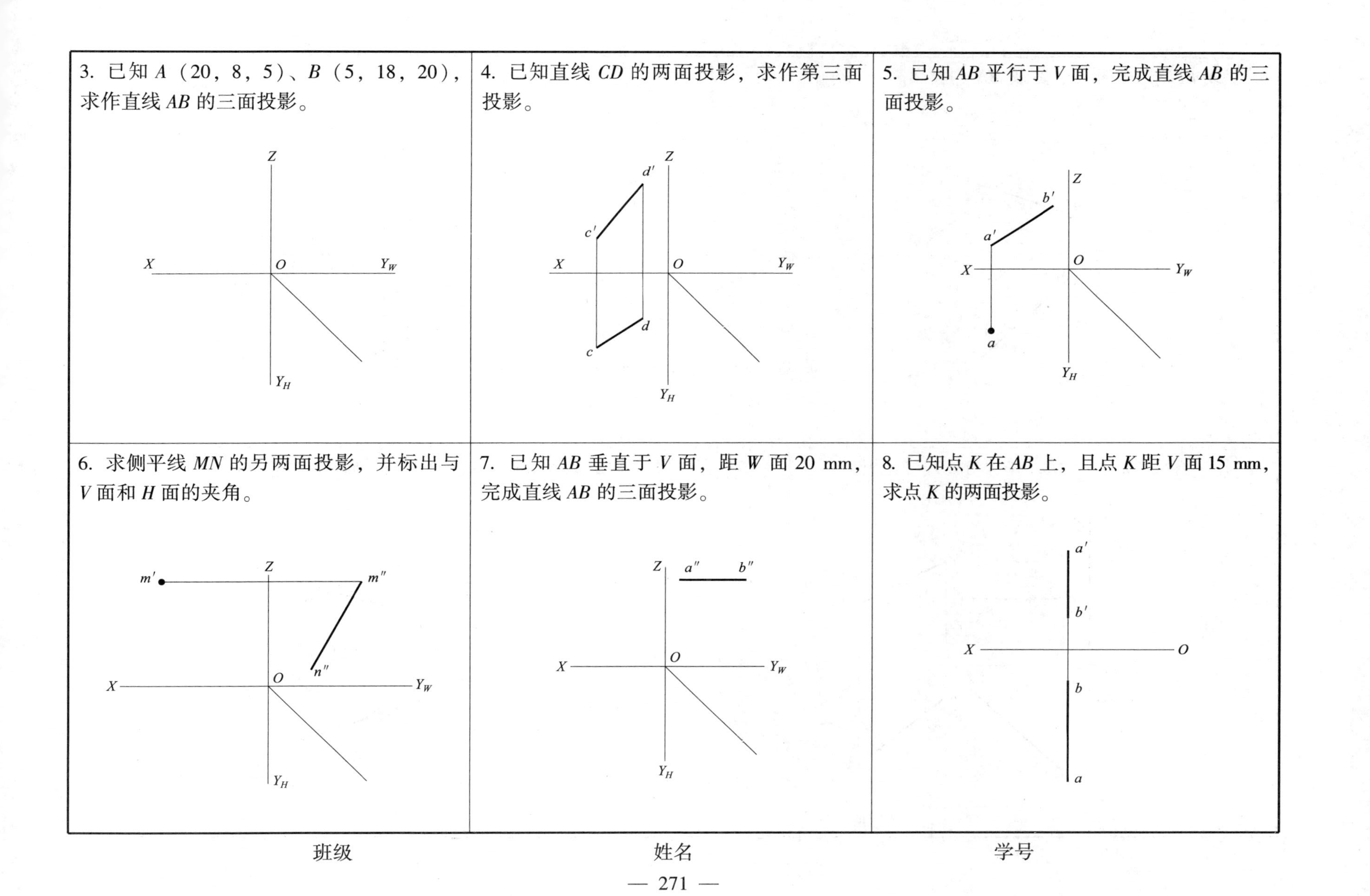

3. 已知 A（20，8，5）、B（5，18，20），求作直线 AB 的三面投影。

4. 已知直线 CD 的两面投影，求作第三面投影。

5. 已知 AB 平行于 V 面，完成直线 AB 的三面投影。

6. 求侧平线 MN 的另两面投影，并标出与 V 面和 H 面的夹角。

7. 已知 AB 垂直于 V 面，距 W 面 20 mm，完成直线 AB 的三面投影。

8. 已知点 K 在 AB 上，且点 K 距 V 面 15 mm，求点 K 的两面投影。

班级　　　　姓名　　　　学号

9. 直线 *KL* 与 *MN* 相交，完成 *MN* 的投影。

10. 作一直线 *ML* 平行 *AB*，并且与 *CD*、*EF* 相交。

11. 标出重影点的投影，并判断可见性。

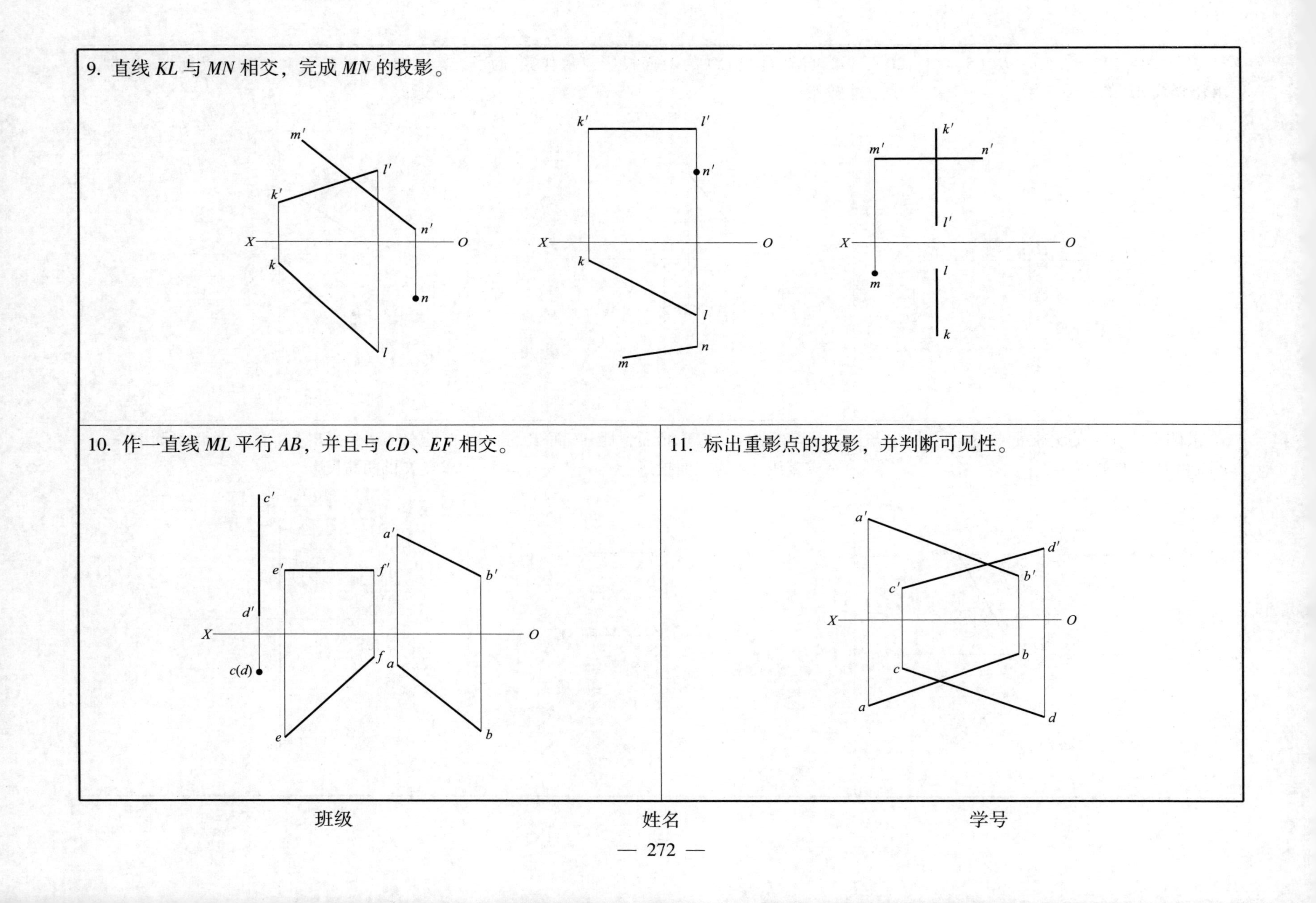

班级　　姓名　　学号

12. 用不同的阴影涂出下列物体上表面 A、B、C 的三面投影，在立体图中相应位置用同样阴影涂出，并判断它们的空间位置。

13. 已知△ABC 在四棱锥的一个侧面上，求△ABC 的另两面投影。

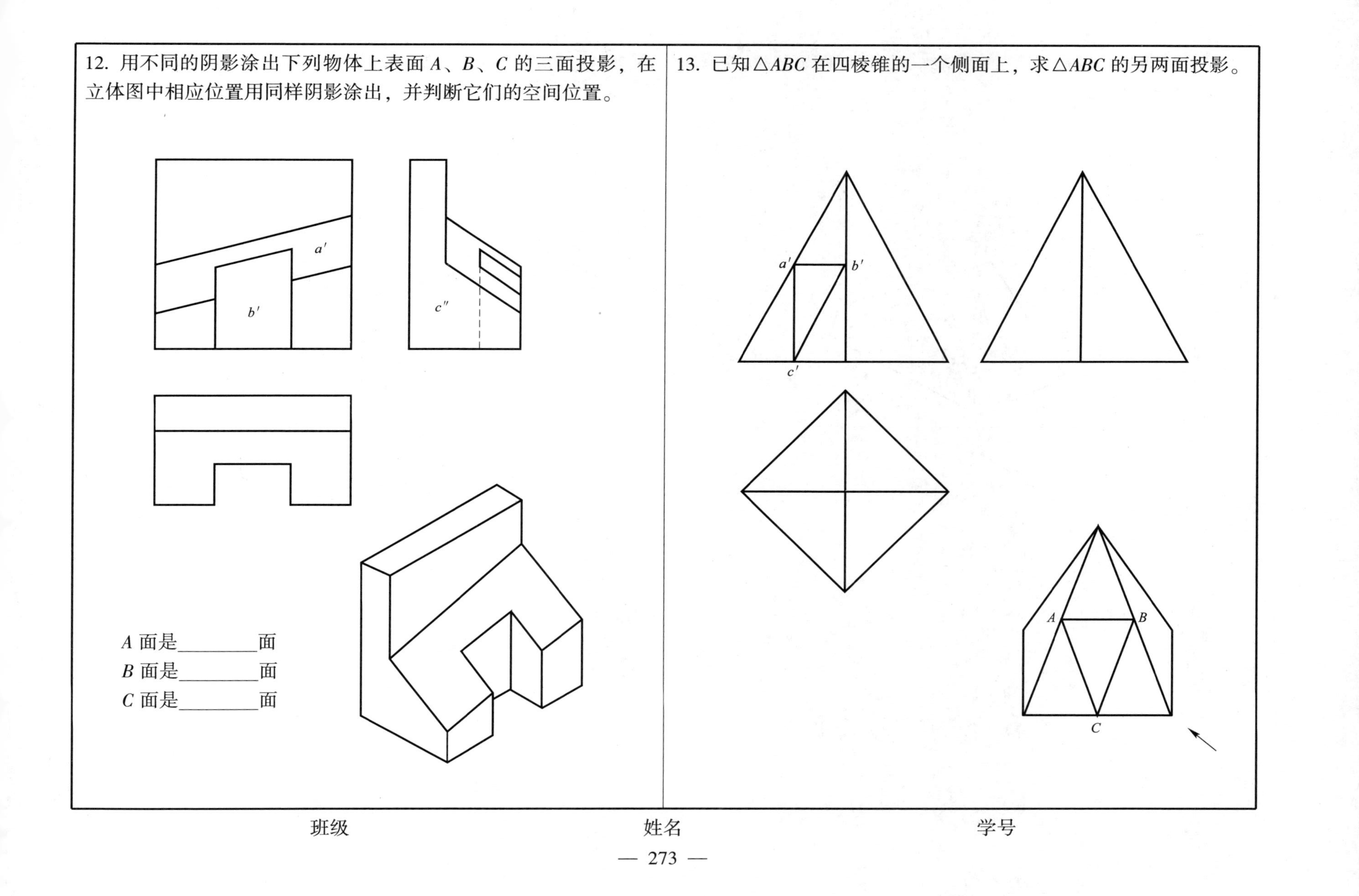

班级　　　　姓名　　　　学号

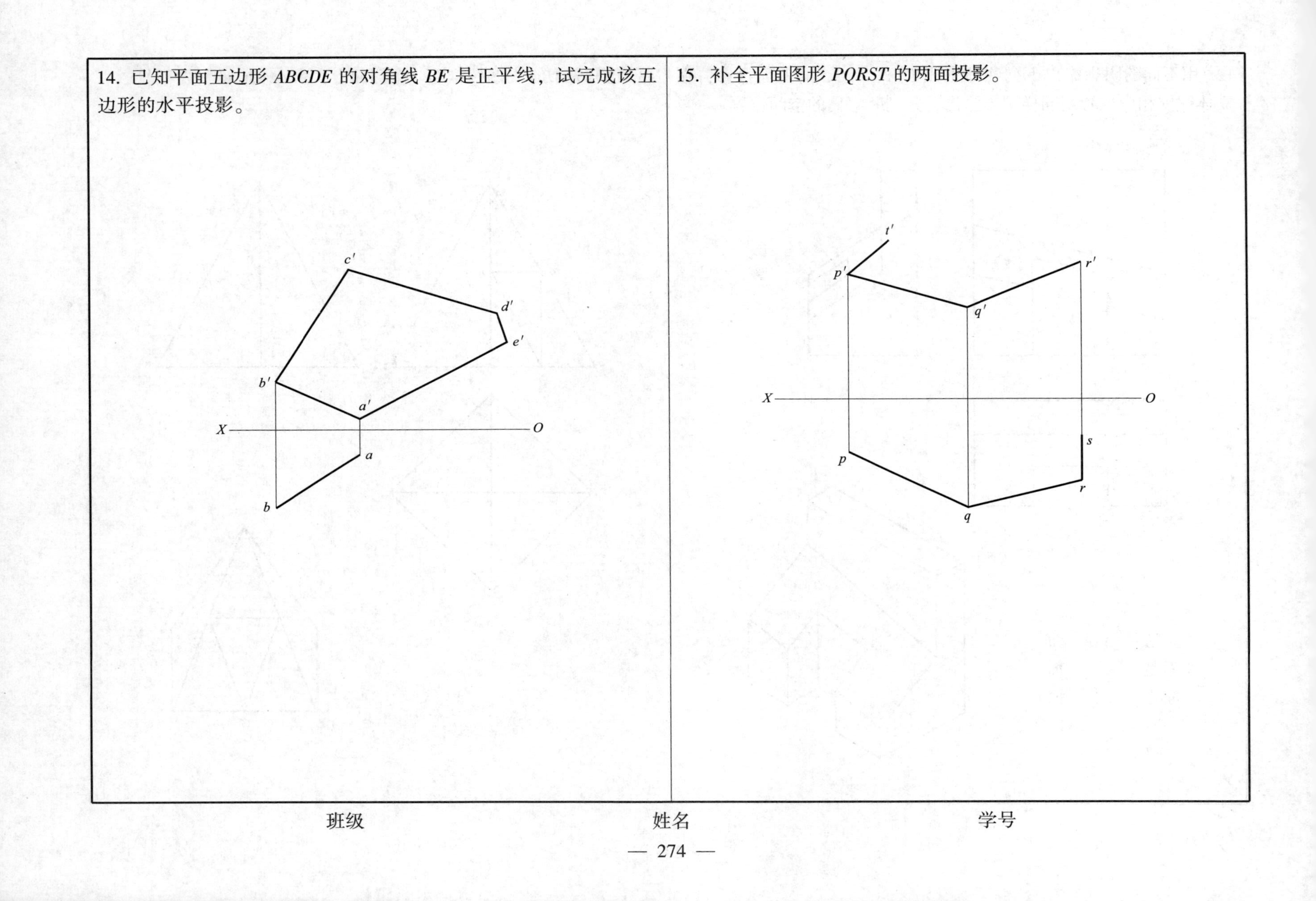
14. 已知平面五边形 *ABCDE* 的对角线 *BE* 是正平线，试完成该五边形的水平投影。
c′
d′
e′
b′
a′
X
O
a
b
15. 补全平面图形 *PQRST* 的两面投影。
t′
p′
r′
q′
X
O
s
p
r
q

班级　　姓名　　学号

任务 2.3　平面立体投影的识读与绘制

1. 绘制平面立体三视图。

（1）已知四棱台的轴测图及尺寸。

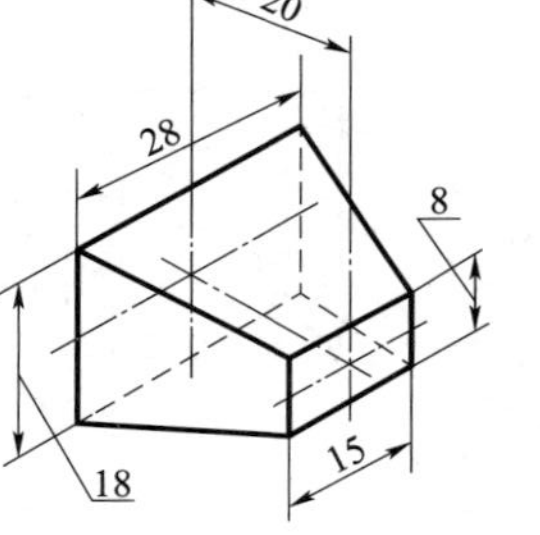

（2）已知正六棱台的俯视图，其高度为 25 mm。

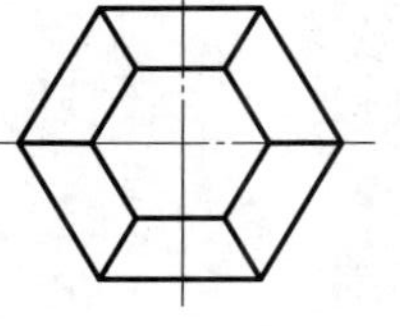

班级　　　　姓名　　　　学号

2. 已知立体的两面投影，补画另一投影，并完成表面上点的另外两面投影。

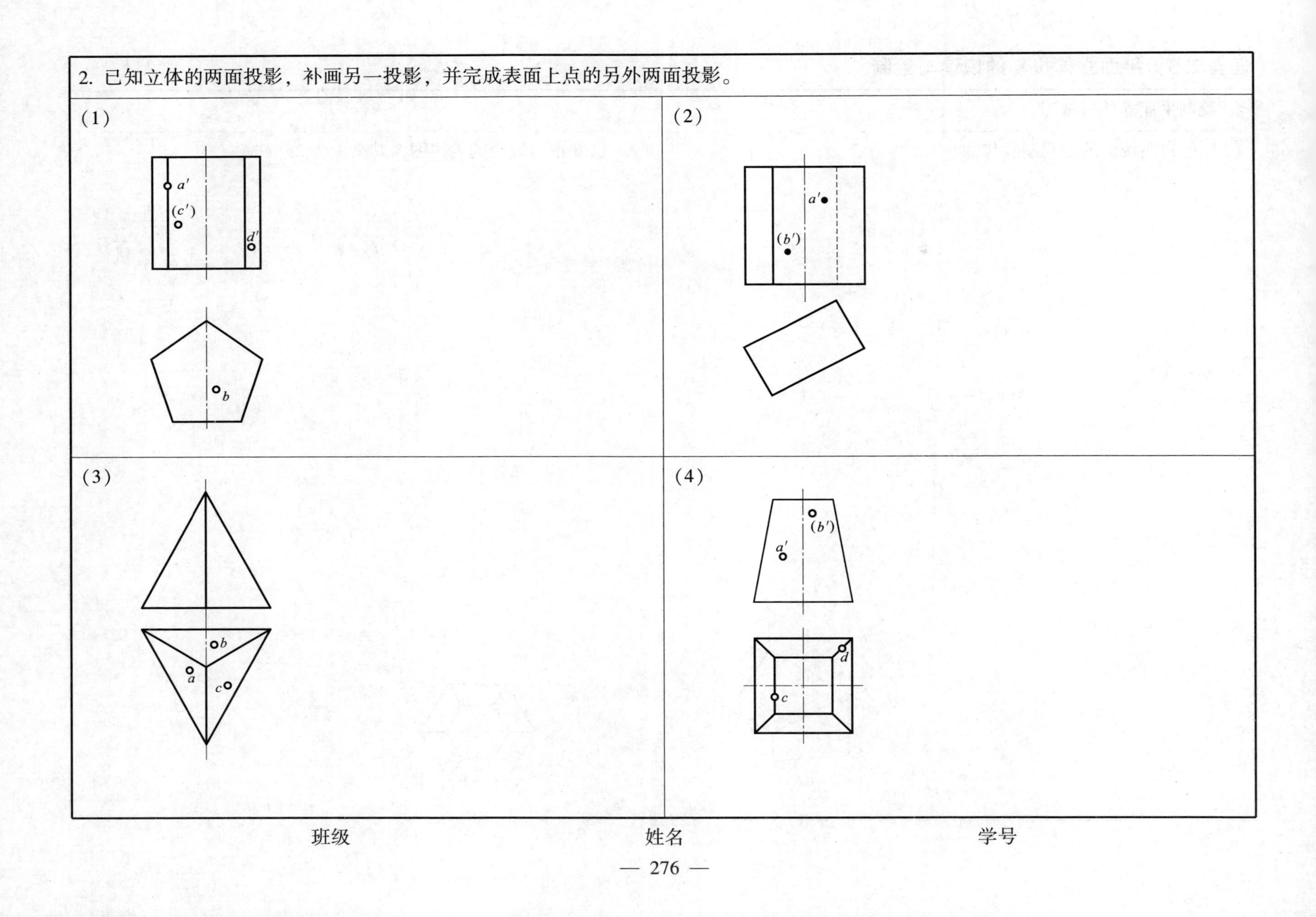

班级　　姓名　　学号

任务 2.4　回转体投影的识读与绘制

1. 完成回转体三视图。

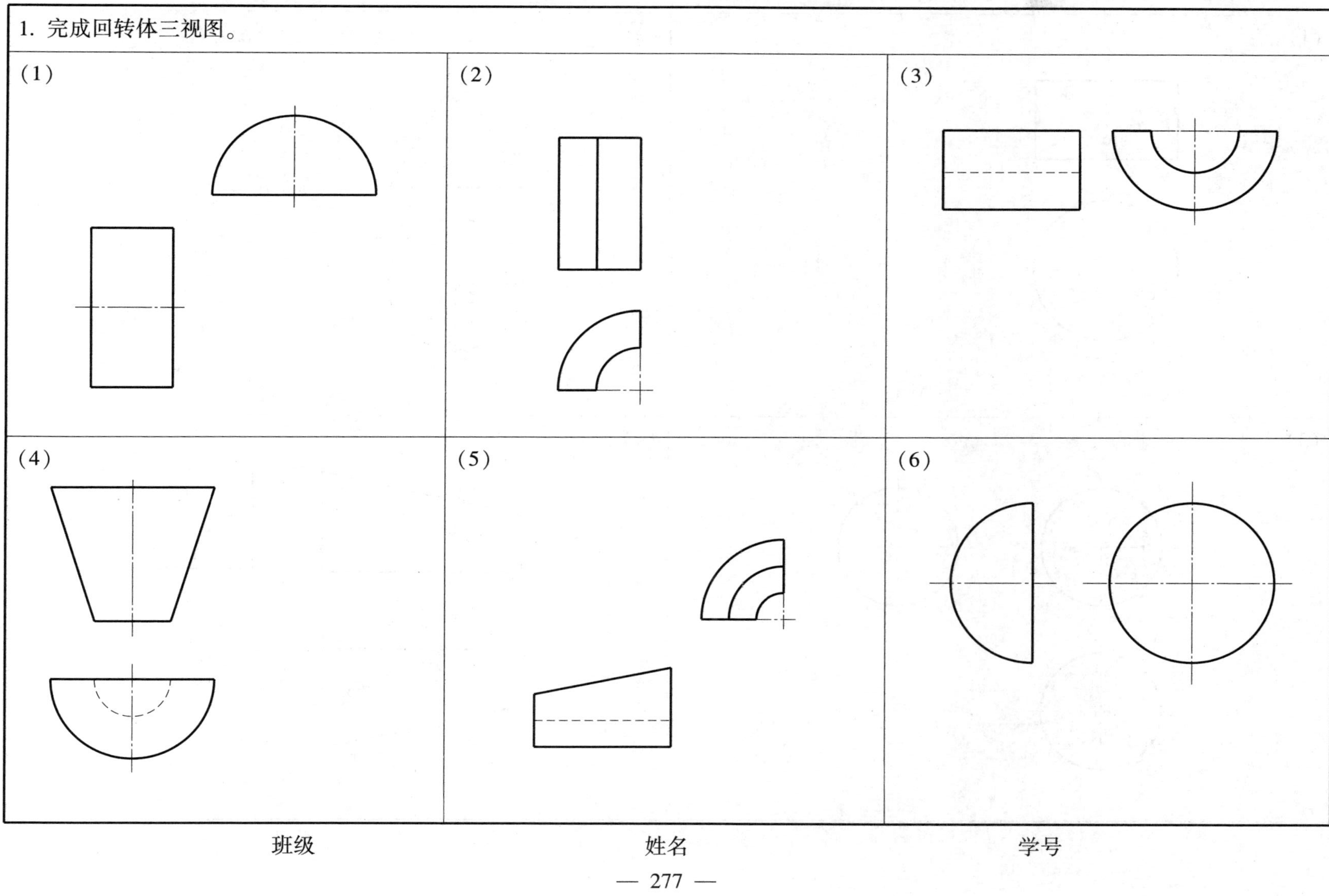

班级　　　　姓名　　　　学号

2. 完成曲面立体的三面投影，并补画其表面上点的另两面投影。

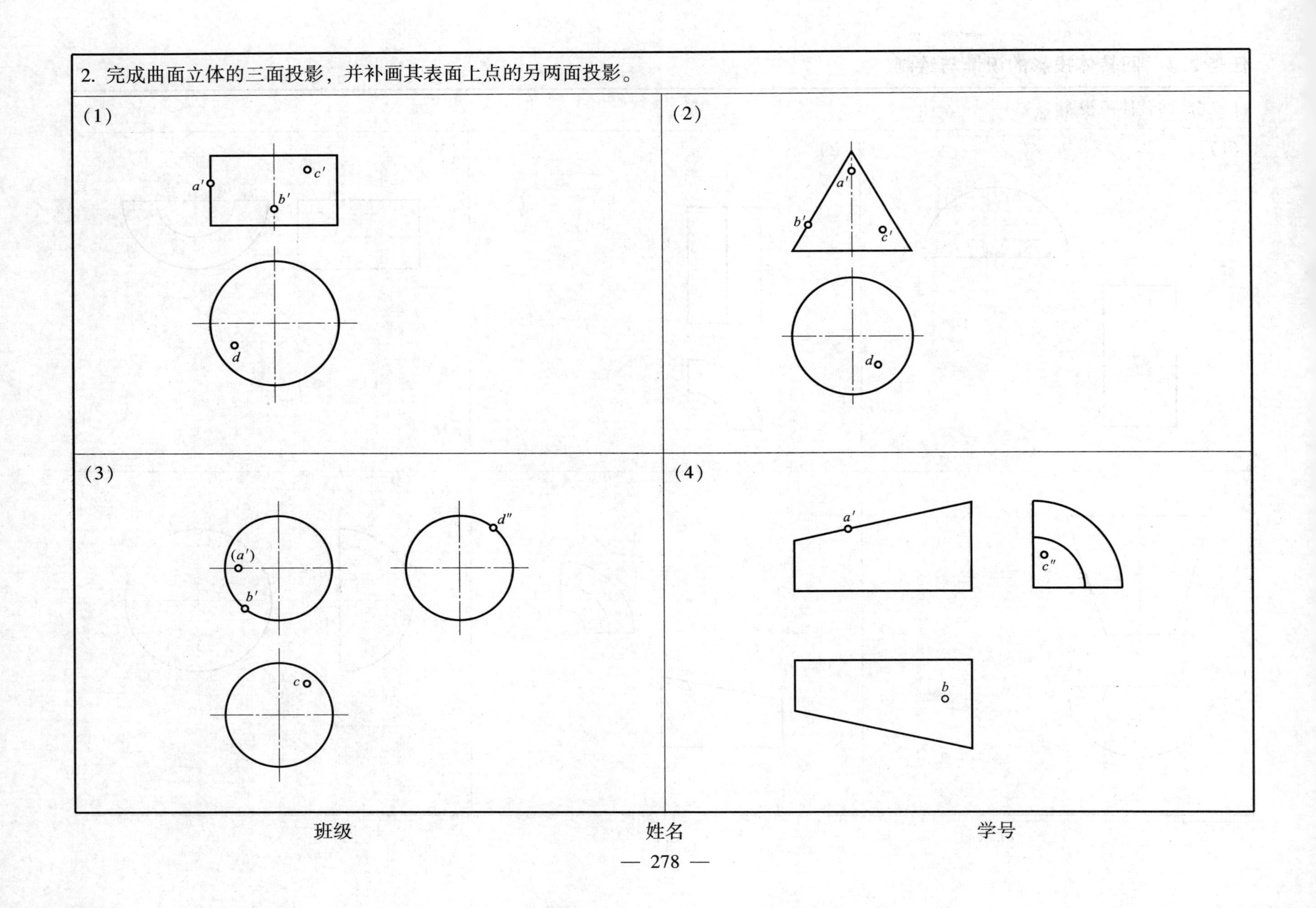

班级　　　　姓名　　　　学号

项目 3　组合体投影的识读与绘制

任务 3.1　截交线的认知与绘制

1. 分析形体的截交线，并补画左视图

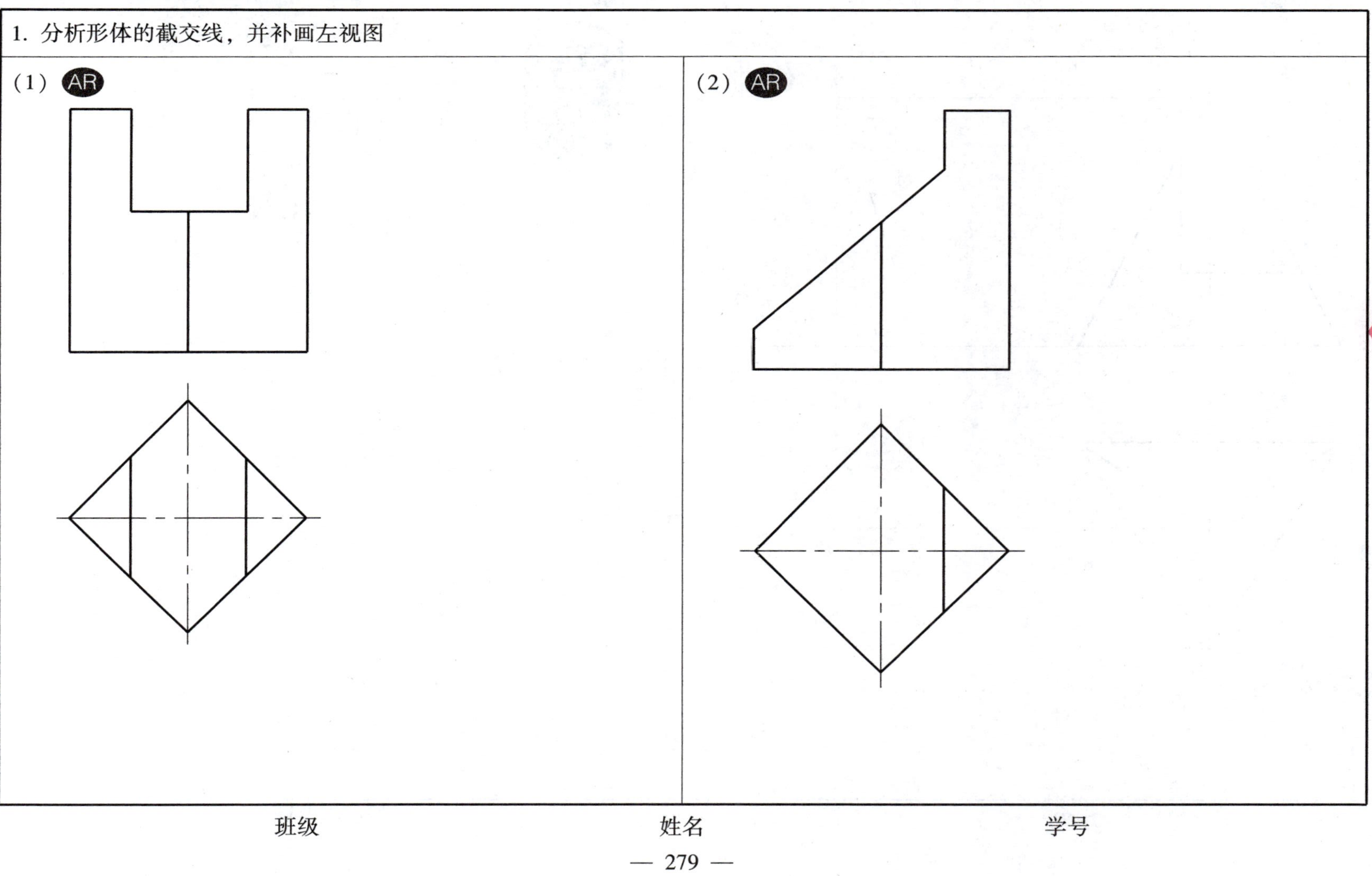

班级　　姓名　　学号

2. 分析形体的截交线，并补画其投影，完成三视图

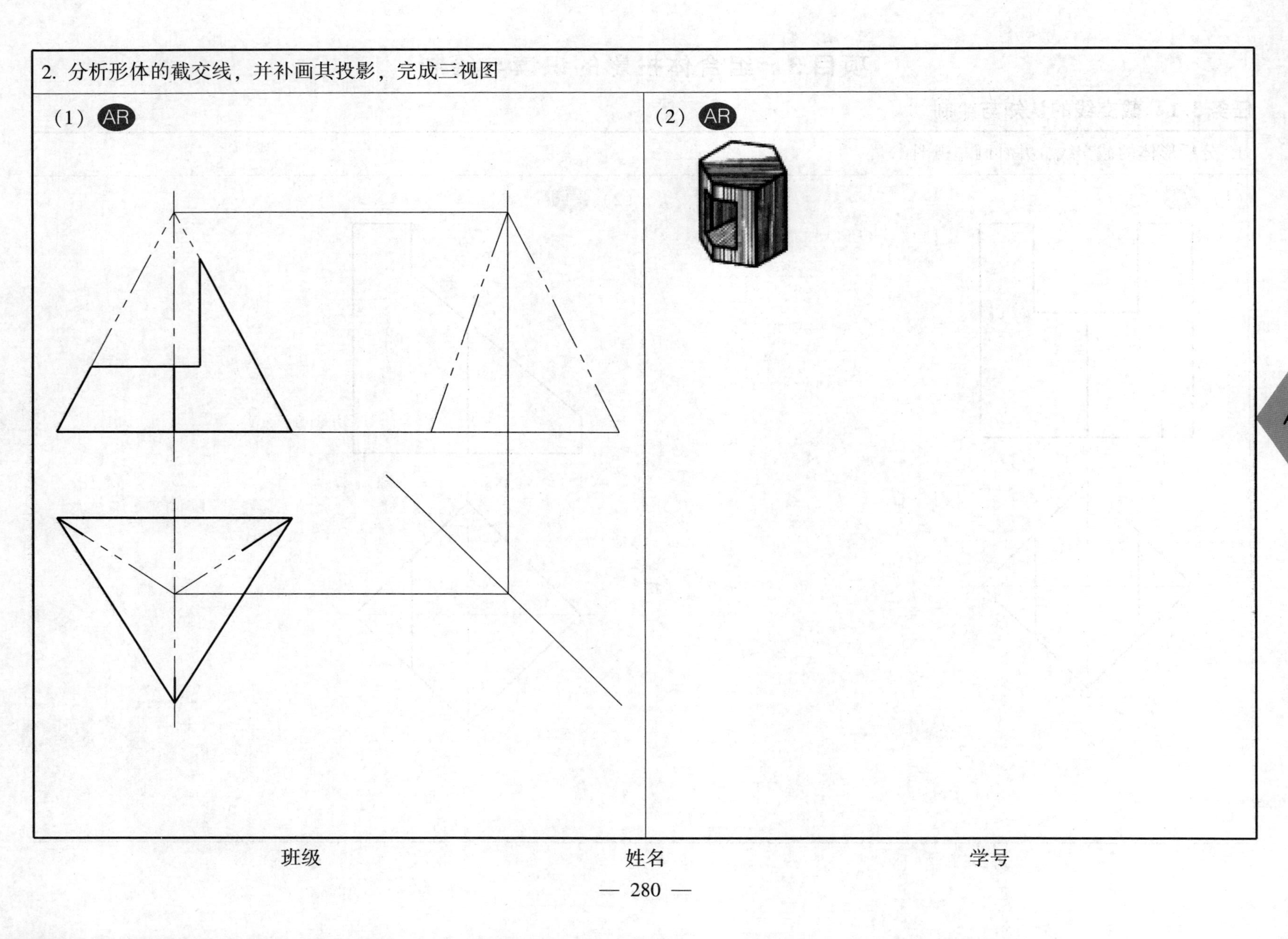

班级 姓名 学号

3. 分析圆柱体表面的截交线，根据主、左两视图补画其俯视图 AR

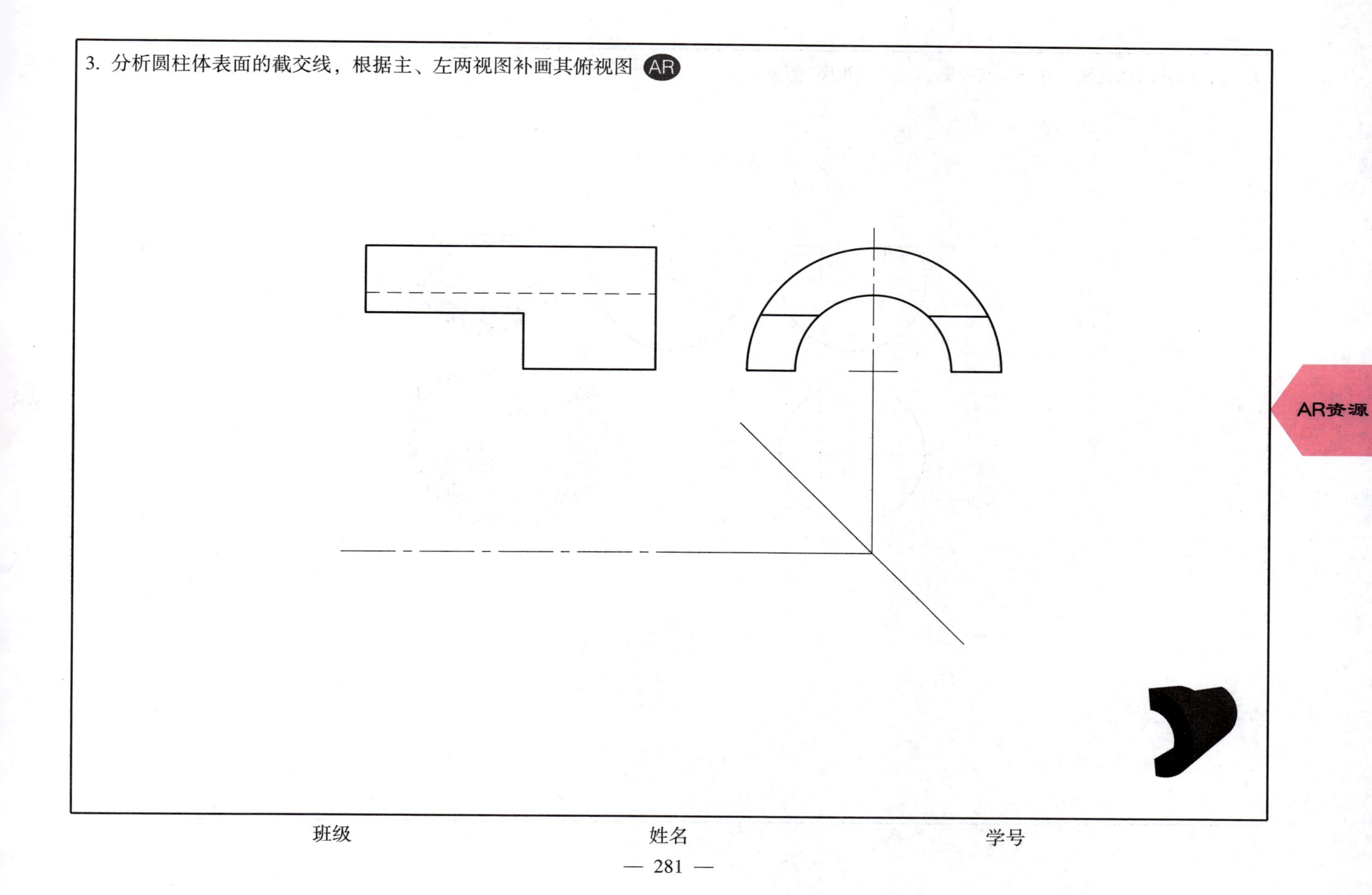

AR资源

班级　　　　姓名　　　　学号

4. 分析形体的截交线，并补画其投影，完成三视图 AR

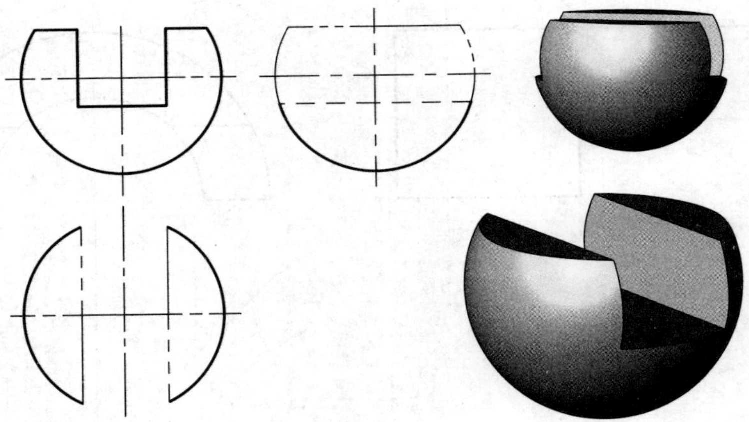

AR

班级　　　　　　姓名　　　　　　学号

任务 3.2 相贯线的认知与绘制

1. 根据左、俯视图，补画主视图中的相贯线

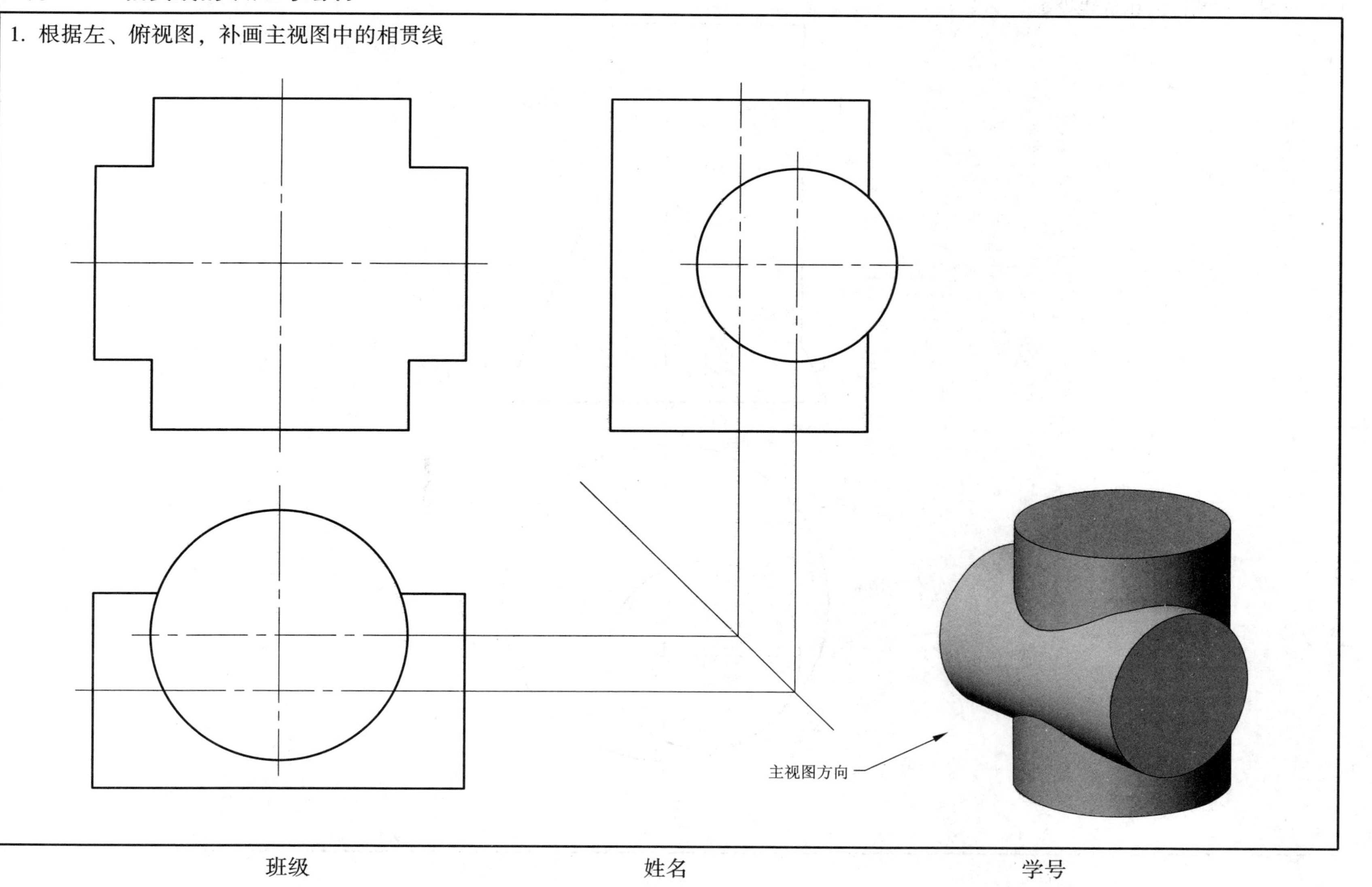

班级　　　　　　　　姓名　　　　　　　　学号

2. 求圆柱与圆锥的相贯线投影

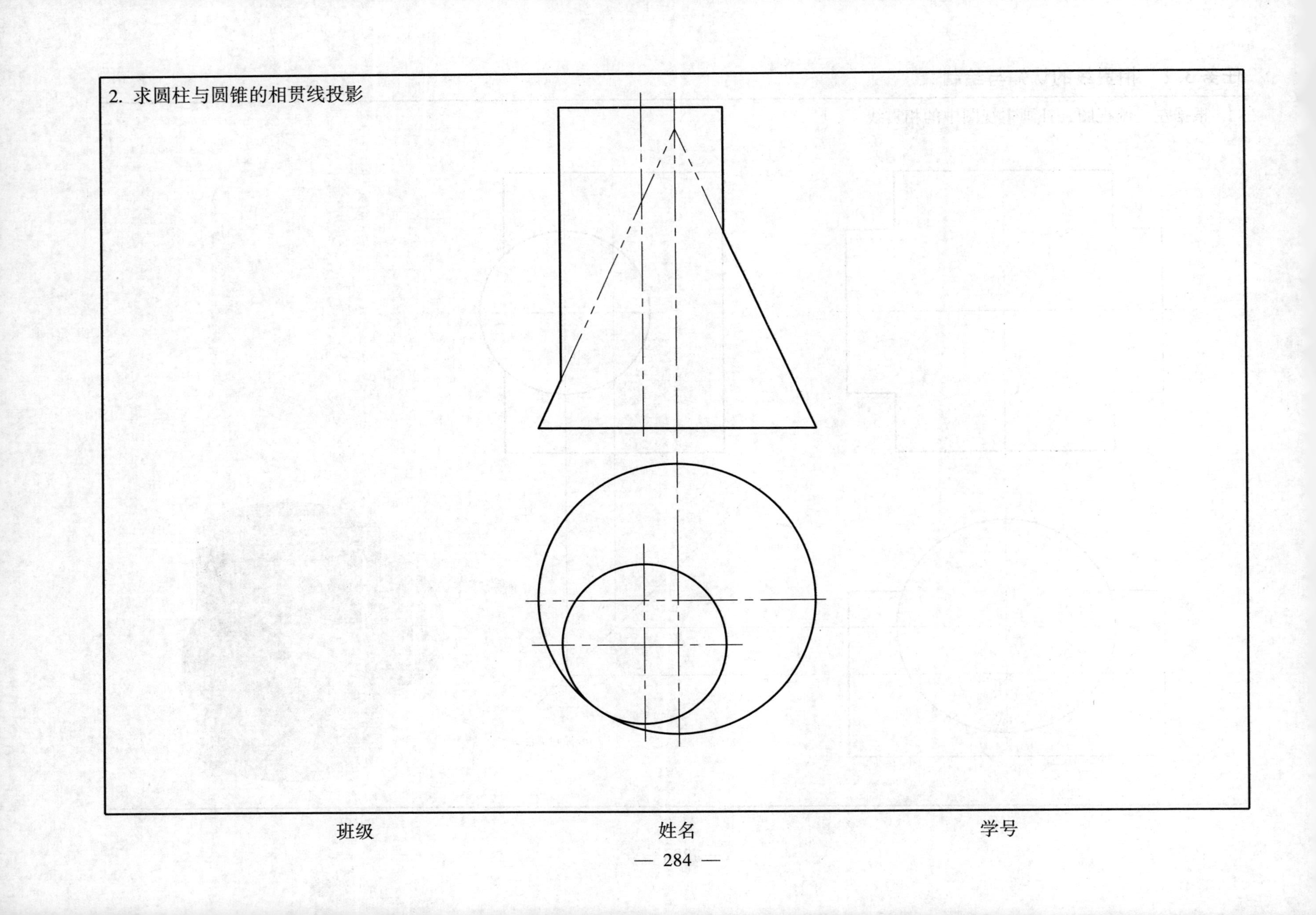

班级　　　　姓名　　　　学号

任务3.3　组合体视图的绘制

1. 根据轴测图画三视图，尺寸从图中量取（1∶1）

（1）

（2）

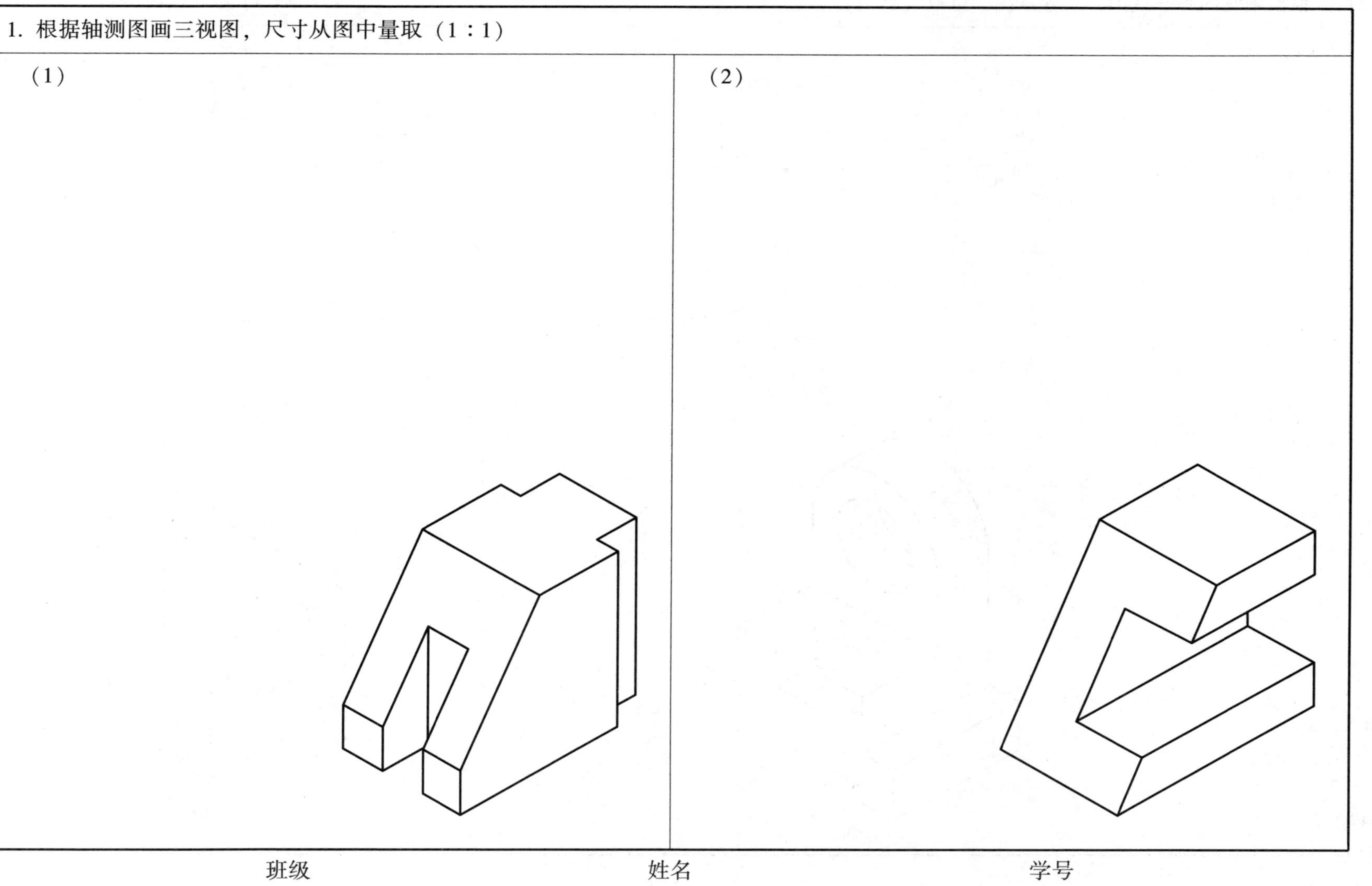

班级　　　　姓名　　　　学号

2. 根据轴测图画三视图，尺寸从图中量取（1∶1）（续）

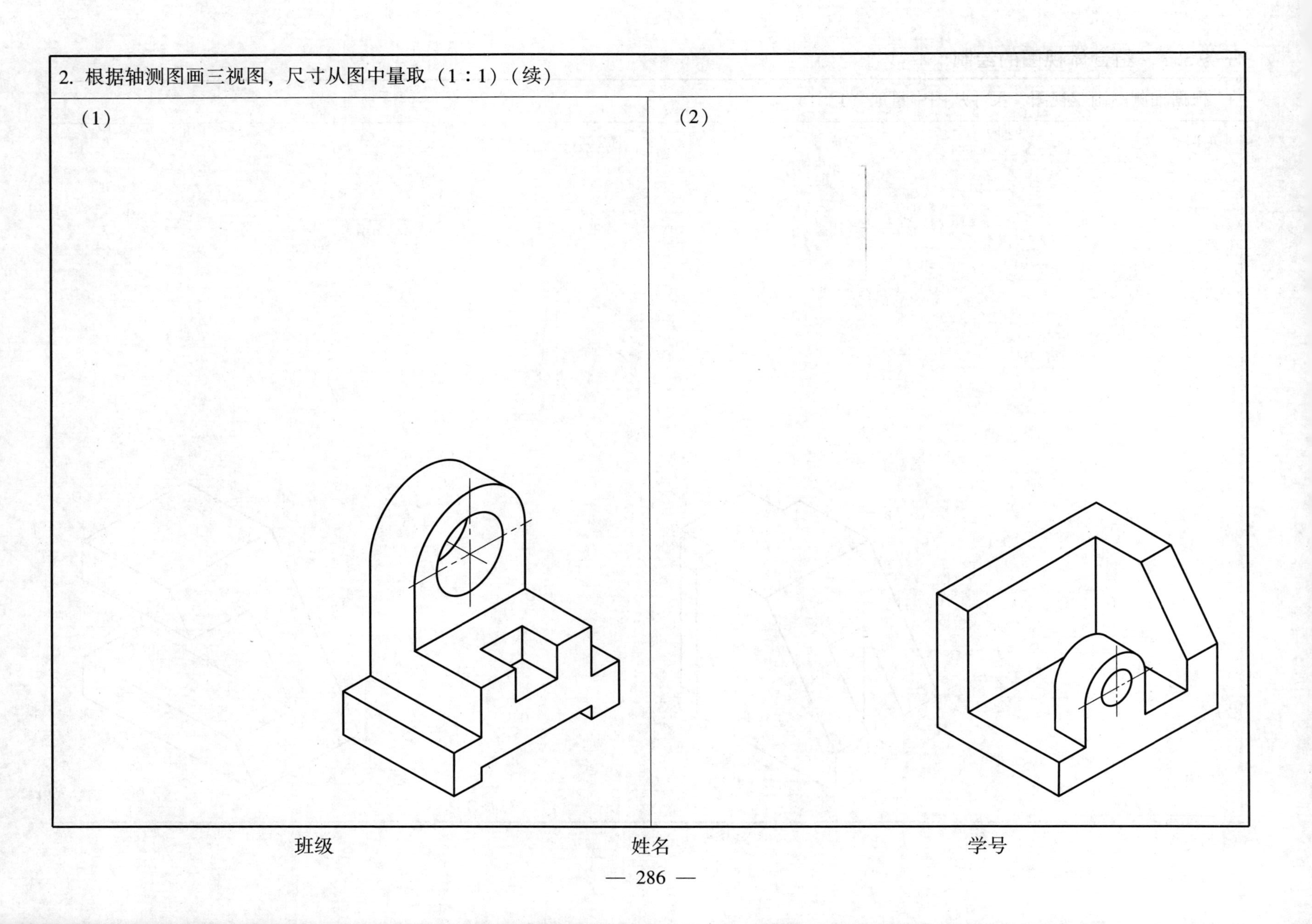

班级 姓名 学号

任务 3.4　组合体视图的识读

1. 根据两视图补画第三视图

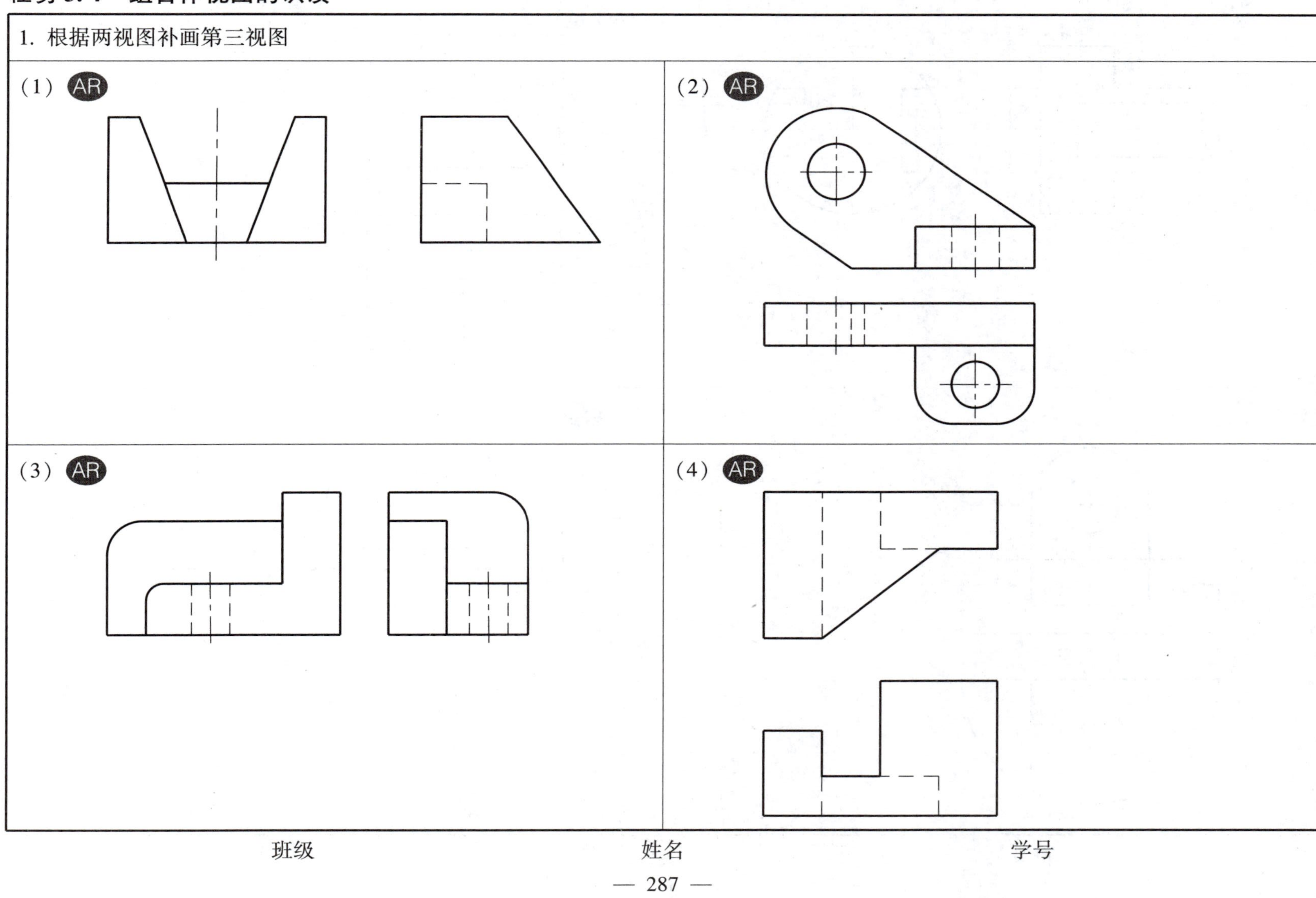

班级　　　　姓名　　　　学号

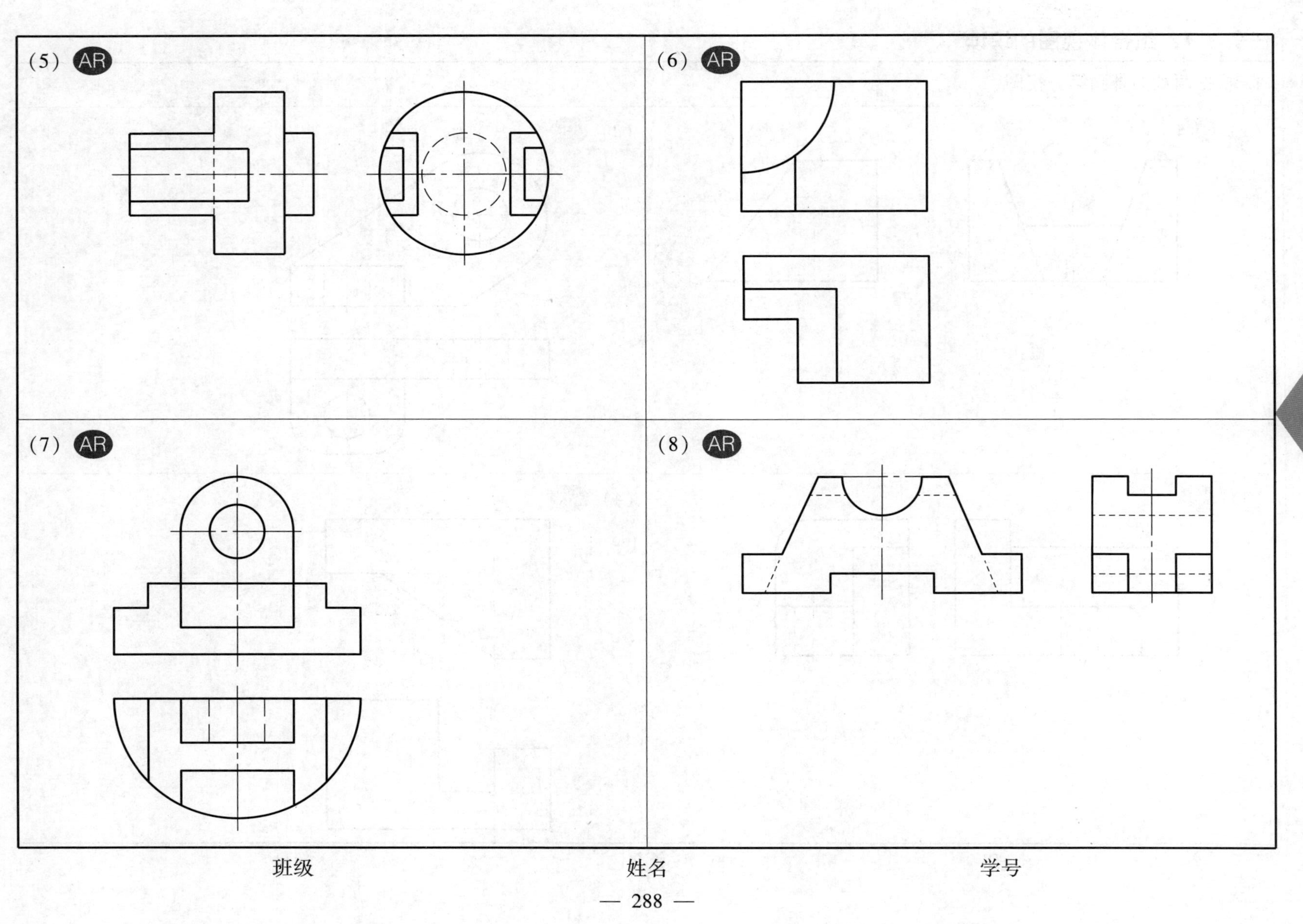

班级　　　　姓名　　　　学号

2. 看懂三视图，补画视图中的漏线

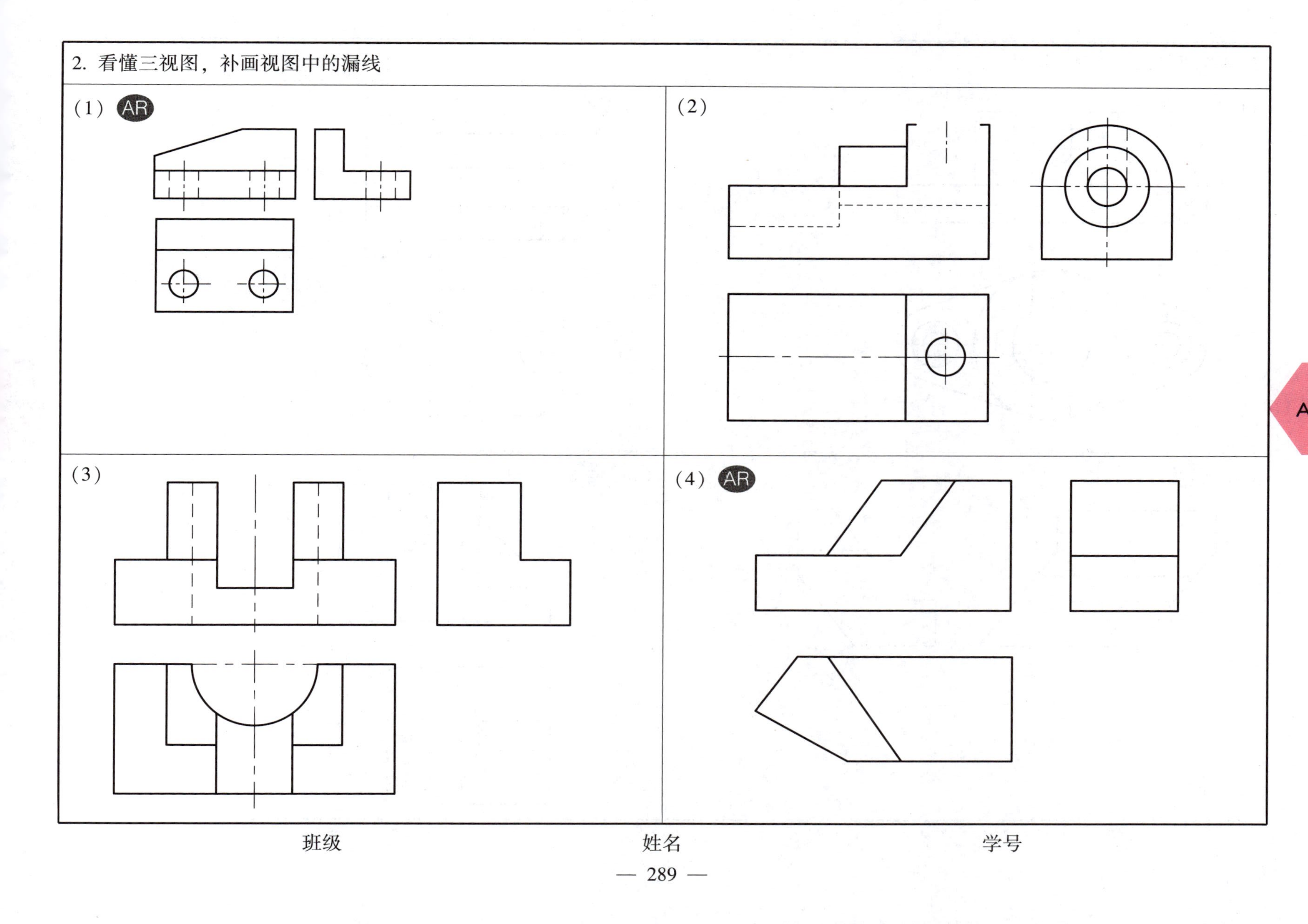

班级　　姓名　　学号

3. 根据两视图补画第三视图

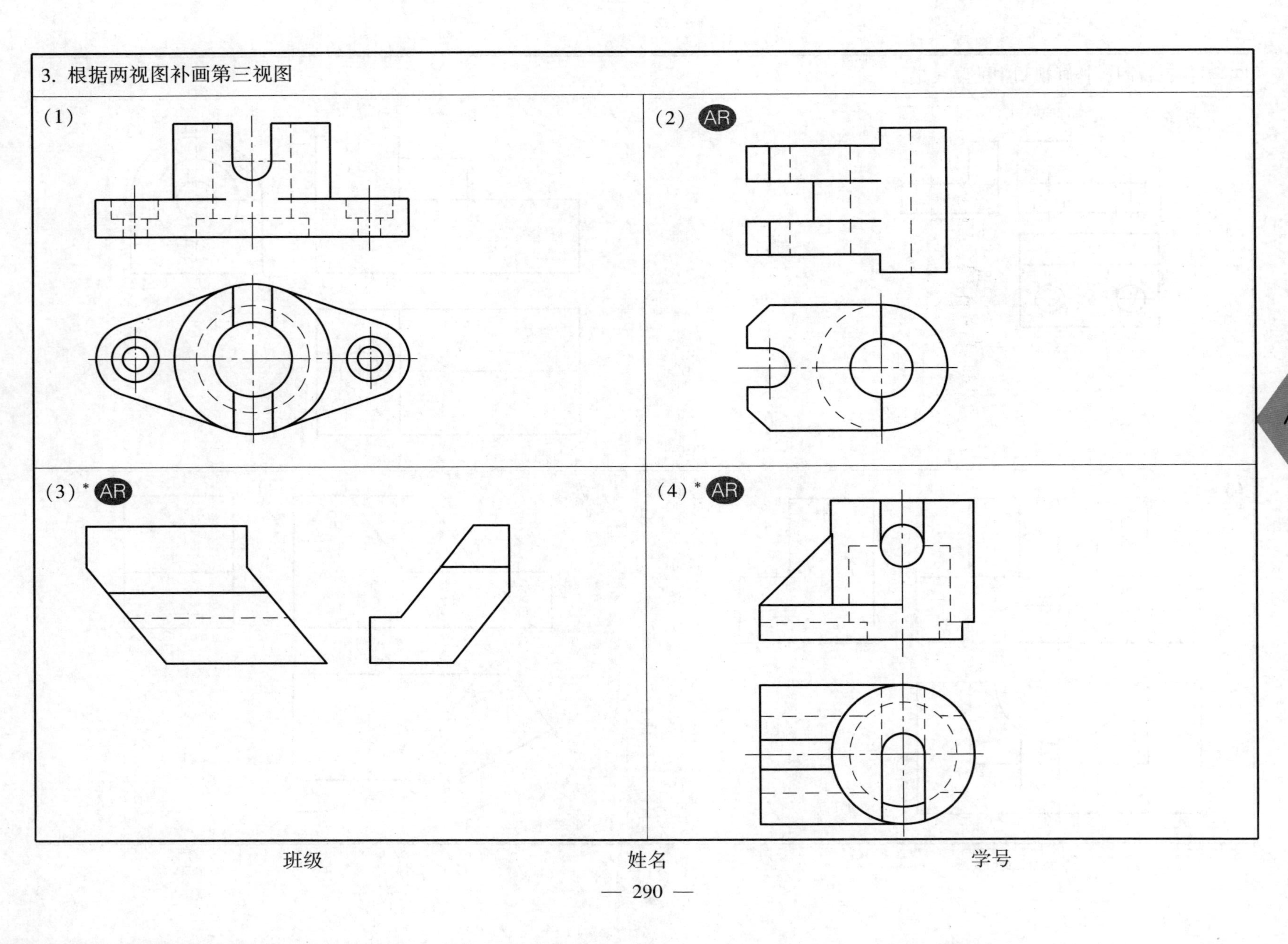

班级　　姓名　　学号

任务3.5　组合体的尺寸标注

根据立体图选用恰当的图幅画三视图，并标注尺寸

（1）

（2）

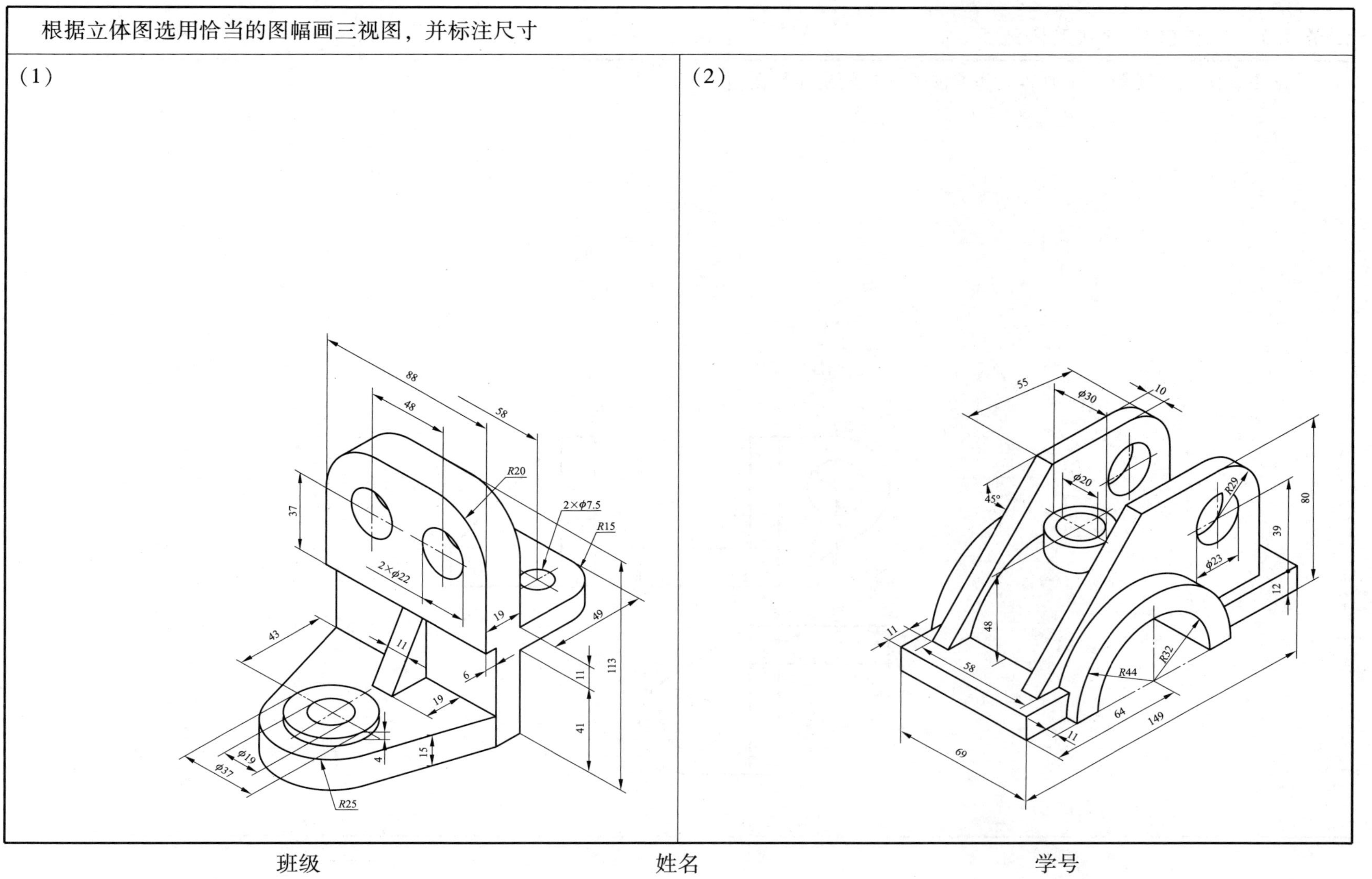

班级　　姓名　　学号

项目 4　机件的表达

任务 4.1　机件外部形状的表述

1. 根据主、俯、左视图，补画其他基本视图（按规定位置配置）。

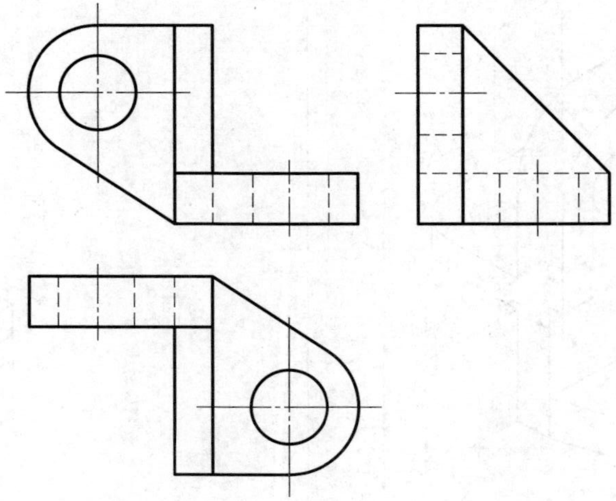

班级　　　　　　　　姓名　　　　　　　　学号

2. 根据主、俯视图，补画左视图，并按指定方向作出向视图。

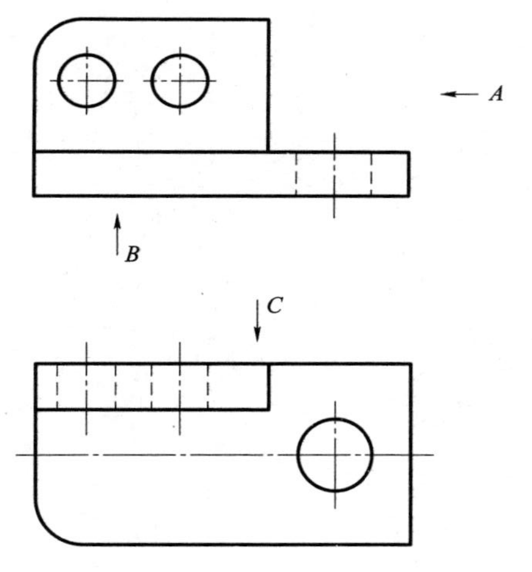

班级　　　　姓名　　　　学号

3. 作 A 向和 B 向局部视图。

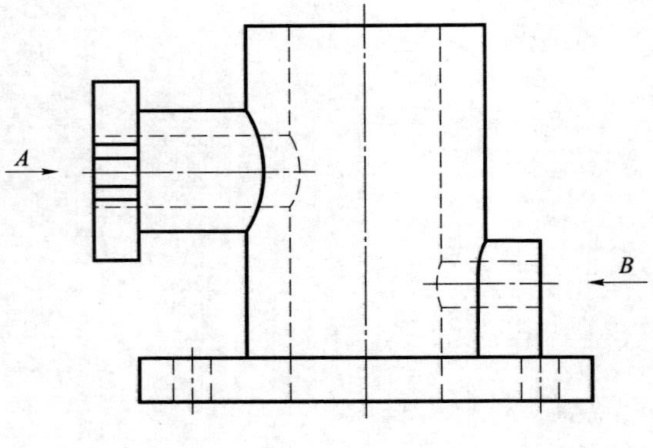

A

B

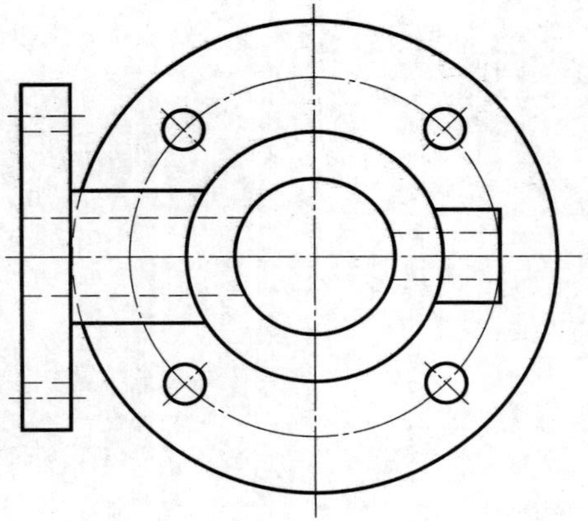

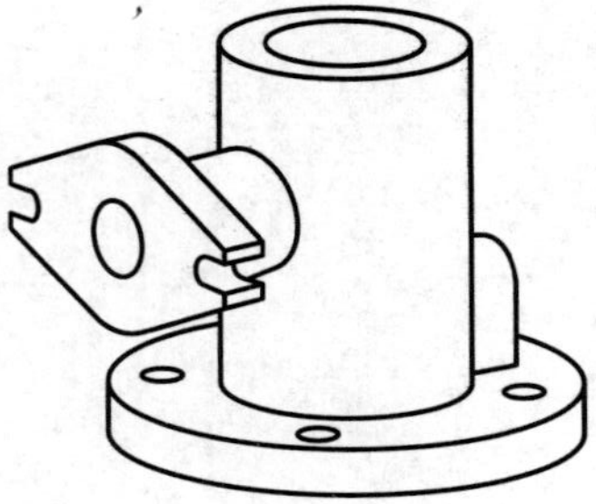

班级　　姓名　　学号

4. 画出 A 向局部视图和 B 向斜视图。

5. 将左视图改为局部视图，并画出 A 向斜视图以表示底板的形状。

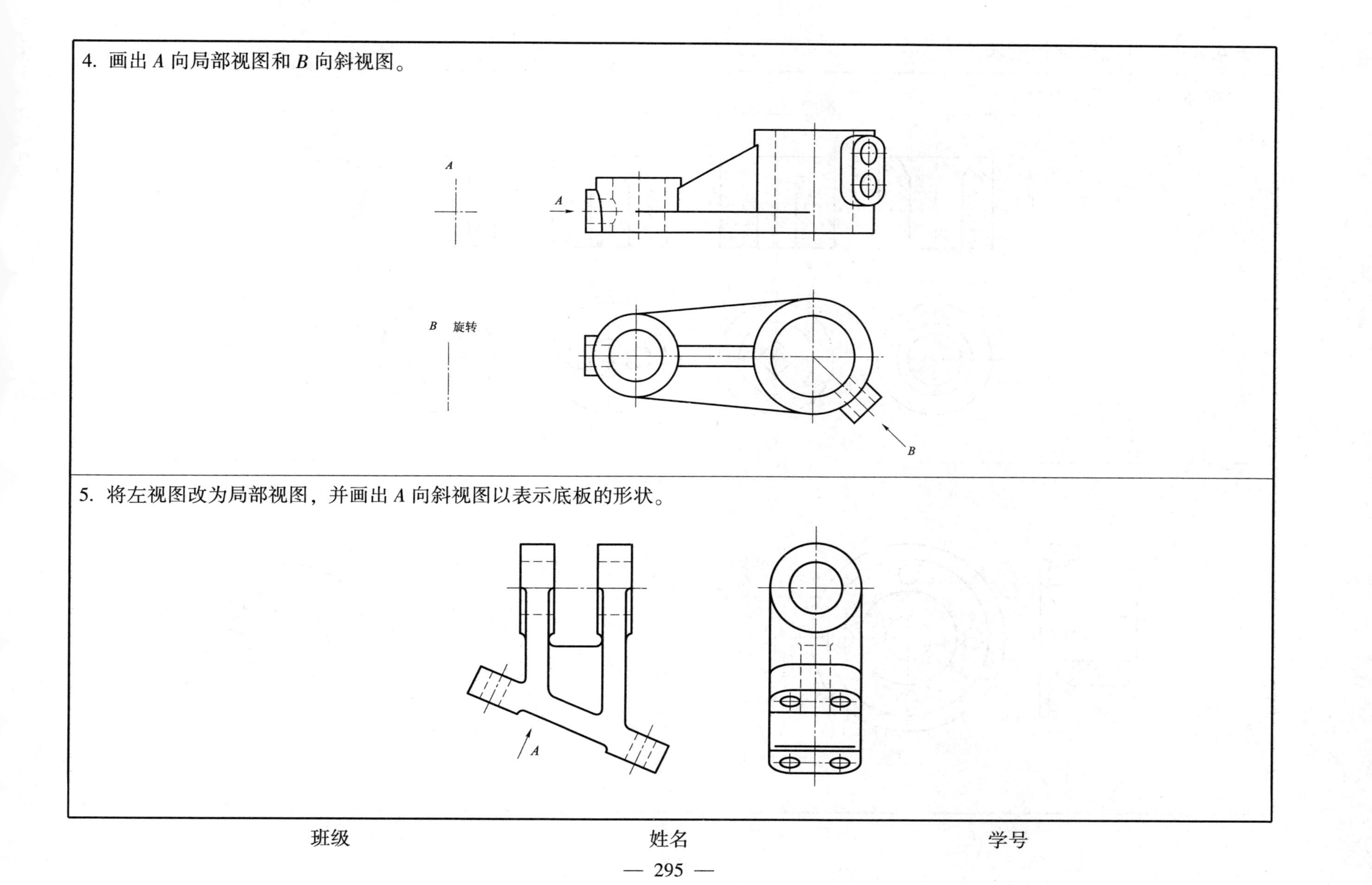

班级　　　　姓名　　　　学号

任务 4.2　机件内部结构的表达

1. 补画剖视图中所缺的图线。

(1)

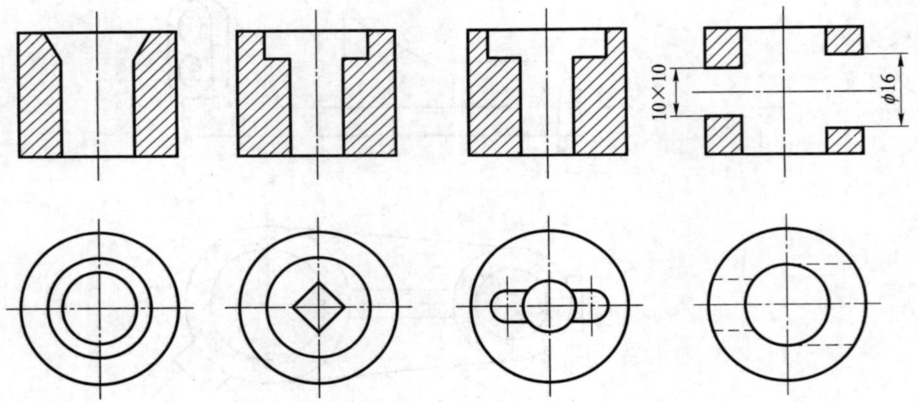

10×10

$\phi16$

(2)

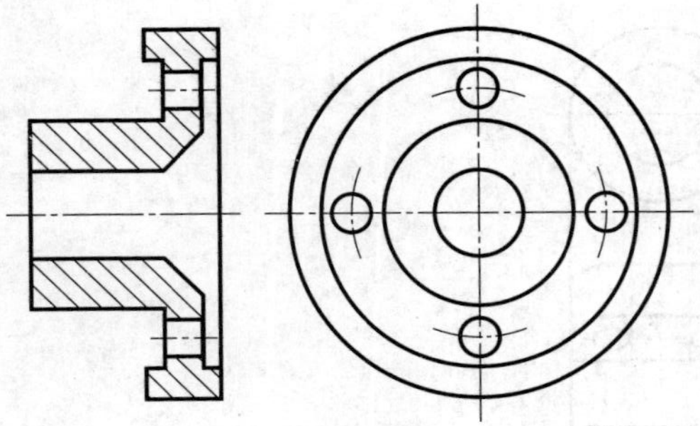

(3)

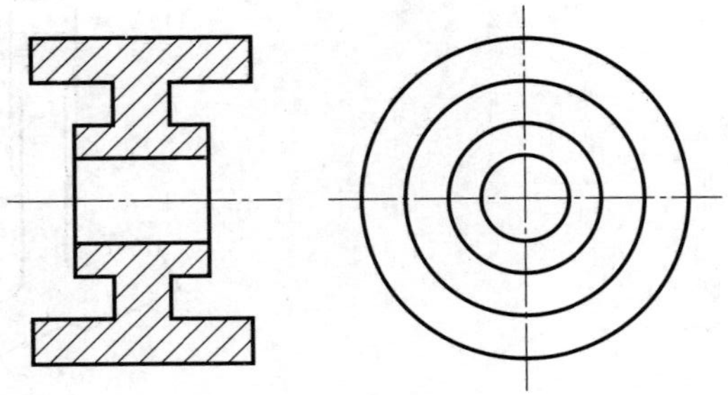

班级　　　　姓名　　　　学号

2. 在指定的位置上画出全剖视图。

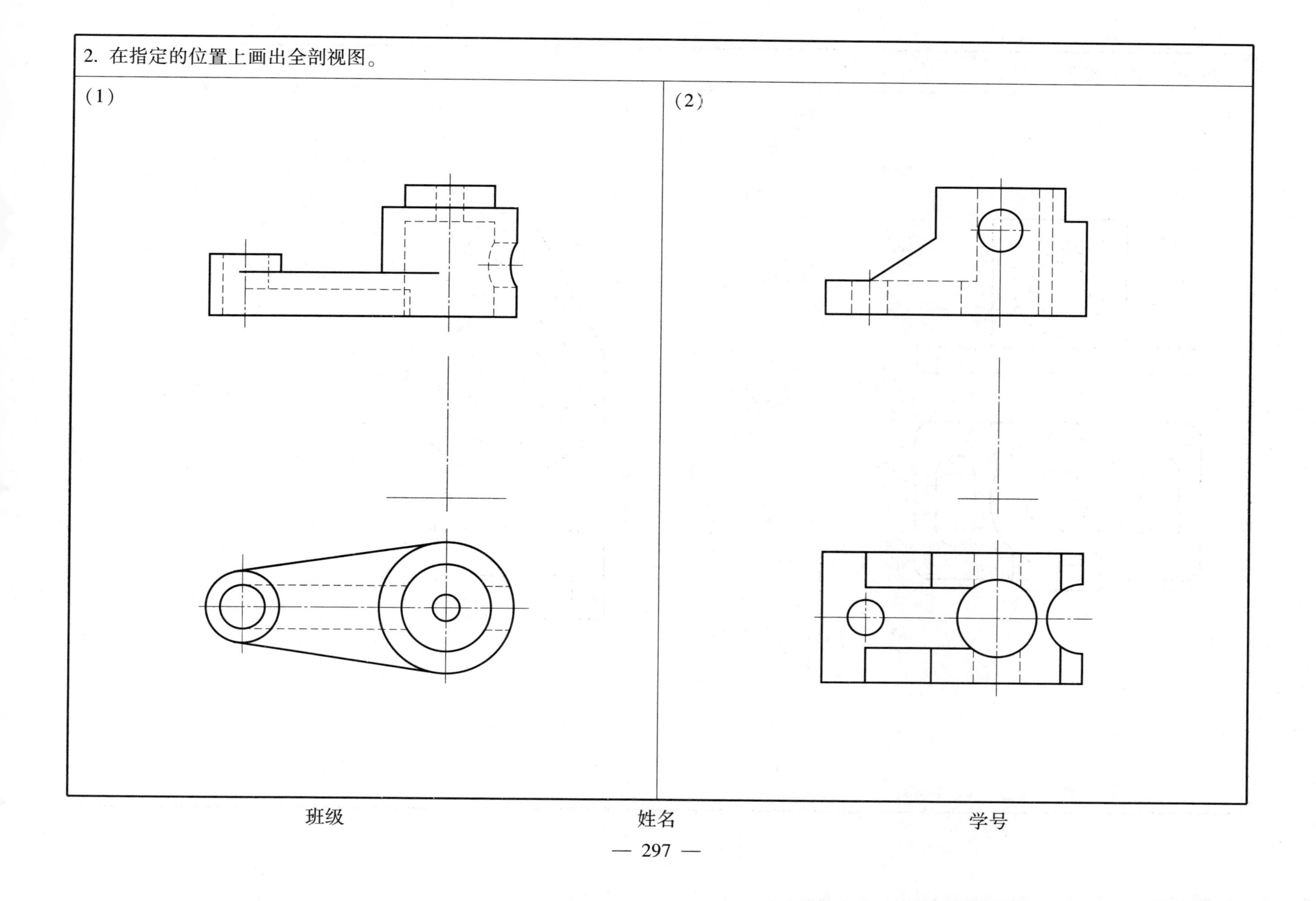

班级　　　　姓名　　　　学号

3. 画出全剖的左视图。

(1)

(2)

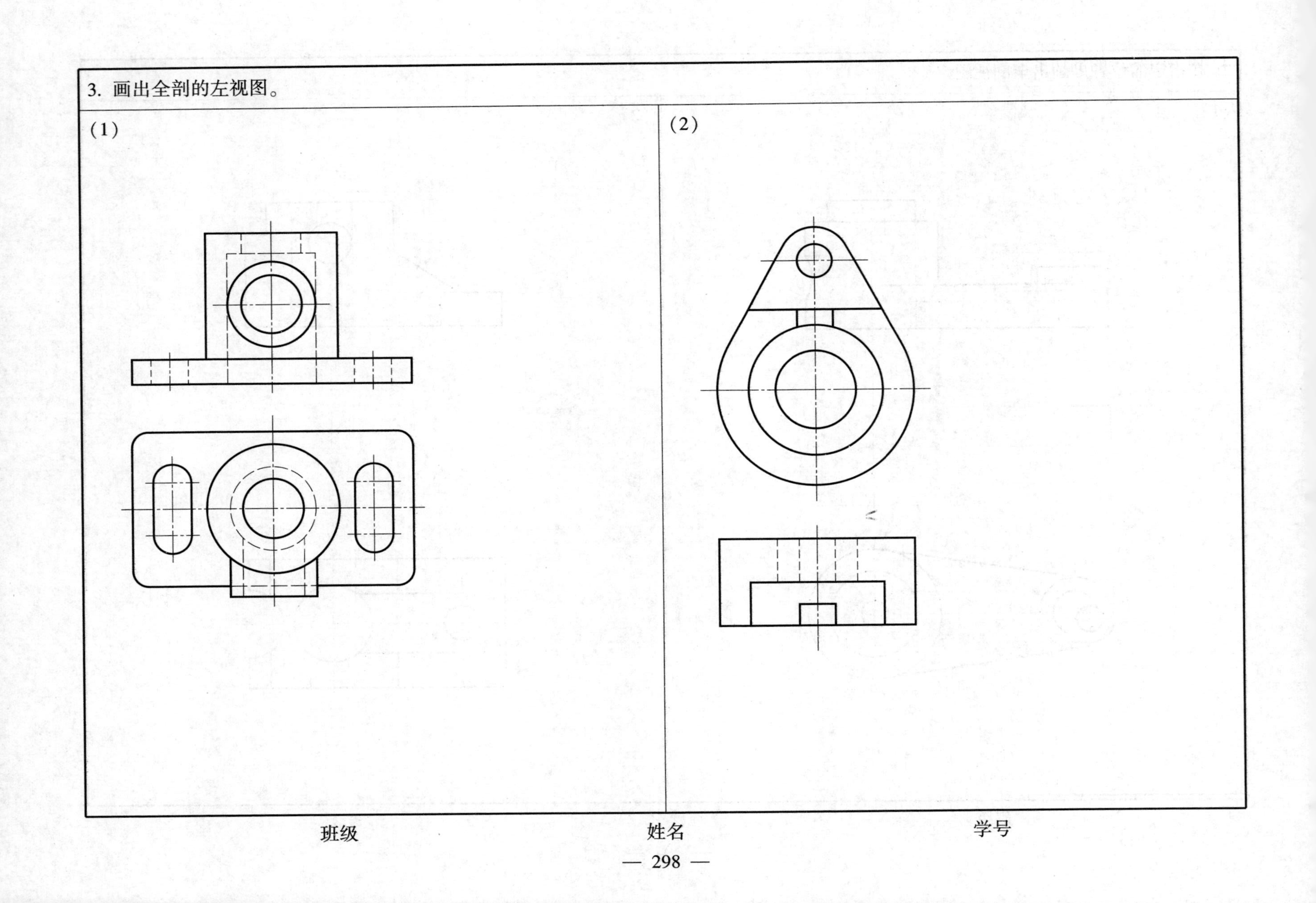

班级　　姓名　　学号

4. 用一组平行的剖切平面剖切，将主视图改画成全剖视图，并加以标注。

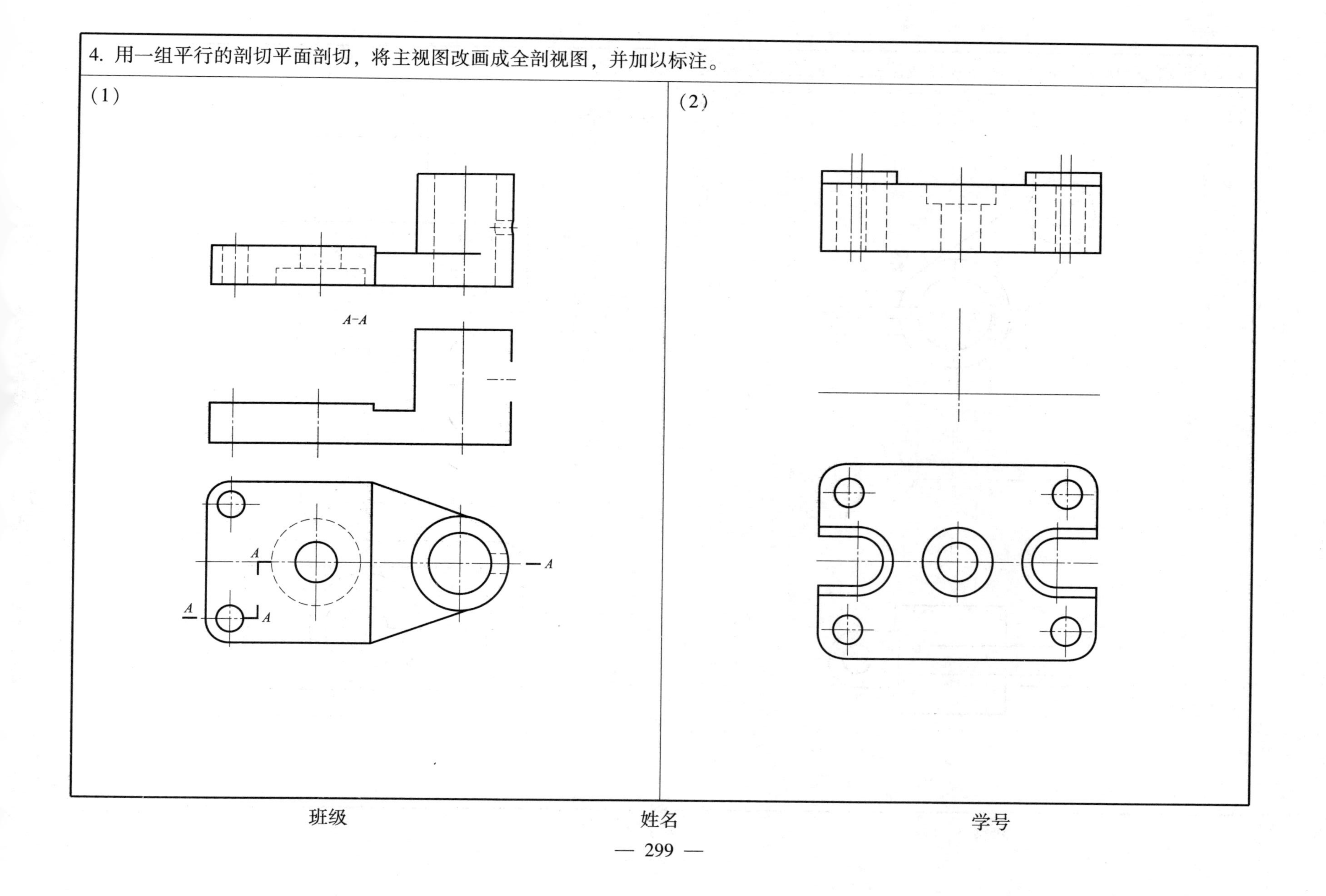

班级　　姓名　　学号

5. 用相交的剖切平面剖切，将主视图或俯视图改画成全剖视图，并加以标注。

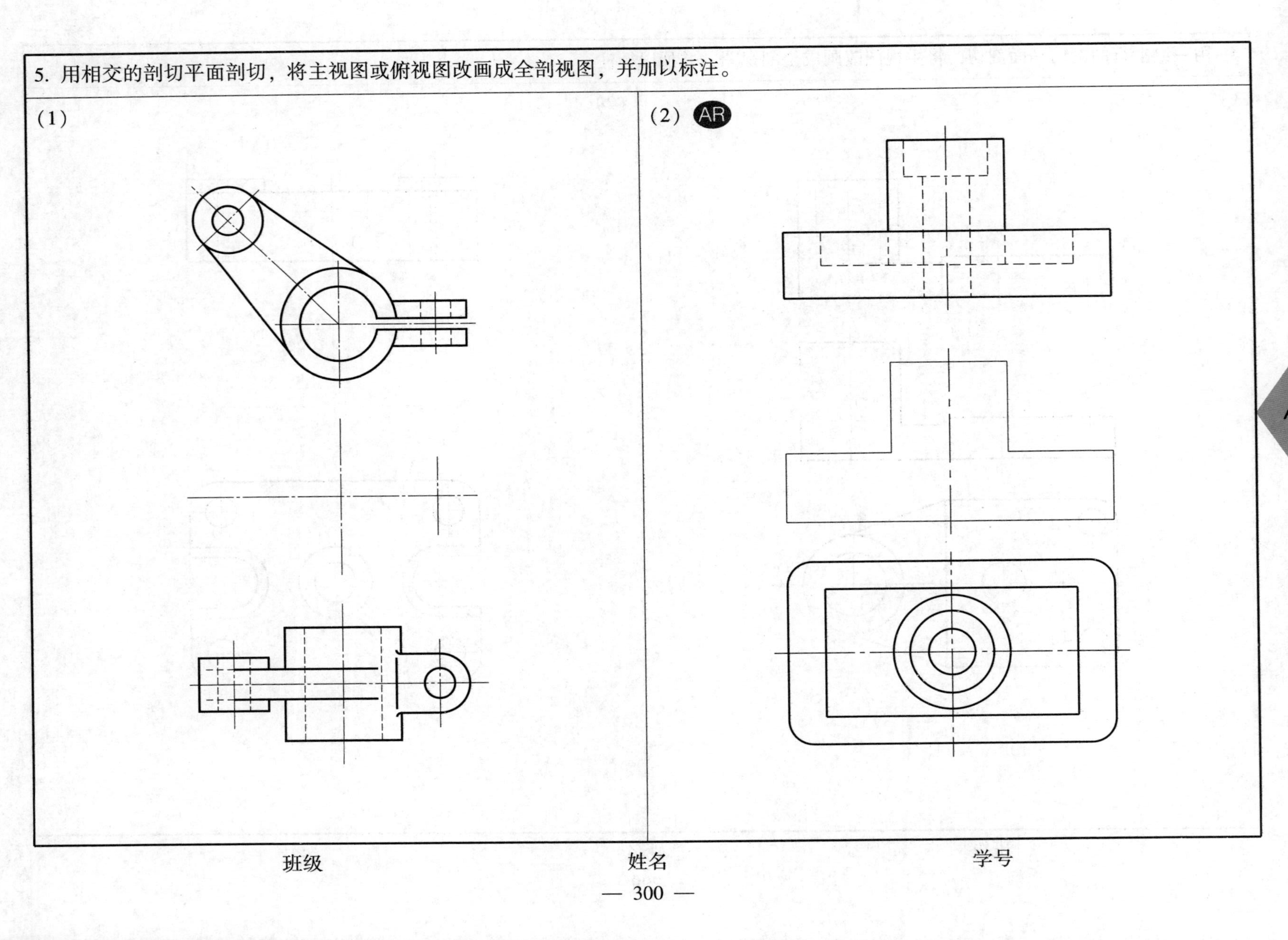

班级　　　　姓名　　　　学号

6. 用组合的剖切平面剖切，将主视图改画成全剖视图，并加以标注。

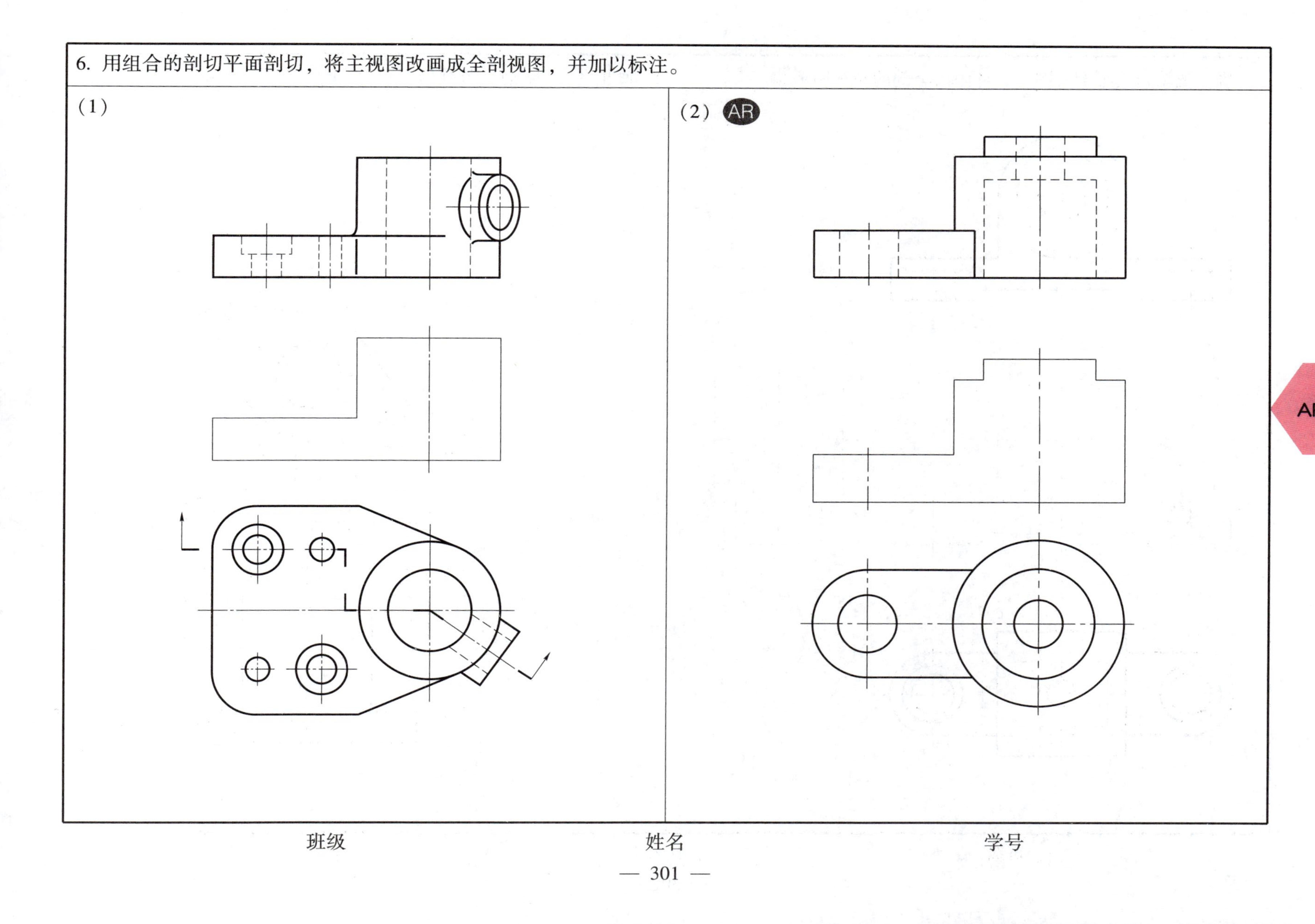

班级　　　　姓名　　　　学号

7. 将主视图画成半剖视图，并补画出全剖的左视图 AR

8. 画出 $A—A$ 斜剖视图 AR

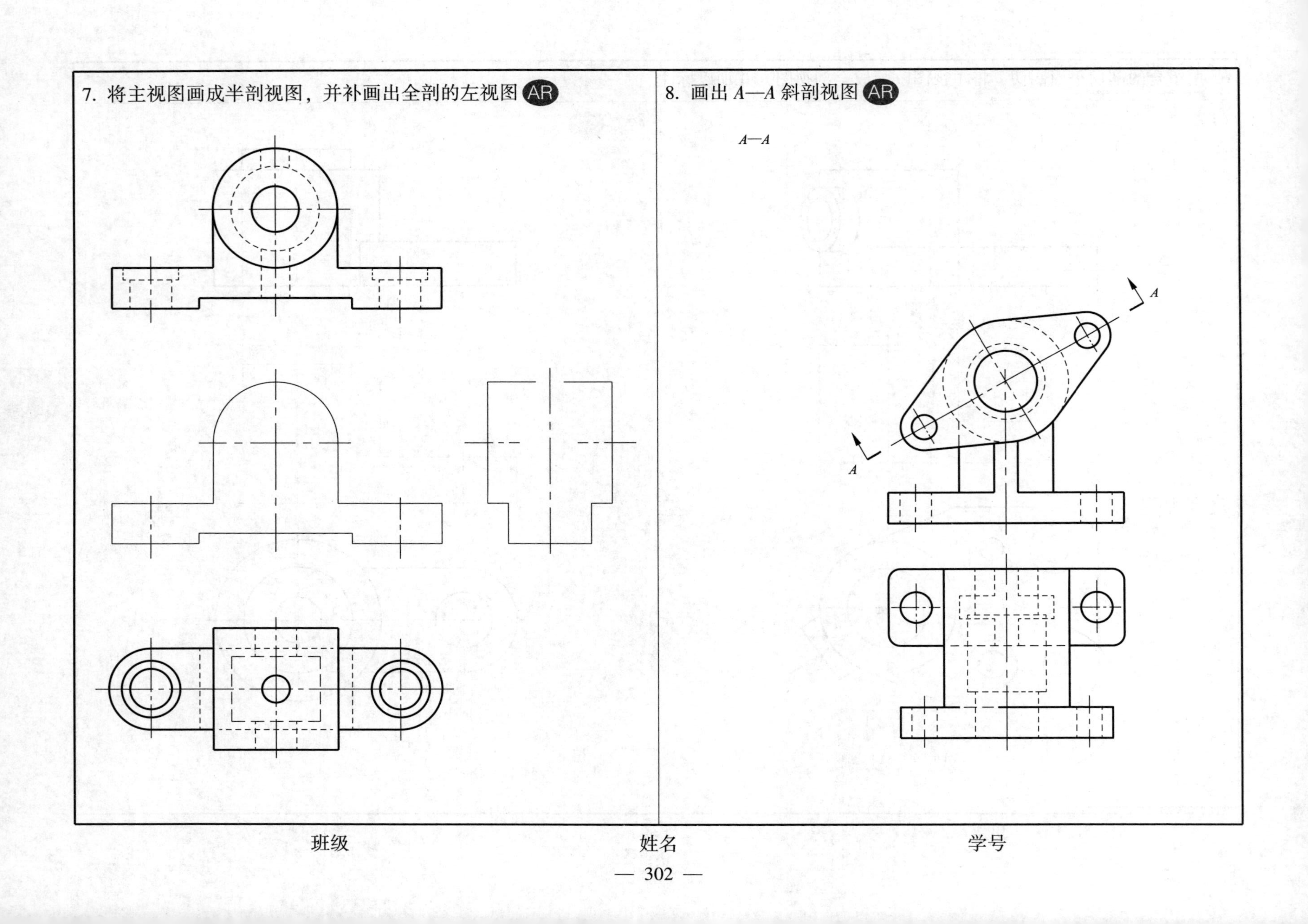

班级　　姓名　　学号

9. 在适当部位作局部剖视图。

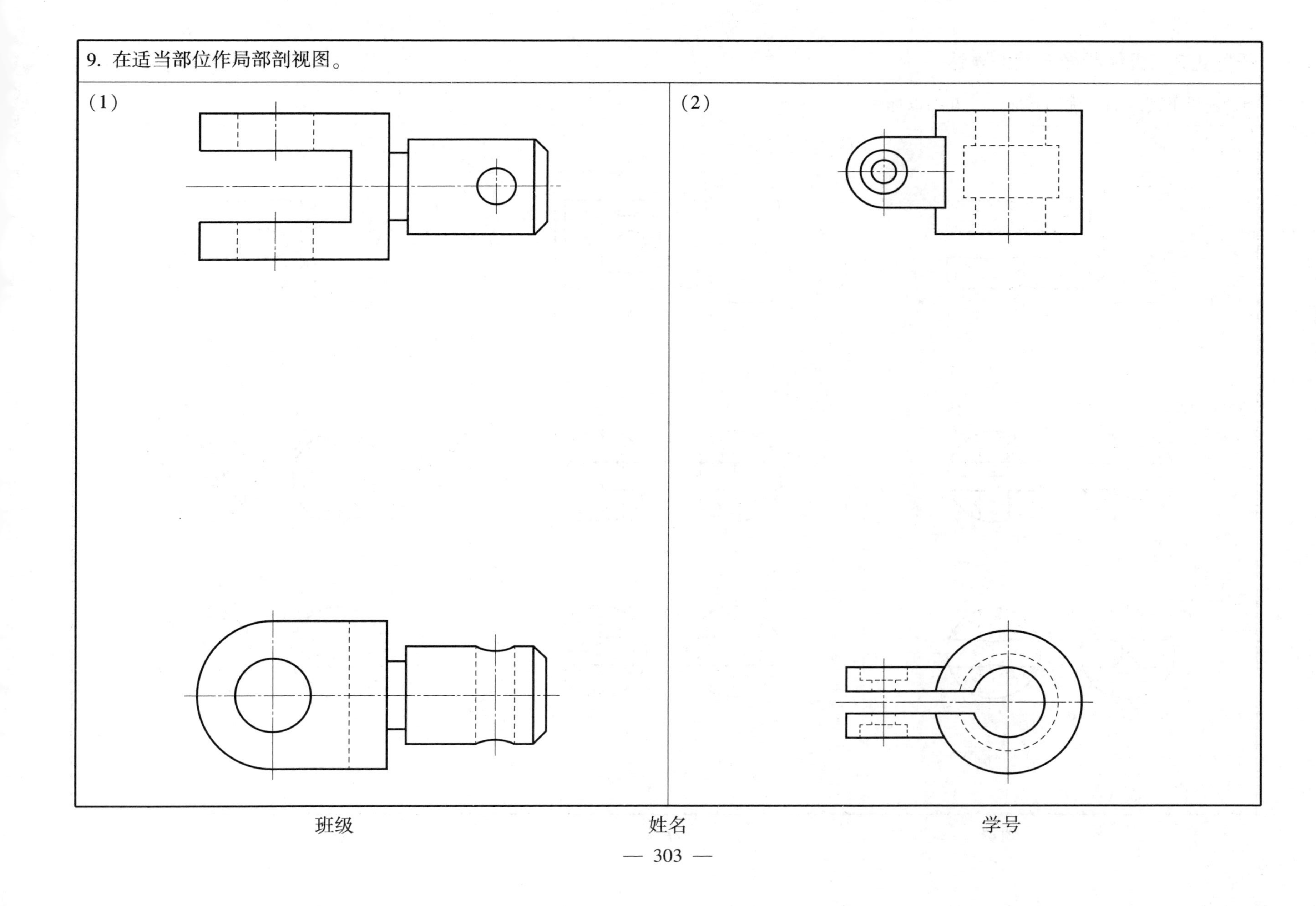

班级　　姓名　　学号

任务4.3　机件断面形状的表达

1. 选择下列断面正确的断面图，并加以标注。

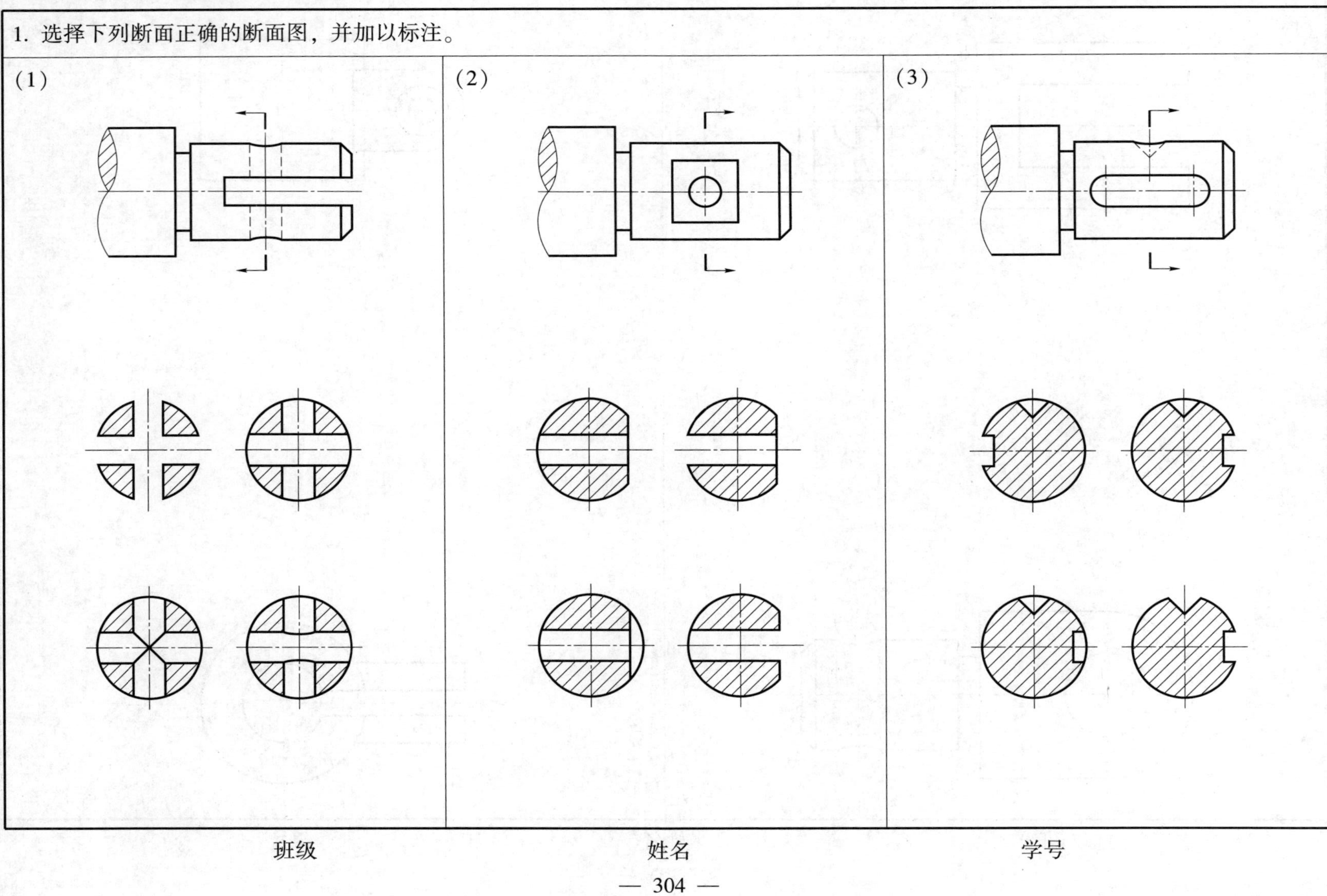

班级　　　　姓名　　　　学号

2. 按所指位置画出断面图，需要标注的进行标注（右键槽深 3）。

（1）

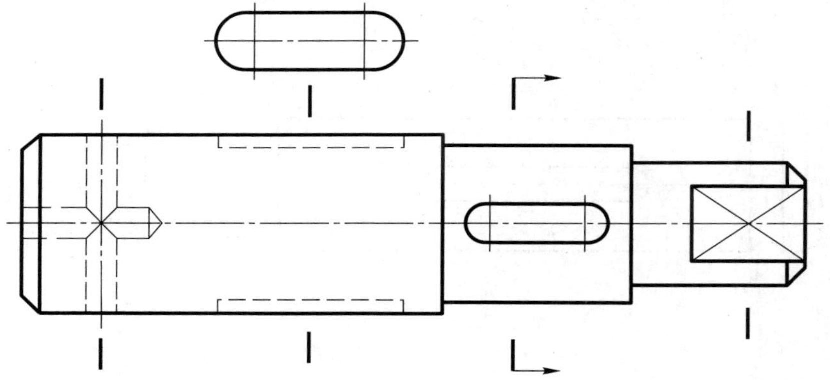

班级　　　　姓名　　　　学号

任务 4.4 机件特殊结构的表达

1. 下图是按 1：1 比例绘制的，将图中指定部位按 2：1 画成局部放大图，并加以标注。

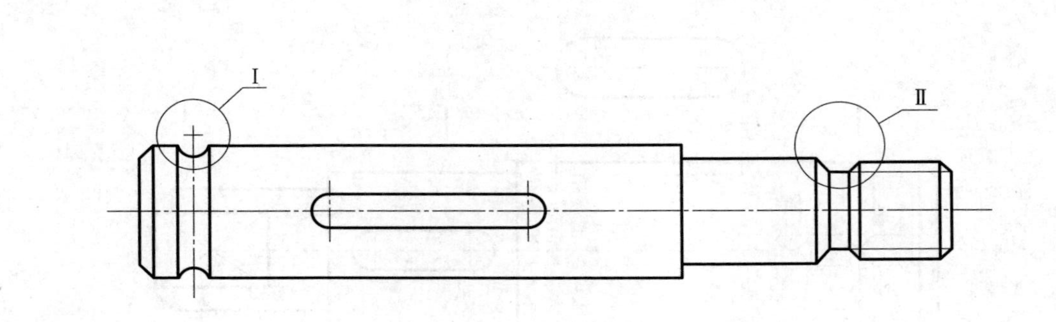

班级　　　　姓名　　　　学号

2. 用简化画法重新表达三通管。

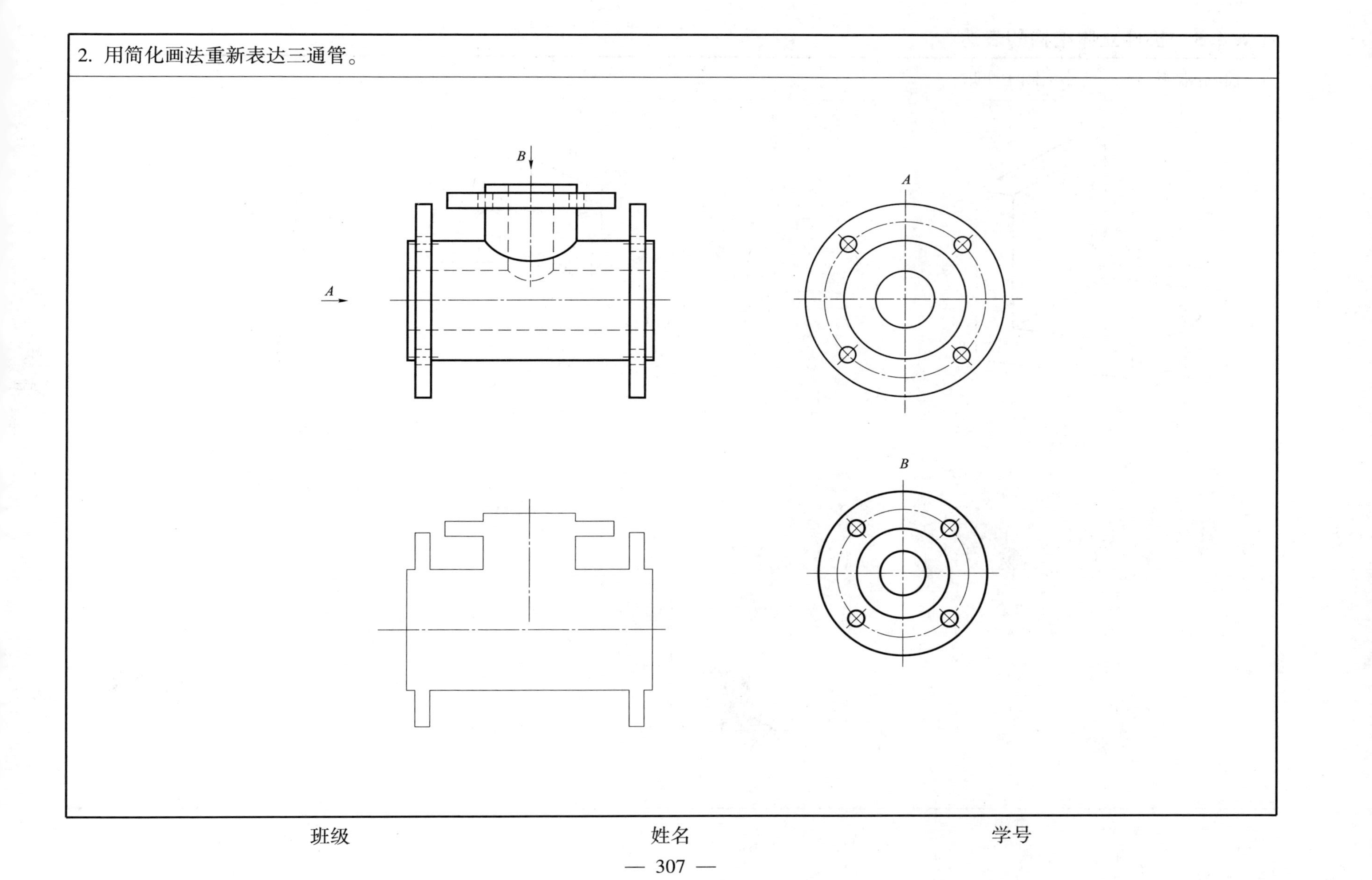

班级　　姓名　　学号

任务 4.5　机件立体结构的表达

1. 轴测图的绘制，尺寸从图中量取

（1）

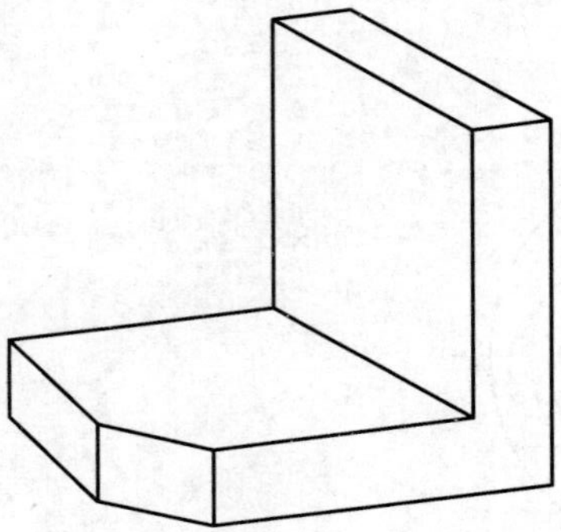

（2）

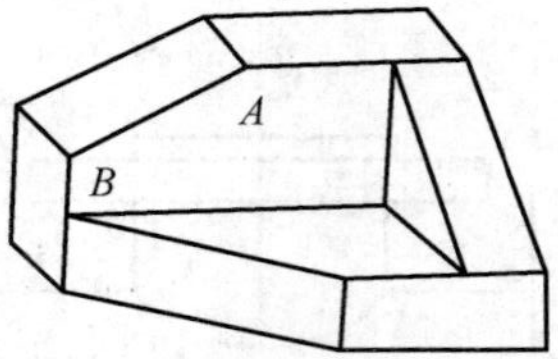

A

B

班级　　　　姓名　　　　学号

2. 补画第三视图，并画正等测轴测图

班级　　姓名　　学号

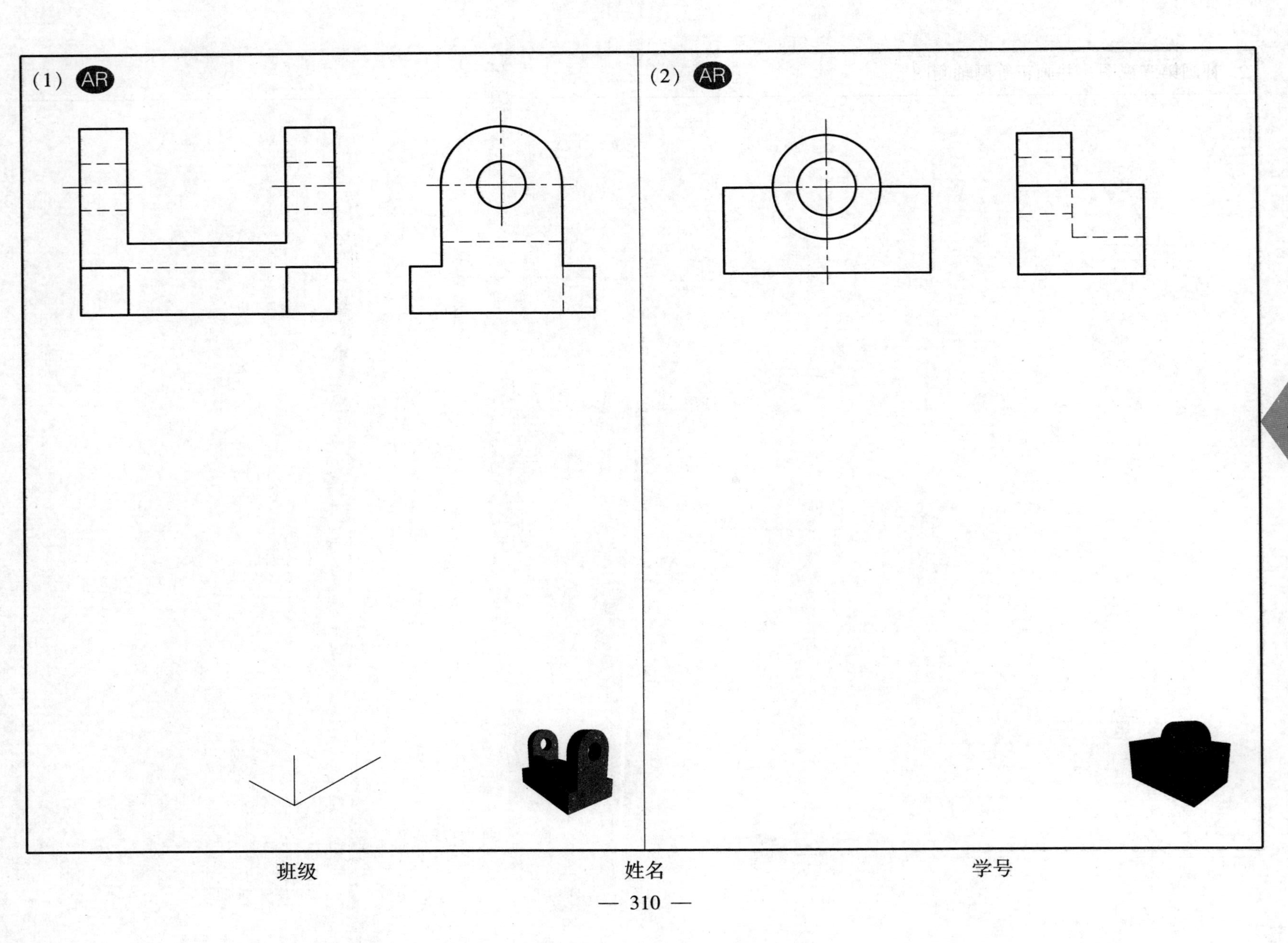

班级 姓名 学号

项目 5　零件图的识读与绘制

任务 5.1　常用标准件和常用件的识读与绘制

1. 按给定的尺寸，根据螺纹的规定画法画出螺纹（螺纹小径约为大径的 0.85 倍）。

（1）外螺纹（M24），螺纹长度为 30 mm。

（2）螺纹不通孔（M16），钻孔深度 30 mm，螺孔深度 24 mm，孔口倒角 *C*1.5。

（3）螺纹通孔（M16），两端孔口倒角 *C*1.5。

（4）按螺纹连接的规定画法完成下图。

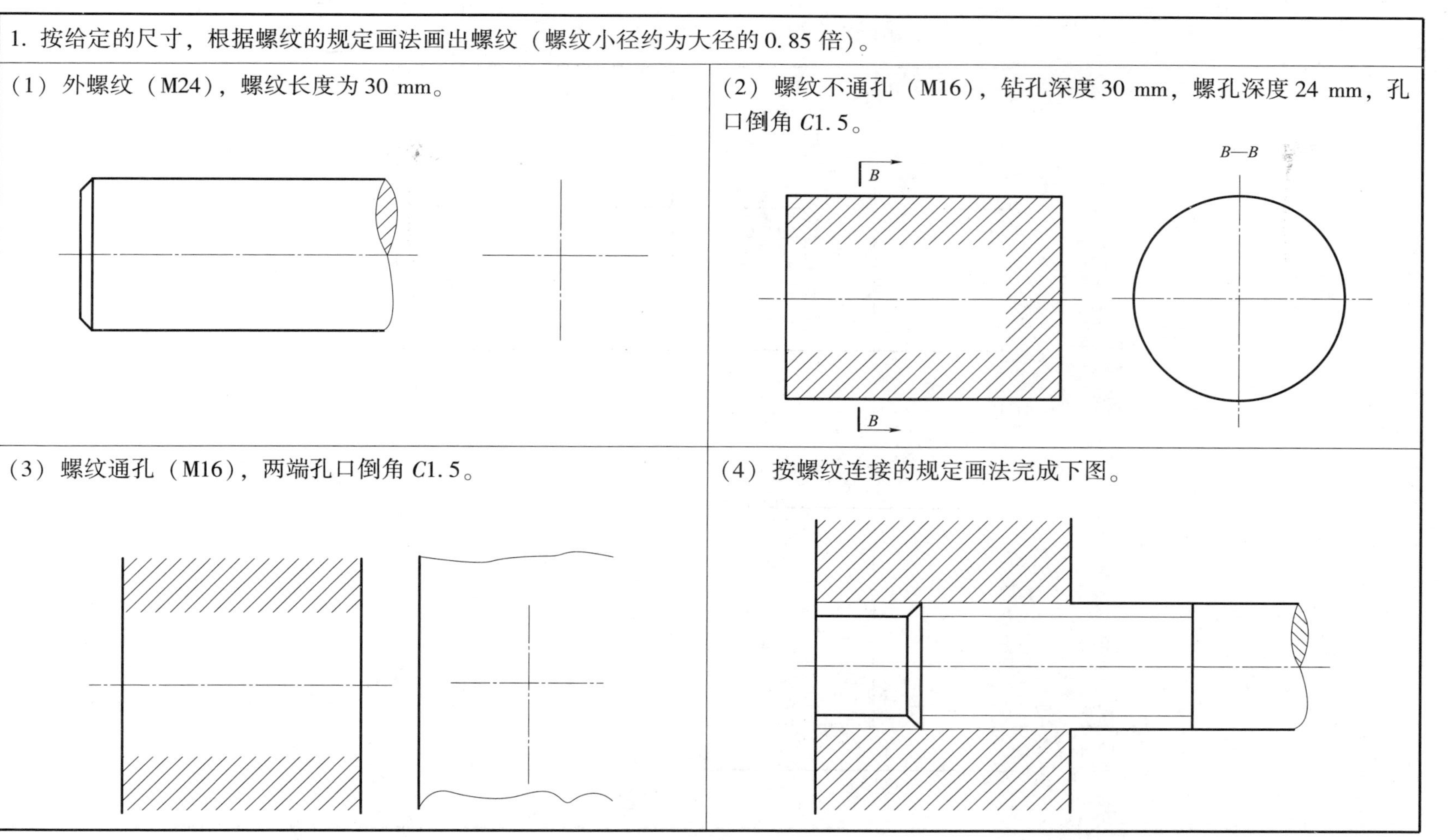

班级　　　　姓名　　　　学号

2. 已知螺栓 GB/T 5782—2000 M16（长度计算后查表确定），螺母 GB/T 6170—2000 M16，垫圈 GB/T 97. 1—2002 16，用查表画法画出螺栓连接的三视图。

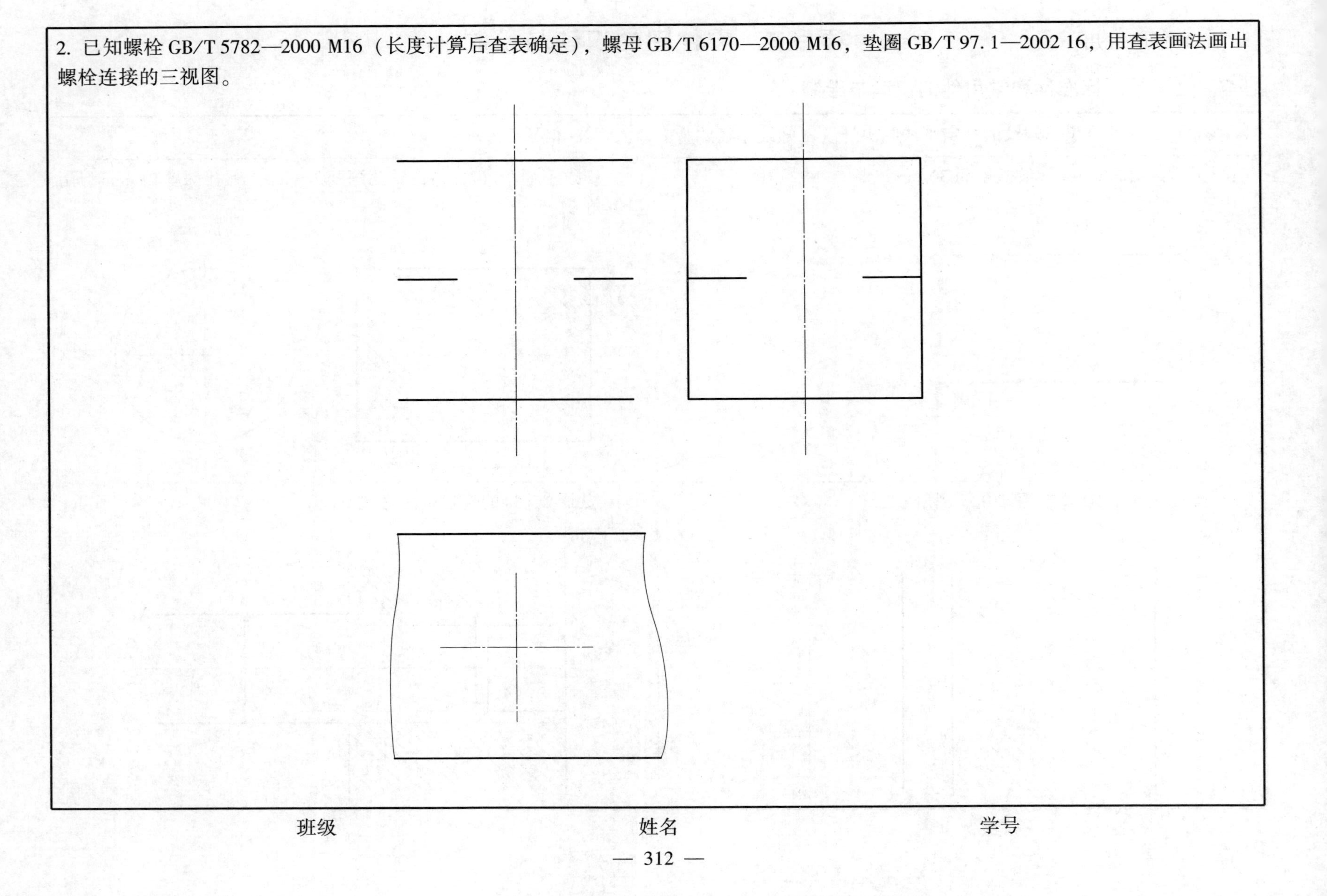

班级　　　　姓名　　　　学号

3. 已知轴和齿轮用 A 型普通平键连接，轴孔直径为 40 mm，键长 40 mm。

（1）查表确定键和键槽的尺寸，按 1 : 2 的比例完成轴和齿轮的图形，并标注尺寸。

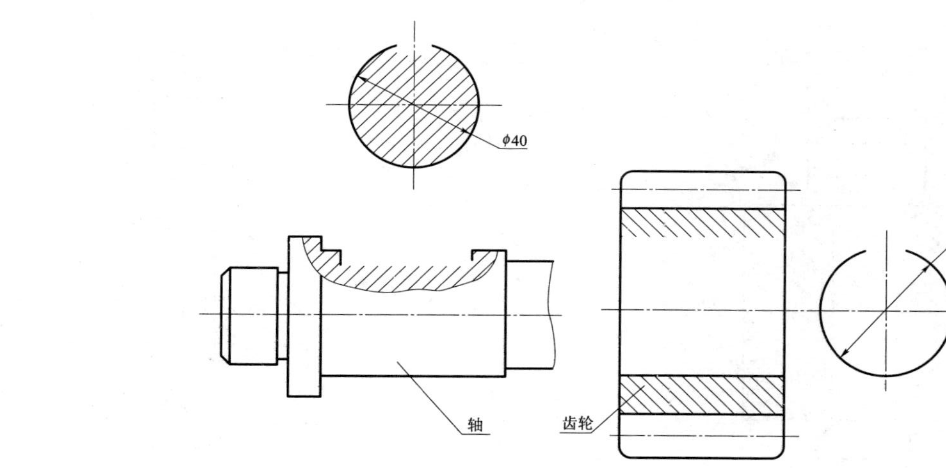

（2）用键将轴和齿轮连接起来，完成连接图。

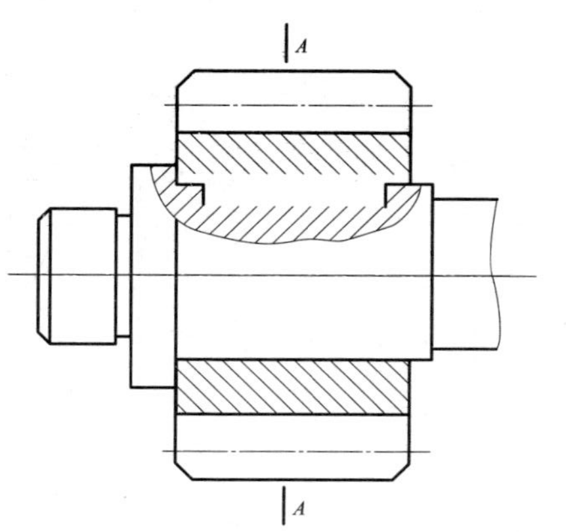

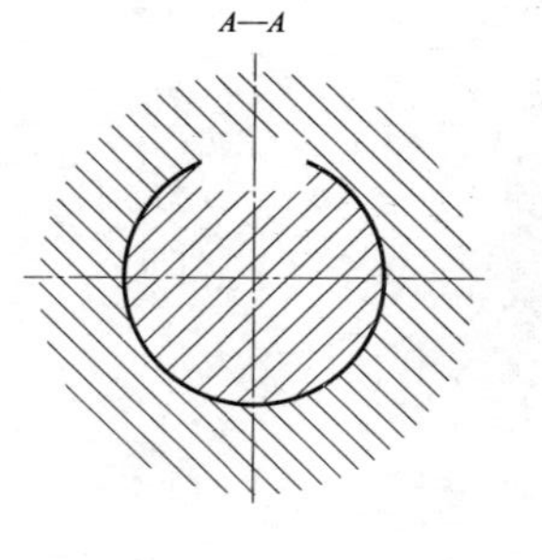

班级　　　　姓名　　　　学号

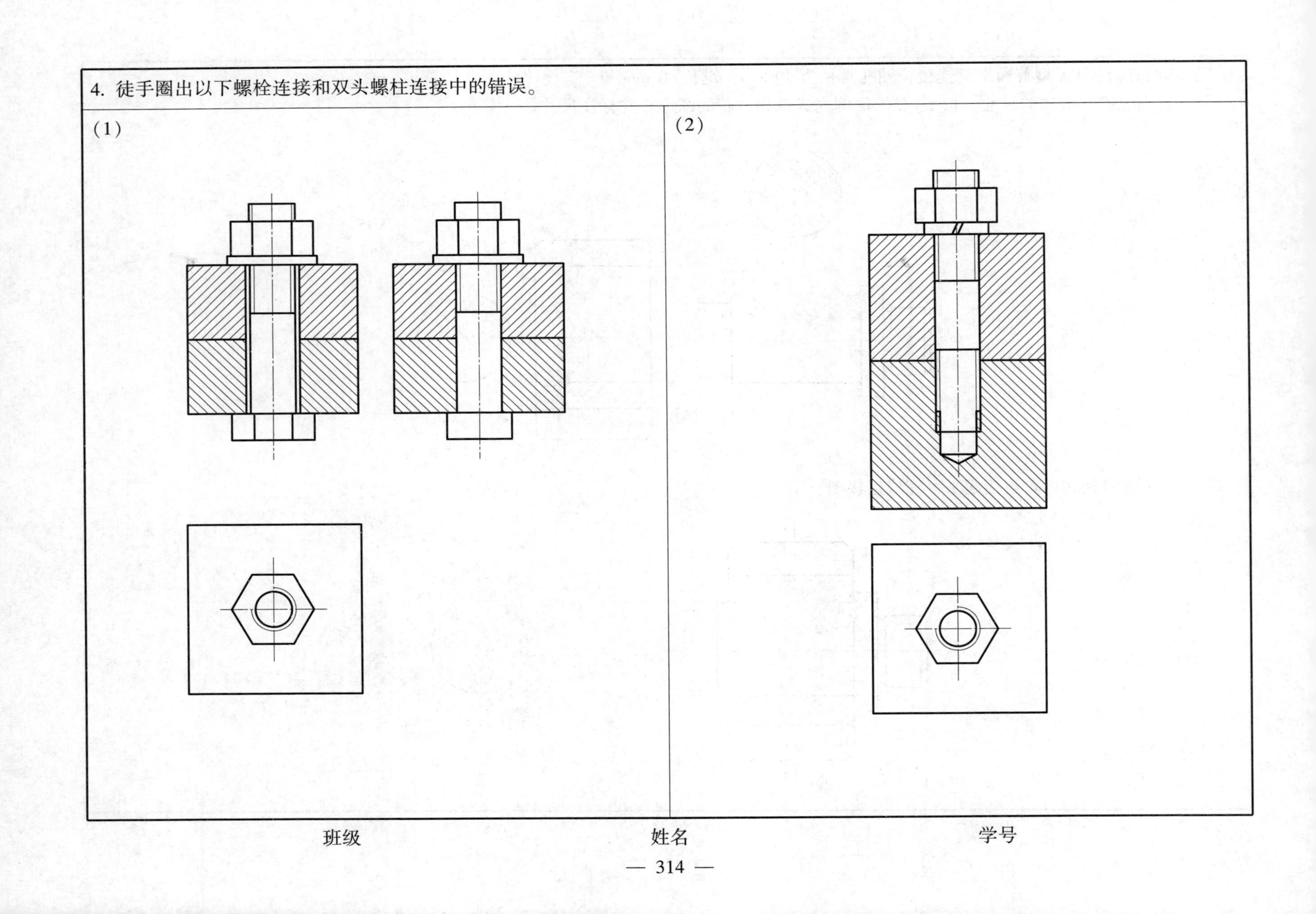

4. 徒手圈出以下螺栓连接和双头螺柱连接中的错误。

(1)

(2)

班级　　　　姓名　　　　学号

5. 查表确定滚动轴承的尺寸，并在下图画出滚动轴承与轴的装配图。

(1) 滚动轴承 6305 GB/T 276—1994。

(2) 滚动轴承 30306 GB/T 297—1994。

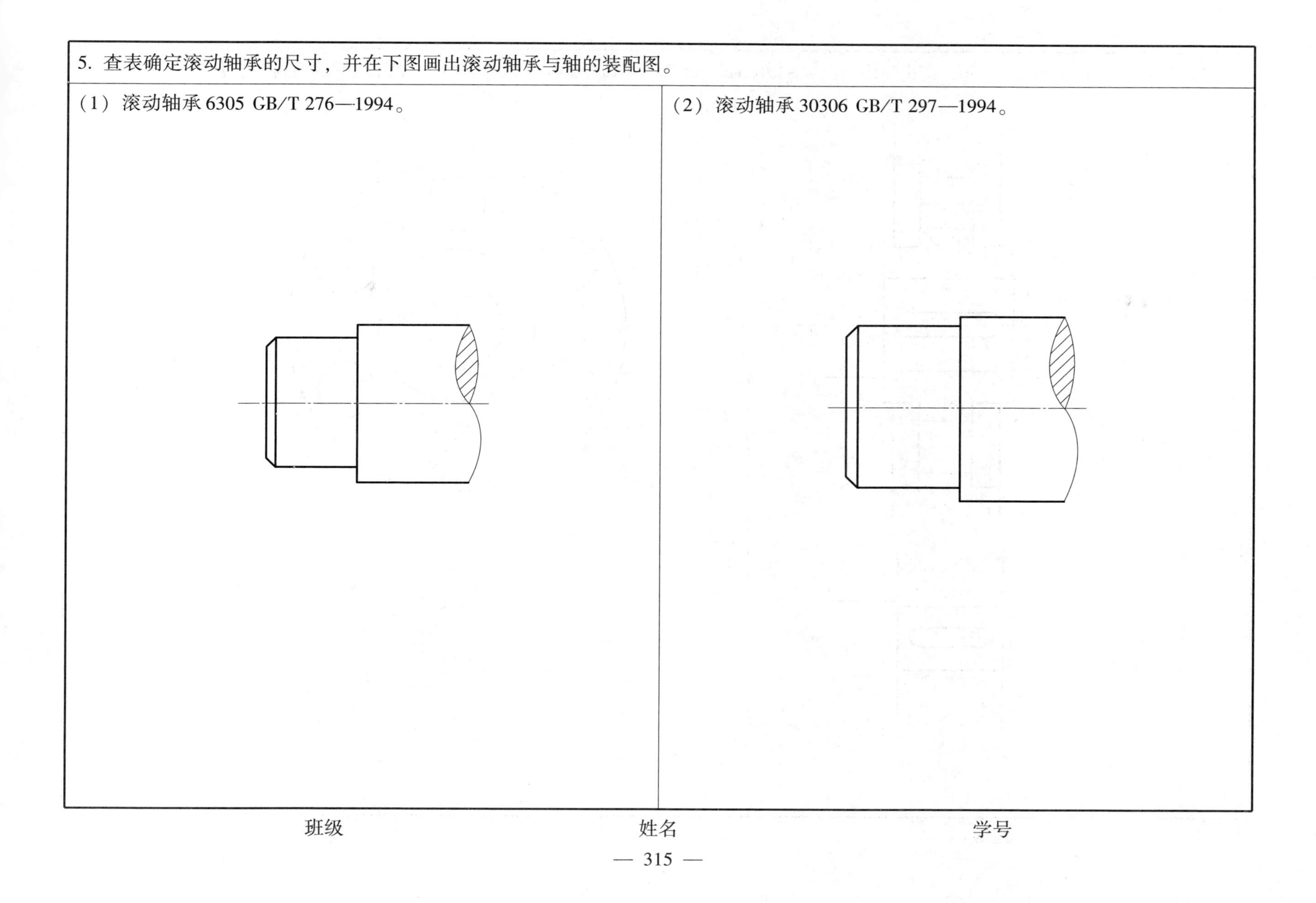

班级　　　　姓名　　　　学号

6. 已知大齿轮 $m=40$ mm，$z=40$，两齿轮中心距 $a=120$ mm，计算大小齿轮的基本尺寸，按 1 : 2 比例完成两齿轮啮合图。

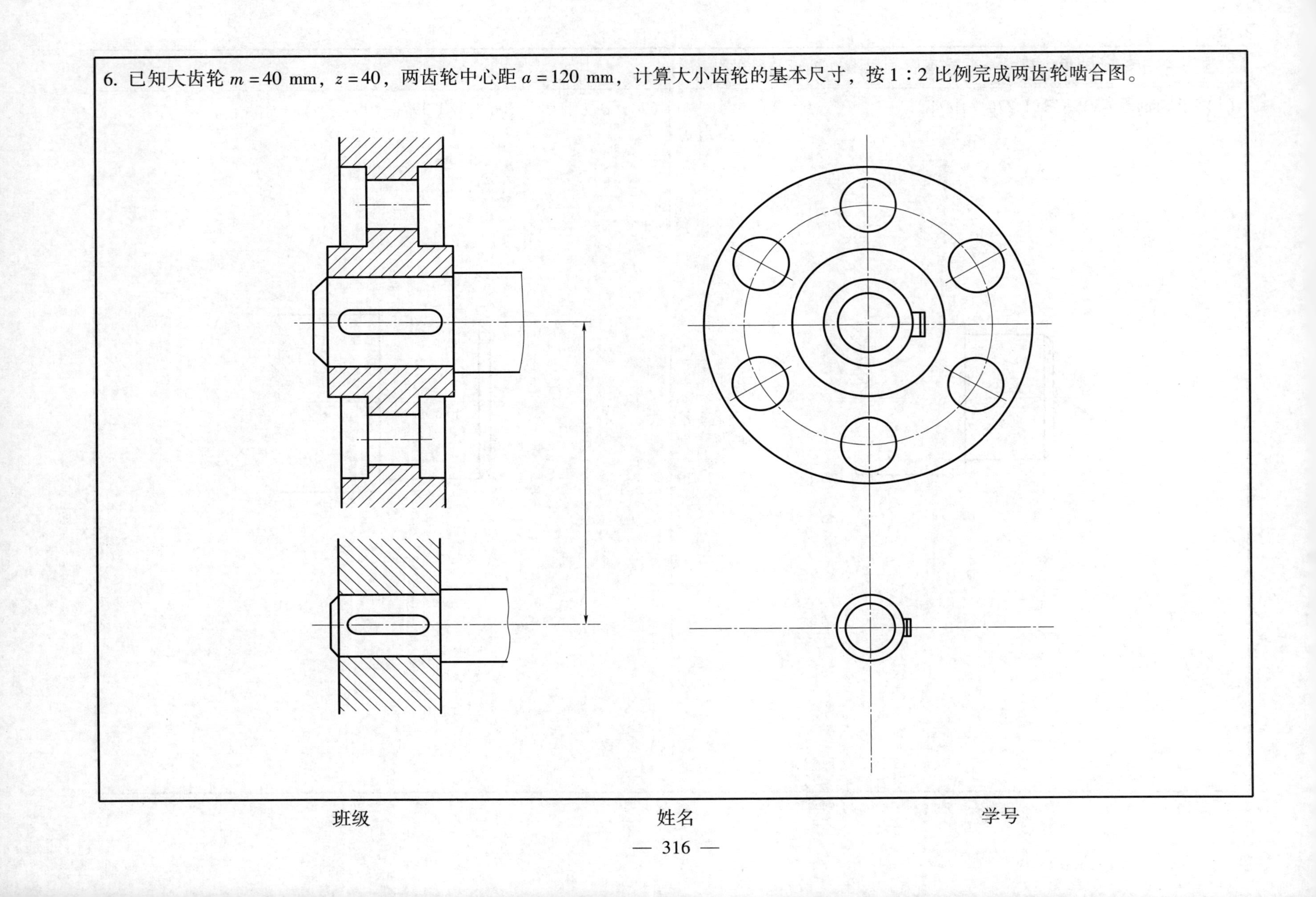

班级　　　　　　姓名　　　　　　学号

任务 5.2　零件图的认知

1. 读下图，并确定表达方案。

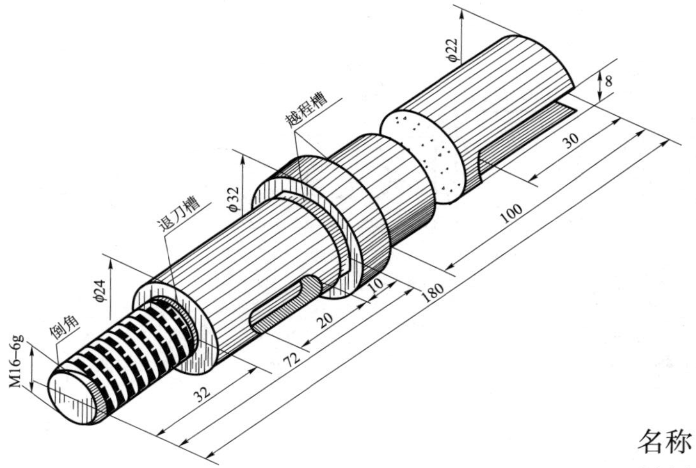

名称　轴

材料　45

班级　　　　姓名　　　　学号

2. 标注图示的轴承座的尺寸（尺寸由图中量取并取整数）。

3. 标注轴的尺寸（尺寸由图中量取并取整数，右端螺纹 M10－5 g－6 g）。

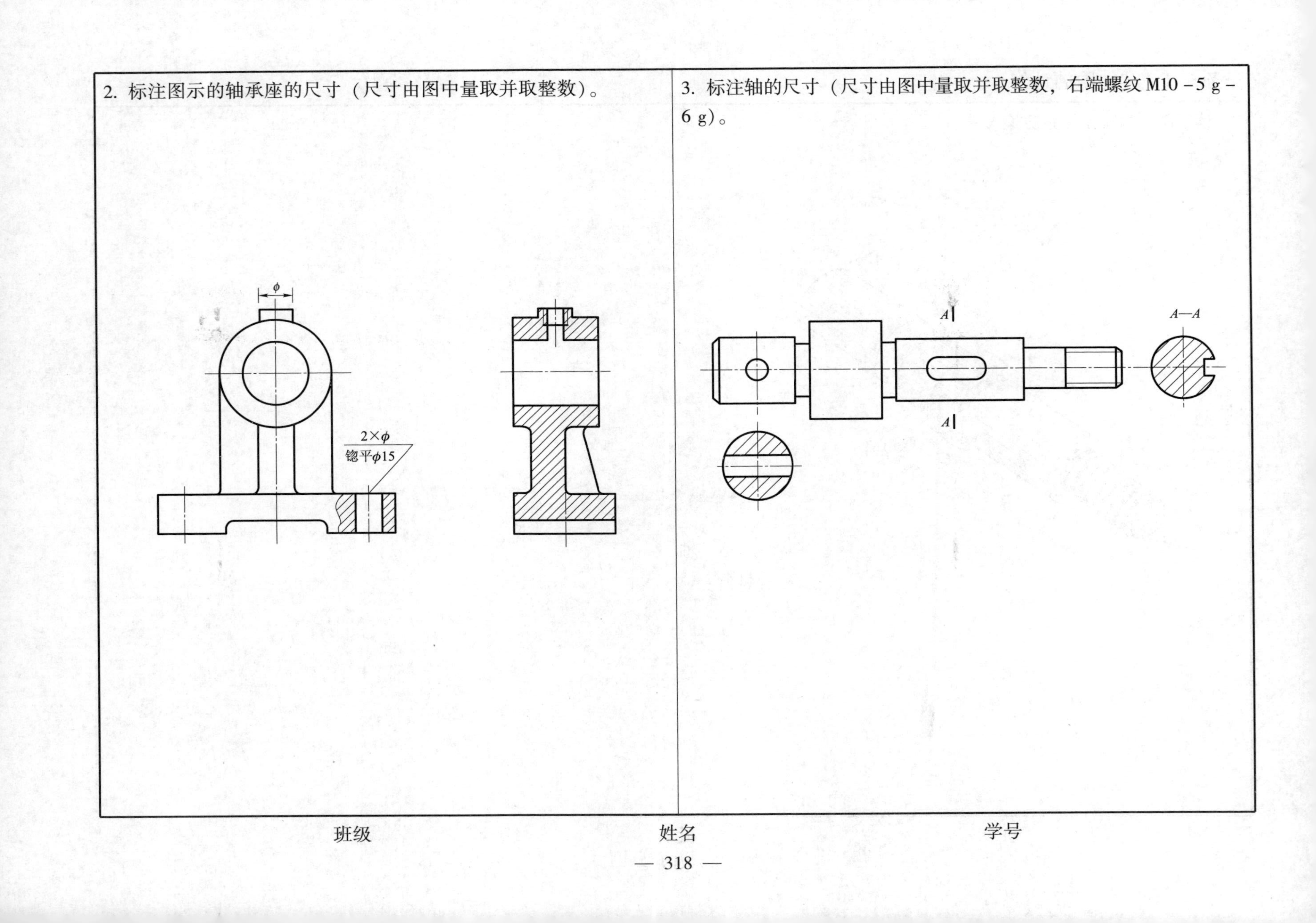

班级　　　　姓名　　　　学号

4. 根据已知条件标注下列零件的表面结构符号。

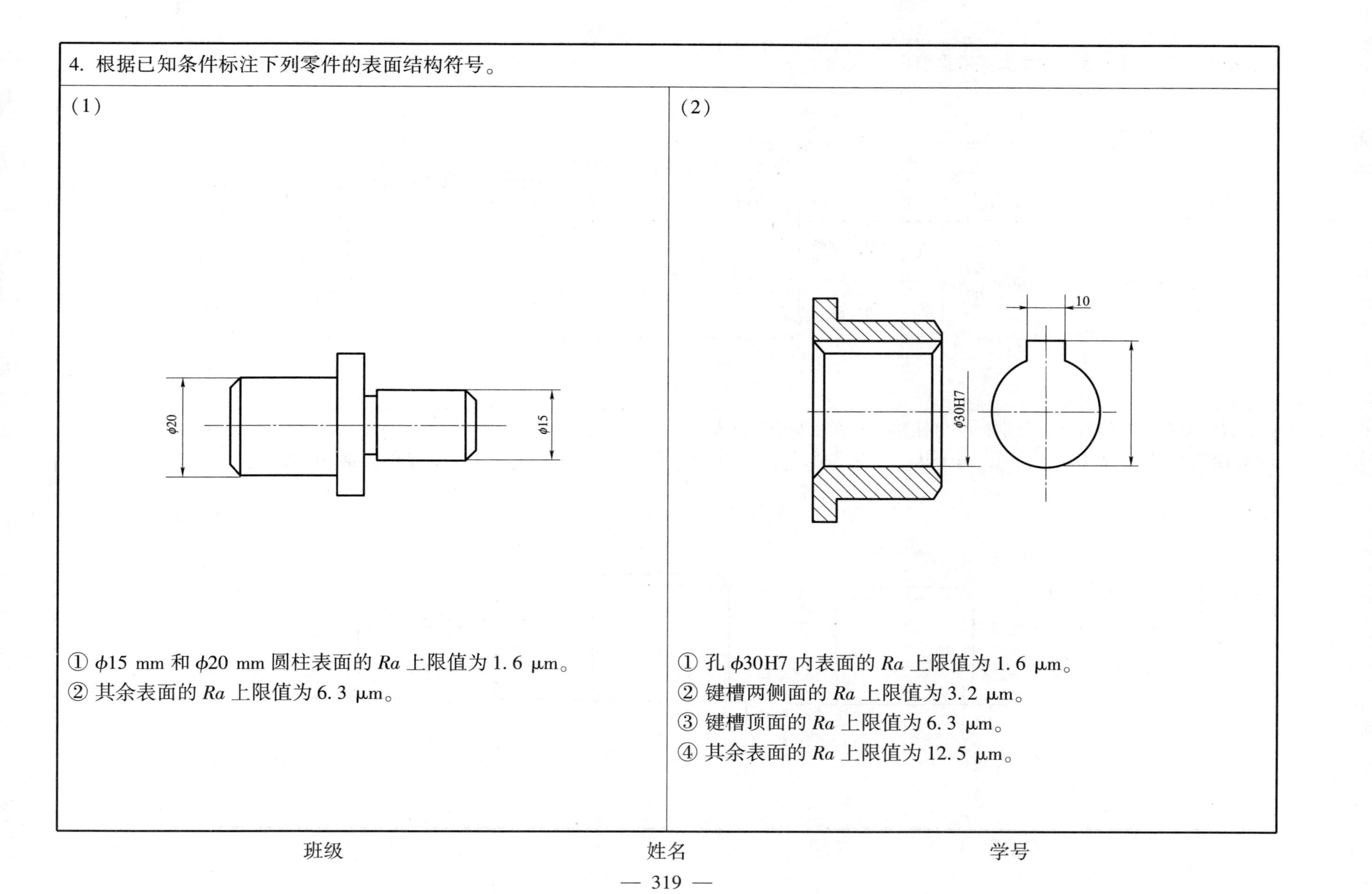

（1）

① ϕ15 mm 和 ϕ20 mm 圆柱表面的 Ra 上限值为 1.6 μm。

② 其余表面的 Ra 上限值为 6.3 μm。

（2）

① 孔 ϕ30H7 内表面的 Ra 上限值为 1.6 μm。

② 键槽两侧面的 Ra 上限值为 3.2 μm。

③ 键槽顶面的 Ra 上限值为 6.3 μm。

④ 其余表面的 Ra 上限值为 12.5 μm。

班级　　　　姓名　　　　学号

5. 根据配合代号查表，并将有关数据填在表中。

项目			基本尺寸	最大极限尺寸	最小极限尺寸	上偏差	下偏差	公差	基本偏差
$\phi50\frac{K7}{h6}$	孔	$\phi50^{+0.007}_{-0.018}$							
	轴	$\phi50^{0}_{-0.016}$							

6. 解释配合代号的意义，分别标注出轴和孔的直径及极限偏差。

$\phi40H8/f7$：基本尺寸________，属于基________制________配合，孔的公差等级为________，轴的公差等级为________。

$\phi40H8/f7$

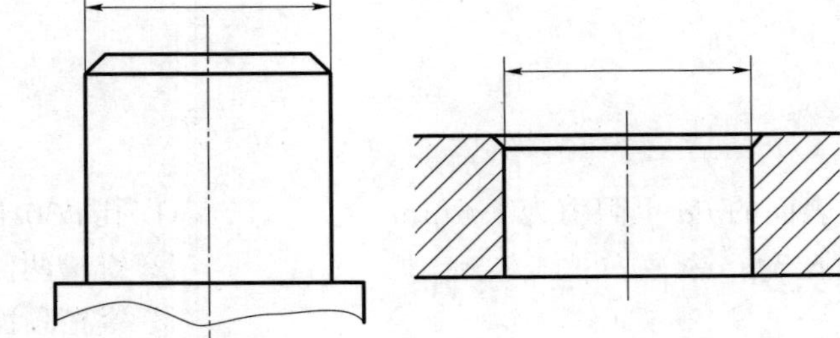

7. 解释几何公差的含义。

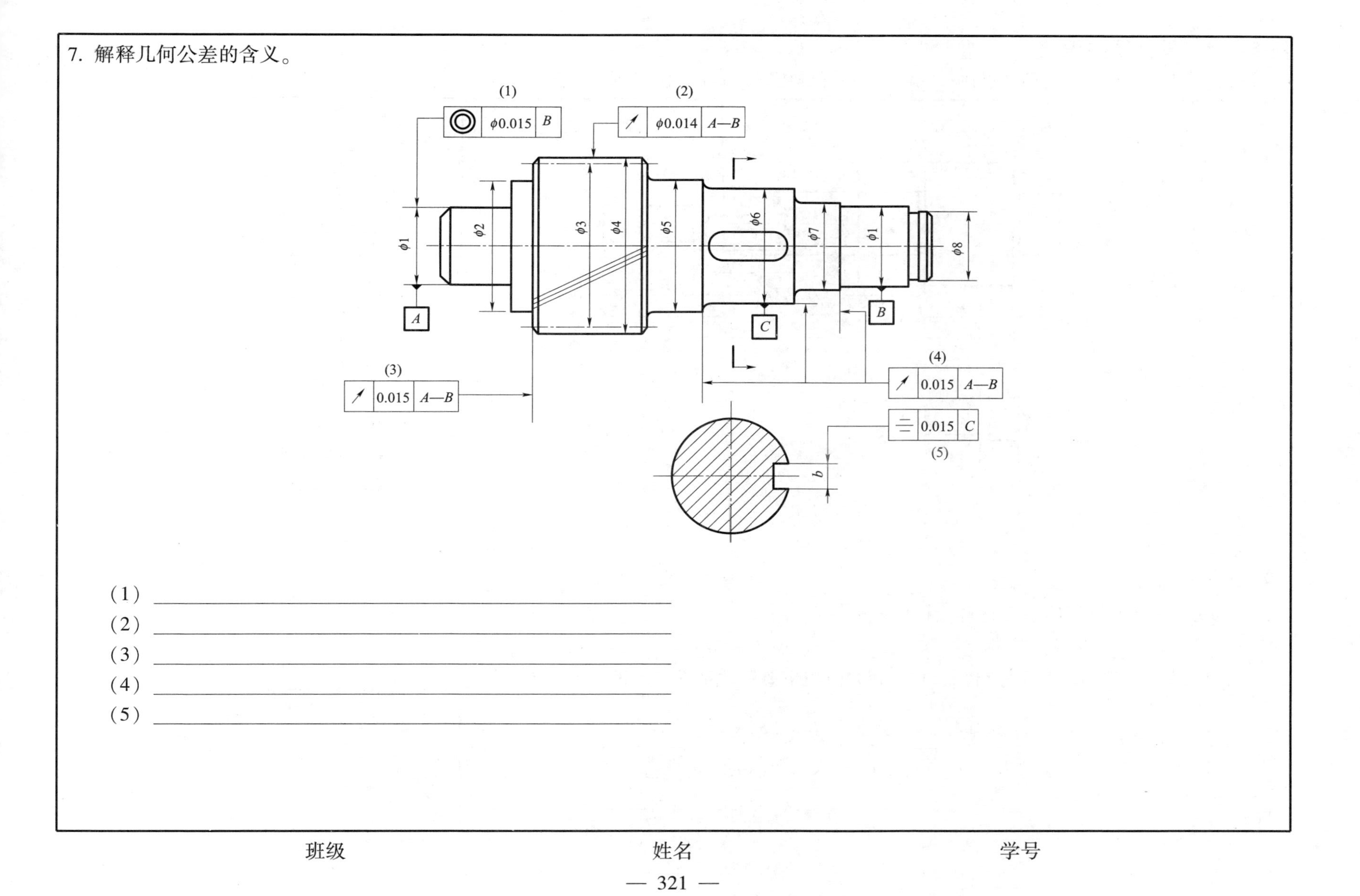

（1）________________

（2）________________

（3）________________

（4）________________

（5）________________

班级　　　　姓名　　　　学号

任务 5.3　零件图的识读

1. 读齿轮轴零件图，在指定位置补画 A—A 断面图（键槽深 2 mm），并完成思考题。

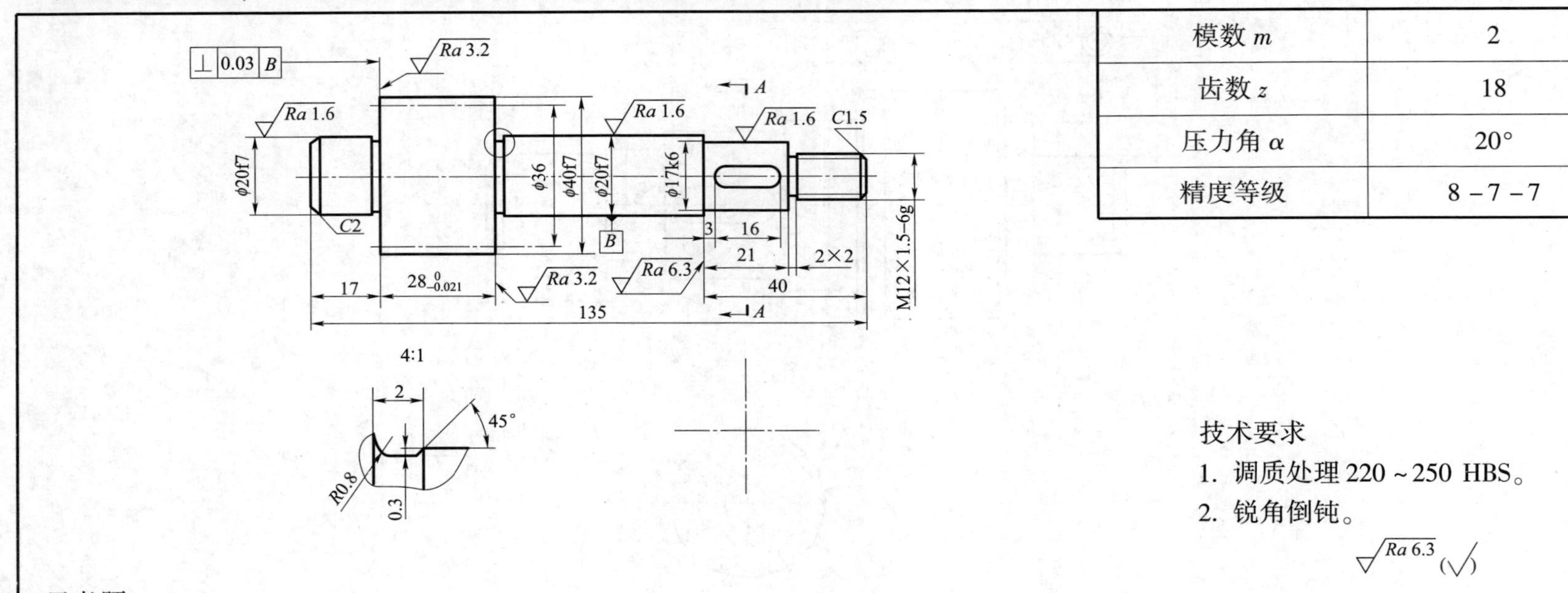

模数 m	2
齿数 z	18
压力角 α	20°
精度等级	8 - 7 - 7

技术要求

1. 调质处理 220 ~ 250 HBS。
2. 锐角倒钝。

Ra 6.3 (√)

思考题

（1）说明 ϕ20f7 的含义：ϕ20 为________________，f7 是________________，如将 ϕ20f7 写成有上下偏差的形式，注法是________。

（2）说明 ⊥ 0.03 B 的含义：

（3）在图中用文字和指引线标出长、宽、高方向的主要尺寸基准，并指出轴向主要的定位尺寸。

（4）指出图中的工艺结构：它有____处倒角，其尺寸分别为________________；有____处退刀槽，其尺寸为________；局部放大图所示的结构是________________。

（5）说明 M12 × 1.5 - 6g 的含义：____。

齿轮轴	比例	数量	材料	图号
		1	45	CLB - 12
制图				
设计				

班级　　　　　　姓名　　　　　　学号

2. 读零件图并填空。

(1) ① 在图中指出长、宽、高三个方向的主要尺寸基准。

② 该零件主视图采用____剖，左视图采用____剖。

③ 小孔 $\phi4$ 的定位尺寸是________。

④ $\phi24^{+0.072}_{+0.020}$ 的基本尺寸是________，最大极限尺寸是________，上偏差是________，下偏差是________，公差是________。

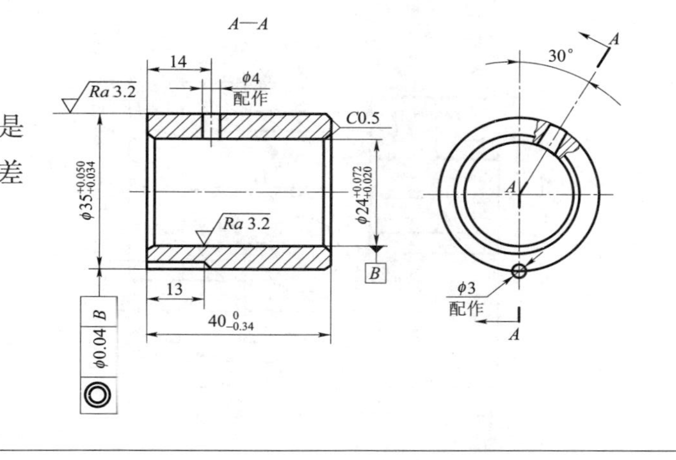

(2)

① 该零件采用了________个视图，它们分别是________、________，其中________图采用了________剖视。

② 在图中指出长、宽、高三个方向的尺寸基准。

③ 24 ±0.14 的基本尺寸是________，上偏差是________，下偏差是________，公差是________。

④ $\phi6^{+0.013}_{0}$ 小孔的定位尺寸是________。

班级　　　　姓名　　　　学号

3. 读零件图并填空。

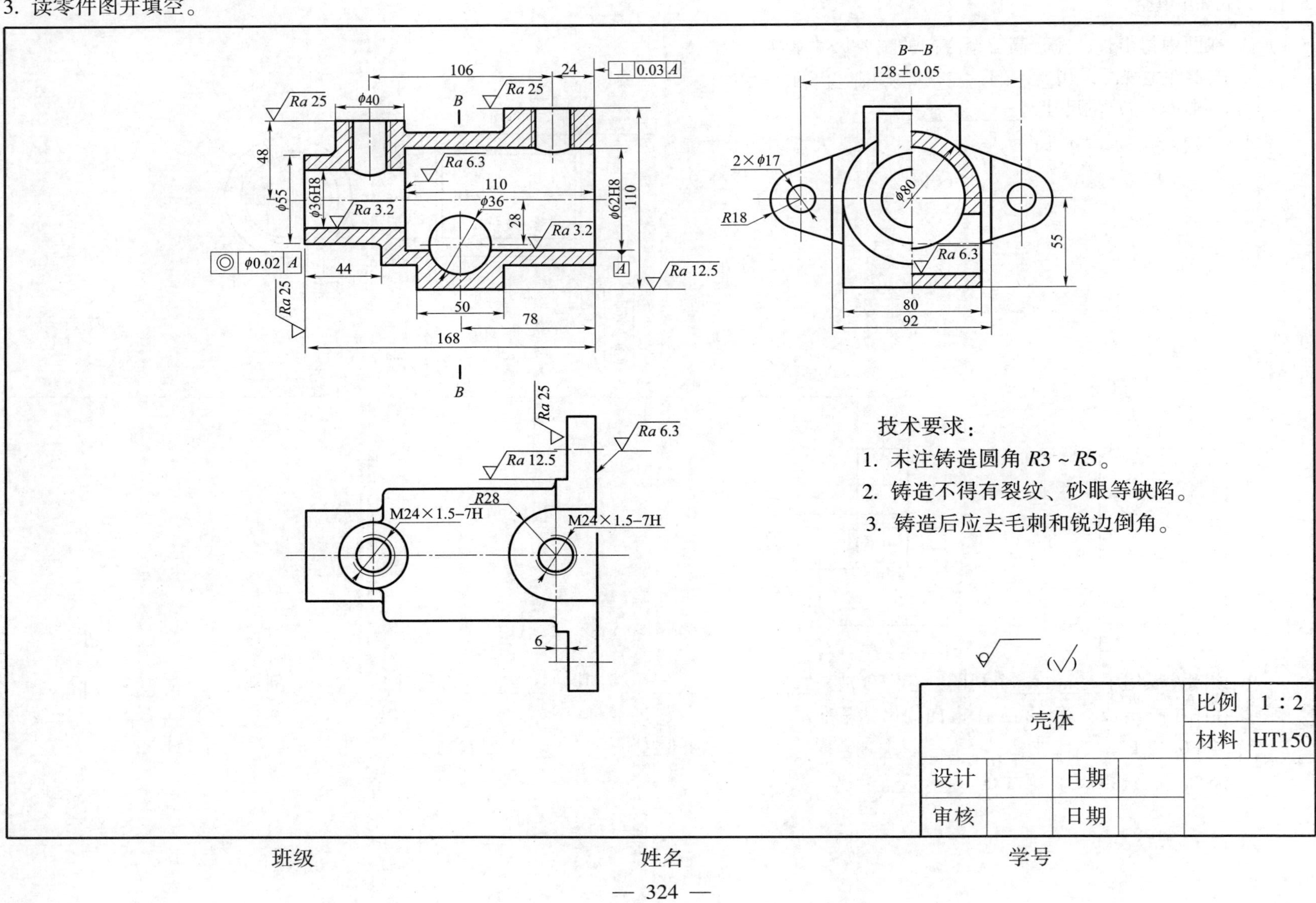
B—B
106
24
⊥ 0.03 A
Ra 25
Ra 25
ϕ40
B
48
Ra 6.3
110
ϕ36H8
ϕ55
Ra 3.2
ϕ36
28
Ra 3.2
ϕ62H8
110
ϕ0.02 A
A
Ra 12.5
44
Ra 25
50
78
168
B
128±0.05
2×ϕ17
ϕ80
R18
Ra 6.3
55
80
92
Ra 25
Ra 6.3
Ra 12.5
R28
M24×1.5–7H
M24×1.5–7H
6
技术要求：
1. 未注铸造圆角 R3 ~ R5。
2. 铸造不得有裂纹、砂眼等缺陷。
3. 铸造后应去毛刺和锐边倒角。
(√)
壳体
比例
1 : 2
材料
HT150
设计
日期
审核
日期
班级
姓名
学号

3. 读零件图并填空。(续)

(1) 在图上用指引线标出长、宽、高三个方向的主要尺寸基准。

(2) ϕ62H8 表示基本尺寸是________，公差带代号是________，公差等级为________，是否基准孔________。

(3) 中心距尺寸 128 ±0.05，最大可加工成________，最小可加工成________，公差值是________。

(4) M24 ×1.5 -7H 是________螺纹，大径是________，螺距是________，旋向________，中径和顶径公差带代号是________。

(5) | ◎ | ϕ0.02 | A | 表示提取组成要素是____________________，基准要素是____________________，几何公差项目是________，公差值是________。

(6) 壳体右端面的表面结构代号是________，ϕ80 外圆柱面的表面结构代号是________。

(7) 在俯视图上用虚线画出 ϕ36 与 ϕ62H8 两圆柱孔的相贯线投影。

(8) 在下面画出主视图的外形图。

班级　　　　姓名　　　　学号

任务 5.4　零件图的绘制

1. 读底座零件图。要求：（1）补画左视图（外形）；（2）补全所缺的两个定位尺寸和三个定形尺寸；（3）合理地标注各表面的表面结构符号。

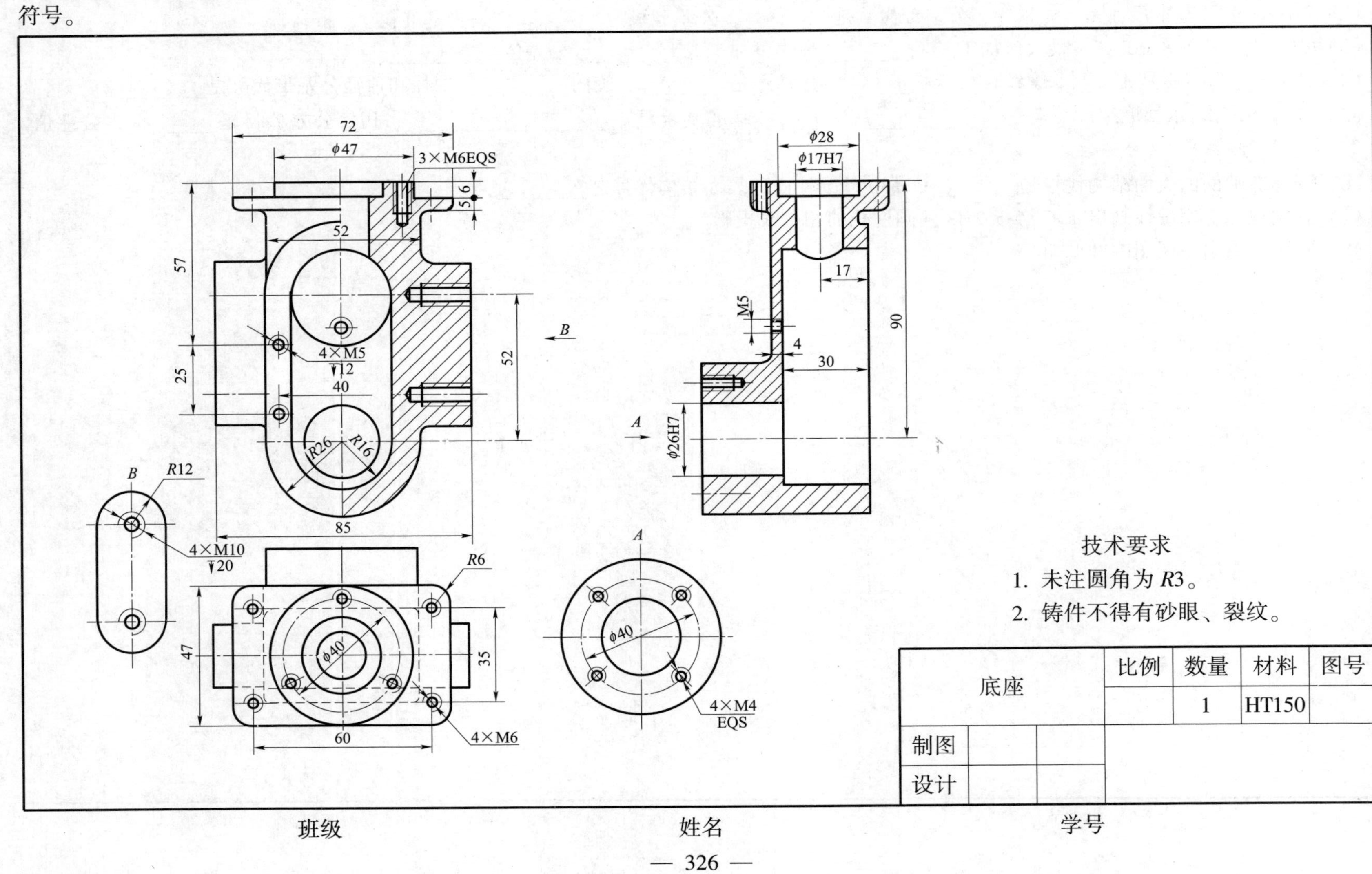

2. 零件图绘制大作业

作业指导

1. 目的

（1）熟悉和掌握绘制零件图的基本方法和步骤。

（2）综合运用所学知识，提高绘制生产中实用零件图的能力。

2. 内容与要求

（1）根据给定的轴测图绘制零件图。

（2）用 A3 图纸绘制，比例自定。

3. 注意事项

（1）绘图时，应严肃、认真，以高度负责的态度进行。

（2）全面运用已学过的知识，综合加以应用。

（3）绘制的零件图应符合以下要求：

① 符合国家标准（如视图画法及其标注，尺寸标注，技术要求的注写，标准结构的画法及标注等）。

② 尽量符合生产实际（如工艺结构的合理性，所注尺寸便于加工和测量，表面结构、极限与配合、几何公差的选用既能保证零件的质量，又能使零件的生产成本尽可能低）。

③ 布局合理，图形简洁，尺寸清晰，字迹工整，便于他人看图。

图中未标注的尺寸直接从图上量取，比例 1 : 3。

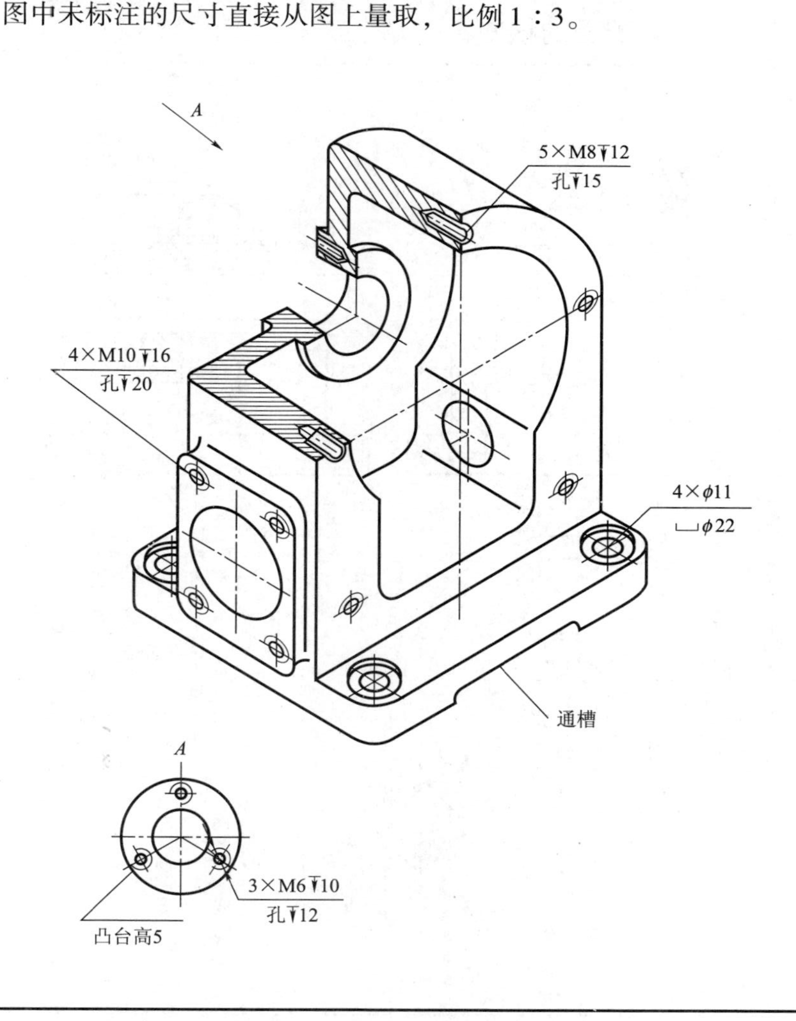

项目 6　装配图的识读与绘制

任务 6.1　装配图的认知

1. 读钻模装配图

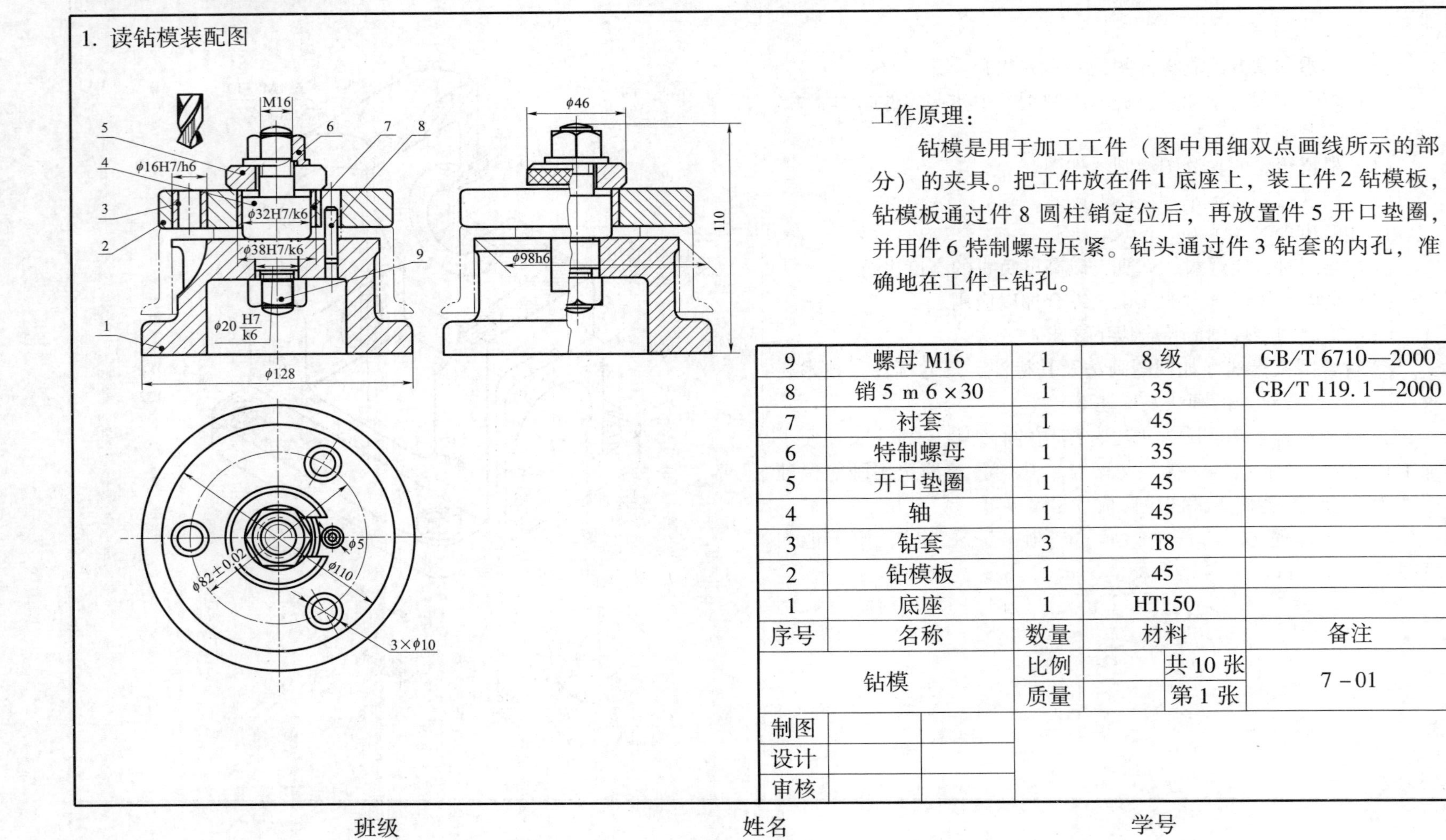

工作原理：

钻模是用于加工工件（图中用细双点画线所示的部分）的夹具。把工件放在件 1 底座上，装上件 2 钻模板，钻模板通过件 8 圆柱销定位后，再放置件 5 开口垫圈，并用件 6 特制螺母压紧。钻头通过件 3 钻套的内孔，准确地在工件上钻孔。

9	螺母 M16	1	8 级	GB/T 6710—2000
8	销 5 m 6×30	1	35	GB/T 119. 1—2000
7	衬套	1	45	
6	特制螺母	1	35	
5	开口垫圈	1	45	
4	轴	1	45	
3	钻套	3	T8	
2	钻模板	1	45	
1	底座	1	HT150	
序号	名称	数量	材料	备注

钻模	比例		共 10 张	7－01
	质量		第 1 张	
制图				
设计				
审核				

班级　　　　姓名　　　　学号

1. 读钻模装配图（续）

解答问题：

（1）该钻模是由________种共________个零件组成。

（2）主视图采用了________剖和________剖，剖切平面与俯视图中的________重合，故省略了标注，左视图采用了________剖视。

（3）零件 1 底座的侧面有________个弧形槽，与被钻孔工件定位的尺寸为________。

（4）钻模板 2 上有________个 ϕ16H7/h6 孔，件 3 的主要作用是________。图中细双点画线表示________，是________画法。

（5）ϕ32H7/k6 是件________和件________的配合尺寸，属于________制的配合，H7 表示________的公差带代号，k 表示件________的________代号，7 和 6 代表________。

（6）三个孔钻完后，先松开________，再取出________，工件便可以拆下。

（7）与件 1 相邻的零件有________（只写出件号）。

（8）钻模的外形尺寸：长________、宽________、高________。

（9）拆画件 4（轴）的零件图。

轴的零件图：

班级　　　　　　　　姓名　　　　　　　　学号

任务6.2　装配图的识读和拆画零件图

1. 读装配图并拆画零件图

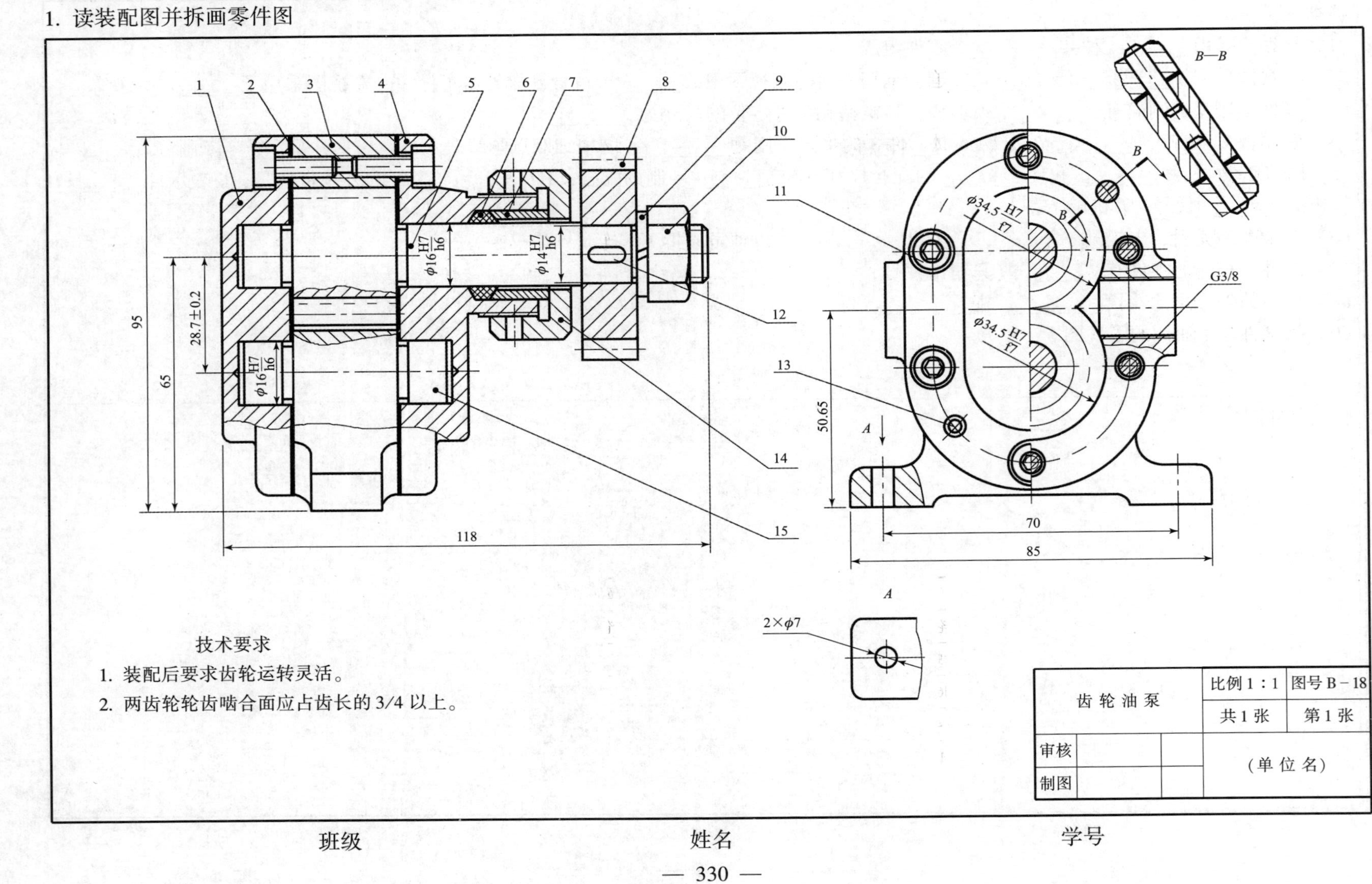

班级　　　　姓名　　　　学号

1. 读装配图并拆画零件图（续）

功用：

用在液压或润滑系统中，运转后不断迫使液体流动，在系统中产生一定的流量和压力。

工作原理：

利用一对啮合齿轮的反向旋转，将液体从进油口吸入，沿相邻两齿与泵体内壁形成的空腔压向出油口，输送到系统中的预定部位。

读图思考题：

1. 分析该部件的表达方案，其左视图中采用了什么画法？
2. 该部件的工作原理是如何实现的？在工作状态下，左视图中传动齿轮轴的旋转方向应该如何？若旋转方向相反行不行？
3. 左端盖 1、泵体 3、右端盖 4 之间如何定位、连接？
4. 说明该部件拆卸和组装过程。
5. 说明装配图中所注尺寸的类别。

建议拆画零件：

1—左端盖；2—泵体；3—右端盖。

					9	弹簧垫圈	1	65Mn	GB/T 859—1987	2	垫片	2	工业用纸	
15	齿轮轴	1	45	$m=3, Z=9$	8	传动齿轮	1	45	$m=2.5, Z=9$	1	左端盖	1	HT20－40	
14	压紧螺母	1	35		7	轴　套	1	Qsn－6－3		序号	零件名称	件数	材　料	备　注
13	销 5M6×18	4	45	GB/T 119.1—2000	6	密封圈	1	橡胶		齿 轮 油 泵			比例 1:1	图号 B－18
12	键 4×4×10	1	45	GB/T 1096—2003	5	传动齿轮轴	1	45	$m=3, Z=9$				共 1 张	第 1 张
11	螺钉 M6×16	12	35	GB/T 70.1—2000	4	右端盖	1	HT20－40		审核			（单 位 名）	
10	螺母 M12	1	35	GB/T 6170—2000	3	泵　体	1	HT20－40		制图				

班级　　　　姓名　　　　学号

任务6.3　装配图的绘制

1. 千斤顶的功用和工作原理

千斤顶是用来顶起重物的部件（见装配示意图）。它是依靠底座1上的内螺纹和起重螺杆2上的外螺纹构成的螺纹副来工作的。在起重螺杆的顶端安装有顶盖5，并用螺钉4加以固定，用以放置重物。在起重螺杆的上部有两个垂直正交的径向孔，孔中插有绞杠3。

千斤顶工作时，逆时针转动绞杠3，起重螺杆2就向上移动，并将重物顶起；顺时针转动绞杠3，螺杆下降复位。螺杆的最大行程，就是重物向上移动的最大距离。

2. 作业要求

根据千斤顶的装配示意图和各零件的零件图，画出千斤顶的装配图。

3. 装配示意图

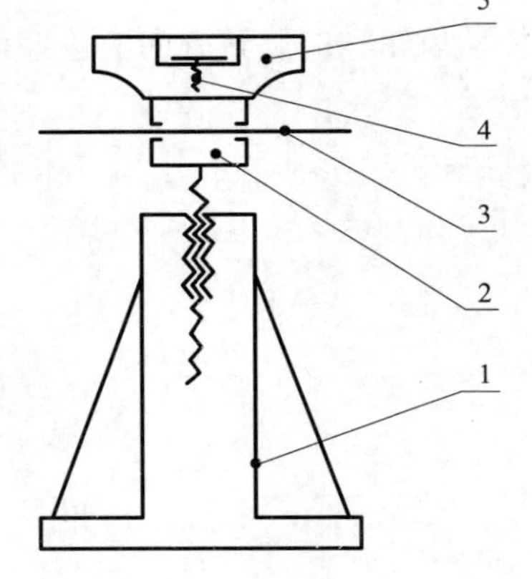

4. 明细栏

5		顶盖	1	45	
4		螺钉	1	Q235	
3		绞杠	1	Q235	
2		起重螺杆	1	45	
1		底座	1	HT250	
序号	代号	名称	数量	材料	备注

名称	底座	数量	1
图号	01	材料	HT250

班级　　姓名　　学号

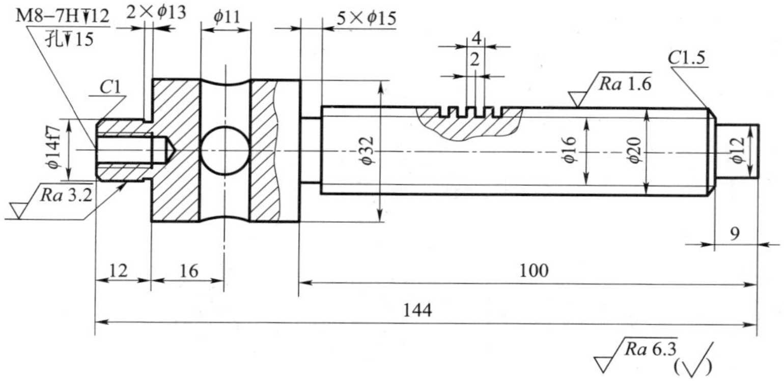

名称	起重螺杆	数量	1
图号	02	材料	45

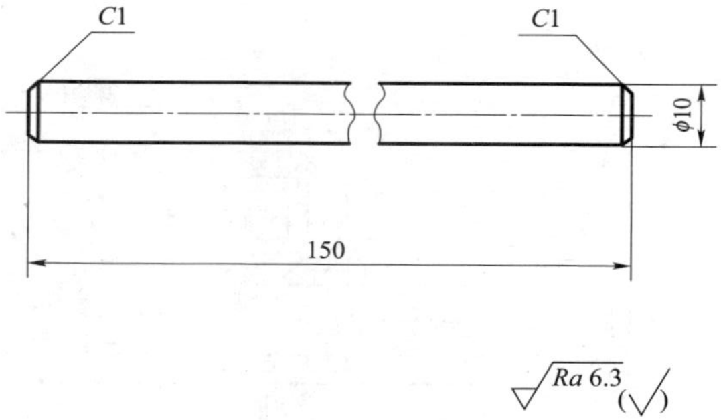

名称	绞杠	数量	1
图号	03	材料	Q235

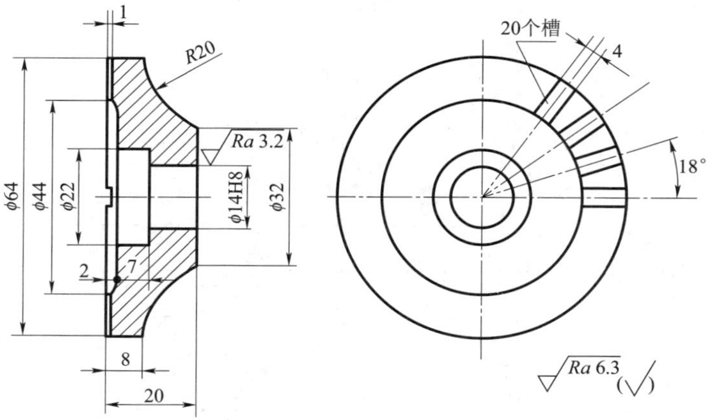

名称	顶盖	数量	1
图号	05	材料	45

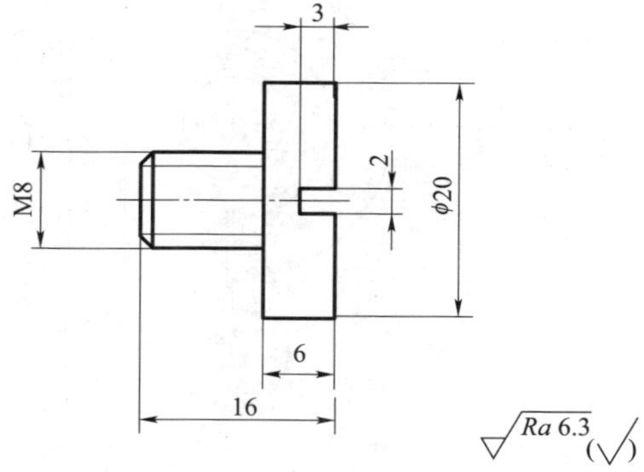

名称	螺钉	数量	1
图号	04	材料	Q235

班级　　　　姓名　　　　学号

2. 请绘制以下装配图，尺寸从图中量取。

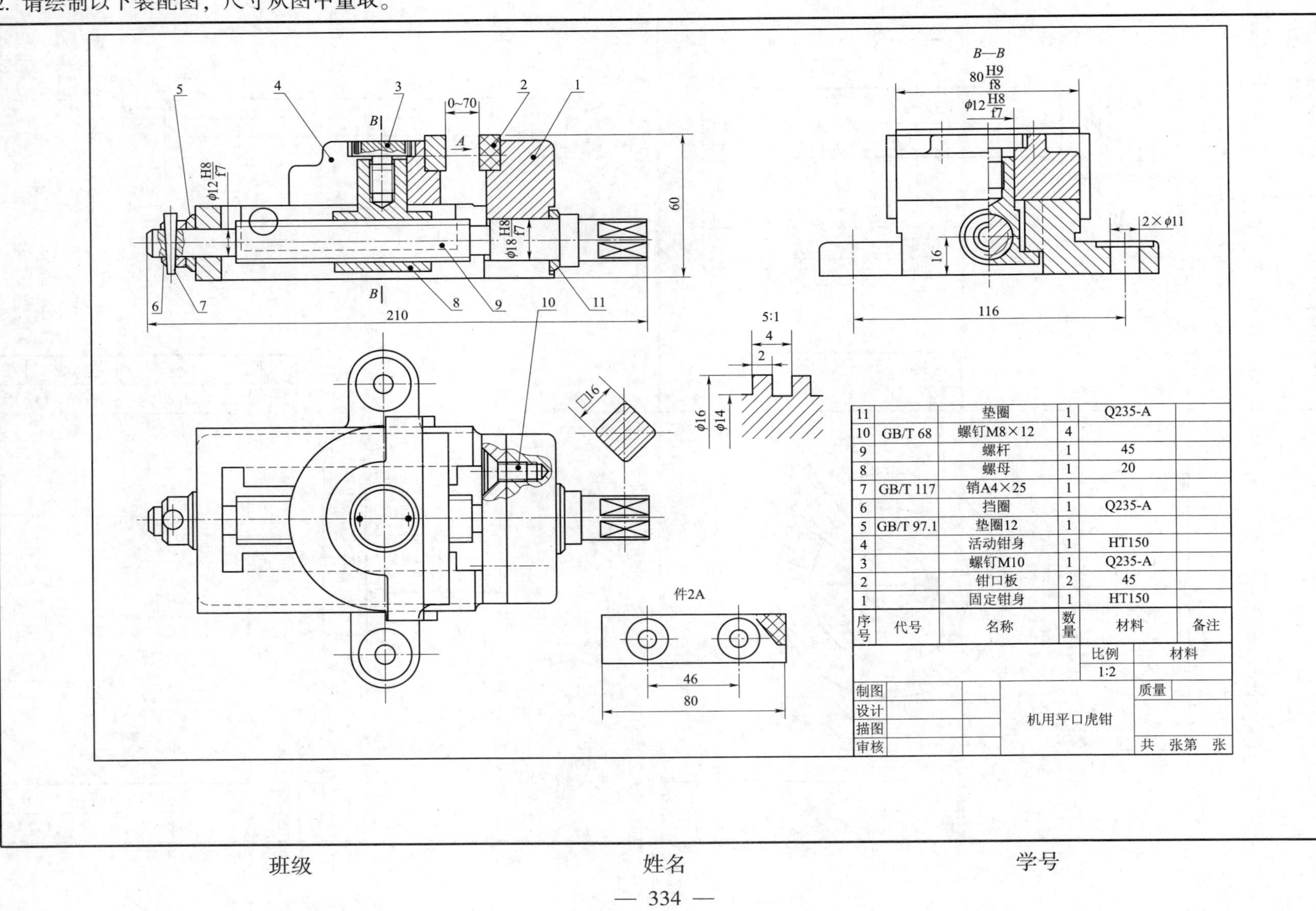

序号	代号	名称	数量	材料	备注
11		垫圈	1	Q235-A	
10	GB/T 68	螺钉M8×12	4		
9		螺杆	1	45	
8		螺母	1	20	
7	GB/T 117	销A4×25	1		
6		挡圈	1	Q235-A	
5	GB/T 97.1	垫圈12	1		
4		活动钳身	1	HT150	
3		螺钉M10	1	Q235-A	
2		钳口板	2	45	
1		固定钳身	1	HT150	

		比例	材料
		1:2	
制图	机用平口虎钳	质量	
设计			
描图			
审核		共 张第 张	

班级　　　　姓名　　　　学号